建筑工程施工质量验收规范应用讲座（验收表格）

（第三版）

（地基基础与主体结构部分）

吴松勤　主编

U0214054

中国建筑工业出版社

图书在版编目（CIP）数据

建筑工程施工质量验收规范应用讲座（验收表格）
（地基基础与主体结构部分）/吴松勤主编. —3 版. —
北京：中国建筑工业出版社，2017.4
　ISBN 978-7-112-20574-5

　Ⅰ.①建…　Ⅱ.①吴…　Ⅲ.①建筑工程-工程验收-
建筑规范-中国②地基-基础（工程）-工程验收-建筑规
范-中国③结构工程-工程验收-建筑规范-中国　Ⅳ.①
TU711-65

　中国版本图书馆 CIP 数据核字（2017）第 053561 号

　　　　本讲座对建筑工程施工质量验收系列标准的演变过程，修订背景，统一标准
及各规范的内容及其关系等进行了系统的介绍，以便读者能够更好地贯彻理解建
筑工程施工质量验收系列规范。讲座重点对检验批、分项、分部（子分部）、单位
（子单位）工程的划分、质量指标的设置、质量验收和质量等级的确认、验收程序
及组织等进行了阐述，并对验收系列标准的检验批、分项、分部（子分部）、单位
（子单位）工程验收用表的使用进行了说明。并附了有关表的推行表式。重点对检
验批的验收表格使用，按《建筑工程施工质量验收统一标准》GB 50300—2013 进
行了详细介绍，并推荐了燃气工程质量验收的表格，对单位工程的质量验收专列
为一章进行了讲述，还列出了建筑工程评优良工程的用表。本讲座主要是为培训
施工单位质量检查人员及监理单位和建设单位的质量验收人员使用，以便能更好
地理解本系列验收规范，提高检查评定及验收的效果，也可供工程质量监督人员
及管理人员等有关人员学习参考使用。

　　　　责任编辑：王　磊　付　娇　石枫华　刘婷婷
　　　　责任校对：焦　乐　党　蕾

建筑工程施工质量验收规范
应用讲座（验收表格）
（第三版）
（地基基础与主体结构部分）
吴松勤　主编
*
中国建筑工业出版社出版、发行（北京海淀三里河路 9 号）
各地新华书店、建筑书店经销
霸州市顺浩图文科技发展有限公司制版
北京圣夫亚美印刷有限公司印刷
*
开本：787×1092 毫米　1/16　印张：30¾　字数：747 千字
2017 年 12 月第三版　　2017 年 12 月第二十次印刷
定价：**68.00** 元
ISBN 978-7-112-20574-5
（30244）

版权所有　翻印必究
如有印装质量问题，可寄本社退换
（邮政编码 100037）

第三版说明

　　《建筑工程施工质量验收规范应用讲座》，从 2002 年第一版及 2007 年第二版已使用十四年之久，现《建筑工程施工质量验收统一标准》GB 50300 及其他规范相继重新修订，并有一些新的验收内容增加，本书内容必须相应地进行修改。同时，同行在使用的过程中，对本书的一些不准确的表述和错误之处，提出建议性意见，也需进一步地修改完善，故将本书进行了一次全面修订成为第三版。其主要修改内容包括：

　　一、对统一标准《建筑工程施工质量验收统一标准》GB 50300 修订内容进行了更新。

　　二、增加建筑节能分部工程的质量验收表格，是按《建筑节能工程质量验收规范》GB 50411 的内容编写的。

　　三、主体结构分部工程增加钢管混凝土子分部工程及铝合金结构子分部工程等的质量验收表格。

　　四、建筑给水排水及供暖分部工程，增加太阳能热水系统子分部及地源热泵系统子分部工程的质量验收表格。

　　五、增加单位工程质量验收预验收的表格。

　　六、增加检验批质量验收的现场验收记录表格。

　　七、对原来的表格结合各质量验收规范的修订进行了局部调整。

　　八、对发现的一些错漏进行了更正。

　　九、对已修订的规范按新规范进行了更新。

　　十、对燃气工程验收表格进行了更新。

　　十一、对评优良工程的表格进行了更新，并专门列为一章。

　　十二、突出了单位工程的验收表格讲解，并专门列为一章。

作　者

2017 年 3 月

再 版 说 明

　　《建筑工程施工质量验收统一标准》GB 50300 及其配套的各项质量验收规范已执行六年了，在执行中对一些问题有了进一步的认识和理解。为更正确贯彻落实该配套系列规范，《建筑工程施工质量验收规范应用讲座》也必须随之修订。现根据六年来的变化情况，以及《应用讲座》中的一些错漏，现对其进行了一次全面修订。其主要内容：

　　一、增加了智能建筑工程质量验收用表，计 62 张表格，是按照《智能建筑工程质量验收规范》的内容编写的。

　　二、增加了燃气管道安装工程的参考表格。该工程由于质量验收规范还没有修订，各地反映这项内容又不能缺少。急切要求提供一个参考用表。现根据原《建筑安装工程质量检验评定统一标准》及《建筑采暖、卫生与煤气工程质量检验评定标准》GBJ 302—88 中的有关室内煤气工程的有关内容及《城镇燃气设计规范》GB 50028、《城镇燃气室内工程施工及验收规范》CJJ 94、《家用燃气燃烧器具安装及验收规程》CJJ 12，以及近年一些地区按照地方标准编制的一些地方标准，综合编制了其参考表格计 4 张。

　　三、增加了评优良工程用的表格计 40 张。该表格是根据《建筑工程施工质量评价标准》的内容，由该规范组编制的评价用表格，可用作单位工程验收资料的一部分。

　　四、增加了单位工程竣工备案用表格。这部分表格也是工程验收的一个重要环节，也需要有一个统一的参考表格使用。根据有关文件规定，制定了一些表格计 9 张表，可供参考。

　　五、对原来的一些表格做了局部调整，主要是单独列出"钢筋原材料检验批"、"混凝土配合比检验批"、"预应力张拉、放张检验批用表"等，以便更好地明确质量责任和进行质量控制。

　　六、对发现的一些错漏进行了更正。

作 者

2007 年 11 月

第一版前言

国家标准——《建筑工程施工质量验收统一标准》(GB 50300—2001) 已于 2001 年 7 月 20 日发布,自 2002 年 1 月 1 日起施行,与其配套的各项验收规范也陆续发布施行。建设部并于 2002 年 8 月 12 日印发了《建设部关于贯彻执行建筑工程勘察设计及施工质量验收规范若干问题的通知》,要求建筑工程的设计和施工质量验收规范于 2003 年 1 月 1 日起全面实施。这套验收系列规范是房屋建筑工程质量验收的标准,与以前的标准比较修改的内容较多,对施工质量的管理和技术要求都有很大的改变,其中又有强制性条文。为了更好地贯彻执行这套验收规范,建设部有关司要求尽快在全国开展宣贯工作,逐级进行培训,以便尽快地掌握这套规范。为落实《建设工程质量管理条例》,确保建筑工程质量,落实竣工验收备案制度,为此我们组织规范编制组的同志编写了这本规范应用讲座。

本讲座对标准的演变过程、修订背景、统一标准及各规范的内容及其关系等进行了系统的介绍,以使读者能够更好地理解建筑工程施工质量验收系列规范。讲座重点对检验批、分项、分部(子分部)、单位(子单位)工程的划分,质量指标的设置、质量验收和质量等级的确认、验收程序及组织等进行了阐述,并对验收系列标准的检验批、分项、分部(子分部)、单位(子单位)工程验收用表的使用进行了说明。并附了有关表的推行表式。本讲座主要是为培训施工单位质量检查人员及监理单位或建设单位的质量验收人员使用,以便能更好地理解本系列验收规范,提高检查评定及验收的效果,也可为工程质量监督人员及管理人员等有关人员学习参考。

本讲座由《建筑工程施工质量验收统一标准》及各专业验收规范的主要编写人员编写,具有较高的权威性。由于本书涉及的相关专业较多,协调不易,再加之编写时间较紧,错漏之处,实属难免,故此书先作为试用本发行,敬请同行提出意见,以便及时改正。

作 者
2002 年 11 月

目　录

第一章 概　　述

第一节　验收标准的演变过程

1. 1966年5月由原建筑工程部批准试行的《建筑安装工程质量评定试行办法》有7条，《建筑安装工程质量检验评定标准（试行）》GBJ 22—66（相当于现在的建筑工程质量检验评定标准）只有16个分项，每个分项分为"质量要求"、"检验方法"和"质量评定"三个部分。

2. 1974年6月，原国家基本建设委员会颁发了重新修订的《建筑安装工程质量检验评定标准》TJ 301—74。内容较1966年的标准有了较大的变化，"试行办法"改为"总说明"，适用范围包括建筑工程（TJ 301—74）、管道工程（TJ 302—74）、电气工程（TJ 303—75）、通风工程（TJ 304—74）、通用机械设备安装工程（TJ 305—75）、容器工程（TJ 306—77）、工业管道安装工程（TJ 307—77）、自动化仪表安装工程（TJ 308—77）、工业窑炉砌筑工程（TJ 309—77）及钢筋混凝土预制构件工程（TJ 321—76）等。建筑工程（TJ 301—74）的分项工程也增加为32个。每个分项工程是通过主要项目、一般项目和允许偏差项目来检验评定其质量等级。其中主要项目必须符合标准的规定，标准中采用"必须"、"不得"用词的条文；一般项目应基本符合标准的规定，标准中采用"应"、"不应"用词的条文；有允许偏差的项目，其抽查的点（处、件）数中，有70%及以上达到本标准的要求为合格（而1966年标准为80%），有90%及以上达到本标准的要求为优良。一个分部工程中，有50%及其以上分项工程的质量评为优良，且无加固补强者，则该分部工程的质量应评为优良，不足50%者，评为合格。

3. 根据1979年原国家建委（79）建发施字第168号通知下达的修订任务，由于一直没有开展修订，原城乡建设环境保护部又以（85）城科字第293号通知下达质量验评标准的修订任务，由建设部建筑工程标准研究中心组织完成，修订工作从1985年9月开始至1987年7月基本完成。根据全国审定会议决定，修订后的"总说明"部分单独成册，定名为《建筑安装工程质量检验评定统一标准》，编号GBJ 300—88，并和建筑工程（GBJ 301—88）、建筑采暖卫生与煤气工程（GBJ 302—88）、建筑电气安装工程（GBJ 303—88）、通风与空调工程（GBJ 304—88）和电梯安装工程（GBJ 310—88）等质量检验评定标准，组成一个建筑安装工程质量检验评定标准系列。

建筑工程（TJ 301—74）的执行情况。由于当时有些地区和企业组织培训不够，执行标准不严，致使出现没有严格按标准进行检验评定，有的甚至自行降低标准，使很大一部分工程的质量评定脱离了标准的规定。在标准修订之前，各地评定工程质量的标准和办法已有了较大的改变，但不统一。主要是：

（1）对分项工程的"一般项目"做了定量补充；

（2）对单位工程的质量补充了总体评定；

（3）对允许偏差项目的选点数量和取点位置作了具体规定。

其主要问题是评定的工程质量等级与标准规定差距大，如1984年全国国营企业上报的质量报表统计，全部达到合格，其中优良率平均达到79.3%，有20%的企业，优良率达到90%以上，有的甚至达到100%。1985年各省、自治区、直辖市抽查的56352个单位工程，合格率仅为39.8%。由此可知，工程质量不严格按标准评定的情况较突出，实际上有很大一部分工程是达不到"合格"规定的。

《建筑安装工程质量检验评定统一标准》GBJ 300—88的修订过程。1985年9月，提出了"验评标准"修订中若干问题的初步意见和修订项目目录，1985年11月在广州征求意见后，完成了《建筑安装工程质量检验评定统一标准》讨论稿，1986年3月完成征求意见稿，并寄送全国各省、自治区、直辖市建设主管部门及国务院有关部委的基建部门征求意见。同时，建筑工程及各安装工程的修订工作也在进行中。在1986年5～7月的全国工程质量大检查中，试用了修订的标准方案，同年10月完成了送审稿。为慎重起见，在审定会前，又将送审稿再次发至全国各地区及有关部门征求意见，完善和充实了送审稿，并在北京、天津、石家庄的一些工程上进行试用。1987年3月在贵阳市召开的审定会议上审定通过，经修改后于当年7月份完成了报批稿。主管部门考虑到这套标准的重要性，又决定印成试用本在更大的范围内试用。印发20万册发至全国，经过一年试用后，1988年《建筑安装工程质量检验评定统一标准》等6项标准才批准为国家标准，并自1989年9月1日起施行。

4. 建设部1998年《关于印发一九九八年工程建设国家标准修订、制订计划（第二批）的通知》（建标［1998］244号文），下发了《建筑工程施工质量验收统一标准》的修订任务，由中国建设科学研究院会同中国建筑业协会工程建设质量监督分会等10个单位的13位同志，组成编制组。编制组进行了广泛的调查研究，总结了我国建筑工程质量验收的实践和经验，对原《建筑安装工程质量检验详定统一标准》GBJ 300—88系列标准和《建筑工程施工及验收规范》的内容进行了认真的研究。结合《中华人民共和国建筑法》、《建设工程质量管理条例》中对工程质量管理提出的要求，及《建筑结构可靠度设计统一标准》GB 50068中对工程质量的要求，按照建设部标准定额司提出的《关于对建筑工程质量验收规范编制的指导意见》及"验评分离，强化验收，过程控制，完善手段"的指导思想，以及技术标准中适当增加质量管理内容的要求等，于1999年4月提出了统一标准的修订大纲；1999年6月制订了统一标准的框架，1999年11月完成了统一标准讨论稿；2000年3月完成征求意见稿，发150份至全国征求意见，并召开了三次重点征求意见会；2000年9月完成送审稿；2000年10月通过审定，之后与本系列其他各规范进行了广泛协调，于2001年4月完成报批稿；2001年7月批准《建筑工程施工质量验收统一标准》GB 50300—2001系列规范发行，于2002年1月1日起施行。

5. 建设部2007年《关于印发〈2007年工程建设标准制定、修订计划（第一批）〉的通知》（建标［2007］125号）文下达修订任务，对《建筑工程施工质量验收统一标准》GB 50300—2001进行修订，由中国建筑科学研究院会同有关单位进行修订。修订工作自2007年开始，2013年完成，于2014年6月1日起施行。在广泛调查研究的基础上，征求了该系列其他标准的意见。其章节基本没有变化，对原标准进行了补充和完善，条文文字表述做了改进。

第二节 2001 版修订情况

一、2001 版编制指导思想

1. 建设部标准定额司提出的"验评分离、强化验收、过程控制、完善手段"的编制思想。

本次修订是将有关房屋工程的施工及验收规范和其工程质量检验评定标准合并，组成新的工程质量验收规范体系，实际上是重新建立一个技术标准体系，以统一房屋工程质量的验收方法、程序和质量指标。

验评分离：是将现行的验评标准中的质量检验与质量评定的内容分开，将现行的施工及验收规范中的施工工艺和质量验收的内容分开，将验评标准中的质量检验与施工规范中的质量验收衔接，形成工程质量验收规范。验评标准中的评定部分，主要是为企业操作工艺水平进行评价，为社会及企业的创优评价提供依据。

强化验收：是将施工规范中的验收部分与验评标准中的质量检验内容合并起来，形成一个完整的工程质量验收规范，作为强制性标准，是建设工程必须完成的最低质量标准，是施工单位必须达到的施工质量标准，也是建设单位验收工程质量所必须遵守的规定。其规定的质量指标都必须达到。强化验收体现在（1）强制性标准；（2）只设合格一个质量等级；（3）强化质量指标都必须达到规定的指标；（4）增加检测项目。

其关系见示意图（图 1.2-1）。

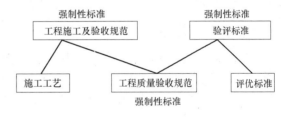

图 1.2-1 强化验收示意图

过程控制：是根据工程质量的特点进行的质量管理。工程质量验收是在施工全过程控制的基础上。一是体现在建立过程中控制的各项制度；二是在基本规定中，设置控制的要求，强化中间控制和合格控制，强调施工必须有操作依据，并提出了综合施工质量水平的考核，作为质量验收的要求；三是验收规范的本身，检验批、分项、分部、单位工程的验收，就是过程控制。重点控制好检验批的验收。

完善手段：以往不论是施工规范还是验评标准，对质量指标的科学检测规定不够，主要是没有检测手段，以致评定及验收中，科学的数据较少。为改善质量指标的量化，在这次修订中，努力补救这方面的不足，主要是从三个方面着手改进。一是完善材料、设备的检测；二是改进施工阶段的施工试验；三是开发竣工工程的抽测项目，减少或避免人为因素的干扰和主观评价的影响。工程质量检测，可分为基本试验、施工试验和竣工工程有关安全、使用功能抽样检测三个部分。

基本试验具有法定性，其质量指标、检测方法都有相应的国家或行业标准。其方法、程序、设备仪器，以及人员素质都应符合有关标准的规定，其试验一定要符合相应标准方法的程序及要求，要有复演性，其数据要有可比性。

施工试验是施工单位内部质量控制，判定质量时，要注意技术条件、试验程序和第三方见证，保证其统一性和公正性。

竣工试验是确认施工检测的程序、方法、数据的规范性和有效性，为保证工程的结构安全和使用功能的完善提供数据。注意统一施工检测及竣工检测的程序、方法、仪器设备等。

2. 管理内容的体现是贯彻有关管理规定的精神，具体是第三章基本规定中的施工现场管理体系，主要是施工的基本程序、控制重点、管理的基本要求等，基本规定的全部条文都是围绕管理提出的。第四章质量验收的划分，第六章验收程序和组织等，也都是管理的内容。这样有利于落实当前有关工程质量的法律、法规、质量责任制等。将《中华人民共和国建筑法》、《建设工程质量管理条例》（以下简称《条例》）的精神进行落实；将《建筑结构可靠度设计统一标准》GB 50068 的技术内容也进行了落实。并考虑参与工程建设的建设单位、勘察设计单位、施工单位、监理单位责任主体的质量责任落实，分清质量责任等。

3. 进一步明确了《建筑工程施工质量验收统一标准》GB 50300（以下简称《统一标准》）及建筑工程各专业质量验收规范服务对象。

这些标准主要服务对象是施工单位、建设单位及监理单位。即施工单位应制订必要措施，保证所施工的工程质量达到《统一标准》的规定；建设单位、监理单位要按《统一标准》的规定进行验收，不能随便降低标准。《统一标准》是施工合同双方应共同遵守的标准。同时，也是参与建设工程各方应尽的责任，以及政府质量监督和解决施工质量纠纷仲裁的依据。

4. 质量验收规范标准水平的确定。

标准编制中水平的确定是标准修订的重要内容，以往都是以全国平均先进水平为准，但这次是施工规范和验评标准的合并，而在这个基础上确定新的验收标准的水平，却是一个很难解决的问题。因为验收规范标准只规定合格一个质量等级，又要求不能将现行的施工及验收规范、检验评定标准的规定降低。验收规范的质量指标取消了 70% 合格，90% 优良的允许偏差项目，规定主控项目各项质量指标必须全部达到。

5. 同一个对象只能制订一个标准，以减少交叉，便于执行。这次质量验收规范的修订，基本能实现这个目标。现在建筑工程施工质量验收规范系列，满足了一个对象一个质量标准的目标。在这个系列中，14 项规范不论是同时修订还是哪一个先修订，因为都是独立的质量标准，都不会发生交叉，都能保证正常使用。

6. 质量验收规范支持体系。以往的"施工规范"、"验评标准"既是独立的体系，又是交叉的，虽然都是国家标准，互相对立，但又不相互支持。修订后的质量验收规范，将推动工程质量的管理。其将形成一个完整的技术标准体系。

（1）《工程建设标准强制性条文》（以下简称《条文》，规范中用黑体字注明），其相当于国际上发达国家的"技术法规"，是强制性的，是将直接涉及建设工程安全、人身健康、环境保护和公共利益的技术要求，用法规的形式规定下来，严格贯彻在工程建设工作中，不执行技术法规就是违法，就要受到处罚。这是《条例》为适应社会主义市场经济要求，工程建设标准管理体制推进改革的关键措施。这种管理体制，由于技术法规的数量相对较少，重点内容比较突出，因而运作起来比较灵活。不仅能够满足建设市场运行管理的需要，而且也会给工程建设的发展、技术的进步创造条件，是我国工程建设标准体制的改革的重要步骤。

同时《条文》推出，是贯彻落实《条例》的一项重大举措。工程质量的重要性告诉我们一定要加强工程建设全过程的管理，要把工程建设和使用过程中的质量、安全隐患消灭。《条例》的发布，对建立新的建设工程质量监督管理制度做出了重大决定，为保证工程质量提供了法律武器。一是对业主的行为进行严格规范，将业主、勘察、设计、施工、监理单位规定为质量责任主体，并将其在参与建设过程中容易出现问题的重要环节做出了明确规定，依法实行责任追究。规定了对施工图设计文件审查制度，施工许可制度，竣工备案制度。并规定了政府对工程质量的监督管理，将以建设工程的质量、安全和环境质量为主要目的，以法律、法规和工程建设强制性标准条文为依据，以政府认可的第三方强制性监督的主要方式，以地基基础、主体结构、环境质量和与此相关的工程建设各方责任主体的质量行为为主要内容的监督制度。二是对执行强制性技术标准条文做出了严格的规定，不执行工程建设强制性技术标准条文的就是违法，根据违反强制性标准条文所造成后果的严重程度，规定了处罚措施。这就打破了以往政府单纯依靠行政手段强化建设工程质量管理的概念，走上了行政管理和技术规定并重来保证建设工程质量的道路，为我国在社会主义市场经济条件下，解决建设工程过程中可能出现的各种质量和安全问题奠定了基础。

（2）《条文》的推出，为改革工程建设标准体制迈出了第一步，工程建设标准化是工程建设实行科学管理，强化政府宏观调整的基础和手段，对确保工程质量和安全、促进工程建设的技术进步、提高工程建设经济效益和社会效益都有重要意义。但是我国长期计划经济体制的约束，工程建设的技术法规虽然起了很大的作用，但是由于标准体系中的强制性标准占现行标准总数的85％以上，有2700多项，总条目达15万条之多，给实施和监督这些强制性标准带来很大困难。一是这么多条数执行难，并且限制了企业的积极性、创造性和新技术的发展；二是处罚尺度难掌握，一般规定与强制性标准难以区分，处罚起来不便操作；三是现行的强制性标准内容杂、数量多，企业无从做起。久而久之，使工程建设标准的执行，打了折扣。《条例》提出了工程建设标准强制性条文，初步形成了技术法规与技术标准相结合的管理体制，技术法规（强制性条文）是强制性的，不执行就要受到处罚。目前房屋建筑部分的强制性条文，是从84项标准中摘录出来的，原条文有近1.6万条之多，现在强制性条文是1544条，其中施工部分为304条，这样数量相对较少，重点突出执行起来就比较容易。

（3）《条文》的推出，是保证和提高建设工程质量的重要环节。强制性条文批准颁布实施，并明确了《条文》是参与工程建设活动各方执行和政府监督的依据；《条文》必须严格执行，如不执行，政府主管部门应按照《条例》规定，给予相应的处罚。造成工程质量事故的，还要追查有关单位和责任人的责任。建设部的81号部令发布了《工程建设强制性标准实施监督管理规定》，用部门规章的形式规定下来。

（4）建立以验收规范为主体的整体施工技术体系（支撑体系），以保证本标准体系的落实和执行。

这样就使工程建设技术标准体系有了基础，发挥了全行业的力量来为建设工程的质量而努力，从而达到用全行业的力量共同来搞好工程质量的目标，使行业得到了进一步的发展。

二、建筑工程质量验收规范系列标准框架体系各规范名称

1. 《建筑工程施工质量验收统一标准》GB 50300—2001；
2. 《建筑地基基础工程施工质量验收规范》GB 50202—2002；
3. 《砌体工程施工质量验收规范》GB 50203—2002；
4. 《混凝土结构工程施工质量验收规范》GB 50204—2002；
5. 《钢结构工程施工质量验收规范》GB 50205—2002；
6. 《木结构工程施工质量验收规范》GB 50206—2002；
7. 《屋面工程质量验收规范》GB 50207—2002；
8. 《地下防水工程质量验收规范》GB 50208—2002；
9. 《建筑地面工程施工质量验收规范》GB 50209—2002；
10. 《建筑装饰装修工程质量验收规范》GB 50210—2001；
11. 《建筑给水排水及采暖工程施工质量验收规范》GB 50242—2002；
12. 《建筑采暖与煤气工程质量验收标准》GBJ 302—88 中的"煤气工程"部分；
13. 《通风与空调工程施工质量验收规范》GB 50243—2002；
14. 《建筑电气工程施工质量验收规范》GB 50303—2002；
15. 《电梯工程施工质量验收规范》GB 50310—2002；
16. 《智能建筑工程质量验收规范》GB 50339—2003。

三、验收规范本身修改的主要内容

1. 验收规范的技术标准中增加了一定比例的质量管理的内容，除了前边讲的基本规定、一般规定的内容外，301 条的验收内容，是确保工程质量，保证工程顺利进行，提高工程管理水平和经济效益的基础工作。附录 A 表由施工单位现场主管人员填写，实际是提醒施工人员核查施工管理的软件情况，不能像以往那样盲目上马施工。附录 A 表由总监理工程师检查，签字认可，目的是督促检查施工单位做好施工前的准备工作。监理单位开工的首要工作就是检查附录 A 表中规定的内容，为监理工作开好头，也为今后的继续监理工作打下良好基础。

2. 在建筑工程质量验收的划分上，增加了子单位工程、子分部工程和检验批。原《建筑安装工程质量检验评定统一标准》GBJ 300—88 验评标准，质量验收的划分只有单位工程、分部工程和分项工程。这次质量验收规范的编制，结合建设工程的单位工程的规模大和施工单位专业化的实际情况，为了大型单体工程能分期分批验收，及早形成固定资产投入使用，提高社会投资效益，一个单位工程可将能形成独立使用功能的部分作为一个子单位工程验收，只要能满足使用要求，一个单位工程可分为几个子单位工程分期验收。

同时，由于工程体量的增大，工程复杂程度的增加，参与建设的专业公司不断增多，增加了子分部工程的验收，就是按材料种类、施工特点、施工程序、专业系统及类别等，将能形成验收质量指标，对工程质量做出评价，既及时得到质量控制，又给承担施工的单位做出评价。在子分部工程评价指标中，增加了资料核查和观感质量的验收，对于竣工质量的抽查检测工作，凡能在分部（子分部）中检测的尽量放在分部（子分部）检测。这是对该施工单位的总体评价。对其来讲，相当于竣工验收，实际是将竣工验收的一些内容提前了。

检验批的提出。原"验评标准"中只有分项工程，但一个分项工程分为几次的分批验

收，没有一个明确的说法，致使在叙述时，经常发生混淆。如一个6层砖混结构的主体分部工程有砌体分项、钢筋分项、混凝土分项、模板分项等，但砌体分项，每层验收一次，计验收6次，每次都为砌体分项工程。在原"验评标准"中只好将前边的砌体分项工程称为分项工程名称，后边的6个验收批叫分项工程。在参照产品检验分批验收做法的基础上，这次修订时，将分项工程就确定为分项工程，对分层验收的明确为检验批，就是将一个分项工程分为几个检验批来验收，这样层次就分清了。

3. 检验批只设主控项目和一般项目两个层次的质量指标，原"验评标准"的分项工程设有保证项目、基本项目和允许偏差项目三个指标。其重要程度依次降低，由于允许偏差项目排在最后，就认为是最不重要的检验项目。执行中有的对其不重视，有的又对其作为合格、优良的重要依据。实际情况是允许偏差项目中，有重要的，也有次要的，如柱、墙的垂直度，轴线位移，标高等，对工程的结构质量有重大影响，应严格控制。再就是允许偏差实行70%合格，90%优良，给工程质量造成了不可忽视的漏洞，这样处理起来比较困难。检验批改为2个质量指标后，可将影响结构安全和重要使用功能的允许偏差列入主控项目，必须达到规定指标；多数放在一般项目，给予控制，并列出极限指标，一般为1.5倍，且只能有20%的检查点超出，不能无限制超标。对一些次要的项目，可放入企业标准去控制，充分发挥企业的积极性。

4. 增加了竣工项目的见证取样检测和检测资料核查及结构安全和功能质量的抽测项目。见证取样国家已有规定，其方法都为基础试验方法，只是规定了见证取样和送检检测。但对竣工抽测项目是新的开展，由分部（子分部）、单位（子单位）工程中进行核查和抽测，项目由各分部（子分部）工程提出，有的在分部（子分部）验收时就进行了检查和抽测，到单位（子单位）工程时就是核查了，个别项目也可到单位（子单位）工程时抽测。这些措施是增加工程质量验收的科技含量，提高验收的科学性，也是真实反映工程质量的必要验收手段，落实"完善手段"的要求。这些项目已在附表G.0.1-3验收表中列出了。各分部（子分部）工程中，也给予明确。

5. 增加了施工过程工序的验收。以往对一些过程工序质量只进行一般查看，由于其不是工程的本身质量，不列入验收内容。这些项目在以往的验收中，在一定程度上给予弱化。实际这些项目对工程质量影响很大，有的是直接的，有的是间接的，但其影响都很重要，这次"质量验收规范"都将其列为验收的分项工程或子分部工程，应该按规定进行验收。其主要是：土方工程的有支护土方子分部所含各分项工程，排桩、降水、排水、地下连续墙、锚杆、土钉墙、水泥土桩、沉井与沉箱、钢及钢筋混凝土支撑等，作为基础工程的子分部工程来验收；钢筋混凝土工程的模板工程，也作为分项工程来验收；电梯工程的设备进场验收，土建交接检验等项目也作为分项工程来验收。验收对保证工程质量有重要作用，施工单位必须把这些项目的工程质量搞好，对这些项目的验收，也有利于分清质量责任。

6. 在工程质量验收过程中，落实了工程质量的终身责任制，有了很好的可追溯性。单位工程验收签字的单位和人员，与国家颁发的工程质量竣工验收备案文件的规定一致，建设单位、监理单位、施工单位、设计单位、勘察单位，其代表人是建设单位的单位（项目）负责人。监理单位的总监理工程师、施工单位的单位负责人（或委托人）、设计单位的单位（项目）负责人及勘察单位的单位（项目）负责人。通常这些单位的公章和签字的负责人应该与承包合同的公章和签字人相一致。分部（子分部）工程验收签字人，有监理单位的应由监理单位的总监理工程师代表建设单位签字验收，设计单位的项目负责人、地基基础还有勘察单位的项目负责人，主体结构有设计的单位项目负责人，施工单位、分包单位应由项目经理来签字。检验批、分项工程的验收分别由施工单位的项目专业质量员和项目专业技术负责人进行检查评定，监理单位的监理工程师签字验收。这样各个层次的施工质量负责人和质量验收负责人都比较明确，谁签字谁负责，便于层层追查，责任层层落实，落实到具体人员。

在验收过程中规定，必须是施工单位先自行检查评定合格后，再交付验收，检验批、分项工程由项目专业质量检查员，组织班组长等有关人员，按照施工依据的操作规程（企业标准）及质量验收规范进行检查、评定，符合要求后签字，交监理工程师验收。分项工程由专业项目技术负责人签字，然后交监理工程师验收签认。对分部（子分部）工程完工后，由总承包单位组织分包单位的项目技术负责人、专业质量负责人、专业技术负责人、质量检查员、分包单位的项目经理等有关人员进行检查评定，达到要求后各方签字，然后交监理单位进行验收，监理单位应由总监理工程师组织专业监理工程师，总承包单位、分包单位的技术、质量部门负责人、专业质量检查人员、项目经理等人员进行验收，地基基础验收还应请勘察单位参加。总监理工程师认为达到验收规范的要求后，签字认可。分部（子分部）工程质量验收内容包括：所含检验批、分项工程的验收都必须合格。质量控制资料完整，安全和功能检验（检测）报告核查及抽测项目的抽测结果情况以及观感质量验收合格。

7. 不合格工程的处理更加明确了。这是与《建筑安装工程质量检验评定标准》GBJ 300—88 验评标准比较来讲的。当建筑工程质量不符合要求时处理，多数是发生在检验批，也有可能发生在分项或分部（子分部）工程。对不符合要求的处理分为五种情况。

（1）经返工重做或更换器具、设备的，应重新进行验收；

（2）当不符合验收要求，须经检测鉴定时，经有资格的检测单位检测鉴定能够达到设计要求的检验批，应予以验收；

（3）经有资格检测单位检测鉴定达不到设计要求，但经原设计单位核算，认可能够满足结构安全和使用功能的检验批，由设计单位出正式核验证明书，由设计单位承担责任，可予以验收，是有一定缺陷的合格。以上三款都属于合格验收的项目；

（4）不符合验收要求，经检测单位检测鉴定达不到设计要求，设计单位也不出具核验证明书的，经与建设单位协商，同意加固或返修处理，事前提出加固返修处理方案，按照方案经过加固补强或返修处理的分项、分部工程，虽改变外形尺寸，但仍能满足结构安全和使用功能，可按技术处理方案或协商文件进行验收。这对达不到验收条件的工程，给出了一个处理出路，因为不能将有问题的工程都拆掉。这款应属于不合格工程的验收，工业产品称为让步接受。

（5）经过返修或加固处理仍不能达到满足结构安全和使用要求的分部工程、单位工程（子单位工程），不能验收。尽管这种情况不多，但一定存在，这种情况的工程严禁验收，不能流向社会。

8. 抽样方案的规定。3.0.4 条、3.0.5 条对检验批质量检验时，抽样方案提出了原则要求。固定一个百分率抽样的方案不科学，由于母体数量大小不一，按一个固定的百分率来抽样，其判定合格的差别较大，不少专家提出了很好的意见。由于建筑工程各检验批的情况差别较大，很难使用某种抽样方案，故在统一标准中，提出了常用的抽样方案，供各专业质量验收规范编写时选用，这就是计量、计数或计量计数等抽样方案；一次、二次或多次抽样方案；调整型抽样方案；全数抽样方案以及经验抽样方案等。并且提出了对生产方风险（或错判概率）和使用方风险（或漏判概率）的原则要求。这些抽样方案在验收规范中都分别采用了，但对各检验批来讲，在各专业质量验收规范中没有广泛采用，多数采用了全数检验方案和经验抽样方案。

四、在 1998 年修订时当下的问题

由于煤气介质的种类增加，且其质量要求与给排水要求不同，建设部标准定额司确定将原 88 标准中的《建筑采暖卫生与煤气工程质量验评标准》GBJ 302—88，划分为两个分部工程。即《建筑给水排水及采暖工程施工质量验收规范》和《建筑燃气工程施工质量验收规范》。当时由于燃气工程施工质量验收规范修订组迟迟没有组织起来。所以，在 2002 年 3 月 15 日，建设部以建标［2002］62 号批准《建筑给水排水及采暖工程施工质量验收规范》GB 50242—2002 时，只得将原《建筑采暖卫生与煤气工程质量验评标准》GBJ 302—88 中有关"采暖卫生工程"部分同时废止。对"煤气工程"部分还继续执行原《建筑采暖卫生与煤气工程质量验评标准》GBJ 302—88 中的第五章室内煤气工程和第九章室外煤气工程的标准。

在《建筑工程施工质量验收统一标准》GB 50300—2001 系列标准批准执行后，由于各方面原因，在贯彻落实该标准中，未能将情况说明，在后来发现后，已经来不及修改标准，只在该系列标准的培训教材中说明，2007 年修订 GB 50300 时，也没有考虑这个问题。

第三节　2013 版《建筑工程施工质量验收统一标准》修订的主要内容

一、修订依据

《建筑工程施工质量验收统一标准》GB 50300—2001 在执行 7 年的过程中，由于建筑技术发展快，很多新技术已应用到建筑工程中，社会对工程质量要求提高，对环境环保的要求提高等。建设部 2007 年《关于印发〈2007 年工程建设标准制定·修订计划（第一批）〉的通知》建标［2007］125 号文的要求，由中国建筑科学研究院会同有关单位对《建筑工程施工质量验收统一标准》GB 50300—2001 进行修订。

本标准修订的依据没有变，仍与 2001 标准一样依据《中华人民共和国建筑法》、《建设工程质量管理条例》和《建筑结构可靠度设计统一标准》GB 50068 及有关施工规范及技术标准等。

1. 《建筑法》从建筑市场建筑活动的全过程进行了规范。对工程质量安全提出了原则要求。但其规范范围是建筑工程，更侧重于住宅建筑工程。

2. 《建设工程质量管理条例》管理范围包括了所有建设工程，土木工程、建筑工程、线路管道和设备安装工程及装修工程；对工程的质量管理建立了有关的各项制度；从管理方面提出了建筑工程质量控制的原则。主要内容：

（1）建设单位、勘察单位、设计单位、施工单位、工程监理单位质量责任主体单位；

（2）县级以上人民政府建设行政主管部门和其他有关部门应加强对建设工程质量的监督管理；

（3）严格执行基本建设程序，坚持先勘察、后设计、再施工的原则；

（4）国家鼓励采用先进科学技术和管理办法，提高工程质量；

（5）施工许可制度；

（6）施工图设计文件审查制度；

（7）将工程技术标准强制性条文列入执法法制制度；

（8）工程监理制度；

（9）建设单位施工验收制度；

（10）工程保修制度；

（11）政府对工程质量监管制度等。

这些规定有待我们在各项规范及活动中去落实执行。

3.《建筑结构可靠度设计统一标准》GB 50068 是建筑结构设计规范的依据，是建筑设计文件要求达到的质量要求，验收施工质量，以及工程使用期间管理要达到的要求。其从技术上提出了建筑工程质量控制的原则。主要内容：

（1）设计基准期为 50 年；设计使用年限为 5 年、25 年、50 年及 100 年；

（2）结构在规定的设计使用年限内应具有足够的可靠度，应满足下列功能要求：

① 在正常施工和正常使用时，能承受可能出现的各种作用；

② 在正常使用时具有良好的工作性能；

③ 在正常维护下具有足够的耐久性；

④ 在设计规定的偶然事件发生时及发生后，仍能保持必需的整体稳定性。

（3）建筑物中各类结构构件的安全等级，宜与整个结构的安全等级相同。

（4）为保证建筑结构具有规定的可靠度，除应进行必要的设计计算外，还应对结构材料性能、施工质量、使用与维护进行相应的控制。

（5）第八章专门提出了质量控制要求，勘察设计的质量控制、材料制品的质量控制、施工的质量控制、使用及维护的质量控制。

① 勘察设计的控制：

勘察资料应符合工程要求，数据准确，结论可靠；

设计方案基本要求，计算模型合理，数据应用正确；图纸和设计文件符合有关规定。

② 材料及构件质量控制：

生产控制：保持生产过程质量的稳定性；

合格控制：采取抽样检验的方法。

③ 施工质量控制：

工序质量实行自检，工序间交接检查。工序操作和中间的产品质量，应采用统计方法进行抽查；在结构的关键部位应进行系统检查。

④ 建筑结构使用期间质量控制：

定期检查结构情况，进行必要的维修。使用条件和设计规定条件不同时，还可进行验算。

二、修订过程及主要内容

1. 修订过程

因为《统一标准》是各专业验收规范编制的统一准则，各专业验收规范需要与《统一标准》配套使用，在标准编制过程中，组成了有各方代表的编制组，并与专业验收规范主编单位密切沟通、联系，重要的标准编制会议邀请专业验收规范主编人员参加，共同讨论标准条文，为《统一标准》与专业验收规范的协调统一打下良好基础。

2. 这次修订的主要内容

原标准的编制原则没有改变，体系框架没有大的改变，本次统一标准的修订主要对以下几个方面进行了修订：

(1) 增加符合条件时，可适当调整抽样复查、试验数量的规定；

(2) 增加制订专项验收要求的规定；

(3) 增加检验批最小抽样数量的规定；

(4) 增加建筑节能分部工程，增加铝合金结构、地源热泵系统等子分部工程；

(5) 修改主体结构、建筑装饰装修等分部工程中的分项工程划分；

(6) 增加计数抽样方案的正常检验一次、二次抽样判定方法；

(7) 增加工程竣工预验收的规定；

(8) 增加勘察单位应参加单位工程验收的规定；

(9) 增加工程质量控制资料缺失时，应进行相应的实体检验或抽样试验的规定；

(10) 增加检验批验收应具有现场验收检查原始记录的要求。

同时，对一些条文的内容进行了完善和补充。对条文的文字表述也做了修改，对表格式样的内容也做了调整。

修改主要内容的说明，这里不叙述，后边条文解读时说明。

三、《统一标准》的主要内容

建筑工程施工质量验收系列标准，《统一标准》，主要内容包括技术内容和管理内容两个方面，又有为各专业规范制订质量验收的统一准则及单位工程质量验收的内容。各专业规范主要是检验批、分项、分部工程质量验收。

各专业验收规范以技术内容为主，详细规定了各项验收的检查项目、抽样数量、检查方法、合格判定标准等。《统一标准》技术内容较少，主要规定的是工程验收的原则要求。制订了建筑工程验收的统一准则，由各专业验收规范遵照执行。同时，《统一标准》对施工中常见的问题给出统一的解决方案，与专业验收规范之间有明确的任务分工。并规定了单位工程质量具体规定。《统一标准》的主要任务如下：

1. 质量验收的划分

各专业验收规范都是按照检验批、分项工程、分部（子分部）工程的方式验收，各规范工程验收的划分方式由统一标准统一规定，规定划分原则和方法并列出了附录 B 表，由各专业验收规范执行。

2. 质量验收的项目

从检验批、分项工程、分部（子分部）工程的质量验收项目统一标准作了原则规定，其具体内容由各专业验收规范来完成。单位工程的质量验收项目，由统一标准来完成的，检验批、分项工程，分部（子分部）工程将有关验收项目由各专业验收规范规定，完成验收合格后，由统一标准来具体完成单位工程质量验收。

3. 质量验收的程序及组织

质量验收的检验批、分项、分部（子分部）工程等，验收时由哪个单位组织及哪些单位参加，对验收参加人员提出的资格要求，为统一各专业验收规范的做法，需要由《统一标准》统一规定。

4. 验收表格的基本格式

验收记录表格是各层次质量验收的成果体现，在验收中十分重要，资料缺失将影响下一环节的验收。单位工程竣工后，这些资料还要整理完整，作为工程竣工资料的重要内容，大部分资料需要归档长期保存。《统一标准》应推荐常用验收表格的统一格式。本标准规定了检验批、分项、分部（子分部）、单位（子单位）工程验收表格的基本格式。

5. 检验批抽样方案

检验批的验收是质量验收的基础内容，是体现过程控制的重要手段，其抽样方案决定判定公平的先决条件。在各工程之间应相对统一，在一个单位工程中应相对统一。《统一标准》举出了常用的抽样方法，供各专业验收规范选用；对验收时常用的计数抽样最小抽样数量提出了具体的抽样数量表格，供各专业验收规范检验批抽样选用。

同时，对检验批的一般项目规定了一次、二次抽样方案，提出了错误概率5％，误判概率10％，使工程产品向工业产品靠近，增加了工程的产品含量。

6. 规定了其他统一准则

（1）建筑材料、构配件设备的进厂检验，见证检验、复试等统一准则。

（2）规定了工序质量控制的要求，工序施工自检符合规定，或交接检符合规定，才能进行下道工序，并做好记录。

（3）规定了质量验收的基本要求。

① 工程质量验收均应在施工单位自检合格的基础上进行；

② 参加工程施工质量验收的各方人员均应具备相应的资格；

③ 检验批的质量应按主控项目和一般项目验收；

④ 对涉及结构安全、节能、环境保护和主要使用功能的试块、试件及材料，应在进场时或施工中按规定进行见证检验；

⑤ 隐蔽工程在隐蔽前应由施工单位通知监理单位进行验收，并应形成验收文件，验收合格后方可继续施工；

⑥ 对涉及结构安全、节能、环境保护和使用功能的重要分部工程，应在验收前按规定进行抽样检验；

⑦ 工程的观感质量应由验收人员现场检查，并应共同确认。

（4）验收合格的基本条件。

① 符合工程勘察、设计文件的要求；

② 符合本标准和相关专业验收规范的规定。

（5）规定了施工质量不符合要求时的处理方法。

① 经返工或返修的检验批，应重新进行验收；

② 经有资质的检测机构检测鉴定能够达到设计要求的检验批，应予以验收；

③ 经有资质的检测机构检测鉴定达不到设计要求，但经原设计单位核算认可能够满

足安全和使用功能的检验批，可予以验收；

④ 经返修或加固处理的分项、分部工程，满足安全及使用功能要求时，可按技术处理方案和协商文件的要求予以验收。

⑤ 工程质量控制资料应齐全完整。当部分资料缺失时，应委托有资质的检测机构按有关标准进行相应的实体检验或抽样试验。

（6）规定了经返修或加固处理仍不能满足安全或重要使用要求的分部工程及单位工程，严禁验收。并且规定为强制性条文。

7. 规定了单位工程的验收规定

单位工程质量的验收是由统一标准规定进行的。

（1）规定具备独立施工条件并能形成独立使用功能的建筑物为一个单位工程；可将能形成独立使用功能的部分，划分为一个子单位工程。

（2）单位工程的验收有 4 部分内容。一是在各分部工程验收合格符合设计及标准规范，在此基础上进行综合验收；二是质量控制资料核查；三是安全和使用功能核查及抽查，各项目都应符合相关规定；四是观感质量验收。

（3）单位工程应由建设单位组织验收，首先施工单位自检合格后，其次由总监理工程师组织预验收，再由建设单位组织正式验收。

（4）建设单位收到施工报告后组织监理、施工、设计、勘察等单位项目负责人进行单位工程验收，并列为强制性条文。

第二章 《建筑工程施工质量验收统一标准》
GB 50300—2013 条文解释

第一节 总则及术语

总则有 3 个条文，术语有 17 个。

一、总则

1. 1.0.1 条条文：为了加强建筑工程质量管理，统一建筑工程施工质量的验收，保证工程质量，制订本标准。

条文解释：

说明本标准编制宗旨和编制依据。宗旨条文写明了为加强建筑工程质量管理，统一建筑工程施工质量的验收，保证工程质量。其未注明编制的主要依据是：《中华人民共和国建筑法》、《建设工程质量管理条例》和《建筑结构可靠度设计统一标准》GB 50068，其中还包括建筑工程质量管理的法规和技术依据的标准。

2. 1.0.2 条条文：本标准适用于建筑工程施工质量的验收，并作为建筑工程各专业验收规范编制的统一准则。

条文解释：

本标准的适用范围特点是两个方面。一是涉及建筑工程质量验收的管理和质量验收的技术内容；二是本标准是包括建筑工程质量验收各专业规范编制遵守的统一准则，有自己质量验收内容，建筑工程的单位工程的质量验收是在"统一标准"中。

3. 1.0.3 条条文：建筑工程施工质量验收，除应符合本标准外，尚应符合国家现行有关标准的规定。

条文解释：

本标准与其他标准的关系。首先，本标准应与建筑工程质量验收的各专业规范配套使用，本规范是各专业质量验收规范编制的统一准则。各专业规范是建筑工程施工质量分项、分部、（子分部）工程质量验收的具体质量指标和验收程序；应用标准时应相互协调，满足二者的要求，而单位工程的质量验收程序在本规范中。

其次，本系列质量验收规范的规定施工过程、施工工序、检验批、分项工程、分部工程本身的质量指标及验收规则。其使用的材料、构配件及设备的质量要求，应按各种材料自身的产品标准来确定、验收，作为材料的进场验收依据。建筑用材料、构配件及设备的产品标准种类很多，质量验收规范应参照执行。

最后，本标准及配套各专业质量验收规范的编制依据还包括建设行政主管部门颁发的有关工程质量管理的规章、施工规范、技术规程、操作规程、工艺标准、检测技术标准、试验方法技术标准，以及建筑绿色施工规范、建筑工程质量评价标准等。

本标准及配套的各专业验收规范的落实和执行，尚应执行其他标准、规范，其互相关系如图 2.1-1 所示。

质量验收规范不是单独的一个质量验收系列，落实贯彻这个系列规范，必须建立一个全行业的技术标准体系。质量验收规范必须有企业的企业标准作为施工操作、上岗培训、质量控制和质量验收的基础，来保证质量验收规范的落实。同时，要达到有效控制和科学管理，使质量验收的指标数据化，必须有完善的检测试验手段、试验方法和规定的设备等，这样才有可比性和规范性。另外，政府的质量管理应达到合格，如果企业要发挥自己的积极性，提高社会信誉，创出更高质量的工程，政府还应有一个推荐性的评优良工程的标准，供企业来自行选用。这就促进了建筑工程施工质量水平的提高。

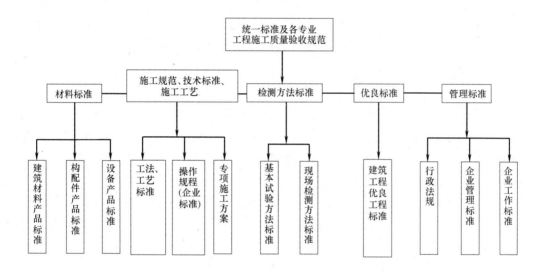

图 2.1-1 工程质量验收规范与其他标准、规范关系

二、术语

本章给出 17 个术语。本标准的术语是从本标准的角度赋予其含义的，术语所指工程内容的含义是从本规范的要求提出的。为了统一有关重点过程、环节的叙述，简化标准条文，便于读者理解等。这 17 个术语是本标准有关章节条文所引用，也是建筑工程各专业验收规范引用的。其他标准规范只能参照引用。

由于术语是按标准需要给予其工程内容的，即各个规定不用再详细说明及逐个解释。

第二节 基 本 规 定

本规范的第三章基本规定和其他工程技术规范的基本规定一致。本章是将本规范的重要内容、重要环节、重要思路给予明确，起到了承上启下的作用。主要重点，一是将建筑工程质量验收控制措施提出统一的基本要求；二是提出全过程进行质量控制的主导思路重点落实在检验批；三是将检验批的检验项目抽样方案给予明确和统一，并由一般项目规定一、二次抽样判定方案。

1.3.0.1 条条文：施工现场应具有健全的管理体系、相应的施工技术标准、施工质量检验制度和综合施工质量水平评定考核制度。施工现场质量管理可按本标准附录 A 的要求进行检查记录。

条文解释：

本条规定了施工现场应在正式开工前具备必要技术条件和准备工作，以保证工程开工以后能保证施工质量管理的正常进行和保证工程能连续施工，达到保证工程质量。规定了四项基本制度和附录 A 现场质量管理的技术要求。

施工单位应建立必要的质量管理制度，推行生产控制和合格控制的全过程质量控制。

应有健全的生产控制和合格控制的质量管理体系，对原材料控制、工艺流程控制、每道工序质量控制、施工操作控制。每道工序质量检查、工序间交接检验及工种之间中间交接环节的管理控制。

建立健全的质量管理体系，包括有效的管理制度，达到有关技术措施能落实下去，出现不规范的行为能及时发现并纠正，具有纠错的能力。

具备该工程相应的施工技术标准，主要应有该工程质量的验收标准和操作规程。能及时对照标准，对工程质量依标准验收。依据操作规程保证工程质量，按规程操作。这是最基本的要求，保证施工有标准，否则就是无标准生产。

具备施工质量检验制度，在施工组织设计和施工方案编制时，应包括满足施工图设计和功能要求的抽样检验制度等。应对工程质量的检验、试验、检测制定检测计划，包括三个方面：一是保证建筑材料、构配件、设备复验合格后，才能用上工程；二是保证施工过程的施工试验检测，符合控制施工要求；三是保证工程完工后对工程部位、构件、系统进行检测，检测工程安全和使用功能，达到质量验收的规定。体现"完善手段"的原则。

施工单位应通过内部审核与管理的评估，找出管理体系中不完善、薄弱环节，使管理制度进行改进、完善。

综合施工质量水平评定考核制度，是体现质量管理体系完善程度的标志。是不断改进措施，跟踪检查落实，使质量管理不断完善和健全的有效手段。在施工达到一个阶段，或一个系统完成施工，或一个工程完工后，要反思、评定一下在施工过程中的有关管理制度、质量控制措施，实际达到的质量水平，是否达到了计划的目标。改进管理制度、控制措施，使其更完善，下次的工程质量水平会更高，体现管理制度不断完善改进的能力。

同时，为了开工时能做好施工技术准备，又提出了附录表 A，在正式开工前，由总监理工程师进行检查验收，使一个工程项目施工技术准备工作有了可操作性，在一定程度上起到施工技术许可证的作用。其中 13 项内容，包括了一个施工现场应具备的最基本的技术准备工作。提高企业管理水平、施工技术、管理制度和企业的经济效益。

附录 A 施工现场质量管理检查记录

表 A 施工现场质量管理检查记录

开工日期：

工程名称			施工许可证号	
建设单位			项目负责人	
设计单位			项目负责人	
监理单位			总监理工程师	
施工单位		项目负责人	项目技术负责人	
序号	项目		主要内容	
1	项目部质量管理体系			
2	现场质量责任制			
3	主要专业工种操作岗位证书			
4	分包单位管理制度			
5	图纸会审记录			
6	地质勘察资料			
7	施工技术标准			
8	施工组织设计、施工方案编制及审批			
9	物资采购管理制度			
10	施工设施和机械设备管理制度			
11	设计设备配备			
12	检测试验管理制度			
13	工程质量检查验收制度			
14				
自检结果：			检查结论：	
施工单位项目负责人：　　　　　年　月　日			总监理工程师：　　　　　年　月　日	

2.3.0.2条条文：未实行监理的建筑工程，建设单位相关人员应履行本标准涉及的监理职责。（这是新调整的条文。）

条文解释：

本条是新增条款。国家对建设工程鼓励实行监理，主要考虑到建设单位来自各行各业，对工程质量的管理可能不专业，监理单位人员专业齐全，可以更好地对工程质量予以把关，对检验批、分项、分部工程的质量验收均要求由监理单位组织，赋予监理单位很大的权力和责任，同时监理单位也要对工程的质量与安全承担相应的责任。但国家不是强制所有工程都必须实行监理，根据《建设工程监理范围和规模标准规定》（建设部令86号）

17

规定，如下工程应当实行监理：

    （1）国家重点建设工程；

    （2）大中型公用事业工程；

    （3）成片开发建设的住宅小区工程；

    （4）利用外国政府或者国际组织贷款、援助资金的工程；

    （5）国家规定必须实行监理的其他工程。

    对于该规定包含范围以外的一些中小工程，允许由建设单位自行完成相应的施工质量控制及验收工作，完成标准中监理单位的工作。本条编制的目的是与建设部令要求相一致。

    另外，根据《条例》第十二条：实行监理的建设工程，建设单位应当委托具有相应资质等级的工程监理单位进行监理，也可以委托具有工程监理相应资质等级，并与被监理工程的施工承包单位没有隶属关系或者其他利害关系的工程进行监理。

    由此可见，实行监理的建筑工程，也不一定由监理单位进行监理，也可以由该工程的设计单位进行监理。

    本条规定对建设单位没有实行监理的工程，建设单位应有相应的工程技术人员，负起工程质量管理的责任，履行监理的职责。建设单位是工程的甲方，按市场管理其应对所建工程的质量负首要责任。在施工现场的管理中，由于多数建设单位管理技术力量不足，推行监理制度，为建设单位提供技术服务。政府颁发了专门文件，规定了监理的工程范围，对未实行监理的工程，建设单位要负起施工现场的监理的责任。主要是质量控制措施的检查认可，施工质量的按标准验收等。

    3.3.0.3 条条文：建筑工程的施工质量控制应符合下列规定：

    1 建筑工程采用的主要材料、半成品、成品、建筑构配件、器具和设备应进行进场检验。凡涉及安全、节能、环境保护和主要使用功能的重要材料、产品，应按各专业工程施工规范、验收规范和设计文件等规定进行复验，并应经监理工程师检查认可；

    2 各施工工序应按施工技术标准进行质量控制，每道施工工序完成后，经施工单位自检符合规定后，才能进行下道工序施工。各专业工种之间的相关工序应进行交接检验，并应记录；

    3 对于监理单位提出检查要求的重要工序，应经监理工程师检查认可，才能进行下道工序施工。

    条文解释：

    施工质量过程控制的规定重复体现了本标准编制原则的"过程控制"。把好施工质量关，主要有三个方面：

    第一，对建筑材料、构配件、成品、非成品、器具、设备的进厂检验。包括材料的数量、品种、规格、外观质量等，以及必要的性能检测，以保证进场质量，并形成进场验收记录表格。保证材料进场与订货合同要求的一致。对涉及结构安全，节能、环保和主要使用功能的，应按各专业施工规范、质量验收规范、设计文件的要求对其技术性能进行复试。复试包括两个方面：一是进场时的复试，用一般手段检查不能了解其技术性能时应进行进场抽样试验，以了解材料质量情况和分清合同双方的质量责任，达不到要求的不得进入现场；二是材料使用前的复试，有些材料在进场是合格的，由于进入施工现场放置了一定时间的影响，以及保管条件的影响，可能会降低质量，如水泥、保温材料、防水材料等。在使用前必须进行复试，使合格的材料用在工程上，保证工程质量，不合格的不得使用；三是对涉及结构安全、节能、环保的材料检测，要求进行见证的，应按规定进行见证取样送检。

第二，控制好施工过程的质量。施工质量的控制应从工序质量开始，要采取有效措施，编制施工技术措施，工艺标准、企业标准等来规范操作技术。将每道工序质量控制好，分项，分部及单位工程的质量就控制好了，这是工程质量控制的基础。在每道工序施工完后，施工单位应进行自检，符合规定后，才能进行下道工序，并做好检查记录。对于下道工序是其他班组，或其他专业工种之间的相关工序的交接施工，应进行交接检验。前道工序施工班组应保证自己施工的质量，为下道工序提供良好的条件，下道工序施工班组，应检查认可上道工序的质量是符合规定的，在保证施工条件的基础上确保自己施工工程的质量，并保护上道工序的质量不受到损害，做好质量交接记录，以明确质量责任。使各工序之间和各专业工种之间形成一个有机的整体，使单位工程质量达到标准的要求。

第三，对一些重要工序监理单位提出检查的，不论是工序自检或交接检，都应报监理检查认可后，才能进行下道工序施工。对提交监理检查认可的工序质量，在施工单位完成施工后，应先进行自行检查评定合格，并形成记录表格，才能提交监理单位检查认可，并经监理工程师签认，才能进行下道工序施工，以确保过程控制的落实。

4.3.0.4 条条文：符合下列条件之一时，可按相关专业验收规范的规定适当调整抽样复验、试验数量，调整后的抽样复验、试验方案应由施工单位编制，并报监理单位审核确认。

1 同一项目中由相同施工单位施工的多个单位工程，使用同一生产厂家的同品种、同规格、同批次的材料、构配件、设备；

2 同一施工单位在现场加工的成品、半成品、构配件用于同一项目中的多个单位工程；

3 在同一项目中，针对同一抽样对象已有检验成果可以重复利用。（这是这次修订的重点内容之一。）

条文解释：

第1款和第2款设置的主要目的是对用于同一项目中不同单位工程，进场材料、设备及现场加工制品，符合条件的情况下允许适当扩大抽样数量，减少抽检试验数量，以降低工程成本。这是考虑这些材料、设备属于同一批次或按相同工艺加工，质量性能基本一致，按单位工程取样、送检试验的必要性不大。因此规定可适当扩大批数量，只要能控制质量是可行的，但对调整试样的方式必须予以控制，避免随意。条文中设定前提要求，首先，应符合专业验收规范要求，本条只给出允许调整的条件，至于如何调整，试验频次降低多少，应由专业验收规范的具体情况确定；其次，调整的方案应由施工单位编制，并报监理单位审核确认。施工或监理单位认为必要时，也可不调整抽样复验、试验数量或不重复利用已有检验成果。

根据目前工程验收情况，第3款规定存在同一个验收项目的验收记录、试验报告等资料在不同位置存档的情况。以门窗工程为例，装修工程验收时需要对外窗进行气密性、水密性、抗风压性的三性试验，节能工程验收时，需要提供外窗气密性试验报告，因此根据本条要求，不同专业验收时，可以不用重复进行试验，同一份外窗气密性试验报告可分别用于装修工程、节能工程验收使用。

要注意的是本条应用的对象为采购的产品及现场加工制作的制品，不包括施工现场施工安装的项目，如结构实体混凝土强度、钢筋保护层厚度等仍需要按照单位工程的要求进行检验，不能调整抽样数量，因为这些项目的质量与施工操作有关，结构实体混凝土强度不但与浇筑混凝土的配比有关，还与振捣、养护等施工因素有关，单位工程之间可能会存在差异。

5.3.0.5 条条文：当专业验收规范对工程中的验收项目未做出相应规定时，应由建设单位组织监理、设计、施工等相关单位制订专项验收要求。涉及安全、节能、环境保护等项目的专项验收要求应由建设单位组织专家论证。（这次修订的重点内容之一，是一个亮点。）

条文解释：

本条设置的目的是为适应建筑工程行业的发展，鼓励"四新"技术的推广应用，保证建筑工程的顺利验收，对国家、行业、地方标准没有具体要求的分项工程及检验批，可由建设单位组织制定专项验收要求，专项验收要求符合设计意图，包括分项工程及检验批的划分、验收指标主控项目、一般项目、抽样检查、验收方法、合格判定指标等内容，监理、设计、施工等单位可参与制定。为保证工程质量，重要的专项验收要求组织专家论证。

事实上，目前国内很多大型工程对于特殊项目以按这种方式进行验收，例如2008奥运场馆、央视新址、上海世博会等工程对采用新技术的项目组织行业专家论证，并根据会议纪要制定专项验收要求，取得良好的效果。本条对这种方式予以认可，并向类似的项目推广。

这样做对应用新技术，推动建筑技术的发展，提供了大力支持。有利于行业技术进步，有利于及时将科研成果转化为生产力。同时，这也提高了标准和规范的先进性。规范标准的技术发展为新技术推广应用发挥作用。

但新技术的应用也应当慎重，必须是成熟并经过有关机构认可的技术，用到工程上也应经建设单位、设计单位等同意，事前协商一致。

6.3.0.6 条条文：建筑工程施工质量应按下列要求进行验收：

1 工程质量验收均应在施工单位自检合格的基础上进行；

2 参加工程施工质量验收的各方人员应具备相应的资格；

3 检验批的质量应按主控项目和一般项目验收；

4 对涉及结构安全、节能、环境保护和主要使用功能的试块、试件及材料，应在进场时或施工中按规定进行见证检验；

5 隐蔽工程在隐蔽前应由施工单位通知监理单位进行验收，并应形成验收文件，验收合格后方可继续施工；

6 对涉及结构安全、节能、环境保护和使用功能的重要分部工程，应在验收前按规定进行抽样检验；

7 工程的观感质量应由验收人员现场检查，并应共同确认。

条文解释：

本条是工程验收的基本要求，是为各专业规范提供的统一准则，在2001版标准属于强条，本次修订改为一般条文。

第1款是验收的基本条件，验收前施工单位应自检合格，这项要求在本标准及相关专业验收规范中多次强调，施工单位在申请验收时应先行自检评定合格，对发现的问题予以整改，分清责任，提高验收效率。

第2款规定验收人员应具备相应的资格，主要包括两方面的要求，首先是施工单位自行检查评定人员，人员要有岗位资格，因为对于不同的验收环节，需要由不同岗位的人员组织或参加，例如检验批验收时施工单位由项目专业质检员参加，分部工程验收时需要由项目负责人参加，验收时必须按照要求执行；还要突出专业方面的要求，体现专业对口，专业人员验收专业项目；同时，要求验收单位人员的资格，检验批分项工程由专业监理工程师组织参加，对分部工程验收要总监理工程师组织参加等，保证验收的结果。这些在第六章做了具体规定。

第3款是检验批验收的内容，验收项目有主控项目、一般项目。主控项目是对安全、节能、环境保护和主要使用功能起决定性作用的检验项目，要求全部合格；一般项目是除主控项目以外检验项目，允许存在一定的不合格点，但合格点率应符合专业验收规范要求，不合格点应当有限值要求，且不能存在严重缺陷。

第4款是对见证检验的要求，见证检验的项目、内容、程序抽样数量等应符合国家、行业或地方有关规范的规定。根据建设部建（2000）211号《关于印发〈房屋建筑工程和市政基础设施工程实行见证取样和送检制度的规定〉的通知》的要求，在建设工程质量检测中实行见证取样和送检制度，即在建设单位或监理单位人员见证下，由施工人员在现场取样、制作，送至试验室进行试验。

（1）见证取样和送检的主内容：

① 用于承重结构的混凝土试块；

② 用于承重墙体的砌筑砂浆试块；

③ 用于承重结构的钢筋及连接接头试件；

④ 用于承重墙的砖和混凝土小型砌块；

⑤ 用于拌制混凝土和砌筑砂浆的水泥；

⑥ 用于承重结构的混凝土中使用的掺加剂；

⑦ 地下、屋面、厕浴间使用的防水材料；

⑧ 国家规定必须实行见证取样和送检的其他试块、试件和材料。

（2）建筑工程检测试验见证管理应符合以下规定：

① 见证检测的检测项目应按国家有关行政法规及标准的要求规定。

② 见证人员应由具有建筑施工检测试验知识的专业技术人员担任。

③ 见证人员发生变化时，监理单位应通知相关单位，办理书面变更手续。

④ 需要见证检测的检测项目，施工单位应在取样及送检前通知见证人员。

⑤ 见证人员应对见证取样和送检的全过程进行见证并填写见证记录。

⑥ 检测机构接受试样时应核实见证人员及见证记录，见证人员与备案见证人员不符或见证记录无备案见证人员签字时不得接收试样。

⑦ 见证人员应核查见证检测的检测项目、数量和比例是否满足有关规定。

（3）在现场检测中有的也要求见证检验，有要求应在承包合同中说明。

第5款是对隐蔽工程验收的要求，隐蔽工程在隐蔽后难以检验，因此要求隐蔽工程在隐蔽前应进行验收，验收合格后方可继续施工，并做好记录。具体项目包括：

① 基坑、基槽验收

建筑物基础或管道基槽按设计标高开挖后，项目经理要求监理单位组织验槽工作，项目工程部工程师、监理工程师、施工单位、勘察、设计单位要求尽快现场确认土质是否满足承载力的要求，如需加深处理则可通过工程联系单方式经设计签字确认进行处理。基坑或基槽验收记录要经上述五方会签，验收后应尽快隐蔽，避免被雨水浸泡。

② 基础回填隐蔽验收

基础回填工作要按设计图要求的土质或材料分层夯填，而且按规范规定，取土进行击实和干密度试验，其干密度、夯实系数要达到设计要求，以确保回填土不产生较大沉降。

③ 混凝土工程的钢筋隐蔽验收

对钢筋原材料合格证要注明规格、型号、炉号、批号、数量及出厂日期、生产厂家。同时要取样进行物理性能和化学成分检验合格。安装中有特殊要求的部位应进行隐蔽工程验收，施工单位应事前告知监理单位。

④ 混凝土结构的预埋管、预埋铁件及水电管线的隐蔽验收

混凝土结构预埋套管、预埋铁件、电气管线、给排水管线等需隐蔽验收时，施工单位应事前告知监理单位，在混凝土浇筑前要对其进行隐蔽验收，主要检查套管，铁件要求及所用材料规格及加工是否符合设计要求；同时要核对其放置的位置、标高、轴线等具体位置是否准确无误；并检查其固定方法是否可靠，能否确保混凝土浇筑过程中不变形不移位。

⑤ 混凝土结构及砌体工程装饰前的隐蔽验收

混凝土结构及砌体在装饰抹灰前需要进行隐蔽验收的项目，施工单位应在事前告知监理单位。参加验收的人员，验收合格后填写《隐蔽验收记录表》，共同会签。

第6款提出了分部工程验收前对涉及结构安全、节能、环境保护和使用功能重要的项目进行检测、试验的要求，施工单位施工前应作出计划，需要委托检测单位检测的，由建设单位委托。有些项目可由施工单位自行完成，检查合格后填写检查记录，有些项目专业性较强，需要由专业检测机构完成，出具检测报告。检查记录和检测报告应整理齐全，供验收时核查。

验收时还应对部分项目进行抽查。目前各专业验收规范对本项要求比较重视，提出更多检查、检测项目。

第7款观感质量的检查要求，观感质量可通过观察和简单的测试确定，是工程完工后的一个全面的综合性检查。验收的综合评价结果应由各方共同确认并达成一致。对影响安全及使用功能的项目应进行返修，对质量评价为差的观感项目可进行返修。

7.3.0.7条条文：建筑工程施工质量验收合格应符合下列规定：

1　符合工程勘察、设计文件的要求；

2　符合本标准和相关专业验收规范的规定。

条文解释：

本条是验收合格的基本要求，3.0.6条是验收的基本要求。都是建筑工程质量验收的统一要求。

建筑工程的施工质量应符合勘察、设计要求和符合《统一标准》和相关专业验收的规定，这项原则要求已执行多年，已被广大从业人员所接受。是建筑工程质量验收的统一准则，供各专业规范使用。

重点说明工程质量验收合格的要求。验收合格应符合统一标准和其配套的专业验收规范的规定，同时要符合设计文件和勘查的要求。对设计文件是工程施工的依据，验收必须达到设计要求。对工程勘察报告所提供的关于工程地质资料、地基承载力、地质构造、水

文资料、水位、水质、工程地质的地下地上的既有建筑设施情况、工程周边的安全评价等，不只是设计需要的地基承载力，桩基需要的断面构造。而且施工地基及验桩都要了解地质资料、制订施工方案需要，施工现场总平面设计、防洪、防雨、防地质灾害、地基基坑挖掘施工，防塌方、防水、防流砂、防止影响周边既有建筑及设施的安全措施等。这些都需要工程勘察提供，所以，在第 3.0.1 的附录 A 中列入地质勘察资料，作为开工技术准备的内容。本条又强调施工质量验收也要符合其要求。也是各专业质量验收规范应重视的一项基本的统一准则。

8.3.0.8 条条文：检验批的质量检验，可根据检验项目的特点在下列抽样方案中选取：

1 计量、计数或计量-计数的抽样方案；

2 一次、二次或多次抽样方案；

3 对重要的检验项目，当有简易快速的检验方法时，选用全书检验方案；

4 根据生产连续性和生产控制稳定性情况，采用调整型抽样方案；

5 经实践证明有效的抽样方案。

条文解释：

本条规定了检验批验收抽样五个方面的基本方法，供各专业质量验收规范结合自身情况选用。抽样方法对判定质量合格的公平性关系较大，各专业质量验收规范宜尽量统一。抽样检验、全数检验、经实践证明有效的抽样检验，尽管各种方法都可以选用，但应选择简易快速的方法、对验收结果公平的方法，具体抽样方法应按各专业质量验收规范的规定执行。本条基本保持原条文。

9.3.0.9 条条文：检验批抽样样本应随机抽取，满足分布均匀、具有代表性的要求，抽样数量应符合有关专业验收规范的要求。当采用计数抽样时，最小抽样数量应符合表 3.0.9 的要求。

明显不合格的个体不纳入检验批，但应进行处理，使其满足有关专业验收范围的规定，对处理的情况予以记录并重新验收。

表 3.0.9　检验批最小抽样数量

检验批的容量	最小抽样数量	检验批的容量	最小抽样数量
2～15	2	151～280	13
16～25	3	281～500	20
26～90	5	501～1200	32
91～150	8	1201～3200	50

条文解释：

本条是在 3.0.8 条的基础上，增加的对检验批抽样给出原则性要求。检验批验收时的抽样数量既不能太多，也不能太少，抽样数量太多会造成工程成本增加、验收人员工作量增大；抽样数量太少不能很好的代表检验批整体质量，造成漏判或错判。所以对检验批的抽样方案需要进行专门研究，抽样方案建立的原则首先要有理论依据，其次要使用比较成熟的技术，经过一段时间的工程实践检验。本次标准修订，检验批抽样是增加的内容之一。

验收抽样要事先制定方案、计划，可以抽签确定验收点位，也可以在图纸上根据平面位置随机选取，最好是验收前由各方验收人员在办公室共同完成，尽量不要在现场随走随选，避免样本选取的主观性。

对于检验批中明显不合格的个体，可通过肉眼观察或简单的测试确定，有经验的验收人员在现场可以很容易的发现，例如墙体倾斜量偏大、混凝土强度明显偏低等，通过简单的方法就能判定。这些个体的质量水平往往与其他个体存在较大差异，纳入检验批后会增大验收结果的离散性，影响整体的统计结果。同时，也为了避免对明显不合格个体的人为忽略情况。对这些部位需要定量检测，例如怀疑个别构件混凝土强度可能偏低，但具体偏低多少，需要通过检测确定。对这些构件、个体可以不纳入检验批统计，但必须进行处理，使之达到合格要求。比如对倾斜的墙体重新砌筑，对混凝土强度偏低的构件重新浇筑，其最终目的是通过处理符合要求，确保工程质量，而且不影响检验批的整体验收。

由 3.0.9 表的最小的抽样数量的推荐使用，能很好解决由于抽样方法的影响及检验批的评定结果产生的不公平。

本标准对计数抽样的检验批提出了最小抽样数量的要求，保证验收检验具有一定的抽样量，并符合统计学原理，使抽样更具代表性。检验批的抽样量与所属个体质量水平的离散程度有关，施工质量好，检验批施工偏差小，抽样量就可以小一些，反之抽样量就要加大，极端情况是逐一检测。《统一标准》表 3.0.9 是根据正常施工水平确定的检验批最小抽样数量。最小抽样数量往往不是最佳的抽样数量，因此本条规定抽样数量应符合有关专业验收规范的要求。

表 3.0.9 的检验批最小抽样数量经过长时间的实践检验，2004 年实施的《建筑结构检测技术标准》采用该表指导检测抽样，应用效果良好。《统一标准》修订时引入检验批最小抽样数量的概念。

表 3.0.9 的应用方法十分简单，例如计划检验，某批 100 个构件的截面尺寸，查表得知 100 属于 91～150 区间内，因此检验批最小抽样数量为 8，表示要抽取不少于 8 个构件测量截面尺寸。

2001 版验收规范对检验批验收的抽样率一般采用 5％，而 2013 版验收规范，当检验批容量小于 700 时，验收抽样率大于 5％；当检验批容量超过 700 时，验收抽样率小于5％。表示检验批较小时抽样率大一些，检验批较大时抽样率小一些，体现统计学原理。

10.3.0.10 条条文：计量抽样的错判概率 α 和漏判概率 β 可按下列规定采取：

1 主控项目：对应于合格质量水平的 α 和 β 均不宜超过 5％；

2 一般项目：对应于合格质量水平的 α 宜超过 5％，β 不宜超过 10。

条文解释：

本条未变仍保持原来的要求，即要求各专业质量验收规范去具体落实。这样规定对主控项目，一般项目采用了不同风险概率。突出了主控项目的质量指标；在一定程度适当放宽了一般项目的质量验收，但又不会影响到工程质量验收实质，使验收的通过率相应增加。而这些放宽的质量内容若影响到使用功能或观感效果时，又会在保修期内得到解决，而不会伤害到用户的利益。

第三节　建筑工程质量验收的划分

划分目的是为了便于工程质量管理和验收，人为将其划分为单位工程、分部工程、分项工程和检验批。

一个房屋建筑（构筑）物的建成，由施工准备工作开始到竣工交付使用，要经过若干工序、若干工种的配合施工。所以，一个工程质量的优劣，取决于各个施工工序和各工种的操作质量。因此，为了便于控制、检查和验收每个施工工序和工种的质量，就把这些叫做分项工程。

为了能及时发现问题及时纠正，并能反映出该项目的质量特征，又不花费太多的人力物力，分项工程分为若干个检验批来验收，为了方便施工组织管理，检验批划分的数量不宜太多，工程量也不宜太大或大小悬殊。

同一分项工程的工种比较单一，因此往往不易反映出一些工程的全部质量面貌，所以又按建筑工程的主要部位、系统用途划分为分部工程来综合分项工程的质量。

单位工程竣工交付使用是建筑企业把最终的产品交给用户，在交付使用前应对整个建筑工程（构筑物）进行质量验收。

分项、分部（子分部）和单位（子单位）工程的划分目的，是为了方便质量管理和控制工程质量，根据某项工程的特点，将其划分为若干个分项、分部（子分部）工程、单位（子单位）工程以对其进行质量控制和阶段验收。

特别应该注意的是，不论如何划分检验批、分项工程，都要有利于质量控制，能取得较完整的技术数据、质量指标；而且要防止造成检验批、分项工程的大小过于悬殊，影响施工组织的科学性及质量验收结果的可比性。

1. 4.0.1条条文：建筑工程施工质量验收应划分为单位工程、分部工程、分项工程和检验批。

条文解释：

本条规定工程质量验收划分为单位工程、分部工程、分项工程和检验批。这个划分是为工程质量验收管理的需要而人为划分的。划分由大到小，由单位工程到检验批的次序来划分。分部工程、子分部工程、分项工程的划分已在附录B表B中列出，检验批的划分由施工单位来划分。

2. 4.0.2条条文：单位工程应按下列原则划分：

1　具备独立施工条件并能形成独立使用功能的建筑物或构筑物为一个单位工程；

2　对于规模较大的单位工程，可将其能形成独立使用功能的部分划分为一个子单位工程。

条文解释：

本条对单位工程质量验收的划分，列出了原则，对子单位工程也列出了划分的原则。单位工程之外还有室外工程，其虽不是单位工程的所含质量范围，但对单位工程的使用影响较大，而且没有其他专用的标准，所以，就放在这里。

（1）房屋建筑（构筑）物单位工程

房屋建筑（构筑）物的单位工程是由建筑与结构及建筑设备安装工程共同组成，目的是突出房屋建筑（构筑）物的整体质量。

一个独立的、单一的建筑物（构筑）物均为一个单位工程，如在一个住宅小区建筑群中，每一个独立的建筑物（构筑）物，即一栋住宅楼，一个商店、锅炉房、变电站，一所学校的一个教学楼，一个办公楼、传达室等均各为一个单位工程。

一个单位工程有的是由地基与基础、主体结构、屋面、装饰装修四个建筑与结构分部工程和建筑设备安装工程的建筑给排水及采暖、煤气工程、建筑电气、通风与空调、电梯、智能建筑六个分部工程和建筑节能分部工程，共 11 个分部工程组成，不论其工程量大小，都作为一个分部工程参与单位工程的验收。但有的单位工程中，不一定全有这些分部工程。如有些构筑物可能没有装饰装修分部工程；有的可能没有屋面工程等。对建筑设备安装工程来讲，一些高级宾馆、公共建筑可能有六个分部工程，一般工程有的就没有通风与空调电梯安装分部工程。有的构筑物可能连建筑给水排水及采暖也没有、只有建筑与结构分部工程。所以说，房屋建筑物（构筑物）的单位工程目前最多是由 11 个分部工程所组成。

（2）房屋建筑子单位工程

为了考虑大体量工程的分期验收，充分发挥基本建设投资效益，凡具有独立施工条件并能形成独立使用功能的建筑物及构筑物为一个单位工程。对建筑规模较大的单位工程，可将其能形成独立使用功能的部分划分为一个子单位工程。这样大大方便了大型、高层及超高层建筑的分段验收。如一个公共建筑有 30 层塔楼及裙房，该业主在裙房施工完，具备了使用功能，就计划先投入使用，即可以将裙房先以子单位工程进行验收；如果塔楼 30 层分两个或三个子单位工程验收也是可以的。各子单位工程验收完，整个单位工程也就验收完了。并可以为子单位工程办理竣工验收备案手续。施工前可由建设、监理、施工单位协商确定，并据此验收和整理施工技术资料。

房屋建筑单位工程的分部、子分部、分项工程的划分见附录表 B。

3.4.0.3 条条文：分部工程应按下列原则划分：

1 可按专业性质、工程部位确定；

2 当分部工程较大或较复杂时，可按材料种类、施工特点、施工程序、专业系统及类别将分部工程划分为若干子分部工程。

条文解释：

分部工程划分可按专业性质、系统、建筑部位确定。当分部工程较大或较复杂时，为了方便验收和分清质量责任，可按材料种类、施工特点、施工程序、专业系统及类别等划分称为若干个子分部工程。建筑与结构按主要部位划分为地基与基础、主体机构、装饰装修及屋面等 4 个分部工程。为了方便管理又将每个分部工程分为若干个子分部工程。

（1）地基与基础分部工程，地基与基础分部工程又划分为地基、基础、基坑支护、地下水控制、土方、边坡、地下防水等子分部工程。

（2）主体分部工程凡在 ±0.00 以上承重构件划为主体分部。对非承重墙的规定，凡使用板块材料，经砌筑、焊接、铆接的隔墙纳入主体分部工程，如各种砌块、加气条板等；凡采用轻钢、木材等用铁钉、螺钉或胶类粘结的均纳入装饰装修分部工程，如轻钢龙骨、木龙骨的隔墙、石膏板隔墙等。主体结构分部工程按材料不同又划分为混凝土结构、砌体结构、钢结构、钢管混凝土结构、劲钢混凝土结构、铝合金结构、木结构等子分部工程。

（3）建筑装饰装修分部工程又划分为地面工程、抹灰工程、外墙防水、门窗、吊顶、轻质隔墙、饰面板（饰面砖）、幕墙、涂饰、裱糊与软包、细部等子分部工程。

（4）屋面分部工程包括基层与保护、保温与隔热、防水与密封、瓦面与板面、细部构造等子分部工程。对地下防水、地面防水、墙面防水应分别列入所在部位的"地基与基础"、"装饰装修"、"主体"分部工程。

另外，对有地下室的工程，除防水部分的分项工程列入"地基与基础"分部工程外。其他结构工程、地面、装饰、门窗等分项工程仍纳入主体结构，建筑装饰装修分部工程验收。

（5）建筑设备安装工程按专业划分为建筑给水排水及采暖工程、燃气工程、建筑电气安装工程、通风与空调工程、电梯安装工程和智能建筑等6个分部工程。

① 建筑给水排水及采暖分部工程，划分为室内给水系统、室内排水系统、室内热水系统、卫生器具、室内供暖系统、室外给水管网、室外排水管网、室外供热管网、建筑饮用水供应系统、建筑中水系统及雨水利用系统、游泳池及公共浴池水系统、水景喷泉系统、热源及辅助设备、监测与控制仪表等子分部工程。

② 建筑电气分部工程，划分为室外电气、变配电室、供电干线、电气动力、电气照明、备用和不间断电源、防雷及接地等子分部工程。

③ 通风与空调分部工程又划分为送风系统、排风系统、防排烟系统、除尘系统、舒适性空调系统、净化空调系统、恒温恒湿空调系统、地下人防通风系统、真空吸尘系统、冷凝水系统、空调（冷、暖）水系统、冷却水系统、土壤源热泵换热系统、水源热泵换水系统、蓄能系统、压缩式制冷（热）设备系统、吸收式制冷设备系统、多联机（热泵）空调系统、太阳能供暖空调系统、设备自控系统等子分部工程。

④ 电梯分部工程划分为电力驱动的曳引式或强制式电梯、液压电梯、自动扶梯、自动人行道等子分部工程。

⑤ 智能建筑分部工程是常称的弱电部分形成一个独立的分部工程。划分为智能化集成系统、信息接入系统、用户电话交换系统、信息网络系统、综合布线系统、移动通信室内信号覆盖系统、卫星通信系统、有线电视及卫星电视接收系、公共广播系统、会议系统、信息导引及发布系统、时钟系统、信息化应用系统、建筑设备监控系统、火灾自动报警系统、安全技术防范系统、应急响应系统、机房、防雷与接地等子分部工程。

⑥ 燃气分部工程由于其还是按《建筑采暖、卫生与煤气工程质量检验评定标准》GBJ 302—88 中的有关标准验收。至今还没与《建筑工程施工质量验收统一标准》GB 50300 相配套的质量验收标准。故还应按其包括室内燃气工程、室外燃气工程等两个子分部工程。

（6）建筑节能分部工程是新增加的分部工程。包括的范围广，但按其性能划分为围护系统节能、供暖空调设备及管网节能、电气动力节能、监控系统节能和可再生能源等子分部工程。

其详细划分可见本标准附录 B 表的划分。

4.4.0.4 条条文：分项工程可按主要工种、材料、施工工艺、设备类别进行划分。

条文解释：

分项工程是落实工程质量验收指标的载体，其主控项目，一般项目都按分项工程设定的。

分项工程的划分一定要能体现其质量指标。是制定质量指标的重点。在附录 B 表中，对分项工程名称都做了规定。但这是基本的划分，为了落实质量指标，各专业质量验收规范又把分项工程具体化。具体分项工程要以各专业质量验收规范为准。如《混凝土结构工程施工质量验收规范》GB 50204；将钢筋分项工程，具体分为原材料、钢筋加工、钢筋连接和钢筋安装 4 个分项工程给出质量指标。

5.4.0.5 条条文：检验批可根据施工、质量控制和专业验收的需要，按工程量、楼层、施工段、变形缝进行划分。

条文解释：

分项工程是一个比较大的概念，在工程质量实际评定和验收中，为了能及时检查、发现问题并纠正。一个分项工程应分为多次验收，如一个5层的砖混结构住宅工程，其砌砖分项工程不能一～五层全部砌完后再检查验收，应分层验收，以便于质量控制。分层验收的内容是分项工程的一部分，这就是"检验批"。检验批的质量指标与分项工程基本相同，可以叫做分项工程分批验收的单元。

分项工程划分在规范的附录B中都已列出，可查用。检验批的划分要由施工、建设、监理单位在施工前协商划分。其方案应由施工单位提出，建设、建立审查认可。

由于检验批是工程质量控制的基本单元，又是工程质量管理的基本单元，为了均衡施工，方便组织施工及管理，也便于劳动力的组织调配等。在划分时除了遵循划分条文规定外，还应注意划分不要大小相差太悬殊。

6. 4.0.6 条条文：建筑工程的分部工程、分项工程划分宜按本标准附录B采用。

条文解释：

建筑工程的分部工程、子分部工程和分项工程已在附录B表中列出，可供使用。

7. 4.0.7 条条文：施工前，应由施工单位制定分项工程和检验批的划分方案，并由监理单位审核。对于附录B及相关验收规范未涵盖的分项工程和检验批，可由建设单位组织监理、施工等单位协商确定。

条文解释：

本条是新增条款，提出了施工单位应制定分项工程和检验批划分方案的要求。本条具有两层含义，首先体现对分项、检验批划分的重视，施工前完成划分，不能验收时才进行划分。促使施工单位提前对分项工程和检验批的设置进行认真研究、科学划分，也便于建设、监理单位制定验收计划，合理组织验收时间。

其次，划分方式可以灵活掌握，大部分常用项目在各专业验收规范中有明确规定，本书附录B也列出项目，按相应的规范执行即可；对一些采用新技术或体系复杂的工程，各规范没有具体要求时，可以由各单位协商解决。

本次《统一标准》修订增加了建筑节能分部工程，对其他分部工程中子分部、分项工程的设置进行了适当调整。附录B给出了各分部工程中子分部工程及分项工程的划分，因本标准发布时部分专业验收规范尚未报批，虽然对附录B的划分方法与各专业验收规范协商一致，但仍可能有所调整，所以施工中具体的划分方法应根据各专业质量验收规范确定，当专业验收规范无明确要求时，可根据工程特点由建设、施工、监理等单位协商确定。

8. 4.0.8 条条文：室外工程可根据专业类别和工程规模按本标准附录C的规定划分子单位工程、分部工程和分项工程。

条文解释：

为了加强室外工程的管理和验收，促进室外工程质量的提高，将室外工程根据专业类别和工程规模划分为室外设施和附属建筑及室外环境两个室外单位工程，并又分成道路、边坡、附属建筑、室外环境四个子单位工程。

为了保证分项、分部、单位工程的划分检查评定和验收，应将其作为施工组织设计的一个组成部分，事前给予明确规定，会对质量控制起到较好的作用。

室外单位（子单位工程）的划分，详见室外工程的划分表。

表 C 室外工程的划分

单位工程	子单位工程	分部工程、分项工程
室外设施	道路	路基、基层、面层、广场与停车场、人行道、人行地道、挡土墙、附属构筑物
	边坡	土石方、挡土墙、支护
附属建筑及室外环境	附属建筑	车棚、围墙、大门、挡土墙
	室外环境	建筑小品,亭台,水景,连廊,花坛,场坪绿化,景观桥

这里应说明的是虽然室外工程的划分有了,但其验收标准、验收程序等都没有规定。若本规范系列有验收标准的应按其规定进行验收,如给水排水工程、电气工程等。若没有的可参照其他规范的内容验收。

附录 B 建筑工程的分部工程、分项工程划分

表 B 建筑工程的分部工程、分项工程划分

序号	分部工程	子分部工程	分项工程
1	地基与基础	地基	素土、灰土地基,砂和砂石地基,土工合成材料地基,粉煤灰地基,强夯地基,注浆地基,预压地基,砂石桩复合地基,高压旋喷注浆地基,水泥土搅拌桩地基,土和灰土挤密桩复合地基,水泥粉煤灰碎石桩复合地基,夯实水泥土桩复合地基
		基础	无筋扩展基础,钢筋混凝土扩展基础,筏形与箱形基础,钢结构基础,钢管混凝土结构基础,型钢混凝土结构基础,钢筋混凝土预制桩基础,泥浆护壁成孔灌注桩基础,干作业成孔桩基础,长螺旋钻孔压灌桩基础,沉管灌注桩基础,钢桩基础,锚杆静压桩基础,岩石锚杆基础,沉井与沉箱基础
		基坑支护	灌注桩排桩围护墙,板桩围护墙,咬合桩围护墙,型钢水泥土搅拌墙,土钉墙,地下连续墙,水泥土重力式挡墙,内支撑,锚杆,与主体结构相结合的基坑支护
		地下水控制	降水与排水,回灌
		土方	土方开挖,土方回填,场地平整
		边坡	喷锚支护,挡土墙,边坡开挖
		地下防水	主体结构防水,细部构造防水,特殊施工法结构防水,排水,注浆
2	主体结构	混凝土结构	模板,钢筋,混凝土,预应力,现浇结构,装配式结构
		砌体结构	砖砌体,混凝土小型空心砌块砌体,石砌体,配筋砌体,填充墙砌体
		钢结构	钢结构焊接,紧固件连接,钢零部件加工,钢构件组装及预拼装,单层钢结构安装,多层及高层钢结构安装,钢管结构安装,预应力钢索和膜结构,压型金属板,防腐涂料涂装,防火涂料涂装
		钢管混凝土结构	构件现场拼装,构件拼装,钢管焊接,构件连接,钢管内钢筋骨架,混凝土

序号	分部工程	子分部工程	分项工程
2	主体结构	型钢混凝土结构	型钢焊接,紧固件连接,型钢与钢筋连接,型钢构件组装及预拼装,型钢安装,模板,混凝土
		铝合金结构	铝合金焊接,紧固件连接,铝合金零部件加工,铝合金构件组装,铝合金构件预拼装,铝合金框架结构安装,铝合金空间网格结构安装,铝合金面板,铝合金幕墙结构安装,防腐处理
		木结构	方木与原木结构,胶合木结构,轻型木结构,木结构的防护
3	建筑装饰装修	建筑地面	基层铺设,整体面层铺设,板块面层铺设,木、竹面层铺设
		抹灰	一般抹灰,保温层薄抹灰,装饰抹灰,清水砌体勾缝
		外墙防水	外墙砂浆防水,涂膜防水,透气膜防水
		门窗	木门窗安装,金属门窗安装,塑料门窗安装,特种门安装,门窗玻璃安装
		吊顶	整体面层吊顶,板块面层吊顶,格栅吊顶
		轻质隔墙	板材隔墙,骨架隔墙,活动隔墙,玻璃隔墙
		饰面板	石板安装,陶瓷板安装,木板安装,金属板安装,塑料板安装
		幕墙	玻璃幕墙安装,金属幕墙安装,石材幕墙安装,陶板幕墙安装
		涂饰	水性涂料涂饰,溶剂型涂料涂饰,美术涂饰
		裱糊与软包	裱糊,软包
		细部	橱柜制作与安装,窗帘盒和窗台板制作与安装,门窗套制作与安装,护栏和扶手制作与安装,花饰制作与安装
4	屋面	基层与保护	找坡层和找平层,隔汽层,隔离层,保护层
		保温与隔热	板状材料保温层,纤维材料保温层,喷涂硬泡聚氨酯保温层,现浇泡沫混凝土保温层,种植隔热层,架空隔热层,蓄水隔热层
		防水与密封	卷材防水层,涂膜防水层,复合防水层,接缝密封防水
		瓦面与板面	烧结瓦和混凝土瓦铺装,沥青瓦铺装,金属板铺装,玻璃采光顶铺装
		细部构造	檐口,檐沟和天沟,女儿墙和山墙,水落口,变形缝,伸出屋面管道,屋面出入口,反梁过水孔,设施基座,屋脊,屋顶窗
5	建筑给水排水及供暖	室内给水系统	给水管道及配件装,给水设备安装,室内消火栓系统安装,消防喷淋系统安装,防腐,绝热,管道冲洗、消毒,试验与调试
		室内排水系统	排水管道及配件安装,雨水管道及配件安装,防腐,试验与调试
		室内热水系统	管道及配件安装,辅助设备安装,防腐,绝热,试验与调试
		卫生器具	卫生器具安装,卫生器具给水配件安装,卫生器具排水管道安装,试验与调试

序号	分部工程	子分部工程	分项工程
5	建筑给水排水及供暖	室内供暖系统	管道及配件安装,辅助设备安装,散热器安装,低温热水地板辐射供暖系统安装,电加热供暖系统安装,燃气红外辐射供暖系统安装,热风供暖系统安装,热计量及调控装置安装,试验与调试,防腐,绝热
		室外给水管网	给水管道安装,室外消火栓系统安装,试验与调试
		室外排水管网	排水管道安装,排水管沟与井池,试验与调试
		室外供热管网	管道及配件安装,系统水压试验,土建结构,防腐,绝热,试验与调试
		建筑饮用水供应系统	管道及取件安装,水处理设备及控制设施安装,防腐,绝热,试验与调试
		建筑中水系统及雨水利用系统	建筑中水系统、雨水利用系统管道及配件安装,水处理设备及控制设施安装,防腐,绝热,试验与调试
		游泳池及公共浴池水系统	管道及配系统安装,水处理设备及控制设施安装,防腐,绝热,试验与调试
		水景喷泉	管道系统及配件安装,防腐,绝热,试验与调试
		热源及辅助设备	锅炉安装,辅助设备及管道安装,安全附件安装,换热站安装,防腐,绝热,试验与调试
		监测与控制仪表	检测仪器及仪表安装,试验与调试
6	通风与空调	送风系统	风管与配件制作,部件制作,风管系统安装,风机与空气处理设备安装,风管与设备防腐,旋流风口、岗位送风口、织物(布)风管安装,系统调试
		排风系统	风管与配件制作,部件制作,风管系统安装,风机与空气处理设备安装,风管与设备防腐,吸风罩及其他空气处理设备安装,厨房、卫生间排风系统安装,系统调试
		防排烟系统	风管与配件制作,部件制作,风管系统安装,风机与空气处理设备安装,风管与设备防腐,排烟风阀(口)、常闭正压风口、防火风管安装,系统调试
		除尘系统	风管与配件制作,部件制作,风管系统安装,风机与空气处理设备安装,风管与设备防腐,除尘器与排污设备安装,吸尘罩安装,高温风管绝热,系统调试
		舒适性空调系统	风管与配件制作,部件制作,风管系统安装,风机与空气处理设备安装,风管与设备防腐,组合式空调机组安装,消声器、静电除尘器、换热器、紫外线灭菌器等设备安装,风机盘管、变风量与定风量送风装置、射流喷口等末端设备安装,风管与设备绝热,系统调试

续表 B

序号	分部工程	子分部工程	分项工程
6	通风与空调	恒温恒湿空调系统	风管与配件制作,部件制作,风管系统安装,风机与空气处理设备安装,风管与设备防腐,组合式空调机组安装,电加热器、加湿器等设备安装,精密空调机组安装,风管与设备绝热,系统调试
		净化空调系统	风管与配件制作,部件制作,风管系统安装,风机与空气处理设备安装,风管与设备防腐,净化空调机组安装,消声器、静电除尘器、换热器、紫外线灭菌器等设备安装,中、高效过滤器及风机过滤器单元等末端设备清洗与安装,洁净度测试,风管与设备绝热,系统调试
		地下人防通风系统	风管与配件制作,部件制作,风管系统安装,风机与空气处理设备安装,风管与设备防腐,过滤吸收器、防爆波活门、防爆超压排气活门等专用设备安装,系统调试
		真空吸尘系统	风管与配件制作,部件制作,风管系统安装,风机与空气处理设备安装,风管与设备防腐,管道安装,快速接口安装,风机与滤尘设备安装,系统压力试验及调试
		冷凝水系统	管道系统及部件安装,水泵及附属设备安装,管道冲洗,管道、设备防腐,板式热交换器、辐射板及辐射供热、供冷地埋管、热泵机组设备安装,管道、设备绝热,系统压力试验及调试
		空调(冷、热)水系统	管道系统及部件安装,水泵及附属设备安装,管道冲洗管道、设备防腐,冷却塔与水处理设备安装,防冻伴热设备安装,管道、设备绝热,系统压力试验及调试
		冷却水系统	管道系统及部件安装,水泵及附属设备安装,管道冲洗,管道、设备防腐,系统灌水渗漏及排放试验、管道、设备绝热
		土壤源热泵换热系统	管道系统及部件安装,水泵及附属设备安装,管道冲洗,管道、设备防腐,埋地换热系统与管网安装管道、设备绝热,系统压力试验及调试
		水源热泵换热系统	管道系统及部件安装,水泵及附属设备安装,管道冲洗,管道、设备防腐,地表水源换热管及管网安装,除垢设备安装,管道、设备绝热,系统压力试验及调试
		蓄能系统	管道系统及部件安装,水泵及附属设备安装,管道冲洗,管道、设备防腐,蓄水罐与蓄冰槽、罐安装,管道、设备绝热,系统压力试验及调试
		压缩式制冷(热)设备系统	制冷机组及附属设备安装,管道、设备防腐,制冷剂管道及部件安装,制冷剂灌注,管道、设备绝热,系统压力试验及调试
		吸收式制冷设备系统	制冷机组及附属设备安装,管道、设备防腐,系统真空试验,溴化锂溶液加灌,蒸汽管道系统安装,燃气或燃油设备安装,管道、设备绝热,试验及调试
		多联机(热泵)空调系统	室外机组安装,室内机组安装,制冷剂管路连接及控制开关安装,风管安装,冷凝水管道安装,制冷剂灌注,系统压力试验及调试

序号	分部工程	子分部工程	分项工程
6	通风与空调	太阳能供热空调系统	太阳能集热器安装,其他辅助能源、换热设备安装,蓄能水箱、管道及配件安装,防腐,绝热,低温热水地板辐射采暖系统安装,系统压力试验及调试
		设备自控系统	温度、压力与流量传感器安装,执行机构安装调试,防排烟系统功能测试,自动控制及系统智能控制软件调试
7	建筑电气	室外电气	变压器、箱式变电所安装,成套配电柜、控制柜(屏、台)和动力、照明配电箱(盘)及控制柜安装,梯架、支架、托盘和槽盒安装,导管敷设,电缆敷设,管内穿线和槽盒内敷线,电缆头制作、导线连接和线路绝缘测试,普通灯具安装,专用灯具安装,建筑照明通电试运行,接地装置安装
		变配电室	变压器、箱式变电所安装,成套配电柜、控制柜(屏、台)和动力、照明配电箱(盘)安装,母线槽安装,梯架、支架、托盘和槽盒安装,电缆敷设,电缆头制作、导线连接和线路绝缘测试,接地装置安装,接地干线敷设
		供电干线	电气设备试验和试运行,母线槽安装,梯架、支架、托盘和槽盒安装,导管敷设,电缆敷设,管内穿线和槽盒内敷线,电缆头制作、导线连接和线路绝缘测试,接地干线敷设
		电气动力	成套配电柜、控制柜(屏、台)和动力配电箱(盘)安装,电动机、电加热器及电动执行机构检查接线,电气设备试验和试运行,梯架、支架、托盘和槽盒安装,导管敷设,电缆敷设,管内穿线和槽盒内敷线,电缆头制作、导线连接和线路绝缘测试
		电气照明	成套配电柜、控制柜(屏、台)和照明配电箱(盘)安装,梯架、支架、托盘和槽盒安装,导管敷设,管内穿线和槽盒内敷线,塑料护套线直敷布线,钢索配线,电缆头制作、导线连接和线路绝缘测试,普通灯具安装,专用灯具安装,开关、插座、风扇安装,建筑照明通电试运行
		备用和不间断电源	成套配电柜、控制柜(屏、台)和动力、照明配电箱(盘)安装,柴油发电机组安装,不间断电源装置及应急电源装置安装,母线槽安装,导管敷设,电率敷设,管内穿线和槽盒内敷线,电缆头制作、导线连接和线路绝缘测试,接地装置安装
		防雷及接地	接地装置安装,防雷引下线及接闪器安装,建筑物等电位连接,浪涌保护器安装
8	智能建筑	智能化集成系统	设备安装,软件安装,接口及系统调试,试运行
		信息接入系统	安装场地检查
		用户电话交换系统	线缆敷设,设备安装,软件安装,接口及系统调试,试运行
		信息网络系统	计算机网络设备安装,计算机网络软件安装网络安全设备安装,网络安全软件安装,系统调试,试运行

序号	分部工程	子分部工程	分项工程
8	智能建筑	综合布线系统	梯架、托盘、槽盒和导管安装,线缆敷设,机柜、机架、配线架安装,信息插座安装,链路或信道测试,软件安装,系统调试,试运行
		移动通信室内信号覆盖系统	安装场地检查
		卫星通信系统	安装场地检查
		有线电视机卫星电视接收系统	梯架、托盘、槽盒和导管安装,线缆敷设,设备安装,软件安装,系统调试,试运行
		公共广播系统	梯架、托盘、槽盒和导管安装,线缆敷设,设备安装,软件安装,系统调试,试运行
		会议系统	梯架、托盘、槽盒和导管安装,线缆敷设,设备安装,软件安装,系统调试,试运行
		信息导引及发布系统	梯架、托盘、槽盒和导管安装,线缆敷设,显示设备安装,机房设备安装,软件安装,系统调试,试运行
		时钟系统	梯架、托盘、槽盒和导管安装,线缆敷设,设备安装,软件安装,系统调试,试运行
		信息化应用系统	梯架、托盘、槽盒和导管安装,线缆敷设,设备安装,软件安装,系统调试,试运行
		建筑设备监控系统	梯架、托盘、槽盒和导管安装,线缆敷设,传感器安装执行器安装,控制器、箱安装,中央管理工作站和操作分站设备安装,软件安装,系统调试,试运行
		火灾自动报警系统	梯架、托盘、槽盒和导管安装,线缆敷设,探测器类设备安装,控制器类设备安装,其他设备安装,软件安装,系统调试,试运行
		安全技术防范系统	梯架、托盘、槽盒和导管安装,线缆敷设,设备安装,软件安装,系统调试,试运行
		应急响应系统	设备安装,软件安装,系统调试,试运行
		机房	供配电系统,防雷与接地系统,空气调节系统,给水排水系统,综合布线系统,监控与安全防范系统,消防系统,室内装饰装修,电磁屏蔽,系统调试,试运行
		防雷与接地	接地装置,接地线,等电位联接,屏蔽设施,电涌保护器,线缆敷设,系统调试,试运行

序号	分部工程	子分部工程	分项工程
9	建筑节能	围护系统节能	墙体节能,幕墙节能,门窗节能,屋面节能,地面节能
		供暖空调设备及官网节能	供暖节能,通风与空调设备节能,空调与供暖系统冷热源节能,空调与供暖系统管网节能
		电气动力节能	配电节能,照明节能
		监控系统节能	监测系统节能,控制系统节能
		可再生能源	地源热泵系统节能,太阳能光热系统节能,太阳能光伏节能
10	电梯	电力驱动的曳引式或强制式电梯	设备进场验收,土建交接检验,驱动主机,导轨,门系统,轿厢,对重,安全部件,悬挂装置,随行电缆,补偿装置,电气装置,整机安装验收
		液压电梯	设备进场验收,土建交接检验,液压系统,导轨,门系统,轿厢,对重,安全部件,悬挂装置,随行电缆,电气装置,整机安装验收
		自动扶梯、自动人行道	设备进场验收,土建交接检验,整机安装验收

第四节 建筑工程质量验收

1.5.0.1 条条文：检验批质量验收合格应符合下列规定：

1 主控项目的质量经抽样检验均为合格；

2 一般项目的质量经抽样检验合格。当采用计数抽样时，合格点率应符合有关专业验收规范的规定，且不得存在严重缺陷。对于计数抽样的一般项目，正常检验一次、二次抽样可按本标准附录 D 判定；

3 具有完整的施工操作依据、质量验收记录。

条文解释：

检验批验收是过程控制的重要体现，是质量验收的基础，是必须做好的。

本条规定了检验批验收合格的要求，主控项目、一般项目及相关的验收记录要求完整。

主控项目：是对质量安全、节能、环境保护和主要使用功能起决定性作用的检验项目，验收检验结果应全部合格。

一般项目：合格点率应符合专业验收规范要求，且不得存在严重缺陷。因此一般项目允许存在一定数量的不合格点，大部分专业验收规范规定一般项目的合格点率不应低于80%，其中《通风与空调工程施工质量验收规范》GB 50243 要求一般项目的合格点率不应低于85%，《建筑节能工程施工质量验收规范》GB 50411 要求一般项目的合格点率不应低于90%，验收时应予以注意。

各专业验收规范对严重缺陷有专门的说明，一般要求偏差不应大于允许偏差的1.5倍，其中《钢结构工程施工质量验收规范》要求最大偏差不应超过允许偏差的1.2倍。一般项目如果存在严重缺陷可能会影响结构安全，有的虽不影响安全，但会导致设备、管线等无法正常安装，或明显影响观感质量等，不利于建筑物的正常使用，所以对存在严重缺陷的部位应予以整改，使之达到合格要求。

一般项目的验收抽样方案基本上为计数抽样，应按专业验收规范要求，大部分采用一次抽样判定，个别项目可以采用二次抽样判定。一次、二次抽样判定方法的理论依据为《技术抽样检验程序　第1部分：按接收质量限（AQL）检索的逐批检验抽样计划》GB/T 2828.1—2003。这种判定方法随着《建筑结构检测技术标准》GB/T 50344 的事实得到了近10年的工程实践，应用效果良好，本次标准修订，引入一般项目的一次、二次抽样判定方法。

对一次抽样的判定要求见表 D.0.1-1，二次抽样的判定要求见表 D.0.1-2。

表 D.0.1-1　一般项目正常检验一次抽样判定

样本容量	合格判定数	不合格判定数	样本容量	合格判定数	不合格判定数
5	1	2	32	7	8
8	2	3	50	10	11
13	3	4	80	14	15
20	5	6	125	21	22

表 D.0.1-2　一般项目正常检验二次抽样判定

抽样次数	样本容量	合格判定数	不合格判定数	抽样次数	样本容量	合格判定数	不合格判定数
(1)	3	0	2	(1)	20	3	6
(2)	6	1	2	(2)	40	9	10
(1)	5	0	3	(1)	32	5	9
(2)	10	3	4	(2)	64	12	13
(1)	8	1	3	(1)	50	7	11
(2)	16	4	5	(2)	100	18	19
(1)	13	2	5	(1)	80	11	16
(2)	26	6	7	(2)	160	26	27

举例说明表 D.0.1-1、表 D.0.1-2 的使用方法。

对于一次抽样，假设验收的样本容量为 20，在 20 个样本中如果有 5 个或 5 个以下不合格时，该检测批判定为合格；当有 6 个或 6 个以上不合格时，则该检测批判定为不合格。

二次抽样的情况略微复杂一些，假设验收的样本容量为 20，当 20 个样本中有 3 个或 3 个以下不合格时，该检测批一次性判定为合格；当有 6 个或 6 个以上不合格时，则该检测批判定为不合格；当有 4 或 5 个试样不合格时，需要进行第二次抽样，增加的样本容量也为 20，两次抽样的样本容量为 40，当两次不合格样本数量之和为 9 或小于 9 时，该检测批判定为合格，当两次不合格样本数量之和为 10 或大于 10 时，该检测批判定为不合格。

根据各专业验收规范的要求，质量验收大部分采用一次抽样，一次抽样不合格即进行整改，不进行二次抽样。一次抽样容易理解，操作起来比较简单，但不合格点率接近规范限值时容易产生漏判或错判。《混凝土结构施工质量验收规范》GB 50204 中钢筋保护层厚度检测属于二次抽样，合格点率 90%，一次抽样不合格可以在抽取相同数量的测点进行二次抽样，合格点率还是 90%。

具体采用一次抽样还是二次抽样，应按专业验收规范的要求确定。如有关规范无明确规定时，一般优先采用一次抽样方案，也可由建设、设计、监理、施工等单位根据检验对象的特征协商采用二次抽样方案，抽样方案的选取应在验收抽样前予以确定。

施工操作依据、质量验收记录。施工操作依据是质量控制的基本要求，是施工操作达到质量要求的保证，包括施工规范、施工工艺标准、操作规程、企业标准，以及操作技术交底等。这是体现质量控制的基本内容，施工前应学习掌握控制措施，这是保证质量的重要环节，特别是首次施工时，必须全面学习掌握。主要包括适用范围、材料及主要机具准备、场地作业条件准备、工艺流程、质量环节、质量标准、成品保护、安全要求、质量记录等。质量记录是施工质量控制的见证，应将施工过程影响质量的有关因素记录下来，包括工序施工的环境、过程、施工完质量的检查记录及施工企业检验批检查评定时的检查记录等。这些记录说明质量过程控制的有效性和自行检查评定的正确性，也为监理工程师验收提供了过程控制的情况，便于其核查验收。

检验批的检查评定和验收，是体现过程质量过程控制的重点，必须做好。

2.5.0.2 条条文：分项工程质量验收合格应符合下列规定：

1 所含检验批的质量均应验收合格；

2 所含检验批的质量验收记录应完整。

条文解释：

分项工程质量的验收是在检验批验收的基础上进行的，是一个汇总统计过程，同时有的分项工程也有一些直接的验收内容，所以在分项工程验收时应注意：

（1）核对检验批的部位、区段是否全部覆盖分项工程的范围，有没有缺漏验收的部位。

（2）一些在检验批中无法检验的项目，在分项工程中直接验收。如砖砌体工程中的全高垂直度、砂浆强度的评定等。

（3）检验批验收记录的内容及签字人是否正确、完备。将各检验批的记录汇总起来。

（4）检验批施工操作依据的正确性和针对性，有的一个分项工程只有一份，因为各检验批是工艺相同的。

3.5.0.3 条条文：分部工程质量验收合格应符合下列规定：

1 所含分项工程的质量均应验收合格；

2 质量控制资料应完整；

3 有关安全、节能、环境保护和主要使用功能的抽样检验结果应符合相应规定；

4 观感质量应符合要求。

条文解释：

分部工程质量验收也是一个重点，因各分部工程的安全、功能质量内容已比较完善，成为一个独立的部分或系统，且各分部工程的质量体现了单位工程某个方面的功能质量内容。由于专业的不同，有些分部（子分部）的质量验收就相当于竣工验收，因该分包施工单位可能退出施工现场。

分部工程验收的内容较全面。分部（子分部）工程的验收内容、程序都是一样的，在一个分部工程中只有一个子分部工程时，子分部就是分部工程。当不是一个子分部工程时，可以一个子分部、一个子分部的进行质量验收，然后，应将各子分部的质量控制资料进行核查；对地基与基础、主体结构和设备安装工程等分部工程中的子分部工程有关安全及功能的检验和抽样检测结果的资料核查；观感质量评价等。其各项内容的具体验收：

（1）分部（子分部）工程所含分项工程的质量均应验收合格

实际验收中，这项内容也是个汇总统计工作。在做这项工作时应注意三点。

① 检查每个分项工程验收是否正确。

② 注意检查对所含分项工程，有没有漏、缺的分项工程没有归纳进来，或是没有进行验收。

③ 注意检查分项工程资料的完整性，每个验收资料内容是否有缺漏项，以及分项验收人员的签字是否完备及符合规定。

（2）质量控制资料应完整的核查

这项验收内容，实际也是统计、归纳和核查，主要包括三个方面的资料。

① 核查和归纳分项工程所含各检验批的验收记录资料，核查对其是否完整。

② 检验批验收时，应具备的资料应有效完整才能验收。在分部、子分部工程验收时，主要是核查和归纳各检验批的施工操作依据、质量检查记录，核查对其是否完整，包括有关施工工艺（企业标准）、原材料、构配件出厂合格证及按规定进行的试验资料的完整程度。一个分部、子分部工程能否具有数量和内容完整的质量控制资料，是验收规范指标能否通过验收的关键，但在实际工程中，资料的类别、数量会有欠缺，不够那么完整，这就要靠我们验收人员来掌握其程度，其已有资料能否保证工程安全和使用功能，具体检查方法可参照单位工程的做法。

③ 注意核对各种资料的内容、数据及验收人员的签字是否规范等。

（3）地基与基础、主体结构、设备安装分部等分部工程有关安全及功能的检测和抽样检测结果应符合有关规定的检查。

这项验收内容是分部工程验收的重点，是对实体工程质量的直接检查。包括安全及功能两个方面的检测资料。抽测其检测项目在各专业质量验收规范中已有明确规定，在验收时应注意三个方面的工作。

①检查各规范中规定的检测项目是否都进行了检测，不能进行检测的项目应该说明原因。

②检查各项检测记录（报告）的内容、数据是否符合要求，包括检测项目的内容，所遵循的检测方法标准、检测结果的数据是否达到规范规定的标准。

③核查资料的检测程序、有关取样人、检测人、审核人、检测报告批准人的资格，以及公章签字是否完备等。

（4）观感质量验收应符合要求

分部（子分部）工程的观感质量检查，是现场工程实体质量的检查，是一个工程质量的宏观全面检查，由检查人员按检查点共同确定，评价为好、一般、差。在检查和评价时应注意以下几点：

① 分部（子分部）工程的观感质量评价目的有两个。一是现在的工程体量越来越大，越来越复杂，待单位工程全部完工后再检查，有的项目已看不见了，看后还应修的修不了，只能是既成事实。另一方面竣工后一并检查，由于工程的专业多，而检查人员具备的专业知识不全，不能将专业工程中的问题看出来。再就是有些项目完工以后，工地上就没有事了，各工种人员就撤出去了，即使检查出问题来，再让其来修理，用的时间也长。二是新的建筑企业资质就位后，分层次有了专业承包公司，对这些企业分包承包的工程，完工后也应该有个评价，便于对这些企业的监管，也便于分清质量责任，提高后道工序对前道工序的成品保护。

② 在进行检查时，要注意一定要在现场，将工程的各个部位全部看到，能操作的应操作，观察其方便性、灵活性或有效性等；能打开观看的应打开观看，不能只看"外观"，应全面了解分部（子分部）的实物质量。

③ 评价方法，由于观感质量指标面广，不便具体列出，但其又是一个重要项目，其评定验收内容只列出了项目，其具体标准没有具体化。基本上是各检验批的验收项目，多数在一般项目内。检查评定人员应宏观掌握，如果没有较明显达不到要求的，就可以评"一般"；如果某些部位质量较好，细部处理到位，就可评"好"；如果有的部位达不到要求，或有明显的缺陷，但不影响安全或使用功能的，则评为"差"。评为差的项目能进行返修的应进行返修，不能返修的只要不影响结构安全和使用功能的也可通过验收。有影响安全或使用功能的项目，则不能验收，应修理后再验收。

评定验收时，施工企业应先自行检查评定合格后，然后由监理单位来验收，参加验收的人员应具有相应的资格，由总监理工程师组织，不少于三位监理工程师来检查，在听取其他参加人员的意见后，共同作出评价，但总监理工程师的意见应为主导意见。在做验收时，可分项目逐点验收，也可按项目进行大的方面综合验收。最后对分部（子分部）进行验收。

一个分部工程中有几个子分部工程时，每个子分部工程验收完，分部工程也就验收完了。除了单位工程观感质量验收时，再宏观认可一下以外，不必要再进行分部工程质量验收了。

4.5.0.4 条条文：单位工程质量验收合格应符合下列规定：

1 所含分部工程的质量均应验收合格；

2 质量控制资料应完整；

3 所含分部工程中有关安全、节能、环境保护和主要使用功能的检验资料应完整；

4 主要使用功能的抽查结果应符合相关专业验收规范的规定；

5 观感质量应符合要求。

条文解释：

单位、子单位工程质量验收是统一标准两项内容中的一个，统一标准直接验收的这部分内容只在统一标准中有，其他专业质量验收规范中没有。这部分内容是单位、子单位工程的质量验收，是工程质量验收的最后一道关，是对工程质量的一次整体综合检查验收，所以，标准规定为工程质量管理的一道重要程序，这里要重点说明。

单位工程质量验收施工单位应自行检查验收合格，写出验收报告，交建设单位，由建设单位组织正式验收。

参与建设的各方责任主体和有关单位人员，应该重视这项工作，认真做好单位、子单位工程质量的竣工验收，把好工程质量关。

单位、子单位工程质量验收，总体上讲还是一个统计汇总性的审核和综合性的检查和验收。是通过核查分部、子分部工程验收质量控制资料，及有关安全、功能检测资料，进行必要的主要功能项目的复核及抽测，以及总体工程观感质量的现场实物质量验收。下边逐项给予说明。

（1）所含分部工程的质量均应验收合格

这项工作，总承包单位应事前进行认真准备，将所有分部、子分部工程质量验收的记录表，及时进行收集整理，并列出目次表，依序将其编制成册。在核查及整理过程中，应注意以下三点：

① 核查各分部工程中所含的分项工程的控制资料、质量记录和验收表是否完整。

② 核查各分部工程质量验收记录表的质量检查评定和验收是否完整。有分部、子分部工程质量的综合检查评定和验收，有质量控制资料的检查评定和验收，地基与基础、主体结构和设备安装分部、子分部工程规定的有关安全及功能的检测和抽测项目的检测记录，以及分部、子分部工程观感质量的检查评定和验收等。

③ 核查分部、子分部工程质量验收记录表的验收人员是否是规定的有相应资格的技术人员，并进行了检查评定验收和签认。

（2）质量控制资料应完整

总承包单位应将各分部、子分部工程应有的质量控制资料进行核查，如图纸会审及变更记录，定位测量放线记录，施工操作依据，原材料、构配件等质量证书，按规定进行检验的检测报告，隐蔽工程验收记录，施工中有关施工试验、测试、检验等，以及抽样检测项目的检测报告等，由总监理工程师进行核查确认，可按单位工程所包含的分部、子分部工程分别核查，也可综合抽查。其目的是强调建筑结构、设备性能使用功能方面主要技术性能的检验。主要技术性能的重点是对检查分部、子分部工程的主要技术性能资料进行系统的核查。如一个空调系统只有在分部、子分部工程才能综合调试，取得需要的数据。

1）工程质量控制资料的作用

施工操作工艺、企业标准、施工图纸及设计文件，工程技术资料和施工操作依据、施工过程的见证记录，是企业管理重要组成部分。因为任何一个基本建设项目，只有满足使用功能要求，才能充分发挥它的经济效益，才能使它劳动消耗得到承认，才能使它的经济价值和使用价值得以实现，这才算是有了真正的经济效益。因此，确保建设工程的质量，是整个基本建设工作的核心。为了证明工程质量及各项质量保证措施的有效运行，质量控制资料是保证工程质量的关键。

建筑工程质量控制资料是保证工程达到质量的措施，是反映建筑工程施工过程中，各个环节工程质量状况的基本数据和原始记录，及完工项目的测试结果和记录。这些资料是反映工程质量的客观见证，是检查评定和验收工程质量的主要依据。由于工程质量整体测试，只能在建造的施工过程中分别测试、检验或间接的检测。由于工程的安全性能要求高，所以工程质量资料比产品的合格证更重要。从广义质量来说，工程质量资料就是工程质量的一部分，同时，工程质量资料是工程技术资料的核心，是企业经营管理的重要组成部分，更是质量管理的重要方面，是反映一个企业管理水平高低的重要见证。通过资料的定期分析研究，能帮助企业改进管理。在全面贯彻执行 ISO 9000 质量管理体系系列标准中，资料是一项重要内容，是证明管理有效性的重要依据，资料也是质量管理体系的重要组成部分，是评价管理水平的重要见证材料。由于房屋结构和制造工艺复杂，必须在房屋质量的形成过程中加强管理和实施监督，要求生产过程建立相应的质量体系，提供能充分证明质量符合要求的客观证据。从质量体系要素中的质量体系文件来看，一般包括四个层次：质量手册、程序文件、质量计划和质量记录。

在验收一个分部、子分部工程的质量时，为了系统核查工程的结构安全和重要使用功能，虽然在分项工程验收时，已核查了规定提供的技术资料，但仍有必要再进行复核，只是不再像验收检验批、分项工程质量那样进行微观检查，而是从总体上通过核查质量控制资料来评价分部、子分部工程的结构安全与使用功能控制情况和质量水平。但由于材料供应渠道中的技术资料不完善，加上有些施工单位管理不健全等情况，往往使一些工程中的资料不能达到完整，当一个分部、子分部工程的质量控制资料虽有欠缺，但仍能反映其结构安全和使用功能是满足设计要求的，则可以认定该工程的质量控制资料为完整。如钢材，按标准要求既要有出厂合格证，又要有试验报告，即为完整。

由于每个工程的具体情况不一，因此什么是完整，要视工程特点和已有资料的情况而定。总之，有一点要掌握，即验收或核验分部、子分部工程质量时，核查的质量控制资料，看其是否可以反映工程的结构安全和使用功能，是否达到设计要求。如果能反映和达到上述要求，即使有些欠缺也可认为资料是完整的。

工程质量的质量资料，是从众多的工程技术资料中，筛选出的直接关系和说明工程质量的技术资料。多数是提供实施结果的见证记录、检测报告等文件材料。对于其他技术资料，由于工程不同或环境不同，要求也就不尽相同，各地区应根据实际情况增减。作为一个企业，应该时刻注意管理措施的有效性，研究每一项资料的作用，有效的保留，作用小的改进，无效的去掉。有效的质量资料是工程质量的见证，少一张也不行，无用的多一张也不要。对非要不可的见证资料，一定要做到准、实、及时。

对一个单位工程全面进行技术资料核查，还可以防止局部错漏，从而进一步加强工程质量的控制。对结构工程及设备安装系统进行系统的核查，便于同设计要求对照检查，达到设计效果。

2）单位工程质量控制资料的判定

质量控制资料对一个单位工程来讲，主要是判定其是否能够反映保证结构安全和主要使用功能，是否达到设计要求，如果能够反映出来，即或按标准及规范要求有少量欠缺时，也可以认可。因此，在标准中规定质量控制资料应完整。但在检验批分项、分部工程时都应具备完整的施工操作依据、质量检查记录资料。对单位工程质量控制资料完整的判定，通常情况下可按以下三个层次进行判定：

① 该有的资料项目应完整。在附录表 H.0.1-2 单位工程质量控制资料核查记录表中，应该有的项目的资料应完整。如建筑与结构项目中，共有 10 项资料，如果没有使用新材料、新工艺，第 10 项的资料可以没有；如果该工程施工过程没有出现质量事故，第 9 项的资料也就没有了，即其该有的项目为 8 项。

② 在每个项目中该有的资料应完整。表中应有的项目中，应该有的资料应完整，没

有发生的资料应该没有，如第 7 项地基、基础、主体结构检验及抽样检测资料。按附录 B 表中地基有 13 项内容，基础有 15 项内容。实际具体到每个单位工程上，地基可能只有一种，即只要这一项的资料有就行了。

③ 在每个资料中该有的数据应完整。在各项资料中，资料中应该证明的材料、工程性能的数据必须具备，如果其重要数据没有或不完备，这项资料就是无效的，如水泥复试报告，通常按其安定性、强度、初凝、终凝时间必须有确切的数据及结论。再如钢筋复试报告，通常应有重量、强度及冷弯物理性能的数据及结论，符合设计及钢筋标准的规定。当要求进行化学成分试验时，应按要求做相应化学成分的试验，并有符合标准规定的数据及结论。这样可判定其资料应有的数据完整是有效的资料。

由于每个工程的具体情况不一，因此什么是资料完整，要视工程特点和已有资料的情况而定。总之，有一点验收人员应掌握的，即看其是否可以反映工程的结构安全和使用功能，是否达到设计要求。如果资料能保证该工程结构安全和使用功能，能达到设计要求，则可认为是完整。实际核查应达到以上三个层次的资料要求。

（3）所含分部工程中有关安全的检测资料应完整

这项指标是这次验收规范修订中的一项主要内容。目的是确保工程的安全、节能、环境保护和主要使用功能。在分部、子分部工程中提出了一些检测项目，在分部、子分部工程检查和验收时，应进行检测来保证和验证工程的综合质量和最终质量。这种检测、检验应由施工单位来施行，检测过程中可请监理工程师或建设单位有关负责人参加监督检测工作，达到要求后，并形成检测记录签字认可。在单位工程验收时，监理工程师应对各分部、子分部工程应检测的项目进行核对，对检测资料的数量、数据及使用的检测方法标准、判定标准、检测程序进行核查，还应核查有关人员的签认情况等。核查后，将核查的情况填入表 H.0.1-3 单位工程安全和功能检测资料核查和主要功能抽查记录表中。对 H.0.1-3 表的该项内容作出核查意见及抽查结果的结论。

（4）主要使用功能抽查结果应符合相关专业质量验收规范的规定

主要使用功能抽查是验收规范强调的特点之一，目的主要是综合检验工程质量能否保证工程的使用要求。这项抽查检测多数在分部、子分部工程验收时已检测，在单位工程验收时还是复查性的和验证性的。

主要使用功能抽测项目已在各分部、子分部工程中列出，有的是在分部、子分部工程完成后进行检测，有的则需要待单位工程全部完成后进行检测。这些检测项目应在单位工程完工，施工单位向建设单位提交工程验收报告之前，全部进行完毕，并将检测报告整理好。至于在建设单位组织单位工程验收时，抽测什么项目，可由验收组来确定，但其项目应在 H.0.1-3 表中所含项目。如需要做 H.0.1-3 表中未有的检测项目时，应进行专门研究来确定。如有新项目应工程施工前列出来。通常监理单位应在施工过程中，提醒将抽测的项目在分部、子分部工程验收时抽测。多数情况是施工单位检测时，监理、建设单位都参加，不再重复检测，防止造成不必要的浪费及对工程的损害。

通常主要使用功能抽测的项目，应为有关项目最终的综合性的使用功能，如室内环境检测、屋面淋水检测、照明全负荷试验检测、智能系统运行检测等。同时，主要功能抽测项目的进行，不要损坏建筑成品。

在主要使用功能抽测项目进行时，有的对过程中检测过的项目还要进行抽查，可对照该项目的检测记录逐项核查，可重新做抽测记录表，也可不形成抽测记录，在原检测记录上注明签认。

（5）观感质量应符合要求

观感质量检查评定和验收是工程的一项重要检查评定和验收，是全面评价一个分部、子分部、单位工程的外观及使用功能质量的工作，可促进施工过程的管理、成品保护，提高社会效益和环境效益。观感质量检测绝不是单纯的外观检查，而是实地对工程的一个全面检查，核实质量控制效果，核查分项、分部工程验收的正确性，对在分部工程中不能检查的项目进行检查等。如工程完工，绝大部分的安全可靠性能和使用功能已达到要求，若出现不应出现的裂缝和严重影响使用功能的情况，应该首先弄清原因，然后再评价。地面严重空鼓、起砂，墙面空鼓、粗糙、门窗开关不灵、关闭不严等项目的质量缺陷很多，就说明在分项、分部工程验收时，掌握标准不严。分项、分部无法测定和不便测定的项目，在单位工程观感验收中，给予核查。如建筑物的全高垂直度、上下窗口位置偏移及一些线角顺直、一些设备的开关方便、功能效果等项目，只有在单位工程质量最终检查时，才能了解的更确切。

系统地对单位工程质量检查，可全面地了解单位工程质量的实际情况，突出对工程整体检验和对用户着想的观点。分项、分部工程的验收，对其本身来讲虽是产品检验，但对交付使用的一栋房子来讲，又是施工过程中的质量控制。只有单位工程的验收，才是最终建筑产品的验收。所以，在标准中，既加强了施工过程中的质量控制（分项、分部工程的验收），又进行单位工程的最终检查评定和验收，使建筑工程的质量得到有效保证。

单位工程观感质量的验收方法和内容与分部、子分部工程的观感质量验收一样，只是分部、子分部工程的范围小一些而已。因为一些分部、子分部工程的观感质量，可能在单位工程检查时已经看不到了，所以单位工程的观感质量更宏观一些。

其内容按各有关检验批的主控项目、一般项目有关内容综合掌握，按检查点逐点给出好、一般、差的检查结果。

检查时应将建筑工程外檐全部查到，对建筑物的重要部位、项目及有代表性的房间、部位、设备、项目都应检查到。对其检查评定和验收时，可逐点检查再综合评价；也可逐项给予评价；也可按大的分部、子分部或建筑与结构部分分别进行综合评价。评价时，要在现场由参加检查验收的监理工程师共同确定，确定时，可多听取被验收单位及参加验收的其他人员的意见。并由总监理工程师签认，总监理工程师的意见应有主导性。

其检查评定和验收方法同分部、子分部工程观感质量验收项目。

验收规范修订中，将观感质量弱化了，作为一个验收的项目，并且评出好、一般、差都可通过验收，只要不出现影响结构安全和使用功能的项目就行。如果评为差时，能进行修理的应进行修理，不能修理的可由施工、监理建设单位协商解决。

5.5.0.5 条条文：建筑工程施工质量验收记录可按下列规定填写：

1 检验批质量验收记录可按本标准附录 E 填写，填写时应具有现场验收检查原始记录；

2 分项工程质量验收记录可按本标准附录 F 填写；

3 分部工程质量验收记录可按本标准附录 G 填写；

4 单位工程质量竣工验收记录、质量控制资料核查记录、安全和功能检验资料核查及主要功能抽查记录、观感质量检查记录应按本标准附录 H 填写。

有关表格的填写举例说明，见本书第三章。

6.5.0.6 条条文：当建筑工程施工质量不符合要求时，应按下列规定进行处理：

1 经返工或返修的检验批，应重新进行验收；

2 经有资质的检测机构检测鉴定能够达到设计要求的检验批，应予以验收；

3 经有资质的检测机构检测鉴定达不到设计要求、但经原设计单位核算认可能够满足安全和使用功能的检验批，可予以验收；

4 经返修或加固处理的分项、分部工程，满足安全及使用功能要求时，可按技术处理方案和协商文件的要求予以验收。

条文解释：

本条规定了建筑工程质量不符合要求是指工程质量差，质量资料不完整、验收不合格，对一般项目而言，如果不合格点数和程度在允许范围以内，仍可以验收，但如超过限度，或有主控项目不合格，则发生非正常验收。主要是因为原材料、施工条件、设备、气候、人员操作、责任主体工作不到位等因素影响，使工程质量波动幅度过大造成的不合格，应按规定进行处理。共规定了四种情况，前三种是能通过正常验收的，第三种是有一定保留的，第四种是特殊情况的处理，虽达不到验收规范的要求，但经过加固补强等措施能保证结构安全和使用功能。建设单位与施工单位可以协商，根据协商文件进行验收，是让步接受或有条件验收。通常这样的事故是发生在检验批或分项工程。当检验批、分项工程质量不符合要求时，通常应该在检验批质量验收过程中发现，对不符合要求的过程要进行分析，找出是哪个项目达不到质量标准的规定。其中包括检验批的主控项目、一般项目有哪些条款不符合标准规定，影响到结构的安全和使用功能。造成不符合规定的原因很多，有操作技术方面的，也有管理不善方面的，还有材料质量方面的。因此，一旦发现工程质量任一项不符合规定时，必须及时组织有关人员，分析原因，并按有关技术管理规定，通过有关方面共同商量，制定补救方案，及时进行处理。经处理后的工程，再确定其质量是否可通过验收。

（1）经返工或返修的检验批，应重新进行验收

这款主要是主控项目严重问题应返工重做，包括全部或局部推倒重来及更换设备、器具等的处理，处理或更换后的验收，也包括一般问题的返修应重新按程序进行验收。如某住宅楼一层砌砖，验收时发现砖的强度等级为 MU5，达不到设计要求的 MU10，推倒后重新使用 MU10 砖砌筑，其砖砌体工程的质量，应重新按程序进行验收。

重新验收质量时，要对该项目工程按规定，重新抽样、选点、检查和验收，重新填检验批质量验收记录表。

（2）经有资质的检测机构检测鉴定能够达到设计要求的检验批，应予以验收

这种情况多是某项质量性能指标不够，多数是留置的试块失去代表性或因故缺少试块的情况；以及试块试验报告缺少某项有关主要内容；对试块或试验结果报告有怀疑时，经有资质的检测机构，对工程质量进行检验测试，其测试结果证明，该检验批的工程质量能够达到原设计要求的，这种情况应按正常情况给予验收。当资料缺失时抽样检测的数量不能过少。上述一、二款虽均经处理，但都属于合格工程。

（3）经有资质的检测机构检测鉴定达不到设计要求，但经原设计单位核算认可能够满

足结构安全和使用功能的检验批，可予以验收。

这种情况与第二种情况一样，多是某项质量指标达不到规范的要求，多数也是指留置的试块失去代表性或是因故缺少试块的情况；以及试块试验报告有缺陷，不能有效证明该项工程的质量情况；对该试验报告有怀疑时，要求对工程实体质量进行检测。经有资质的检测机构检测鉴定达不到设计要求，但这种数据达到设计要求的差距不大但有限。针对经现场检测确定未达到设计及规范要求的检验批，也就是不合格的检验批，这些检验批如果返工或返修难度较大、成本较高，可以由原设计单位核算，如果可以满足结构安全和使用功能要求也可以不进行处理并通过验收。对建筑物来说，规范的要求是安全和性能的最低要求，而设计要求一般会高于规范要求，这两者之间的差异就是通常说的安全储备，本规定的合理利用该储备，在满足要求、不影响建筑物结构安全和使用功能的前提下降低维修成本。利用本款规定时，核算的项目要全面，不能漏项，要涵盖规范要求的各项规定。以结构安全核算为例：如果局部楼层柱、梁混凝土强度低于设计要求，但偏低量不大，可以根据实测混凝土强度进行结构安全验算，验算指标不仅仅是柱、梁的承载力，还需要包括建筑物在风和地震作用下的层间位移角以及柱轴压比、梁挠度变形、裂缝宽度等，还要根据结构实际情况核查结构的各项构造措施，如配筋率等。如果上述项目均符合规范要求，则允许不进行结构加固，检验批可以通过验收。对一些特定问题，不能简单的通过验算解决或建设、监理等单位对构件安全性存在疑虑，还可以通过现场实荷试验判定，作为核算方式的拓展和补充。经过原设计单位进行验算，认为仍可满足结构安全和使用功能，可不进行加固补强。如某五层砖混结构，一、二、三层用 M10 砂浆砌筑，四、五层用 M5 砂浆砌筑，在施工过程中，由于管理不善等，其三层砂浆强度仅达到 8.6MPa，没有达到设计要求，按规定应不能验收，但经过原设计单位验算，砌体强度尚可满足结构安全和使用功能，可不返工和加固。由设计单位承担责任，并出具正式的认可证明，由注册结构工程师签字并加盖单位公章。由设计单位承担责任，实际上是没达到设计及规范规定。因为设计责任就是设计单位负责，出具认可证明，也在其质量责任范围内，可进行验收，但是设计单位出具的认可证明，其核算认可结论应为能满足安全和使用功能，不能认可为能满足设计要求。

（4）经返修或加固处理的分项、分部工程，能满足安全及使用功能要求的，可按技术处理方案和协商文件的要求予以验收。

这种情况多数是某项质量指标达不到验收规范的要求，如同第二、三种情况，经过有资质的检测机构检测鉴定达不到设计要求，由其设计单位经过验算，也认为达不到实际要求。经过验算和事故分析，找出事故原因，分清质量责任。同时，经过建设单位、施工单位、监理单位、设计单位等协商，同意进行加固补强，并协商好加固费用的来源及加固后的验收等事宜。由原设计单位出具加固技术方案，通常由原施工单位进行加固，可能改变了个别建筑构件的外形尺寸，或留下永久性的缺陷，包括改变结构的用途在内，应按协商文件予以有条件的验收，由责任方承担经济损失或赔偿等。这种情况实际是工程质量达不到验收规范的合格规定，应为不合格工程的范围。但在《条例》的第 24 条、第 32 条等条都对不合格工程的处理做出了规定，根据这些条款，提出技术处理方案，最后能达到保证安全和使用功能，也是可以通过验收的。为了维护国家利益，不能出了质量事故就报废。只要能保证结构安全和使用功能的，仍作为特殊情况进行验收，这是一个合理的做法，不能列入违反《条例》的范围内。为减少社会财富的巨大损失，对建筑物可以通过专门的加固或处理，加固的方法很多，如加大截面、增加配筋、施加预压力和改变传力途径等。处理后的建筑物将发生改变，不能仅依据原有设计要求进行验收，需要按技术处理方案和协商文件的要求验收。对一些特殊情况，经各方协商一致，可以采用降低使用功能的方式保证建筑物的安全和功能要求，例如降低使用荷载等。无论采用哪种方法，处理后即使满足安全使用的基本要求，大部分情况也会改变建筑物外形，增大结构尺寸，减小使用面积，影响一些次要的使用功能，因此对加固处理的方案要仔细研究、慎重选取，尽量采用对功能影响小的处理方案。

条文给出了几种处理情况，但第1、2款和第3、4款的语气是不同的，第1、2款规定的是"应"予以验收，第3、4款规定的是"可"予以验收。其中第1、2款情况的过程质量符合合格条件，条文含义中体现了对施工单位合法权益的保护；第3、4款的情况工程质量不合格，且不管通过何种途径处理，毕竟降低了原设计的安全度或功能性，条文含义中体现了对建设单位合法权益的保护。另外，对第3、4款的情况应慎重处理，不能作为降低施工质量、变相通过验收的一种出路，允许建设单位保留进一步索赔的权利。

造成永久性缺陷是指通过加固补强后，只是解决了结构性能问题，而其本质并未达到原设计要求的，属于造成永久性缺陷。如某工程的空心楼板的型号用错，以小代大，虽采取的板缝中加筋和在上边加铺钢筋网等措施，使承载力达到设计要求，但仍留下永久性缺陷。

以上情况，该工程的质量虽不能正常验收，但由于其尚可满足结构安全和使用功能要求，对这样的工程质量，可按协商验收。在工业生产中称为让步接受，就是某产品虽有个别质量指标达不到产品合同的要求，但在其使用中，其影响是有限的，可考虑将这项质量指标降低要求，但产品的价格也应相应的调整。

经处理的工程必须有详尽的记录资料、处理方案等，原始数据应完整、准确，能确切说明问题的演变过程和结论，这些资料不仅应纳入工程质量验收资料中，而且还应纳入单位工程质量事故处理资料中。对协商验收的有关资料，要经监理单位的总监理工程师签字验收。并将资料归纳在竣工资料中，以便在工程销售、使用、管理、维修及改建、扩建时作为参考数据等。

7.5.0.7 条条文：工程质量控制资料应齐全完整。当部分资料缺失时，应委托有资质的检测机构按有关标准进行相应的实体检验或抽样试验。

本条属于新增条文。从原则上讲，施工资料必须完整，这是各环节质量验收的必要条件，正常情况下不允许施工资料的任意缺失。但资料缺失的问题不能完全避免，主要有两种情况，一是施工单位因为经验不足、管理不善，导致施工资料丢失或必要的试验少做、漏做；二是一些工程项目因故停工一段时间，有的建设单位、施工单位变更，导致施工资料缺失。这两种情况都会影响工程正常的竣工验收。

资料缺失一般不能原样恢复，而资料不全又不能正常验收，为解决这一矛盾，标准规定可以委托有资质的检测机构按有关检测类标准的要求对资料缺失的项目进行实体检验或抽样试验，出具检验报告，检验报告中需要明确检测结果是否符合设计及规范要求，检验报告可用于各环节验收。目前全国各地对类似工程已按本条规定的原则操作，《统一标准》修订中予以明确。

本条规定适用于符合基本建设程序的工程，对于建设手续不全、违章建筑等工程不能利用本条规定完成工程验收。

本条为了强调质量控制资料的重要性，当资料缺失时，应由有资质的检测机构对工程实体检验或抽样试验。来补充资料缺失的不足。资料对工程质量管理、验收都是十分重要的，因工程质量不便整体产品检测，只能由各方面的检测来汇总其质量要求。之前认为资料是证明工程质量的客观见证，现在有的认为资料就是工程质量的一部分，工程质量由工程实体和工程资料组成。

关于实际工程控制资料缺失，在第5.0.6条，工程质量不符合要求的情况，已有所包括资料缺失。这里是进一步强调资料的重要性。

8.5.0.8条条文：经返修或加固处理仍不能满足安全或重要使用要求的分部工程及单位工程，严禁验收。

条文说明：本条属于强制性条文，必须严格执行。本条设置的目的是不能让不合格的过程进入社会，给社会造成巨大的安全隐患。这种过程一旦出现，势必会造成巨大的经济损失，因此对造成严重后果的单位和责任人还要进行相应的处罚。

返修方式对于各分部工程有所不同，对于空调、电气等设备专业如果通过调试不能解决问题，可以直接更换；装修工程不合格也可以拆除重做。但对地基基础、主体结构工程则不可以随意拆除、更换。通过返修、加固达到安全和功能要求是解决不合格工程的一种出路，但不是万能的，加固只适用于局部构件，如个别梁、柱、楼板，不适合结构整体，结构整体加固的施工难度较大、成本较高、效果有限，例如高层建筑因为桩基问题导致整体倾斜、主体结构因为混凝土强度普遍偏低导致承载力不足等，整体加固的难度较大或费用较高，与拆除重建相比费用接近甚至还要多，一般选择返工重建。

第五节　建筑工程质量验收的程序和组织

1. 生产者自行检查评定是工程质量验收的基础

标准规定工程质量的验收应在班组自行质量检查、企业专职质量员进行检查评定合格的基础上，监理工程师或总监理工程师组织有关人员进行验收。

工程质量验收首先是班组在施工过程中的自我质量控制，自我控制就是按照施工操作工艺的要求，边操作边检查，将有关质量要求及误差控制在规定的限制内。这就要求施工班组搞好自检。自检主要是在本班组范围内进行，由承担检验批、工序、分项工程施工的工种工人和班组进行。在施工操作过程中或工作完成后，对产品进行自我检查和互相检查，及时发现问题并进行整改，防止质量验收成为"马后炮"。在施工过程中控制质量，经过自检、互检使工程质量达到合格标准。工程项目专业质量检查员组织有关人员（专业工长、班组长、班组质量员），对检验批质量进行检查评定，由项目专业质量检查员评定，作为检验批、分项工程质量向下一道工序交接的依据，自检、互检突出了生产过程中加强质量控制。从检验批、分项工程开始加强质量控制，要求本班组工人在自检的基础上，互相之间进行检查督促，取长补短，由生产者本身把好质量关，把质量问题和缺陷解决在施工过程中。

自检、互检是班组在分项工程交接（检验批、分项完工或中间交工验收）前，由班组先进行的检查；也可是分包单位在交给总包之前，由分包单位先进行的检查；还可以是由工程项目管理者组织有关班组长及有关人员参加的交工前的检查，对工程的观感和使用功能等方面，尤其是各工种、分包之间的工序交叉可能发生建筑成品损坏的部位，易出现的质量通病和遗留问题，均要及时发现问题及时改进，力争工程一次验收通过。《统一标准》2013版，修订提出了施工企业检验批质量验收时，检查评定要做好验收检查原始记录，交监理验收时进行复查，这是要求施工加强质量控制的一项措施。

交接检是各班组之间，工程完毕之后，下一道工序工程开始之前，共同对前一道工序、检验批、分项工程的检查，经后一道工序认可，并为他们创造了合格的工作条件。例如，工程的瓦工班组把某层砖墙交给木工班组支模，木工班组把模板交给钢筋班组绑扎钢筋，钢筋班组把钢筋交给混凝土班组浇筑混凝土等。交接检通常由工程项目技术负责人主持，由有关班组长或分包单位参加，其是下道工序对上道工序质量的验收，也是班组之间的检查、督促和互相把关。交接检是保证下一道工序顺利进行的有力措施，有利于分清质量责任和成品保护，也可以防止下道工序对上道工序成品的损坏，也促进了质量的控制，共同把工程质量搞好。

在检验批、分项工程、分部（子分部）工程完成后，由施工企业项目专职质量检查员，对工程质量进行检查评定。其中地基与基础分部工程、主体分部工程，由企业技术、质量部门组织的施工现场检查评定，以保证达到标准的规定，以便顺利进行下道工序。项目专业质量检查员能正确掌握国家验收标准和企业标准，是搞好质量管理的一个重要方面。

以往单位工程质量检查达不到标准，其中一个重要原因就是自检、交接检执行不认真，检查过于形式，有的根本不进行自检、交接检，干成啥样算啥样。有的工序、检验批、分项、分部以及分包之间，不检查、不验收、不交接就进行下道工序，单位工程不自检的就交竣工验收，结果是质量粗糙，使用功能差，质量不好，责任不清。

质量检查首先是班组在生产过程中的自我检查，就是一种自我控制性的检查，是生产者应该做的工作。按照操作规程进行操作，依据标准进行工程质量检查，使生产出的产品达到标准规定的合格，然后交给工程项目专业质量员、专业技术负责人，组织进行检验批、分项、分部（子分部）工程质量检查评定。

施工过程中，操作者按规范要求随时检查，体现了谁生产谁负责质量的原则。工程项目专业质量检查员和技术负责人组织检查评定检验批、分项工程、分部（子分部）工程质量的检查评定，项目技术负责人组织单位工程质量的检查评定。在有分包的工程中总包单位对工程质量应全面负责，分包单位应对自己承建的分项、分部、子分部工程的质量负责，这些都体现了谁生产谁负责质量的原则。施工操作人员自己要把关，承建企业自己认真检查评定后才交给监理工程师进行验收。

好的质量是施工出来的，操作人员没有质量意识，管理人员没有质量观念，不从自己的工作做起，想搞好质量是不可能的。所以，这次标准修订过程，贯彻了《条例》落实质量责任制，对质量终身负责的要求。规定了各质量责任主体都要承担质量责任，各自搞好自身的工作，从检验批、分项工程就严格掌握标准，加强控制，把质量问题消灭在施工过程中，而且层层把关，各负其责，搞好工程质量。

检验批工程质量检查评定由企业专职质量检查员负责检查评定。这是企业内部质量部门的检查，也是质量部门代表企业验收产品质量，保证企业生产合格的产品。检验批、分项工程的质量不能由班组来自我评定，应以专业质量检查员评定的为准。企业的质量部门要起到督促检查的作用。达不到标准的规定，生产者要负责任，企业的专职质量检查员必须掌握企业标准和国家质量验收规范的要求，经过培训持证上岗。

施工企业对检验批、分项工程、分部工程、单位工程，都应按照施工控制措施、企业标准操作。按质量验收规范检查评定合格之后，将各验收记录表填写好，再交监理单位的监理工程师、总监理工程师进行验收。企业的自我检查评定是工程验收的基础检验批并要做好验收检查原始记录。

有分包单位时，分包单位承担自己所分包的工程质量的验收工作。由于工程规模的增大，专业的增多，工程中的合理分包是正常的，也是必要的，这是提高工程质量的重要措施，分包单位对所承担的工程项目质量负责。并应按规定的程序进行自我检查评定，总包单位应派人参加。分包工程完成后，应将工程的有关资料交总包单位。监理、建设单位进行验收时，总包单位、分包单位的有关人员都应参加验收，以便对一些不足之处及时进行返修。

2. 监理单位的验收

施工企业的质量检查人员（包括各专业的项目质量检查员），将企业检查评定合格的检验批、分项工程，填好表格后及时交监理单位，对一些政策允许的建设单位自行管理的工程，应交建设单位。这是分清质量责任的做法。监理单位或建设单位的有关人员应及时组织有关人员到工地现场，对该项工程的质量进行验收。监理或建设单位应加强施工过程的监督检查，对工程质量进行全面了解，验收时可采取抽样方法、宏观检查的方法，必要时进行抽样检测，来确定是否通过验收。由于监理人员或建设单位的现场质量检查人员，在施工过程中是进行旁站、平行或巡回检查，根据自己对工程质量了解的程度，对检验批的质量，可以抽样检查或抽取重点部位或是你认为必要查的部位进行检查，如果你认为在施工过程已对该工程的质量情况掌握了，也可以减少现场检查。

在对工程进行检查后，确认其工程质量符合标准规定，由有关人员签字认可。否则，不得进行下道工序的施工。

如果认为有的项目或部位不能满足验收规范的要求时，应及时提出，让施工单位进行返修。

3. 验收程序及组织

（1）验收程序

为了方便工程的质量管理，根据工程的特点，把工程划分为检验批、分项、分部和单位工程。验收的顺序首先验收检验批、分项工程质量验收，再验收分部工程质量，最后验收单位工程的质量。

对检验批、分项工程、分部工程、单位工程的质量验收，都是先由施工企业检查评定合格后，再有监理或建设单位进行验收。

（2）验收组织

标准规定，检验批、分项、分部和单位工程分别由监理工程师或建设单位的项目质量负责人、总监理工程师或建设单位项目技术负责人负责组织验收。

检验批、分项工程由监理工程师、建设单位项目质量负责人组织施工单位的项目专业质量负责人等进行验收。

分部工程由总监理工程师、建设单位项目技术负责人组织施工单位项目项目经理和技术、质量负责人等进行验收。地基基础、主体结构分部工程勘察、设计单位工程项目负责人也应参加验收，这是符合当前多数企业质量管理的实际情况的，这样做也突出了分部工程的重要性。

至于一些有特殊要求的建筑设备安装工程，以及一些使用新技术、新结构的项目，应按设计和主管部门要求组织有关人员进行验收。

4.6.0.1 条条文：检验批应由专业监理工程师组织施工单位项目专业质量检查员、专业工长等进行验收。

条文解释：

检验批验收是建筑工程施工质量验收最基础的层次，是单位工程质量验收的基础。检验批的质量主要依靠施工企业的自行质量控制，在工序施工时做好操作质量，进行自检，达到质量指标，达不到的进行修理。完工后由施工企业专业质量检查员、会同专业工长、施工的班组长等进行检查评定，并将检查评定的主要事项做好记录，检查操作依据执行情况，说明主控项目抽样的方法和评定情况，一般项目的一次、二次抽样情况，有无严重缺陷，有无返修的情况等。施工单位自行检查评定合格，填写好检验批验收表格附录E。附上过程控制操作依据及现场质量检查记录，申请专业监理工程师组织验收。验收时施工企业专业质量检查员，专业工长等应到场参加验收。若出现有不达标的项目，施工单位应及时进行修理或返工，并查找原因，修正操作依据。

5.6.0.2 条条文：分项工程应由专业监理工程师组织施工单位项目专业技术负责人等进行验收。

条文解释：

分项工程质量验收，也是单位工程施工质量验收的基础。主要有两个方面的工作，一是将检验批验收结果核查汇总，是核查检验批质量控制及验收的结果，有无不正确的，是否将工程都覆盖。二是现场检查，检验批的质量内容虽与分项工程的质量内容基本相同，但分项工程的有些质量指标在检验批是无法检查的，如砌体工程的全高垂直度、外墙上下窗口偏移；混凝土结构现浇结构，全高垂直度；钢结构的整体垂直度和整体平面弯曲偏差的检查等，都要在分项工程质量验收时检查。所以，分项工程还有自己的检查项目要检查，同时各检验批的交接检部位，宏观质量。如砌体的整个墙面的观感质量等，都需要在分项工程验收时检查。当然，如果在核验检验批质量验收结论有疑问或异议时，也应对该检验批的质量进行现场检查核实。

分项工程的质量验收，也是应由施工单位的项目专业技术负责人，专业质量检查员先对检验批验收结果核查、汇总，对在分项工程验收的项目进行验收，对现场检验批交接部位及宏观质量进行检查。不得有严重缺陷，有一般缺陷的，能修整的应进行修理。然后填写好表格附录F，并将检验批的表格及现场检查质量记录，一并申请专业监理工程验收。专业监理工程师应在施工单位自检合格的基础上，按相应的规范组织施工项目专业技术负责人等，进行分项工程验收。

6.6.0.3 条条文：分部工程应由总监理工程师组织施工单位项目负责人和项目技术负责人等进行验收。

勘察、设计单位项目负责人和施工单位技术、质量部门负责人应参加地基与基础分部工程的验收。

设计单位项目负责人和施工单位技术、质量部门负责人应参加主体结构、节能分部的验收。

条文解释：

检验批质量验收是建筑工程质量控制的重要环节，做好检验批验收是质量控制措施的落实。分部工程质量验收是验收中的重要环节，由于多数分部工程质量体现了单位工程某个方面的质量指标，而有些质量指标到单位工程验收时，已不方便检查和验收了。而有些分部工程由专业施工单位施工，其验收相当于竣工验收。分部工程由于专业的不同质量要求的不同，验收时需要有不同的专业人员参加，由于施工单位的不同，重要程度不同，参加验收的人员要求也不同。房屋建筑工程所包含有11个分部工程。分部工程质量验收由总监理工程师组织各专业监理工程师参加相应专业工程的分部工程质量验收。施工单位及勘察设计单位参加验收的人员大致可分为三种情况。

（1）地基与基础分部工程情况复杂，专业性强，且关系到整个工程的安全，为保证质量，严格把关，由总监理工程师组织，规定勘察、设计单位项目负责人应参加验收，并要求施工单位技术、质量部门负责人也应参加验收。

（2）主体结构直接影响工程的使用安全，建筑节能是基本国策，直接关系到国家资源战略、可持续发展等，故这两个分部工程，规定设计单位项目负责人应参加验收，并要求施工单位技术、质量部门负责人也参加验收。

（3）所有分部工程的质量验收，施工单位项目负责人和项目技术负责人都应参加。

参加验收的人员，除规定的人员必须参加外，允许其他人员共同参加验收。如地基与基础、主体结构，建筑节能分部工程质量验收，专业质量检查员、专业施工工长也可参加。

勘察、设计单位项目负责人应为勘察、设计单位负责本工程项目的专业负责人。

在总监理工程师组织验收前，各分部工程相应的施工单位项目负责人和项目技术检查人、项目质量负责人，应组织专业质量检查员，专业工长，对分部工程质量进行检查评定，达到合格标准，整理好相关资料，送监理单位申请验收。然后总监理工程师再组织上述相关人员进行验收。

在分部工程质量验收中，对施工单位自行检查评定资料进行核查，并对施工现场的实体工程质量进行现场实体质量观感质量检查。实体质量的观感检查，实际上是对这部分工程质量全面的宏观的检查，包括能动的，可操作的项目实际操作等。来全面验证验收项目、验收资料的真实性、相符性等。

7.6.0.4 条条文：单位工程中的分包工程完工后，分包单位应对所承包的工程项目进行自检，并应按本标准规定的程序进行验收。验收时，总包单位应派人参加。分包单位应将所分包工程的质量控制资料整理完整，并移交给总包单位。

条文解释：

《建设工程承包合同》的双方主体是建设单位和总承包单位，总承包单位应按照承包合同的权利义务对建设单位负责。总承包单位可以根据需要将建设工程的一部分依法分包给其他具有相应资质的单位，分包单位应符合分包的条件，其资质应符合《专业承包企业资质等级标准》的规定。分包单位应对总承包单位负责，亦应对建设单位负责。总承包单位就分包单位完成的项目进行验收时，总承包单位应参加，检验合格后，分包单位应将工程的有关资料整理完整后移交给总承包单位。总承包单位自行检查评定单位工程过程还要分包单位参加时，分包单位相关人员应参加检查评定及相应的资料管理，单位工程合格后，整理完整有关资料，提请建设单位组织验收。建设单位组织单位工程质量验收时，分包单位相关负责人还应参加验收。

8.6.0.5 条条文：单位工程完工后，施工单位应组织有关人员进行自检。总监理工程师应组织各专业监理工程师对工程质量进行竣工预验收。存在施工质量问题时，应由施工单位整改。整改完毕后，由施工单位向建设单位提交工程竣工报告，申请工程竣工验收。

条文解释：

单位工程完工后，施工单位应首先依据验收规范、设计图纸等组织有关人员进行自检，对检查发现的问题进行整改。监理单位应根据本标准和《建设工程监理规范》GB/T 50319 的要求进行竣工预验收。符合规定后由施工单位向建设单位提交工程竣工报告和完整的质量控制资料，申请建设单位组织竣工验收。为一次顺利通过验收创造条件。

工程竣工预验收由总监理工程师组织，各专业监理工程师参加，施工单位由项目经理、项目技术负责人等参加。工程预验收除参加人员与竣工验收不同外，其方法、程序、要求等均应与工程竣工验收相同。竣工预验收的表格格式可参照工程竣工验收的表格格式。也可对照施工单位提交的相应表格进行核查核对。对不足的项目由施工单位整改。

9.6.0.6 条条文：**建设单位收到工程竣工报告后，应由建设单位项目负责人组织监理、施工、设计、勘察等单位项目负责人进行单位工程验收。**

条文解释：

单位工程竣工验收是依据国家有关法律、法规及规范、标准的规定，全面考核建设工作成果，检查工程质量是否符合设计文件和合同约定的各项要求。竣工验收通过后，工程将投入使用，发挥其投资效益，也将与使用者的人身健康或财产安全密切相关。因此工程建设的参与单位应对竣工验收给予足够的重视。

单位工程质量验收应由建设单位项目负责人组织，由于勘察、设计、施工、监理单位都是责任主体，各单位都应出具质量评估报告，施工单位出具工程报告，因此各单位项目负责人应参加验收。

在同一个单位工程中，对满足生产要求或具备使用条件，施工单位已自行检验，监理单位已预验收的子单位工程，建设单位可组织进行验收。由几个施工单位负责施工的单位工程，当其中的子单位工程已按设计要求完成，并经自行检验，也可按规定的程序组织正式验收，办理交工手续。

单位工程竣工验收通过后，应形成单位工程竣工验收报告等竣工文件。

本条是强制性条文，必须严格执行。

第三章 通用表格使用及填写说明

第一节 施工现场质量管理检查记录表

附录 A 表 A 是第 3.0.1 条的附表，健全的质量管理体系的具体要求。一般一个标段或一个单位工程检查一次，在开工前检查，由施工单位现场负责人填写，由监理单位的总监理工程师（建设单位项目负责人）组织施工单位有关人员验收。下面分三个部分来说明填表要求和填写方法。

表 A 施工现场质量管理检查记录

开工日期：

工程名称			施工许可证号		
建设单位			项目负责人		
设计单位			项目负责人		
监理单位			总监理工程师		
施工单位		项目负责人		项目技术负责人	
序号	项目		主要内容		
1	项目部质量管理体系				
2	现场质量责任制				
3	主要专业工种操作岗位证书				
4	分包单位管理制度				
5	图纸会审记录				
6	地质勘察资料				
7	施工技术标准				
8	施工组织设计、施工方案编制及审批				
9	物资采购管理制度				
10	施工设施和机械设备管理制度				
11	计量设备配备				
12	检测试验管理制度				
13	工程质量检查验收制度				
14					
自检结果：			检查结论：		
施工单位项目负责人： 年 月 日			总监理工程师： 年 月 日		

一、表头部分填写

填写参与工程建设各方责任主体的名称及项目负责人,名称应与承包合同中一致。由施工单位的现场负责人填写。

工程名称栏,应填写工程名称的全称,与合同或招投标文件中的工程名称一致。

施工许可证,填写当地建设行政主管部门批准发给的施工许可证的编号。

建设单位栏,填写合同文件中的甲方,单位名称也应写全称,与合同签章上的单位名称相同。建设单位项目负责人栏,应填合同书上明确的项目负责人,或以文字形式委托的代表——工程的项目负责人。

设计单位栏,填写设计合同中签章单位的名称,其全称应与印章上的名称一致。设计单位的项目负责人栏,应是设计合同书明确的项目负责人,或以文字形式委托的该项目负责人。

监理单位栏,填写单位全称,应与合同或协议书中的名称一致。总监理工程师栏应是合同或协议书中明确的项目总监理工程师,也可以是监理单位以文件形式明确的该项目监理负责人,必须有监理工程师任职资格证书,专业要对口。

施工单位栏,填写施工合同中签章单位的全称,与签章上的名称一致。项目经理栏、项目技术负责人栏与合同中明确的以文字形式委托该项目经理、项目技术负责人一致。

表头部分可统一填写,不需具体人员签名,只是明确了负责人的地位。

二、项目部分主要内容填写

填写各项检查项目文件的名称或编号,并将文件(复印件或原件)附在表的后面供检查,检查后应将文件归还。

1. 项目部质量管理体系。主要是设计交底、技术交底、岗位职责制度、质量控制资料管理、工序交接、质量检查评定验收制度,质量奖罚办法,以及质量例会制度及质量问题处理制度等。

2. 现场质量责任制。质量负责人的分工,各项质量责任的落实规定,岗位质量责任制,定期检查及有关人员奖罚制度等。

3. 主要专业工种操作岗位证书。测量工,起重、塔吊等垂直运输司机,模板、钢筋、混凝土、机械、焊接、瓦工、防水工等建筑结构工程。如岗位上岗证书,应编制名单表格。

工种的上岗证,以当地建设行政主管部门的规定为准。

4. 分包单位管理制度。专业承包单位的资质应在其承包业务的范围内承建工程。有分包的情况下,总承包单位应有管理分包单位的制度,主要是质量、技术的管理制度等。

5. 图纸会审记录。应包括两方面的内容。一是总包单位自己也应有相应表 A 的有关内容,设计单位向施工单位进行的技术交底;二是施工单位组织各专业技术人员对图纸的集中学习讨论,以及设计单位的设计解答。

6. 地质勘察资料。有勘察资质的单位出具的正式地质勘察报告,建筑及场地周边安全评估。地下部分施工方案制定和施工组织总平面图编制时参考的内容等。

7. 施工技术标准。一是操作的依据和保证工程质量验收的基础。操作依据可以是承建企业应编制不低于国家质量验收规范的操作规程等企业标准,施工现场应有的施工技术标准,也可是详细的技术交底文件,可作培训工人、技术交底和施工操作的主要依据。二是工程质量验收规范,凡工程项目的验收内容都应为正式的国家现行的质量验收规范。

8. 施工组织设计、施工方案及审批。检查编写内容,应有有针对性的具体措施,编制程序、内容，有编制人、审核人、批准人，并有贯彻执行的措施。

9. 物资采购管理制度。物资采购制度，物资进场检验验收制度及复试检测制度，物资现场保管制度等。保证进场合格物资用到工程上去。

10. 施工设施和机械设备管理制度。施工设施的设置及管理制度，机械设备的进场、检查验收，安全使用的有关管理制度，以及现场安全制度及落实情况等。

11. 计量设备配备。常用的计量设备、检测设备、长度、重量、温度、湿度等计量器具，特殊要求精度高的有租借协议及使用计划，设备的精度能满足要求。列出名称表附在后边。

12. 检测试验管理制度。检测试验是工程质量管理和验收的重要手段，工程质量检测，主要包括三个方面的检验：一是原材料、设备进场检验制度；二是施工过程的试验报告；三是竣工后的实体检测。应专门制订检测项目计划、检测时间、检测单位等计划，使监理、建设单位等都做到心中有数。可以单独搞一个计划，也可在施工组织设计中作为一项内容。要形成一个管理制度。从制订检测计划，委托有资质的检测机构检测，及按计划及时进行检测，并重视检测的取样、选点和随机性、代表性和真实性，以及检测的规范性，判定标准的规范性等。

13. 工程质量检查验收制度。为贯彻落实工程质量的验收，应建立一个检查验收的管理制度，做好质量验收技术准备、人员准备及工具表格的准备，做出检查验收计划，从检验批、分项、分部及单位工程的质量验收，做到及时、规范，按标准的检查评定，并申报监理单位验收。

施工单位的项目技术负责人，应事前备齐资料，填写好表格，并有落实各项的措施质量记录等。总监理工程师在工程项目开工前，应逐项检查，有关资料有落实措施。资料应附在表格后面，检查完后退还施工单位。

三、主要内容核查

主要内容的检查分为两个阶段，首先由施工单位自行检查，然后由监理单位核查。

自检结果栏：施工单位检查重点是本表格的内容资料不仅要求具有，并要求进行落实，体现在工程质量管理的全过程。施工现场项目技术负责人，应事前对表 A 的内容进行落实，填写自检结果，必要时可说明落实的情况，并为总监理工程师核查提供各项目落实情况的必要资料。

检查结论：总监理工程师的核验。这栏由总监理工程师将项目核查后填写。主要是两方面，一是项目中资料的完整性，是不是该有的资料都有了，如有关制度等。二是该应用落实的是否按要求落实了，或制定了落实计划和措施，如 12 项检测试验管理制度，检测项目计划有了没有，委托有资质的检测机构了没有，管理制度落实了执行人和负责人了没有。对做到的项目填写通过，没做到的督促施工单位在施工前整改做到。然后填写检查结果。检查结果认可后，才能正式开始施工。

这个表是要求施工前做技术准备，使工程开工后能连续施工，能保证工程质量。可以称为"技术施工许可证"。

第二节　检验批质量验收记录

提供验收记录用表是《统一标准》的任务之一。本标准给出检验批、分项、分部、单位工程验收记录表的通用格式，因建筑物专业众多，给出的表格不可能适用于所有专业，具体的验收表格可以由各专业验收规范编制。

一、现场验收检查原始记录的要求

本次《统一标准》修订要求在检验批检验时，为能正确验收评定，施工单位自行验收时，应做好原始记录，供监理验收时核查，这是加强施工质量过程控制的重要环节，也是规范施工单位质量验收评定的过程。填写"现场验收检查原始记录"，分为两种形式，一是使用移动验收终端原始记录，二是手写检查原始记录。有条件的建议使用移动验收终端原始记录形式，以便于对验收情况核对和提高管理效率。

使用移动验收终端原始记录，实质就是利用现代移动互联网云计算技术，实现施工现场质量状况图形化显示在设计图纸上，有明确的检查点位置和真实的照片及数据。这个原始记录是全过程记录，在单位工程验收前全部保留并可追溯。

检验批施工完成，施工单位应自行检查评定，检查评定过程中，要求形成检查原始记录，由专业质量检查员、专业工长依据检查评定情况形成《现场验收检查原始记录》，重点是记录检查的部位和结果，以完善检查评定的过程。施工单位自行检查评定合格后，由专业监理工程师组织施工单位的专业质量检查员、专业工长等进行验收时，可依据施工单位自行验收情况形成的《现场验收检查原始记录》进行核查。依据过程控制的要求，检查原始记录应由施工单位形成，说明自行评定检查的过程，专业监理工程师核查，监理工程师认为太不完善时，可以补充完善，或推翻重做。

（一）在使用移动验收终端原始记录时，应依据评定验收程序软件，应符合如下要求，以确保获取真实可追溯的数据和情况

1. 检验批、分项、子分部层次清晰，名称、编号准确。

2. 检验批部位、检验批容量设置及抽样明确。

检验批容量具体抽样还应按专业质量验收规范的规定进行。

3. 检查点必须在电子图纸上进行标识，验收数据齐全，终端应有电子图纸功能。

应在电子图纸上标出抽查的房间、部位，各项验收的项目。

4. 对于验收过程中发现的质量问题可直接拍照，留存证据。

有问题的项目，部位记录清楚。如需整改的应提出整改要求。整改完后需复查的应说明，并应提供复查结果资料。

5. 数据自动汇总、评定和保存，严禁擅自修改。

6. 主控项目和一般项目分别列出，并有重点，规范内容齐全，验收有据可依。

7. 原始记录必须有效存储，可以采用云存储方式，也可以存储于终端本机或 PC 机上。

8. 将验收结果直接导入工程资料管理软件检验批表格内，保证资料数据真实。（详细可参照软件技术说明书使用。）

9. 目前规范组已推荐有配套软件可选择使用。

（二）手写现场验收检查原始记录

手写现场验收检查原始记录格式见下表。该现场验收检查原始记录应由施工单位专业质量检查员、专业工长共同检查填写和签署，必须手填，禁止机打，在检验批验收时由专业监理工程师核查认可并签署，并在单位工程竣工验收前存档备查。以便于建设、施工、监理等单位对验收结果进行追溯、复核，单位工程竣工验收后可由施工单位继续保留或销毁。现场验收检查原始记录的格式可在本表基础上深化设计，由施工、监理单位自行确定，但应包括本表包含的检查项目、检查位置、检查结果等内容。

1. "现场验收检查原始记录"的示例供读者参考

单位（子单位）工程名称	××住宅楼		
检验批名称	二层砌砖	检验批编号	02020102

编号	验收项目	验收部位	验收情况记录	备注
5.2.1	砖、砂浆强度	二层砌墙	MU10烧结普通砖，二组强度复试报告，编号××××，××××，评定合格。M7.5水泥砂浆，做有一组试块，编号×××，	砂浆配比报告，编号××××
5.2.2	灰缝砂浆的饱度，墙水平灰缝≥80% 柱水平灰缝，竖向缝≥90%	二层砌墙 墙水平灰缝 Ⓐ⑧-①轴墙 一步架	95%，90%，88%，平均91%	
		ⒷⒸ④轴墙 一步架	90%，92%，94%，平均92%	
		ⒷⒸ⑧轴墙 一步架	95%，92%，89%，平均92%	
		Ⓐ⑧⑫轴墙 二步架	90%，89%，91%，平均90%	
		ⒷⒸ⑫轴墙 二步架	90%，90%，89%，平均90%	
5.2.3	砌体转角处，交接处，斜槎	二层砌体在一步架时留有10处斜槎，二步架没有留槎，抽查5处	Ⓐ⑧②墙，Ⓐ⑧⑤墙，Ⓐ⑧⑧墙，ⒷⒸ⑪墙，ⒷⒸ⑬墙斜槎符合2/3。	
5.2.4	临时间断处，当直槎，数设拉结筋	二层砌体中只有9个施工洞，墙无断槎	9处均为凹槎，⑥⑥拉结筋二根，埋入500，外留500，7皮砖设一道	
5.3.1	组砌方法（混水墙）	外墙纵墙各查3处，山墙各查一处，房间查3间，全数检查，	外墙接①①轴顺序，全外墙无大于200mm的通缝，一顺一丁组砌较规范。内墙 ⒶⒷ③房无通缝。ⒷⒸ⑥房有二皮砖的通缝二处。Ⓑ⑨⑩房无通缝，窗间墙上无通缝。	
5.3.2	灰缝厚度 水平、竖缝 8～12	外墙查2处，内墙3间每间查2处，共查8处，水平、竖向同时查。	Ⓐ轴Ⓐ⑥⑦间，①轴山墙内墙ⒶⒷ⑤房，ⒶⒷ⑨房，ⒷⒸ③房。水平缝10皮砖累厚度5皮数杆10皮砖累厚631mm，比较着都在10mm以内，厚薄在8～12之间，竖缝2mm折算也比10mm小，在房间竖缝个别有大于12mm的，最多二西墙上有4～5处。	
5.3.3	砌体尺寸、位置允许偏差。			

监理校核：张玉泉　　检查：王小平　记录：刘玉翠　验收日期：2014年 8 月 8 日

单位（子单位）工程名称	××住宅楼			
检验批名称	二层砌砖	检验批编号	02020102.	
编号	验收项目	验收部位	验收情况记录	备注
1.	轴线位移 10.	①~⑭轴承重墙全数检查	依次分别为：6、8、7、4、10 5、8、7、6、9、12、8、7、9	一点超.
2.	层高垂直度 5	两山墙各1处，内墙3间房每间承重墙2处，共8处	ⒶⒷ①山墙 5. ⒷⒸ⑭ 4. ⒶⒷ③房②③墙5.5. ⒶⒷ⑦房⑦⑧墙 6.4. ⒷⒸ⑪⑫房⑪⑫墙 5.5.	
3.	墙、柱顶标高 ±15.	2山墙2纵墙各一点内墙2点共6点	ⒶⒷ点 +8. ⒷⒾ点 11. ⒷⒾⒾ12. ⒸⒹ点 +6. ⒷⒾ点 +8. ⒷⒾⒾ12.	
4.	表面平整度 砼水墙8	抽查3间两承墙各一点，共6点	ⒶⒷ②③房②墙 6. ③墙8. ⒶⒷ⑦⑧房⑦墙8.⑧墙7. ⒷⒸ⑪⑫房⑪墙10.⑫墙8.	
		（横、竖各测4次取最大值）		一点超.
5.	水平灰缝平直度 砼水墙 10	抽3间，间表面平整度房间.	②墙8.③墙8.⑦墙10 ⑧墙12.⑪墙10.⑫墙7.	一点超.
6.	门窗洞口高宽后塞口 ±10	抽查门窗各5个口（门口高度不好量）共30点	窗口. Ⓐ②③高+8+10宽+10+9. Ⓐ⑤⑥高+10+10宽+8+9.	
			Ⓐ⑪⑫高+6.+7宽+10.+13. ⒸⒹ②③高+10+10宽+9+10.	一点超.
			ⒾⒻ⑥高+9.+8宽+18+17. 门口.ⒷⒾ③宽+8+10.高+10 --	一点超.
			ⒷⒾ⑤⑥宽+15.+16.高 -- ⒷⒾ⑦⑧宽+10.+10高 --	二点超
		/	ⒷⒾ⑨⑩宽+9+10高 -- ⒷⒾ⑪⑫宽+6.+8高 --	
7.	外墙上下窗口位移. 20.	查5个窗口.Ⓐ③⑥.Ⓐⓓ⑦⑧ ②③③.Ⓒⓓ⑥.Ⓒⓓ⑦⑧	10.6.12.15.8.13.9.15. 15.20.	吊线.一层窗口为准两边各1点.

监理校核　张玉泉　　检查：孙小平　记录：刘玉翠　验收日期：2014年 8 月 8 日

2. 填写依据及说明

① 单位（子单位）工程名称、检验批名称及编号按对应的《检验批质量验收记录表》填写；

② 验收项目：按对应的《检验批质量验收记录表》的验收项目的顺序，填写现场实际检查的验收项目的内容，如果对应多行检查记录，验收项目不用重复填写；

③ 编号：填写验收项目对应的规范条文号；

④ 验收部位：填写本条验收的各个检查点的部位，每个检查项目占用一格，下个项目另起一行；

⑤ 验收情况记录：采用文字描述、数据说明或者打"√"的方式，说明本部位的验收情况，不合格和超标的必须明确指出；对于定量描述的抽样项目，直接填写检查数据；

⑥ 备注：发现明显不合格的检查点，要标注是否整改、复查是否合格；

⑦ 校核：监理单位现场验收人员签字；

⑧ 检查：施工单位现场验收人员签字；

⑨ 记录：填写本记录的人签字；

⑩ 验收日期：填写现场验收当天日期；

⑪ 对验收部位，可在图上编号，不一定按本示例这样标注，只要说明部位就行；

⑫ 抽样仍按 GB 50203 的规定抽样，或执行 GB 50300 第 3.0.9 条的最小抽样办法。

二、检验批质量验收记录的要求

（一）按 GB 50300 的标准样表如下：

_____检验批质量验收记录　　　　编号_____

单位(子单位)工程名称		分部(子分部)工程名称		分项工程名称	
施工单位		项目负责人		检验批容量	
分包单位		分包单位项目负责人		检验批部位	
施工依据				验收依据	
验收项目		设计要求及规范规定	最小/实际抽样数量	检查记录	检查结果
主控项目	1				
	2				
	3				
	4				
	5				
	6				
	7				
	8				
	9				
	10				
一般项目	1				
	2				
	3				
	4				
	5				
施工单位 检查结果		专业工长： 项目专业质量检查员： 　　　　　年　月　日			
监理单位 验收结论		专业监理工程师： 　　　　　年　月　日			

（二）检验批质量验收记录填写示例可手工填写，或利用电脑打印。

砖砌体 检验批质量验收记录　　　　　　　编号：01020101＿＿
　　　　　　　　　　　　　　　　　　　　　　02020101＿＿

单位（子单位）工程名称	××住宅楼	分部（子分部）工程名称	主体分部工程 砌体子分部	分项工程名称	砖砌体
施工单位	××建筑公司	项目负责人	王××	检验批容量	2800㎡
分包单位	/	分包单位项目负责人	/	检验批部位	二层墙 A～C/1～14
施工依据	《砌体结构工程施工规范》GB50924-2014. 《砌体结构××工艺标准》Q××.			验收依据	《砌体结构工程施工质量验收规范》GB50203-2011

		验收项目	设计要求及规范规定	最小/实际抽样数量	检查记录	检查结果
主控项目	1	5.2.1条	砖强度MU10. 砂浆强度M7.5.	15万块为一批. 每检验批一组试块	MU10烧结普通砖，强度符合设计要求，复试单编号××××，×××× M7.5水泥砂浆，试块编号×××	√ √
	2	5.2.2条	水平灰缝≥80% 竖向缝≥90%	5/5	查5处，合部大于80%	√
	3	5.2.3条	转角，斜接处钢楔	5/10	抽查5处，斜槎符合2/3	√
	4	5.2.4条	直槎，拉结筋设置	5/9	抽查5处凸槎，拉结筋符合要求	√
一般项目	1	5.3.1条	组砌方法	11/11	抽查11处，全部无通缝	√
	2	5.3.2条	水平、竖向灰缝厚度	8/8	抽查8处，均符合要求	√
	3	5.3.3条	尺寸、位置允许偏差			
		轴线位移	8～12mm.	8/8	抽查8处，均符合要求	100%
		墙柱垂直度每层高	±15mm.	6/6	抽查6处，均符合要求	100%
		层高垂直度	≤5mm.	8/8	抽查8处，均符合要求	100%
		表面平整度	≤8mm.	6/6	抽查6处，一点超差	83.3%
		水平灰缝平直度	混水墙≤10mm	6/6	抽查6处，均符合要求	100%
		门窗洞口宽度	后塞口 ±10mm.	30/30	抽测30点，4点超差	87%
		外墙上下窗口偏移	≤20mm.	10/10	抽测10点，均符合要求	100%

施工单位检查结果	整评合格，（符砂浆强度评定） 一般项目符合抽查要求 专业工长：手签名 项目专业质量检查员：手签名　　　2014年×月×日
监理单位验收结论	合格. 专业监理工程师：手签名　　　　2014年×月×日

（三）填写依据及说明

检验批施工完成，施工单位自检合格后，应由项目专业质量检查员填报《检验批质量验收记录》。按照《统一标准》规定，检验批质量验收由专业监理工程师组织施工单位项目专业质量检查员、专业工长等进行验收。

《检验批质量验收记录》的检查记录应与《现场验收检查原始记录》相一致，原始记录是验收记录的辅助记录。检验批里非现场验收内容，如材料质量《检验批质量验收记录》中应填写依据的资料名称及编号，并给出结论。《检验批质量验收记录》作为检验批验收的成果，若没有《现场验收检查原始记录》，则《检验批质量验收记录》视同作假。

1. 检验批名称及编号

（1）检验批名称：按验收规范给定的分项工程名称，填写在表格名称前划线位置处。

（2）检验批编号：检验批表的编号按《建筑工程施工质量验收统一标准》GB 50300—2013 附录 B 规定的分部工程、子分部工程、分项工程的代码、检验批代码（依据专业验收规范）和资料顺序号统一为 11 位数的数码编号写在表的右上角，前 8 位数字均印在表上，后留下划线空格，检查验收时填写检验批的顺序号。其编号规则具体说明如下：

① 第 1、2 位数字是分部工程的代码；

② 第 3、4 位数字是子分部工程的代码；

③ 第 5、6 位数字是分项工程的代码；

④ 第 7、8 位数字是检验批的代码；

⑤ 第 9、10、11 位数字是各检验批验收的顺序号。

同一检验批表格适用于不同分部、子分部、分项工程时，表格分别编号，填表时按实际类别填写顺序号加以区别；编号按分部、子分部、分项、检验批序号的顺序排列。

2. 表头的填写

（1）单位（子单位）工程名称填写全称，如为群体工程，则按群体工程名称一单位工程名称形式填写，子单位工程标出该部分的位置。

（2）分部（子分部）工程名称按《建筑工程施工质量验收统一标准》GB 50300 划定的分部（子分部）名称填写。

（3）分项工程名称按《建筑工程施工质量验收统一标准》附录 B 的规定填写。

（4）施工单位及项目负责人："施工单位"栏应填写总包单位名称，或与建设单位签订合同的专业承包单位名称，宜写全称，并与合同上公章名称一致，并应注意各表格填写的名称应相互一致。

"项目负责人"栏填写合同中指定的项目负责人的名字，表头中人名由填表人填写即可，只是标明具体的负责人，不用签字。

（5）分包单位及分包单位项目负责人："分包单位"栏应填写分包单位名称，即与施工单位签订合同的专业分包单位名称，宜写全称，并与合同上公章名称一致，并应注意各表格填写的名称应相互一致。

"分包单位项目负责人"栏填合同中指定的分包单位项目负责人的名字，表头中人名由填表人填写即可，只是标明具体的负责人，不用签字。

（6）检验批容量：指本检验批的工程量，按工程实际填写，计量项目和单位按专业验收规范中对检验批容量的规定。

（7）检验批部位是指一个分项工程中验收那个检验批的抽样范围，要按实际情况标注清楚。

（8）"施工依据"栏，应填写施工执行标准的名称及编号，可以填写所采用的企业标准、地方标准、行业标准或国家标准；要将标准名称及编号填写齐全；也可以是技术交底或企业标准、工艺规范、工法等。

（9）"验收依据"栏，填写验收依据的标准名称及编号。

3. "验收项目"的填写

"验收项目"栏制表时按4种情况印刷：

（1）直接写入：当规范条文文字较少，或条文本身就是表格时，按规范条文写入。

（2）简化描述：将质量要求作简化描述主题的内容，作为检查的提示。

（3）填写条文号：在后边附上条文内容。

（4）将条文项目直接写入表格。

4. "设计要求及规范规定"栏的填写

（1）直接写入：当条文中质量要求的内容文字较少时，直接将条文写入；当为混凝土、砂浆强度符合设计要求时，直接写入设计要求值。

（2）写入条文号：当文字较多时，只将条文号写入。

（3）写入允许偏差：对定量要求，将允许偏差直接写入。

5. "最小/实际抽样数量"栏的填写

（1）对于材料、设备及工程试验类规范条文，非抽样项目，直接写入"/"。

（2）对于抽样项目且样本为总体时，写入"全/实际数量"，例如"全/10"，"10"指本检验批实际包括的样本总量。

（3）对于抽样项目且按工程量抽样时，写入"最小/实际抽样数量"，例如"5/5"，即按工程量计算最小抽样数量为5，实际抽样数量为5。

（4）本次检验批验收不涉及此验收项目时，此栏写入"/"。

（5）检验批的容量和每个检查项目的容量，通常是不一致的，检验批是整个项目的范围常常可以用工程量来表示，具体检查项目，用"件"、"处"、"点"来表示。

6. "检查记录"栏填写

（1）对于计量检验项目，采用文字描述方式，说明实际质量验收内容及结论；此类多为对材料、设备及工程试验类结果的检查项目。

（2）对于技术检验项目，必须依据对应的《检验批验收现场检查原始记录》中验收情况记录，按下列形式填写：

① 抽样检查的项目，填写描述语，例如"抽查5处，合格4处"，或者"抽查5处，全部合格"。

② 全数检查的项目，填写描述语，例如"共5处，检查5处，合格4处"，或者"共5处，检查5处，全部合格"。

（3）本次检验批验收不涉及此验收项目时，此栏写入"/"。

7. 对于"明显不合格"情况的填写要求

（1）对于计量检验和计数检验中全数检查的项目，发现明显不合格的个体，此条验收就不合格。

（2）对于计数检验中抽样检验的项目，明显不合格的个体可不纳入检验批，但应进行处理，使其满足有关专业验收规范的规定，对处理的情况应予以记录并重新验收；"检查记录"栏填写要求如下：

①不存在明显不合格的个体的，不做记录；

②存在明显不合格的个体的，按《检验批验收现场检查原始记录》中验收情况记录填写，例如"一处明显不合格，已整改，复查合格"，或"一处明显不合格，未整改，复查不合格"。

8. "检查结果"栏填写

（1）采用文字描述方式的验收项目，合格打"√"，不合格打"×"。

（2）对于抽样项目且为主控项目，无论定性还是定量描述，全数合格为合格，有1处不合格即为不合格，合格打"√"，不合格打"×"。

（3）对于抽样项目且为一般项目，"检验结果"栏填写合格率，例如"100％"。

定性描述项目所有抽查点全部合格（合格率为100％），此条方为合格。

定量描述项目，其中每个项目都必须有80％以上（混凝土保护层为90％）检测点的实测数值达到规范规定，其余20％按各专业施工质量验收规范规定，不能大于1.5倍，钢结构为1.2倍，就是说有数据的项目，除必须达到规定的数值外，其余可放宽的，最大放宽到1.5倍。

（4）本次检验批验收不涉及此验收项目时，此栏写入"/"。

9. "施工单位检查结果"栏的填写

施工单位质量检查员按依据的规范、规程判定该检验批质量是否合格，填写检查结果。填写内容通常为"符合要求"、"不符合要求"，"主控项目全部合格，一般项目符合验收规范（规程）要求"等评语。

如果检验批中含有混凝土、砂浆试件强度验收等内容，应待试验报告出来后再作判定，或暂评符合要求。

施工单位专业质量检查员和专业工长应签字确认并按实际填写日期。

10. "监理单位验收结论"的填写

应由专业监理工程师填写。填写前，应对"主控项目"、"一般项目"按照施工质量验收规范的规定逐项抽查验收，独立得出验收结论。认为验收合格，应签注"合格"或"同意验收"。如果检验批中含有混凝土、砂浆试件强度验收等内容，可根据质量控制措施的完善情况，暂备注"同意验收"。应待试验报告出来后再作确认。

检验批的验收是过程控制的重点，一定要正确按规范来检查，其质量指标必须满足规范规定和设计要求。

第三节　分项工程质量验收记录

一、分项工程样表及填写示例

以主体结构砌体分项工程为例，说明表的填写。

砖砌体分项工程质量验收记录

单位(子单位) 工程名称	××住宅楼工程		分部(子分部) 工程名称	主体结构分部/ 砌体结构子分部	
分项工程数量	1.(1500m³)		检验批数量	6	
施工单位	××建筑公司	项目负责人	××	项目技术 负责人	××
分包单位	/	分包单位项目负责人	/	分包内容	/
序号	检验批名称	检验批容量	部位/区段	施工单位检查结果	监理单位验收结论
1	砖砌体	250m³	一层	符合要求	合格
2	砖砌体	250m³	二层	符合要求	合格
3	砖砌体	250m³	三层	符合要求	合格
4	砖砌体	250m³	四层	符合要求	合格
5	砖砌体	250m³	五层	符合要求	合格
6	砖砌体	250m³	六层	符合要求	合格
7					
8					
9					
10					
说明:检验批施工操作依据质量验收记录资料完整。					
施工单位 检查结果	符合要求 项目专业技术负责人：××× 201×年××月××日				
监理单位 验收结论	合格 专业监理工程师：××× 201×年××月××日				

二、填写依据及说明

分项工程完成，即分项工程所包含的检验批均已完工，施工单位自检合格后，应由专业质量检查员填报《分项工程质量验收记录》。分项工程应由专业监理工程师组织施工单位项目专业技术负责人等进行验收。

1. 表格名称及编号

(1) 表格名称：按验收规范给定的分项工程名称，填写在表格名称前的划线位置处；

(2) 分项工程质量验收记录编号：编号按"建筑工程的分部工程、子分部工程、分项工程划分"《建筑工程施工质量统一标准》GB 50300—2013的附录B规定的分部工程、子分部工程、分项工程的代码编写，写在表的右上角。对于一个单位工程而言，一个分项只有一个分项工程质量验收记录，所以不编写顺序号。其编号规则具体说明如下：

① 第 1、2 位数字是分部工程的代码；

② 第 3、4 位数字是子分部工程的代码；

③ 第 5、6 位数字是分项工程的代码；

同一个分项工程有的适用于不同分部、子分部工程时，填表时按实际情况填写其编号。

2. 表头的填写

（1）单位（子单位）工程名称填写全称，如为群体工程，则按群体工程—单位工程名称形式填写，子单位工程标出该部分的位置。

（2）分部（子分部）工程名称按《建筑工程施工质量验收统一标准》GB 50300 划定的分部（子分部）名称填写。

（3）分项工程数量：指本分项工程的数量，通常一个分部工程中，同样的分项工程是一个。按工程实际填写。

（4）检验批数量指本分项工程包含的实际发生的所有检验批的数量。

（5）施工单位及项目负责人、项目技术负责人："施工单位"栏应填写总包单位名称，宜写全称，并与合同上公章名称一致，并应注意各表格填写的名称应相互一致。

"项目负责人"栏填写合同中指定的项目负责人姓名；"项目技术负责人"栏填写本工程项目的技术负责人姓名；表头中人名由填表人填写即可，只是标明具体的负责人，不用签字。

（6）分包单位及分包单位项目负责人："分包单位"栏应填写分包单位名称，即与施工单位签订合同的专业分包单位名称，宜写全称，并与合同上公章名称一致，并应注意各表格填写的名称应相互一致；"分包单位项目负责人"栏填写合同中指定的分包单位项目负责人姓名；表头中人名由填表人填写即可，只是标明具体的负责人，不用签字。

（7）分包内容：指分包单位承包的本分项工程的范围，有的工程这个分项工程全由其分包。

3. "序号"栏的填写

按检验批的排列顺序依次填写，检验批项目多于一页的，增加表格，顺序排号。

4. "检验批名称、检验批容量、部位/区段、施工单位检查结果、监理单位验收结论"栏的填写。

（1）检验批名称按本分项工程汇总的所有检验批依次排序，并填写其名称。

（2）检验批容量按相应专业质量验收规范检验批填的容量填写，有时检验批的容量和主控项目、一般项目抽样的容量不一致，按各检查项目的具体容量分别进行抽样。部位、区段，按实际验收时的情况逐一填写齐全，一般指这个检验批在这个分项工程中的部位/区段。

（3）"施工单位检查结果"栏，由填表人依据检验批验收记录填写，填写"符合要求"或"验收合格"；在有混凝土、砂浆强度等项目时，待其评定合格，确认各检验批符合要求后，再填写检查结果。

（4）"监理单位验收结论"栏，由专业监理工程师依据检验批验收记录填写，检查同意后填写"合格"或"符合要求"，有混凝土、砂浆强度项目时，待评定合格，再填写验收结论，如有不同意，项目应做标记但暂不填写。

5. "说明"栏的填写

（1）如有不同意项应做标记但暂不填写，待处理后再验收；对不同意项，监理工程师应指出问题，明确处理意见和完成时间。

（2）通常情况下，可填写验收过程的一些表格中反映不到的情况，如检验批施工依据，质量验收记录，所含检验批的质量验收记录是否完整等的情况。

6. 表下部"施工单位检查结果"栏的填写

（1）由施工单位项目技术负责人填写，填写"符合要求"或"验收合格"，填写日期并签名。

（2）分包单位施工的分项工程验收时，分包单位人员不签字，但应将分包单位名称及分包单位项目负责人、分包内容填写到对应的栏格内。

7. 表下部"监理单位验收结论"栏，由专业监理工程师在确认各项验收合格后，填入"验收合格"，填写日期并签名。

8. 注意事项

（1）核对检验批的部位、区段是否全部覆盖分项工程的范围，有无遗漏的部位。

（2）一些在检验批中无法检验的项目，在分项工程中直接验收，如有混凝土、砂浆强度要求的检验批，到龄期后评定结果能否达到设计要求；砌体的全高垂直度检测结果等。

（3）检查各检验批的验收资料完整并统一整理，为下一步验收打下基础。

第四节　分部工程质量验收记录

一、分部工程样表及填写示例

主体结构分部工程质量验收记录　　　　编号：02

单位（子单位）工程名称	××住宅楼工程	子分部工程数量	2	分项工程数量	4
施工单位	××建筑公司	项目负责人	王××	技术（质量）负责人	李××
分包单位	/	分包单位项目负责人	/	分包内容	/
序号	子分部工程名称	分项工程名称	检验批数量	施工单位检查结果	监理单位验收结论
1	混凝土结构	钢筋	6	符合要求	合格
		混凝土	6	符合要求	合格
		现浇结构	6	符合要求	合格
2	砌体结构	砖砌体（填充墙）	6	符合要求	合格
质量控制资料			共4项,有效完整		符合要求

安全和功能检验结果	抽查 6 项,符合要求	符合要求
观感质量检验结果	好	好
综合验收结论	主体结构分部工程质量验收合格。	

施工单位	勘察单位	设计单位	监理单位
项目负责人:××× 201×年××月××日	项目负责人:××× 201×年××月××日	项目负责人:××× 201×年××月××日	总监理工程师:××× 201×年××月××日

注:1. 地基与基础分部工程的验收应由施工、勘察、设计单位项目负责人和总监理工程师参加并签字。

2. 主体结构、节能分部工程的验收应由施工、设计单位项目负责人和总监理工程师参加并签字。

二、填写依据及说明

分部(子分部)工程完成,施工单位自检合格后,应填报《分部工程质量验收记录》。

分部工程应由总监理工程师组织施工单位项目负责人和施工项目技术负责人等进行验收。勘察、设计单位项目负责人和施工单位技术、质量部门负责人应参加地基与基础分部工程的验收。设计单位项目负责人和施工单位技术、质量部门负责人应参加主体结构、节能分部工程的验收。

1. 表格名称及编号

(1)表格名称:按《建筑工程施工质量验收统一标准》GB 50300—2013 附录 B 表给定的分部工程名称,填写在表格名称前划线位置处。

(2)分部工程质量验收记录编号:编号按《建筑工程施工质量验收统一标准》GB 50300—2013 的附录 B 规定的分部工程代码编写,写在表的右上角。对于一个工程而言,一个分部只有一个分部工程质量验收记录,所以不编写顺序号。其编号为两位。

2. 表头的填写

(1)单位(子单位)工程名称填写全称,如为群体工程,则按群体工程名称—单位工程名称形式填写,子单位工程时应标出该子分部工程的位置。

(2)子分部工程数量:指本分部工程包含的实际发生的所有子分部工程的数量。

(3)分项工程数量:指本分部工程包含的实际发生的所有分项工程的总数量。

(4)施工单位及施工单位项目负责人、施工单位技术(质量)负责人。

"施工单位"栏应填写总包单位名称,宜写全称,并与合同上公章名称一致,并应注意各表格填写的名称应相互一致;施工单位项目负责人填写合同指定的施工单位项目负责人,"技术(质量)负责人"栏应填写施工单位技术(质量)部门负责人;表头中人名由填表人填写即可,只是标明具体的负责人,不用签字。

(5)分包单位及分包单位项目负责人、分包单位技术(质量)负责人:"分包单位"栏应填写分包单位名称,宜写全称,并与合同上公章名称一致,并应注意各表格填写的名称应相互一致;"分包单位项目负责人"栏填写合同中指定的分包单位项目负责人;表头中人名由填表人填写即可,只是标明具体的负责人,不用签字;没有分包工程分包单位可以不填写。

（6）分包内容：指分包单位承包的本分部工程的范围，应如实填写。没有时不填写。

3. "序号"栏的填写

按子分部工程的排列顺序依次填写，分项工程项目多于一页的，增加表格，顺序排号。

4. "子分部工程名称、分项工程名称、检验批数量、施工单位检查结果、监理单位验收结论"栏的填写

（1）填写本分部工程汇总的所有子分部工程名称、分项工程名称并列在子分部工程后依次排序，并填写其名称、检验批只填写数量，注意要填写完整。

（2）"施工单位检查结果"栏，由填表人依据分项工程验收记录填写，填写"符合要求"或"合格"。

（3）"监理单位验收结论"栏，由总监理工程师检查同意验收后，填写"合格"或"符合要求"。

5. 质量控制资料

（1）"质量控制资料"栏应按《单位（子单位）工程质量控制资料核查记录》相应的分部工程的内容来核查，各专业只需要检查该表内对应于本专业的那部分相关内容，不需要全部检查表内所列内容，也未要求在分部工程验收时填写该表。

（2）核查时，应对资料逐项核对检查，应核查下列内容：

① 查资料是否完整，该有的项目是否都有了，项目中该有的资料是否齐全，有无遗漏；

② 资料的内容有无不合格项，资料中该有的数据和结论是否有了；

③ 资料是否相互协调一致，有无矛盾，不交圈；

④ 各项资料签字是否齐全；

⑤ 资料的分类整理是否符合要求，案卷目录、份数页数等有无缺漏。

（3）当确认能够基本反映工程质量情况，达到保证结构安全和使用功能的要求，该项即可通过验收。全部项目都通过验收，即可在"施工单位检查结果"栏内填写检查结果，标注"检查合格"，并说明资料份数，然后送监理单位或建设单位验收，监理单位总监理工程师组织核查，如认为符合要求，则在"验收意见"栏内签注"验收合格"或"符合要求"意见。

（4）对一个具体工程，是按分部还是按子分部进行资料验收，需要根据具体工程的情况自行确定。通常可按子分部工程进行资料验收。

6. "安全和功能检验结果"栏应根据工程实际情况填写

安全和功能检验，是指按规定或约定需要在竣工时进行抽样检测的项目。这些项目凡能在分部（子分部）工程验收时进行检测的，应在分部（子分部）工程验收时进行检测。具体检测项目可按《单位（子单位）工程安全和功能检验资料核查及主要功能抽查记录》中相关内容在开工之前加以确定。设计有要求或合同有约定的，按要求或约定执行。

在核查时，要检查开工之前确定的检测项目是否全部进行了检测。要逐一对每份检测报告进行核查，主要核查每个检测项目的检测方法、程序是否符合有关标准规定；检测结论是否达到规范的要求；检测报告的审批程序及签字是否完整等。

如果每个检测项目都通过核查，施工单位即可在检查结果标注"合格"或"符合要

求"，并说明资料份数。由项目负责人送监理单位验收，总监理工程师组织核查，认为符合要求后，在"验收意见"栏内签注"合格"或"符合要求"意见。

7."观感质量检验结果"栏的填写应符合工程的实际情况

只作定性评判，不作量化打分。观感质量等级分为"好"、"一般"、"差"共3档。"好"、"一般"均为合格；"差"为不合格，需要修理或返工。

观感质量检查的主要方法是观察。但除了检查外观外，还应检查整个工程宏观质量，下沉、裂缝、色泽等。还应对能启动、运转或打开的部位进行启动或打开检查。并注意应尽量做到全面检查，对屋面、地下室及各类有代表性的房间、部位都应查到。

观感质量检查首先由施工单位项目负责人组织施工单位人员进行现场检查，检查合格后填表，由项目负责人签字后交监理单位验收。

监理单位总监理工程师组织专业监理工程师对观感质量进行验收，并确定观感质量等级。认为达到"好"、"一般"，均视为合格。在"观感质量"验收意见栏内填写"好"、"一般"。评为"差"的项目，应由施工单位修理或返工。如确实无法修理，可经协商实行让步验收，并在验收表中注明。由于"让步验收"意味着工程留下永久性缺陷，故应尽量避免出现这种情况。

8."综合验收结论"的填写

由总监理工程师与各方协商，确认符合规定，取得一致意见后。可在"综合验收结论"栏填入"××分部工程验收合格"。

当出现意见不一致时，应由总监理工程师与各方协商，对存在的问题，提出处理意见或解决办法，待问题解决后再填表。

9.签字栏

制表时已经列出了需要签字的参加工程建设的有关单位。应由各方参加验收的代表亲自签名，以示负责，通常不需盖章。勘察、设计单位需参加地基与基础分部工程质量验收，由其项目负责人亲自签认。

设计单位需参加主体结构和建筑节能分部工程质量验收，由设计单位的项目负责人亲自签认。

施工方总承包单位由项目负责人亲自签认，分包单位不用签字，但必须参与其负责的那个分部工程的验收。

监理单位作为验收方，由总监理工程师签认验收。未委托监理的工程，可由建设单位项目技术负责人签认验收。

10.注意事项

（1）核查各分部工程所含分项工程是否齐全，有无遗漏。

（2）核查质量控制资料是否完整，分类整理是否符合要求。

（3）核查安全、功能的检测是否按规范、设计、合同要求全部完成，未作的应补作，核查检测结论是否合格。

（4）对分部工程应进行观感质量检查验收，主要检查分项工程验收后到分部工程验收之间，工程实体质量有无变化，如有，应修补达到合格，才能通过验收。

第五节 单位工程质量竣工验收记录

一、单位工程样表及填写示例

单位工程质量竣工验收记录

工程名称	××住宅楼工程	结构类型	砖混结构	层数/建筑面积	地下三层地上十层/3000m²
施工单位	××建筑公司	技术负责人	陈××	开工日期	201×年××月××日
项目负责人	王××	项目技术负责人	白××	竣工日期	201×年××月××日

序号	项目	验收记录	验收结论
1	分部工程验收	共8个分部,经查符合设计及标准规定8个分部(无通风与空调、智能、有燃气未检查)	所有8个分部工程质量验收合格
2	质量控制资料核查	共29项,经核查符合规定29项	实际发生的29项,质量控制资料全部符合有关规定
3	安全和使用功能核查及抽查结果	共核查24项,符合规定24项,共抽查6项,符合规定6项,经返工处理符合规定0项	核查及抽查项目全部符合规定
4	观感质量验收	共抽查17项,达到"好"和"一般"的17项,经返修处理符合要求的0项	好

综合验收结论	工程质量合格				
参加验收单位	建设单位	监理单位	施工单位	设计单位	勘察单位
	(公章) 项目负责人: ××× 201×年××月××日	(公章) 总监理工程师: ××× 201×年××月××日	(公章) 项目负责人: ××× 201×年××月××日	(公章) 项目负责人: ××× 201×年××月××日	(公章) 项目负责人: ××× 201×年××月××日

注:单位工程验收时,验收签字人员应由相应单位法人代表书面授权。

二、填写依据及说明

《单位工程质量竣工验收记录》是一个建筑工程项目的最后一道验收,应先由施工单位检查合格后填写。提交监理单位、建设单位组织验收。先由监理单位由总监理工程师组织预验收,再由建设单位组织正式验收。

1. 单位工程完工,施工单位组织自检合格后,应由施工单位填写《单位工程质量验收记录》并整理好相关的控制资料和检测资料等。报请监理单位进行预验收,通过后向建设单位提交工程竣工验收报告,建设单位应组织设计、监理、施工、勘察等单位项目负责人进行工程质量竣工验收,验收记录上各单位必须签字并加盖公章,验收签字人员应由相应单位法人代表书面授权的项目负责人。

2. 进行单位工程质量竣工验收时,施工单位应同时填报《单位工程质量控制资料核查记录》、《单位工程安全和功能检验资料核查及主要功能抽查记录》、《单位工程观感质量检查记录》，作为《单位工程质量竣工验收记录》的配套附表。

3. 表头的填写

（1）工程名称：应填写单位工程的全称，应与施工合同中的工程名称相一致。

（2）结构类型：应填写施工图设计文件上确定的结构类型，子单位工程不论其是哪个范围，也是照样填写。

（3）层数/建筑面积：说明地下几层地上几层，建筑面积填竣工决算的建筑面积。

（4）施工单位、技术负责人、项目负责人、项目技术负责人。"施工单位"栏应填写总承包单位名称，宜写全称，并与合同上公章名称一致，并注意各表格填写的名称应相互一致；"技术负责人"应为施工单位的技术负责人姓名；"项目负责人"栏填写合同中指定的项目负责人姓名；"项目技术负责人"栏填写本工程项目的技术负责人姓名。

（5）开、竣工日期：开工日期填写合同到"施工许可证"的实际开工日期；完工日期以竣工验收合格，参验人员签字通过日期为准。

4. "项目"栏按单位工程验收的内容逐项填写，并与"验收记录"、"验收结果"栏，一并相应的填写；"分部工程验收"栏根据各《分部工程质量验收记录》填写。应对所含各分部工程。

5. 由竣工验收组成员共同逐项核查。对表中内容如有异议，应对工程实体进行检查或测试。

核查并确认合格后，由监理单位在"验收记录"栏注明共验收了几个分部，符合标准及设计要求的有几个分部，并在右侧的"验收结论"栏内，填入具体的验收结论。

6. "质量控制资料核查"栏根据《单位工程质量控制资料核查记录》的核查结论填写。

建设单位组织由各方代表组成的验收组成员，或委托总监理工程师，按照《单位工程质量控制资料核查记录》的内容，对实际发生的项目进行逐项核查并标注。确认符合要求后，在"验收记录"栏填写共核查××项，符合规定的××项，并在"验收结论"栏内填写具体实际核查的项符合规定的验收结论。

7. "安全和主要使用功能核查及抽查结果"栏根据《单位工程安全和功能检验资料核查及主要功能抽查记录》的核查结论填写。对于分部工程验收时已经进行了安全和功能检测的项目，单位工程验收时不再重复检测。但要核查以下内容：

（1）单位工程验收时按规定、约定或设计要求，需要进行的安全功能抽测项目是否都进行了检测；具体检测项目有无遗漏。

（2）抽测的程序、方法及判定标准是否符合规定。

（3）抽测结论是否达到设计要求及规范规定。

经核查对实际发生的检测项目进行逐项核查并标注，认为符合要求的，在"验收记录"栏填写核查的项数及符合项数，抽查项数及符合规定的项数，没有返工处理项。并在"验收结论"栏填入核查、抽测项目数符合要求的结论。如果发现某些抽测项目不全，或抽测结果达不到设计要求，可进行返工处理。

8. "观感质量验收"栏根据《单位工程观感质量检查记录》的检查结论填写。

参加验收的各方代表，在建设单位主持下，对观感质量抽查，共同做出评价。如确认没有影响结构安全和使用功能的项目，符合或基本符合规范要求，应评价为"好"或"一般"。如果某项观感质量被评价为"差"，应进行修理。如果确难修理时，只要不影响结构安全和使用功能的，可采用协商解决的方法进行验收，并在验收表上注明。

观感质量验收不只是外观的检查，实际是实物质量的一个全面检查，能启动的启动一下，有不完善的地方可记录下来，如裂缝、损缺等。实际是对整个工程的一个综合的实地的总体质量水平的检查。

对观感质量验收检查抽查的点（项）数，达到"好"、"一般"的在"验收记录"栏记录。并在"验收结论"栏填写"好"或"一般"。

9. "综合验收结论"栏应由参加验收各方共同商定，并由建设单位填写，主要对工程质量是否符合设计和规范要求及总体质量水平做出评价。

三、单位工程质量控制资料核查

（一）样表及填写示例

单位工程质量控制资料核查记录

工程名称		××综合楼工程		施工单位	××建筑公司			
序号	项目	资料名称	份数	施工单位		监理单位		
				核查意见	核查人	核查意见	核查人	
1	建筑与结构	图纸会审记录、设计变更通知单、工程洽商记录	13	完整有效	×××	合格	×××	
2		工程定位测量、放线记录	16	完整有效		合格		
3		原材料出厂合格证书及进厂检验、试验报告	87	完整有效		合格		
4		施工试验报告及见证检测报告	56	完整有效		合格		
5		隐蔽工程验收记录	15	完整有效		合格		
6		施工记录	27	完整有效		合格		
7		地基、基础、主体结构检验及抽样检测资料	9	完整有效		合格		
8		分项、分部工程质量验收记录	28	完整有效		合格		
9		工程质量事故调查处理资料	/	/		/		
10		新技术论证、备案及施工记录	/	/		/		
1	给水排水与供暖	图纸会审记录、设计变更通知单、工程洽商记录	5	完整有效	×××	合格	×××	
2		原材料出厂合格证书及进厂检验、试验报告	26	完整有效		合格		
3		管道、设备强度试验、严格性试验记录	6	完整有效		合格		
4		隐蔽工程验收记录	3	完整有效		合格		
5		系统清洗、灌水、通水、通球试验记录	22	完整有效		合格		
6		施工记录	12	完整有效		合格		
7		分项、分部工程质量验收记录	10	完整有效		合格		
8		新技术论证、备案及施工记录	/	/		/		

序号	项目	资料名称	份数	施工单位		监理单位	
				核查意见	核查人	核查意见	核查人
1	通风与空调	图纸会审记录、设计变更通知单、工程洽商记录	/	/		/	
2		原材料出厂合格证书及进厂检验、试验报告	/	/		/	
3		制冷、空调、水管道强度试验、严密试验记录	/	/		/	
4		隐蔽工程验收记录	/	/		/	
5		制冷设备运行调试记录	/	/		/	
6		通风、空调系统调试记录	/	/		/	
7		施工记录	/	/		/	
8		分项、分部工程质量验收记录	/	/		/	
9		新技术论证、备案及施工记录	/	/		/	
1	建筑电气	图纸会审记录、设计变更通知单、工程洽商记录	6	完整有效		合格	
2		原材料出厂合格证书及进厂检验、试验报告	18	完整有效		合格	
3		设备调试记录	4	完整有效		合格	
4		接地、绝缘电阻测试记录	15	完整有效		合格	
5		隐蔽工程验收记录	4	完整有效	×××	合格	×××
6		施工记录	14	完整有效		合格	
7		分项、分部工程质量验收记录	10	完整有效		合格	
8		新技术论证、备案及施工记录	/	/		/	
1	智能建筑	图纸会审记录、设计变更通知单、工程洽商记录	9	/		/	
2		原材料出厂合格证书及进厂检验、试验报告	25	/		/	
3		隐蔽工程验收记录	30	/		/	
4		施工记录	30	/		/	
5		系统功能测定及设备调试记录	25	/		/	
6		系统技术、操作和维护记录	20	/		/	
7		系统管理、操作人员培训记录	10	/		/	
8		系统检测报告	1	/		/	
9		分项、分部工程质量验收记录	9	/		/	
10		新技术论证、备案及施工记录	2	/		/	
						/	

序号	项目	资料名称	份数	施工单位		监理单位	
				核查意见	核查人	核查意见	核查人
1	建筑节能	图纸会审记录、设计变更通知单、工程洽商记录	4	完整有效		合格	
2		原材料出厂合格证书及进厂检验、试验报告	20	完整有效		合格	
3		隐蔽工程验收记录	4	完整有效		合格	
4		施工记录	20	完整有效		合格	
5		外墙、外窗节能检验报告	4	完整有效	×××	合格	×××
6		设备系统节能检测报告	15	完整有效		合格	
7		分项、分部工程质量验收记录	10	完整有效		合格	
8		新技术论证、备案及施工记录	/	/		/	
1	电梯	图纸会审记录、设计变更通知单、工程洽商记录	3	完整有效		合格	
2		设备出厂合格证书及开箱检验记录	2	完整有效		合格	
3		隐蔽工程验收记录	4	完整有效		合格	
4		施工记录	8	完整有效		合格	
5		接地、绝缘电阻试验记录	2	完整有效	×××	合格	×××
6		负荷试验、安全装置检查记录	4	完整有效		合格	
7		分项、分部工程质量验收记录	2	完整有效		合格	
8		新技术论证、备案及施工记录	/	/		/	
1	燃气		/				
检查结论		结论：工程质量控制资料完整、有效，各种材料、设备进场验收、施工记录、施工试验、系统调试记录等符合有关规范规定，工程质量控制资料核查通过，同意验收。 施工单位项目负责人：×××　　　　　　　　总监理工程师：××× 201×年××月××日　　　　　　　　　　　201×年××月××日					

注：抽查项目由验收组协商确定。

（二）填写依据及说明

1. 单位工程质量控制资料是单位工程综合验收的一项重要内容，核查目的是强调建筑结构安全性能、使用功能方面主要技术性能的检验。施工单位应将全部资料按表列的项目分类整理附在表的后边，供审查用。其每一项资料包含的内容，就是单位工程包含的有关分项工程中检验批主控项目、一般项目要求内容的汇总。对一个单位工程全面进行质量控制资料核查，可以了解施工过程质量受理情况，防止局部错漏，从而进一步加强工程质量的控制。

2.《建筑工程施工质量验收统一标准》GB 50300—2013 中规定了按专业分共计 61 项

内容。其中，建筑与结构10项，给排水与采暖8项；通风与空调9项；建筑电气8项；建筑智能化10项，建筑节能8项，电梯8项。通风与空调、建筑智能化工程没有，燃气工程由于没有更新验收规范，原来的《建筑采暖与燃气工程质量检验评定标准》GB/T 302—88中关于"室内燃气工程"和"室外燃气工程"一直没有使用，故未检查。

3. 本表由施工单位按照所列质量控制资料的种类、名称进行检查，达到完整、有效后，填写份数，然后提交给监理单位验收。

4. 本表其他各栏内容先由施工单位进行自查和填写。监理单位应按分部工程逐项核查，独立得出核查结论。监理单位核查合格后，在监理单位"核查意见"栏填写对资料核查后的具体意见如"完整"、"符合要求""合格"都行。施工、监理单位具体核查人员在"核查人"栏签字。

5. 总监理工程师确认符合要求后，施工单位项目负责人和总监理工程师，在表下部"检查结论"栏内，填写对资料核查后的综合性结论。达到同意验收，并签字确认。

四、单位工程安全和使用功能资料核查及抽查

（一）样表及填写示例

单位工程安全和功能检验资料核查和主要功能抽查记录

工程名称		××综合楼工程		施工单位		××建筑公司	
序号	项目	安全和功能检查项目	份数	核查意见	核查意见		核(抽)查人
1	建筑与结构	地基承载力检验报告	2	完整、有效			施工：××× 监理：×××
2		桩基承载力检验报告	/	/			
3		混凝土强度试验报告	6	完整、有效	抽查1处合格		
4		砂浆强度试验报告	6	完整、有效			
5		主体结构尺寸、位置抽查记录	6	完整、有效			
6		建筑物垂直度、标高、全高测量记录	1	完整、有效	抽查5处合格		
7		屋面淋水或蓄水试验记录	1	完整、有效	抽查1处合格		
8		地下室渗漏水检测记录	/				
9		有防水要求的地面蓄水试验记录	1	完整、有效	抽查5处合格		
10		抽气(风)道检查记录	2	完整、有效	抽查2处合格		
11		外窗气密性、水密性、耐风压检测报告	2	完整、有效			
12		幕墙气密性、水密性、耐风压检测报告	/				施工：××× 监理：×××
13		建筑物沉降观测测量记录	2	完整、有效			
14		节能、保温测试记录	5	完整、有效			
15		室内环境检测报告	2	完整、有效			
16		土壤氡气浓度检测报告	1	完整、有效			

序号	项目	安全和功能检查项目	份数	核查意见	核查意见	核(抽)查人
1	给水排水与供暖	给水管道通水试验记录	1	完整、有效		施工:××× 监理:×××
2		暖气管道、散热器压力实验记录	2	完整、有效	抽查5处合格	
3		卫生器具满水试验记录	2	完整、有效		
4		给水消防管道、燃气管道压力试验记录	12	完整、有效		
5		排水干管通球试验记录	14	完整、有效		
6		锅炉试运行、安全阀及报警联动测试记录	/			
1	通风与空调	通风、空调系统试运行记录				
2		风量、温度测试记录				
3		空气能量回收装置测试记录				
4		洁净室净度测试记录				
5		制冷机组试运行调试记录				
1	建筑电气	建筑照明通电试运行记录	2	完整、有效		施工:××× 监理:×××
2		灯具固定装置及悬吊装置的载荷强度试验记录	/	/		
3		绝缘电阻测试记录	36	完整、有效	抽查8处合格	
4		剩余电流动作保护器测试记录	/			
5		应急电源装置应激持续供电记录	/			
6		接地电阻测试记录	6	完整、有效	抽查3处合格	
7		接地故障回路阻抗测试记录	6	完整、有效		
1	智能建筑	系统试运行记录	/			
2		系统电源及接地检测报告	/			
3		系统接地检测报告	/			
1	建筑节能	外墙节能构造检查记录或热工性能检验报告	12	完整、有效		施工:××× 监理:×××
2		设备系统节能性能检查记录	2	完整、有效		
1	电梯	运行记录	2	完整、有效		施工:××× 监理:×××
2		安全装置检测报告	6	完整、有效		
1	燃气工程		/			

结论:资料完整有效、抽查结果全部符合要求。同意验收。

施工单位项目负责人:×××　　　　　　总监理工程师:×××

　　　201×年××月××日　　　　　　　　201×年××月××日

注:抽查项目由验收组协商确定。

（二）填写依据及说明

1. 建筑工程投入使用，最为重要的是要确保安全和满足功能性要求。涉及安全和使用功能的项目性能应有检验资料，质量验收时确保满足安全和使用功能的项目进行检测是强化验收的重要措施，对主要项目的检测资料记录进行抽查是落实质量的内容，施工单位应在竣工验收时，先将《单位工程安全和功能检验资料核查及主要抽查记录》确认好，竣工与验收时，监理进行抽查，填写核查、抽查意见。

2. 抽查项目是在核查资料文件的基础上，由参加验收的各方人员协商确定，然后按有关专业工程施工质量验收标准进行检查。

3. 安全和功能的各项主要检测项目，《单位工程安全和功能检验资料核查及主要抽查记录》中已经列明。如果设计或合同有其他要求，经监理认可后可以补充。

安全和功能的检测，如果条件具备，应在分部工程验收时进行。分部工程验收时凡已经做过的安全和功能检测项目，单位工程竣工验收时可不再重复检测。只核查检测报告是否符合有关规定。可核查检测项目是否有遗漏，应与检测项目计划对应检查；核查抽测项目程序、方法、判定标准是否符合规定；检测结论是否达到设计要求及规范规定；如果某个项目抽测结果达不到设计要求，应允许进行返工处理，使之达到要求再填表。

核查抽查的项目原始记录见下表。

安全和功能检验资料核查及主要功能抽查项目原始记录

序号	分部工程	子分部工程	资料核查及功能抽查项目	
1	地基与基础	地基	强度、承载力试验报告	只能抽查资料
		基础	打入桩:桩位偏差测量记录,斜桩倾斜度测量记录 灌注桩:桩位偏差测量记录,桩顶标高测量记录,混凝土试块试验报告 工程桩承载力试验报告	只能抽查资料
		地下防水	渗漏水检验记录	可抽查工程
2	主体结构	混凝土结构	结构实体混凝土同条件养护试件强度试验报告 结构实体混凝土取芯法强度检测报告 结构实体钢筋保护层厚度检测报告 结构实体位置与尺寸偏差测量记录	只能抽查资料
		砌体结构	填充墙砌体植筋锚固力检测报告 转角交接处、马牙槎混凝土检查 砂浆饱满度 空心砌块芯柱混凝土	只能抽查资料
		钢结构	钢材、焊材、高强度螺栓连接副复验报告 摩擦面抗滑移系数试验报告 金属屋面系统抗风能力试验报告 焊缝无损探伤检测报告 地脚螺栓和制作安装检查记录 防腐及防火涂装厚度检测报告 主要构件安装精度检查记录 主体结构整体尺寸检查记录	只能抽查资料

序号	分部工程	子分部工程	资料核查及功能抽查项目
2	主体结构	木结构	结构形式、结构布置、构件尺寸 钉连接、螺栓连接规格、数量 胶合木类别、组坯方式、胶缝完整性、层板指接强度 防火涂料及防腐、防虫药剂　　　只能抽查资料
		铝合金结构	焊缝质量 高强螺栓施工质量 柱脚及网架支座检查 主要构件变形 主体结构尺寸　　　只能抽查资料
3	建筑装饰装修	地面	防水地面蓄水试验 砖、石材、板材、地毯、胶、涂料等材料具有环保证明文件 　　　只能抽查资料
		门窗	建筑外窗的气密性能、水密性能和抗风压性能检验报告 　　　只能抽查资料
		饰面板	后置埋件现场拉拔力检验报告　　　只能抽查资料
		饰面砖	样板和外墙饰面砖的粘接强度检验报告　　　只能抽查资料
		幕墙	硅酮结构胶相容性、剥离粘结性检验报告 后置埋件和槽式预埋件的现场拉拔力检验报告 气密性能、水密性能、耐风压性能及平面变形性能检验报告 　　　只能抽查资料
		环境	室内环境质量检测报告 土壤氡浓度检测报告 建筑材料放射性核素检验报告 装修材料有害物质含量检验报告　　　可抽查工程
4	屋面	防水与密封	雨后的持续 2h 淋水检查记录 檐沟、天沟 24h 蓄水检查记录　　　只能抽查资料,也可观察检查
5	建筑给水排水及供暖	室内给水系统	管道、设备及阀门水压试验记录、消火栓试射试验记录 　　　只能抽查资料
		室内排水系统	排水管道灌水、通球及通水试验记录　　　只能抽查资料 地漏及地面清扫口排水试验记录　　　可观察检查
		室外给水管网	消火栓试射试验记录　　　只能抽查资料
		室外排水管网	管道灌水及通水试验记录　　　可检查
		卫生器具	卫生器具满水和通水试验记录　　　可检查
		室外供热管网	采暖系统冲洗及试验记录　　　只能抽查资料
		热源及辅助设备	安全阀及报警联动测试记录 锅炉 48 试运行记录　　　只能抽查资料

序号	分部工程	子分部工程	资料核查及功能抽查项目	
6	通风与空调	通风工程	通风系统试运行记录	只能抽查资料
		空调工程	空调系统试运行记录	
			空气能量回收装置测试记录	（本工程中无此项）
			洁净室洁净度测试记录	
			制冷机组试运行调试记录	只能抽查资料
7	建筑电气	电气照明	建筑照明通电试运行记录	可检查
			灯具固定装置及悬吊装置的载荷强度试验记录	
			绝缘电阻测试记录	
			剩余电流动作保护器测试记录	
			应急电源装置应急持续供电时间记录	只能抽查资料
		防雷及接地	接地电阻测试记录	可检查
			接地故障回路阻抗测试记录	只能抽查资料
8	智能建筑	设备系统	系统试运行记录	（本工程中无此项）
			系统电源检测报告	只能抽查资料
		防雷与接地	系统接地检测报告	只能抽查资料
9	建筑节能	围护系统节能	外墙节能构造检查记录或热工性能检验报告	只能抽查资料
		系统及管网	设备系统节能性能检查记录	只能抽查资料
10	电梯	电梯、自动扶梯	系统运行记录	
			安全装置检测报告	只能抽查资料
11	燃气工程		（本工程未验收）	暂无内容

注：此表是提供可抽查的项目，供参考。

4. 本表由施工单位按所列内容检查并填写份数后，提交给监理单位。

5. 本表其他栏目由总监理工程师或建设单位项目负责人组织核查、抽查并由监理单位填写。

6. 监理单位经核查和抽查，如果认为符合要求，由总监理工程师在表中的"检查结论"栏填入综合性验收结论，施工单位项目负责人签字负责。

7. 本表将全部分部工程的内容都列出，可供有关人员参考，没有的项目，可在检查时划去。

五、单位工程观感质量检查

（一）样表及填写示例

单位工程观感质量检查记录

工程名称	××综合楼工程		施工单位	××建筑公司
序号	项目		抽查质量状况	质量评价
1	建筑与结构	主体结构外观	共检查10点，好9点，一般1点，差0点	好
2		室外墙面	共检查10点，好8点，一般2点，差0点	好

序号		项目	抽查质量状况	质量评价
3	建筑与结构	变形缝、雨水管	共检查6点,好6点,一般0点,差0点	好
4		屋面	共检查5点,好4点,一般1点,差0点	好
5		室内墙面	共检查10点,好8点,一般2点,差0点	好
6		室内顶棚	共检查10点,好6点,一般4点,差0点	好
7		室内地面	共检查10点,好4点,一般6点,差0点	一般
8		楼梯、踏步、护栏	共检查10点,好2点,一般8点,差0点	一般
9		门窗	共检查10点,好3点,一般7点,差0点	一般
10		雨罩、台阶、坡道、散水	共检查10点,好4点,一般6点,差0点	一般
1	给水排水与供暖	楼道接口、坡度、支架	共检查10点,好9点,一般1点,差0点	好
2		卫生器具、支架、阀门	共检查10点,好7点,一般3点,差0点	好
3		检查口、扫除口、地漏	共检查10点,好6点,一般4点,差0点	好
4		散热器、支架	共检查10点,好9点,一般1点,差0点	好
1	建筑电气	配电箱、盘、板、接线盒	共检查10点,好9点,一般1点,差0点	好
2		设备器具、开关、插座	共检查10点,好6点,一般4点,差0点	好
3		防雷、接地、防火	共检查10点,好9点,一般1点,差0点	好
1	电梯	运行、平层、开关门	共检查10点,好10点,一般0点,差0点	好
2		层门、信号系统	共检查10点,好10点,一般0点,差0点	好
3		机房	共检查10点,好9点,一般10点,差0点	好
1	燃气		本工程未验证	
观感质量综合评价			好	

结论:评价为好,观感质量验收合格

施工单位项目负责人:×××　　　　　　　　　　总监理工程师:×××

201×年××月××日　　　　　　　　　　201×年××月××日

注:1. 对质量评价为差的项目进行返修。

　　2. 观感质量检查的原始记录应作为本表附件。

　　3. 建筑节能工程的观感质量都包括在其他分部工程了。

（二）填写依据及说明

1. 单位工程观感质量检查,是在工程全部竣工后进行的一项重要验收工作,是对一个单位工程的外观及使用功能质量的全面评价,可以促进施工过程的管理、成品保护,提高社会效益和环境效益。观感质量检查绝不是单纯的外观检查,而是实地对工程的一个全面检查。

2. 《建筑工程施工质量验收统一标准》GB 50300—2013 规定，单位工程的观感质量验收，分为"好"、"一般"、"差"三个等级。观感质量检查的方法、程序、评判标准等，均与分部工程相同，不同的是检查项目较多，属于综合性验收。主要内容包括：核实质量控制效果，检查检验批、分项、分部工程验收的正确性，对在分项工程中不能检查的项目进行检查，核查各分部工程验收后到单位工程竣工时之间成品保护措施，工程的观感质量有无变化、损坏等。

3. 本表由总监理工程师组织参加验收的各方代表，按照表中所列内容，共同实际检查，协商得出质量评价、综合评价和验收结论意见。由于施工单位应有一个观感质量的验收表，在总监理工程师组织观感质量检查时，可单独重新填写一个新表，也可在施工单位的验收表上核查。通常都是重新填写表，检查结果可做个对比。

4. 单位工程观感质量检查项目具体内容原始记录如下表所示。

观感质量检查项目原始记录

序号	分部工程	抽查项目	抽查质量
1	地基与基础（含地下防水工程）	防水混凝土	密实、平整，无露筋、蜂窝，无贯通裂缝，且宽度不得大于 0.2mm
		砂浆防水	密实、平整，粘结牢固，无空鼓裂纹、起砂、麻面
		卷材防水层	接缝牢固、无损伤、空鼓、折皱
		涂料防水层	粘结牢固、无脱皮、流淌、鼓泡、露胎、折皱
		塑料板防水层	铺设牢固、平整，搭接焊缝严密，无焊穿下垂、绷紧
		金属板防水层	焊缝无裂纹、未熔合、夹渣、焊瘤、咬边、烧穿、弧坑、针状气孔
		细部构造	施工缝、变形缝后浇带、穿墙管、预埋件、预留通道接头、桩头、孔口、坑池构造做法检查
		其他项目	锚喷支护、地下连续墙、盾构隧道沉井逆管结构等防水构造做法检查、排水系统顺畅，结构缝注浆饱满
2	主体结构	混凝土结构	垂直度，平整度，预埋件，预留孔洞位置 外观缺陷（露筋、蜂窝、孔洞、裂缝、夹渣、疏松）
		钢结构	普通涂层表面 防火涂层表面 压型金属板表面 平台、楼梯、栏杆
		砌体结构	轴线位置 墙体、柱、构造柱垂直度 组砌方式 水平灰缝厚度 表面平整度 门窗洞尺寸、偏移

序号	分部工程	抽查项目	抽 查 质 量
2	主体结构	木结构	A级外露构件表面油漆,孔洞修补,砂纸打磨 B级外露构件表面油漆,松软节孔洞修补 C级构件不外露,构件表面无需加工
		铝合金结构	金属板表面质量 涂层表面质量 平台、楼梯、栏杆牢固
3	建筑装饰装修	地面	变形缝、分隔缝位置正确,宽度均匀,填缝饱满 地面平整,无色差、空鼓、裂缝、掉角 楼梯、踏步平直、牢固
		抹灰	表面光滑、洁净、接槎平整,分隔缝清晰 护角、孔洞、槽、盒周围的抹灰表面整齐、光滑 抹灰分格缝宽度和深度均匀,表面光滑,棱角整齐
		外墙防水	砂浆防水层表面密实、平整,不得裂纹、起砂和麻面 涂膜防水层表面平整、均匀,不得流坠、露底、气泡、周折和翘边 透气膜防水层铺贴方向正确,纵向搭接缝错开,搭接宽度符合要求;表面平整,不得有皱折、伤痕、破裂;搭接缝粘接牢固、密封严密;收头与基层粘接固定牢固,缝口应严密
		门窗	门窗留缝宽度合适,表面洁净、平整、光滑、色泽一致、无锈蚀、擦伤、划痕和碰上 门窗与墙体间缝隙的填嵌材料表面光滑、饱满、顺直、无裂纹 排水孔应畅通,位置和数量符合要求 门窗扇的开关力大小合适 玻璃表面洁净,玻璃中空层内不得有灰尘和水蒸气,不应直接接触型材 密封条不得卷边、脱槽
		吊顶	面层材料表面洁净、色泽一致,不得有翘曲、裂缝及缺损。压条平直、宽窄一致 灯具、烟感器、喷淋头、风口箅子和检修口等设备设施的位置合理、美观,与饰面板的交接吻合、严密 吊顶龙骨接缝均匀,角缝吻合,表面平整,无翘曲和锤印。木龙骨顺直,无劈裂和变形 面层材料的材质、品种、规格、图案、颜色和性能应符合要求 玻璃板吊顶使用安全玻璃 吊杆和龙骨牢固,金属吊杆和龙骨表面防腐,木龙骨防腐、防火处理
		轻质隔墙	隔墙表面光洁、平顺、色泽一致,接缝应均匀、顺直 孔洞、槽、盒位置正确,套割方正,边缘整齐 填充材料干燥、密实、均匀、无下坠 活动隔墙推拉无噪声
		饰面板	表面平整、洁净、色泽一致、无裂痕、缺损、泛碱 填缝密实、平直、色泽一致,宽度和深度符合要求 孔洞边缘整齐

序号	分部工程	抽查项目	抽 查 质 量
3	建筑装饰装修	饰面砖	表面平整、洁净、色泽一致、无裂痕、缺损、边缘整齐、吻合 接缝平直、光滑,填嵌连续、密实,宽度和深度符合要求 滴水线、槽顺直,流水坡向正确,坡度符合要求
		幕墙	板材表面平整、洁净、色泽均匀一致,不得有污染和镀膜损坏 外框、压条、拼缝平直,颜色、规格符合要求,压条牢固 板缝注胶饱满、密实、连续、深浅一致、宽窄均匀、光滑顺直、无气泡 流水坡向正确,滴水线顺直 阴阳角石板压向正确,板边合缝顺直,凸凹线出墙厚度应一致,上下口平直、面板上洞口、槽边缘整齐
		涂饰	涂刷均匀、粘接牢固 颜色一致,色泽光滑,无泛碱、流坠、砂眼、刷纹 涂饰的图案文理和轮廓清晰
		裱糊与软包	表面平整,色泽一致,无斑污、气泡、裂缝、皱折 边缘平直整齐,无纸毛、飞刺 交接处吻合、严密、顺直,与电器槽、盒套割吻合,无缝隙
		细部	表面平整、洁净、色泽一致、无裂缝、翘曲及损坏 裁口顺直、拼缝严密
4	屋面	卷材防水	铺贴方向正确,搭接宽度符合要求,粘接牢固,表面平整无扭曲、皱折和翘边
		涂膜防水	粘结牢固,表面平整,均匀,无起泡、流淌和露胎体
		密封材料	接缝粘接牢固,表面平整,缝边顺直,无气泡、开裂、剥离 檐口、檐沟天沟、女儿墙、山墙、水落口、变形缝、伸出屋面管道防水做法正确 烧结瓦、混凝土瓦屋面:平整、牢固、整齐、搭接紧密、檐口顺直,脊瓦搭盖正确,间距均匀
		封固严密	无起伏现象,泛水顺直整齐,结合严密 沥青瓦屋面、钉粘牢固、搭接正确,瓦井外露部分未超过切开长度,钉帽无外露,瓦面平整,檐口顺直,泛水顺直整齐,结合严密
		金属板	平整、顺滑、连接正确,接缝严密屋脊、檐口、泛水直线段顺直,曲线段顺畅
		采光顶	平整、顺直、外露金属框或压条横平竖直、深浅一致、宽窄均匀、光滑顺着
		功能屋面	保护层、铺设做法正确
5	建筑给水排水及供暖	给排水管道	接口,管道坡度,管道支架、吊架,水表,检查口,地漏 消火栓水龙带、水枪安装,箱式消火栓位置 雨水斗管安装固定,雨水斗密封,雨水管横向弯曲及竖向垂直度,雨水钢管焊缝 散热器,管道,阀门,支架 卫生器具,支架,托架,管道,阀门 锅炉,风机,水箱,水泵,温度计,压力表

序号	分部工程	抽查项目	抽 查 质 量
6	通风与空调	通风与空调系统	风管连接以及风管与设备或调节装置的连接应无明显缺陷 风口表面应平整,颜色一致,安装位置正确,风口可调节部件正常动作 各类调节装置的制作和安装,调节灵活 防火、排烟阀等关闭严密,动作可靠 制冷及水管系统的管道、阀门及仪表安装位置正确,无渗漏 风管、部件及管道支、吊架形式、位置及间距符合设计及本规范要求 风管、管道的软性接管位置符合设计要求,接管正确、牢固,无强阻 通风机、制冷机、水泵、风机盘管机组的安装正确牢固 组合式空气调节机组外表平整光滑、接缝严密、组装正确,喷水室外表无渗漏 除尘器、积尘室安装牢固、接口严密 消声器安装方向正确,外表面平整无损坏 风管、部件、管道及支架油漆附着牢固,漆膜厚度均匀,油漆颜色与标志符合要求 绝热层的材质、厚度应符合要求,表面平整,无断裂和脱落,室外防潮层或保护壳顺水搭接,无渗漏测试孔开孔位置正确,无遗漏多联空调机组系统的室外机组位置正确其空气流动无明显障碍
		净化空调系统增项	空调机组、风机、净化空调机组、风机过滤器单元和空气吹淋室等的安装位置正确,固定牢固,连接严密,偏差应符合规定 高效过滤器与风管、风管与设备的连接处有可靠密封 净化空调机组、静压箱、风管机送回风口清洁无积尘 装配式洁净室的内墙面、吊顶和地面光滑、平整、色泽均匀,不起灰尘,地板静电值偏低于设计规定 送回风口、各类末端装置以及各类管道等于洁净室内表面的连接处密封处理可靠、严密
7	建筑电气	配电箱、盘、板、接线盒	
		设备器具、开关、插座	
		电缆排列	
		配线系统及支架	
		防雷、接地、防火	
8	智能建筑	机房设备安装及布局	
		现场设备安装、机箱、插座、线缆、梯架、托盘、导线	
9	电梯		曳引式、强制式及液压电梯; 轿门带动层门开、关运行、门窗与门扇、门扇于门套、门扇与门楣、门窗与门口处轿壁、门扇下端与地坎无刮碰 门扇与门扇、门扇与门套、门扇与门楣、门扇与门口处轿壁、门扇下端与地坎之间各自的间隙在整个长度上基本一致 对机房、导轨支架、底坑、较顶、轿内、轿门、层门及门的地坎等部位清理干净

序号	分部工程	抽查项目	抽查质量
9	电梯	自动扶梯、自动人行道： 上行和下行自动扶梯、自动人行道，梯级、踏板或胶带与围裙之间应无刮碰现象（梯级、踏板或胶带上的导向部分与围裙板接触除外），扶手带外表面无刮痕 对梯级（踏板或胶带）、梳齿板、扶手带、护壁板、围裙板、内外盖板、前沿板及活动盖板等部位的外表面清理干净
10	建筑节能	待补充	
11	燃气工程	待补充	

（三）注意事项

1. 参加验收的各方代表，经共同实际检查，如果确认没有影响结构安全和使用功能等问题，可共同商定评价意见。评价为"好"和"一般"的项目，由总监理工程师在"观感质量综合评价"栏填写"好"或"一般"，并在"检查结论"栏内填写"工程观感质量综合评价"为"好"或"一般"，"验收合格"或"符合要求"。

2. 如有评价为"差"的项目，能返修的应予以返工修理。重要的观感检查项目修理后需重新检查验收。

3. "抽查质量状况"栏，可填写具体检查数据。当数据少时，可直接将检查数据填在表格内；当数据多时，可简要描述抽查的质量状况，但应将检查原始记录附在本表后面。

4. 评价规则：由于标准只是原则规定，其细则可考虑现场协商，也可按下评价规则确定。

（1）观感检查项目评价：

① 有差评，则项目评价为差；返修后按返修后的评价；

② 无差评，好评百分率≥60％，评价为好；

③ 其他，评价为一般。

（2）分部/单位工程观感综合评价

① 检查项目有差评，则综合评价为差；

② 检查项目无差评，好评百分率≥60％，评价为好；

③ 其他，评价为一般。

5. 观感质量原始记录表格全部分部工程的内容都列出，可供施工单位检查和竣工验收抽查参考，没有的项目可在检查时划去。

第四章 建筑地基基础分部工程检验批质量验收用表

第一节 建筑地基基础分部工程验收规定及检验批质量验收用表编号及表的目录

一、建筑地基基础分部工程检验批质量验收用表编号及表的目录

建筑地基基础分部工程的验收内容与《建筑地基基础工程施工质量验收规范》GB 50202—2002 所对应的章节如表 4.1-1 所示。对《建筑工程施工质量验收统一标准》GB 50300—2013 版，新增加的项目，暂无检验批表格。

建筑地基基础分部工程检验批质量验收用表编号见表 4.1-1，表的目录见表 4.1-2。

表 4.1-1 建筑地基基础分部工程检验批质量验收用表编号

分部	子分部工程及编号	分项工程及编号	序号	检验批名称	检验批编号	依据规范及标准章节
建筑地基基础分部工程 01	地基 0101	灰土地基 010101	1	素土、灰土地基检验批质量验收记录	01010101	《建筑地基基础工程施工质量验收规范》GB 50202 —2002
						4.2 灰土地基
		砂和砂石地基 010102	2	砂和砂石地基检验批质量验收记录	01010201	4.3 砂和砂石地基
		土木合成材料地基 010103	3	土工合成材料地基检验批质量验收记录	01010301	4.4 土工合成材料地基
		粉煤灰地基 010104	4	粉煤灰地基检验批质量验收记录	01010401	4.5 粉煤灰地基
		强夯地基 010105	5	强夯地基检验批质量验收记录	01010501	4.6 强夯地基
		注浆地基 010106	6	注浆地基检验批质量验收记录	01010601	4.7 注浆地基
		预压地基 010107	7	预压地基检验批质量验收记录	01010701	4.8 预压地基
		砂石桩复合地基 010108	8	砂石桩复合地基检验批质量验收记录	01010801	4.15 砂桩地基

分部	子分部工程及编号	分项工程及编号	检验批名称及编号			依据规范及标准章节
			序号	检验批名称	检验批编号	
建筑地基基础分部工程01	地基0101	高压旋喷注浆地基010109	9	高压旋喷注浆地基检验批质量验收记录	01010901	《建筑地基基础工程施工质量验收规范》GB 50202—2002	4.10 高压喷射注浆地基
		水泥土搅拌桩地基010110	10	水泥土搅拌桩地基检验批质量验收记录	01011001		4.11 水泥土搅拌桩地基
		土和灰土挤密桩复合地基010111	11	土和灰土挤密桩复合地基检验批质量验收记录	01011101		4.12 土和灰土挤密桩复合地基
		水泥粉煤灰碎石桩复合地基010112	12	水泥粉煤灰碎石桩复合地基检验批质量验收记录	01011201		4.13 水泥粉煤灰碎石桩复合地基
		夯实水泥土桩复合地基010113	13	夯实水泥土桩复合地基检验批质量验收记录	01011301		4.14 夯实水泥土桩地基
	基础0102	无筋扩展基础010201	1	无筋扩展基础检验批质量验收记录	01020101	2013版《统一标准》增加的分项,暂无检验批表格	
		钢筋混凝土扩展基础010202	2	钢筋混凝土扩展基础检验批质量验收记录	01020201		
		筏形与箱型基础010203	3	筏形与箱型基础检验批质量验收记录	01020301		
		钢结构基础010204	4	钢结构基础检验批质量验收记录	01020401		
		钢筋混凝土结构基础010205	5	钢筋混凝土结构基础检验批质量验收记录	01020501	《建筑地基基础工程施工质量验收规范》GB 50202—2002	
		型钢混凝土结构基础010206	6	型钢混凝土结构基础检验批质量验收记录	01020601		
		钢筋混凝土预制桩基础010207	7	钢筋混凝土预制桩检验批质量验收记录	01020701		5.4 混凝土预制桩
		泥浆护壁成孔灌注桩基础010208	8	混凝土灌注桩(钢筋笼)检验批质量验收记录	01020801		5.6 混凝土灌注桩
		干作业成孔桩基础010209			01020901		

分部	子分部工程及编号	分项工程及编号	检验批名称及编号			依据规范及标准章节
			序号	检验批名称	检验批编号	
建筑地基基础分部工程01	地基0102	长螺旋钻孔压灌注桩基础010210	8	混凝土灌注桩（钢筋笼）检验批质量验收记录	01021001	《建筑地基基础工程施工质量验收规范》GB 50202—2002
		沉管灌注桩基础010211			01021101	
		灌注桩排桩围护墙010301			01030101	
		泥浆护壁成孔灌注桩基础010208	9	混凝土灌注桩检验批质量验收记录	01020802	5.6 混凝土灌注桩
		干作业成孔桩基础010209			01020902	
		长螺旋钻孔压灌注桩基础010210			01021002	
		沉管灌注桩基础010211			01021102	
		灌注桩排桩围护墙010301			01030102	
		钢桩基础010212	10	钢桩（成品）检验批质量验收记录	01021201	5.5 钢桩
			11	钢桩检验批质量验收记录	01021202	
		锚杆静压桩基础010213	12	锚杆静压桩基础检验批质量验收记录	01021301	5.2 静力压桩
		岩石锚杆基础010214	13	岩石锚杆基础检验批质量验收记录	01021401	2013版《统一标准》增加的分项，暂无检验批表格
		沉井与沉箱基础010215	14	沉井与沉箱基础检验批质量验收记录	01021501	7.7 沉井与沉箱
	基坑支护0103	灌注桩排桩围护墙010301	1	灌注桩排桩围护墙钢筋笼检验批质量验收记录	01030101	5.6 混凝土灌注桩
			2	灌注桩排桩围护墙混凝土检验批质量验收记录	01030102	

分部	子分部工程及编号	分项工程及编号	序号	检验批名称	检验批编号	依据规范及标准章节
建筑地基基础分部 01	基坑支护 0103	板桩围护墙 010302	3	重复使用钢板桩围护墙检验批质量验收记录	01030201	7.2 排桩墙支护工程
			4	混凝土板桩围护墙检验批质量验收记录	01030202	
		咬合桩围护墙 010303	5	咬合桩围护墙检验批质量验收记录	01030301	2013版《统一标准》增加的分项,暂无检验批表格
		型钢水泥土搅拌墙 010304	6	型钢水泥土搅拌墙检验批质量验收记录	01030401	
		土钉墙 010305	7	土钉墙检验批质量验收记录	01030501	7.4 锚杆及土钉墙支护工程
		地下连续墙 010306	8	地下连续墙检验批质量验收记录	01030601	7.6 地下连续墙
		水泥土重力式挡墙 010307	9	水泥土重力式挡墙检验批质量验收记录	01030701	2013版《统一标准》增加的分项,暂无检验批表格
		内支撑 010308	10	钢或混凝土支撑系统检验批质量验收记录	01030801	7.5 钢或混凝土支撑系统
		锚杆 010309	11	锚杆检验批质量验收记录	01030901	7.4 锚杆及土钉墙支护工程
		与主体结构相结合的基坑支护 010310	12	与主体结构相结合的基坑支护检验批质量验收记录	01031001	2013版新《统一标准》增加的分项,暂无检验批表格
	地下水控制 0104	降水与排水 010401	1	降水与排水检验批质量验收记录	01040101	7.8 降水与排水
		回灌 010402	2	回灌检验批质量验收记录	01040201	2013版《统一标准》增加的分项,暂无检验批表格
	土方 0105	土方开挖 010501	1	土方开挖检验批质量验收记录	01050101	6.2 土方开挖
		土方回填 010502	2	土方回填检验批质量验收记录	01050201	6.3 土方回填
		场地平整 010503	3	场地平整检验批质量验收记录	01050301	2013版《统一标准》增加的分项,暂无检验批表格

注:依据规范及标准章节栏中《建筑地基基础工程施工质量验收规范》GB 50202—2002 适用于基坑支护子分部对应各分项。

分部	子分部工程及编号	分项工程及编号	检验批名称及编号			依据规范及标准章节	
			序号	检验批名称	检验批编号		
建筑地基基础分部01	边坡0106	喷锚支护010601	1	喷锚支护检验批质量验收记录	01060101	《建筑地基基础工程施工质量验收规范》GB 50202—2002	2013版《统一标准》增加的分项,暂无检验批表格
		挡土墙010602	2	挡土墙检验批质量验收记录	01060201		
		边坡开挖010603	3	边坡开挖检验批质量验收记录	01060301		
	地下防水0107	主体结构防水010701	1	防水混凝土检验批质量验收记录	01070101	《地下防水工程施工质量验收规范》GB 50208—2011	4.1 防水混凝土
			2	水泥砂浆防水层检验批质量验收记录	01070102		4.2 水泥砂浆防水层
			3	卷材防水层检验批质量验收记录	01070103		4.3 卷材防水层
			4	涂料防水层检验批质量验收记录	01070104		4.4 涂料防水层
			5	塑料防水板防水层检验批质量验收记录	01070105		4.5 塑料防水板防水层
			6	金属板防水层检验批质量验收记录	01070106		4.6 金属板防水层
			7	膨润土防水材料防水层检验批质量验收记录	01070107		4.7 膨润土防水材料防水层
		细部构造防水010702	8	施工缝检验批质量验收记录	01070201		5.1 施工缝
			9	变形缝检验批质量验收记录	01070202		5.2 变形缝
			10	后浇带检验批质量验收记录	01070203		5.3 后浇带
			11	穿墙管检验批质量验收记录	01070204		5.4 穿墙管
			12	埋设件检验批质量验收记录	01070205		5.5 埋设件

分部	子分部工程及编号	分项工程及编号	检验批名称及编号			依据规范及标准章节
			序号	检验批名称	检验批编号	
建筑地基基础分部 01	地下防水 0107	细部构造防水 010702	13	预留通道接头检验批质量验收记录	01070206	5.6 预留通道接头
			14	桩头检验批质量验收记录	01070207	5.7 桩头
			15	孔口检验批质量验收记录	01070208	5.8 孔口
			16	坑、池检验批质量验收记录	01070209	5.9 坑、池
		特殊施工法结构防水 010703	17	喷锚支护检验批质量验收记录	01070301	6.1 锚喷支护
			18	地下连续墙结构防水检验批质量验收记录	01070302	6.2 地下连续墙
			19	盾构隧道检验批质量验收记录	01070303	6.3 盾构隧道
			20	沉井检验批质量验收记录	01070304	6.4 沉井
			21	逆筑结构检验批质量验收记录	01070305	6.5 逆筑结构
		排水 010704	22	渗排水、盲沟排水检验批质量验收记录	01070401	7.1 渗排水、盲沟排水
			23	隧道排水、坑道排水检验批质量验收记录	01070402	7.2 隧道排水、坑道排水
			24	塑料排水板排水检验批质量验收记录	01070403	7.3 塑料排水板排水
		注浆 010705	25	预注浆、后注浆检验批质量验收记录	01070501	8.1 预注浆、后注浆
			26	结构裂缝注浆检验批质量验收记录	01070502	8.2 结构裂缝注浆

依据规范及标准章节（跨栏）：《地下防水工程施工质量验收规范》GB 50208—2011

表 4.1-2 建筑地基基础分部各子分部工程共用分项检验批质量验收表及表的目录

序号	名称	0101 地基	0102 基础	0103 基坑支护	0104 地下水控制	0105 土方	0106 边坡	0107 地下防水
1	素土、灰土地基	01010101						
2	砂和砂石地基	01010201						
3	土工合成材料地基	01010301						
4	粉煤灰地基	01010401						
5	强夯地基	01010501						
6	注浆地基	01010601						
7	预压地基	01010701						
8	砂石桩复合地基	01010801						
9	高压旋喷注浆地基	01010901						
10	水泥土搅拌桩地基	01011001						
11	土和灰土挤密桩复合地基	01011101						
12	水泥粉煤灰碎石桩符合地基	01011201						
13	夯实水泥土桩复合地基	01011301						
1	砖砌体		01020101					
2	混凝土小型空心砌块砌体		01020102					
3	石砌体		01020103					
4	配筋砌体		01020104					
5	模板安装		01020201					
6	钢筋材料		01020202					
7	钢筋加工		01020203					
8	钢筋连接		01020204					
9	钢筋安装		01020205					
10	混凝土原材料		01020206					
11	混凝土拌合物		01020207					
12	混凝土施工		01020208					
13	现浇结构外观		01020209					
14	现浇结构位置及尺寸偏差		01020210					

检验批编号 / 子分部工程名称及编号		0101	0102	0103	0104	0105	0106	0107
分项工程的检验批名称		地基	基础	基坑支护	地下水控制	土方	边坡	地下防水
序号	名称							
15	模板安装		01020301					
16	钢筋材料		01020302					
17	钢筋加工		01020303					
18	钢筋连接		01020304					
19	钢筋安装		01020305					
20	混凝土材料		01020306					
21	混凝土拌合物		01020307					
22	混凝土施工		01020308					
23	现浇结构外观		01020309					
24	现浇结构位置及尺寸偏差		01020310					
25	钢结构焊接		01020401					
26	焊钉(栓钉)焊接		01020402					
27	紧固件连接		01020403					
28	高强度螺栓连接		01020404					
29	钢零部件加工		01020405					
30	钢结构组装		01020406					
31	钢构件预拼装		01020407					
32	单层钢结构安装		01020408					
33	多层及高层钢结构安装		01020409					
34	压型金属板		01020410					
35	防腐涂料涂装		01020411					
36	防火涂料涂装		01020412					
37	钢管构件进场验收		01020501					
38	钢管混凝土构件现场拼装		01020502					
39	钢管混凝土柱脚锚固		01020503					
40	钢管混凝土构件安装		01020504					
41	钢管混凝土柱与钢筋混凝土梁连接		01020505					

检验批编号　　子分部工程名称及编号　分项工程的检验批名称		0101 地基	0102 基础	0103 基坑支护	0104 地下水控制	0105 土方	0106 边坡	0107 地下防水
序号	名称							
42	钢管内钢筋骨架安装		01020506					
43	钢管内混凝土浇筑		01020507					
44	型钢混凝土结构		01020601 (暂无表格)					
45	钢筋混凝土预制桩		01020701					
46	泥浆护壁成孔灌注桩(钢筋笼)		01020801					
47	泥浆护壁成孔灌注桩(混凝土)		01020802					
48	干作业成孔桩(钢筋笼)		01020901					
49	干作业成孔桩(混凝土)		01020902					
50	长螺旋钻孔压灌柱桩(钢筋笼)		01021001					
51	长螺旋钻孔压灌柱桩(混凝土)		01021002					
52	沉管灌注桩(钢筋笼)		01021101					
53	沉管灌注桩(混凝土)		01021102					
54	钢桩(成品)		01021201					
55	钢桩		01021202					
56	锚杆静压桩		01021301					
57	岩石锚杆		01021401 (暂无表格)					
58	沉井与沉箱		01021501					
1	灌注桩排桩围护墙(钢筋笼)			01030101				
2	灌注桩排桩围护墙(混凝土)			01030102				
3	板桩围护墙(重复用)			01030201				
4	混凝土板桩围护墙			01030202				
5	咬合桩围护墙			01030301 (暂无表格)				
6	型钢水泥土搅拌墙			01030401 (暂无表格)				
7	土钉墙			01030501				

检验批编号　　子分部工程名称及编号　　分项工程的检验批名称		0101	0102	0103	0104	0105	0106	0107
		地基	基础	基坑支护	地下水控制	土方	边坡	地下防水
序号	名称							
8	地下连续墙			01030601				
9	水泥土重力式挡墙			01030701 (暂无表格)				
10	钢或混凝土支撑系统			01030801				
11	锚杆			01030901				
12	与主体结构相结合的基坑支护			01031001 (暂无表格)				
1	降水与排水				01040101			
2	回灌				01040201 (暂无表格)			
1	土方开挖					01050101		
2	土方回填					01050201		
3	场地平整					01050301 (暂无表格)		
1	喷锚支护						01060101 (暂无表格)	
2	挡土墙						01060201 (暂无表格)	
3	边坡开挖						01060301 (暂无表格)	
1	防水混凝土							01070101
2	水泥砂浆防水层							01070102
3	卷材防水层							01070103
4	涂料防水层							01070104
5	塑料防水板防水层							01070105
6	金属板防水层							01070106
7	膨润土防水材料防水层							01070107
8	施工缝							01070201

检验批编号 子分部工程名称及编号 分项工程的检验批名称		0101 地基	0102 基础	0103 基坑 支护	0104 地下 水控制	0105 土方	0106 边坡	0107 地下 防水
序号	名称							
9	变形缝							01070202
10	后浇带							01070203
11	穿墙管							01070204
12	埋设件							01070205
13	预留通道接头							01070206
14	桩头							01070207
15	孔口							01070208
16	坑、池							01070209
17	喷锚支护							01070301
18	地下连续墙结构防水							01070302
19	盾构隧道							01070303
20	沉井							01070304
21	逆筑结构							01070305
22	渗排水、盲沟排水							01070401
23	隧道排水、坑道排水							01070402
24	塑料排水板排水							01070403
25	预注浆、后注浆							01070501
26	结构裂缝注浆							01070502

注：基础 0102 的检验批验收表格与主体结构共用。

二、地基基础分部工程质量验收规定

分部（子分部）工程质量验收的基本规定，是该部分工程质量验收的一般知识。贯穿于各检验批、分项、分部质量验收过程中，它不是验收内容，但对做好验收很重要，在检验批验收前先学习它。

1. 地基基础工程子分部工程质量验收规定 GB 50202—2002。

8.0.1　分项工程、分部（子分部）工程质量的验收，均应在施工单位自检合格的基础上进行。施工单位确认自检合格后提出工程验收申请，工程验收时应提供下列技术文件和记录：

（1）原材料的质量合格证和质量鉴定文件；

（2）半成品如预制桩、钢桩、钢筋笼等产品合格证书；

（3）施工记录及隐蔽工程验收文件；

（4）检测试验及见证取样文件；

（5）其他必须提供的文件或记录。

8.0.2　对隐蔽工程应进行中间验收。

8.0.3　分部（子分部）工程验收应由总监理工程师或建设单位项目负责人组织勘察、设计单位及施工单位的项目负责人、技术质量负责人，共同按设计要求和本规范及其他有关规定进行。

8.0.4　验收工作应按下列规定进行：

（1）分项工程的质量验收应分别按主控项目和一般项目验收；

（2）隐蔽工程应在施工单位自检合格后，于隐蔽前通知有关人员检查验收，并形成中间验收文件；

（3）分部（子分部）工程的验收，应在分项工程通过验收的基础上，对必要的部位进行见证检验。

8.0.5　主控项目必须符合验收标准规定，发现问题应立即处理直至符合要求，一般项目应有80％合格。混凝土试件强度评定不合格或对试件的代表性有怀疑时，应采用钻芯取样，检测结果符合设计要求可按合格验收。

2. 地基基础基本规定

3.0.1　地基基础工程施工前，必须具备完备的地质勘察资料及工程附近管线、建筑物、构筑物和其他公共设施的构造情况，必要时应作施工勘察和调查以确保工程质量及临近建筑的安全。施工勘察要点详见附录A。

3.0.2　施工单位必须具备相应专业资质，并应建立完善的质量管理体系和质量检验制度。

3.0.3　从事地基基础工程检测及见证试验的单位，必须具备省级以上（含省、自治区、直辖市）建设行政主管部门颁发的资质证书和计量行政主管部门颁发的计量认证合格证书。

3.0.4　地基基础工程是分部工程，如有必要，根据现行国家标准《建筑工程施工质量验收统一标准》GB 50300 规定，可再划分若干个子分部工程。

3.0.5　施工过程中出现异常情况时，应停止施工，由监理或建设单位组织勘察、设计、施工等有关单位共同分析情况，解决问题，消除质量隐患，并应形成文件资料。

第二节　地基子分部工程检验批质量验收记录

一　般　规　定

4.1.1　建筑物地基基础施工应具备下列资料：

1. 岩土工程勘察资料。

2. 临近建筑物和地下设施类型、分布及结构质量情况。

3. 工程设计图纸、设计要求及需达到的标准，检验手段。

4.1.2　砂、石子、水泥、钢材、石灰、粉煤灰等原材料的质量、检验项目、批量和检验方法，应符合国家现行标准的规定。

4.1.3　地基施工结束，宜在一个间歇期后，进行质量验收，间歇期由设计确定。

4.1.4　地基加固工程，应在正式施工前进行试验段施工，论证设定的施工参数及加固效果。为验证加固效果所进行的载荷试验，其施加载荷应不低于设计载荷的2倍。

4.1.5　对灰土地基、砂和砂石地基、土工合成材料地基、粉煤灰地基、强夯地基、注浆

地基、预压地基，其竣工后的结果（地基强度或承载力）必须达到设计要求的标准。检验数量，每单位工程不应少于 3 点，1000㎡ 以上工程，每 100㎡ 至少应有 1 点，3000㎡ 以上工程，每 300㎡ 至少应有 1 点。每一独立基础下至少应有 1 点，基槽每 20 延米应有 1 点。

　　4.1.6　对水泥土搅拌桩复合地基、高压喷射注浆桩复合地基、砂桩地基、振冲桩复合地基、土和灰土挤密桩复合地基、水泥粉煤灰碎石桩复合地基及夯实水泥土桩复合地基，其承载力检验，数量为总数的 0.5%～1%，但不应少于 3 处。有单桩强度检验要求时，数量为总数的 0.5%～1%，但不应少于 3 根。

　　4.1.7　除第 4.1.5、4.1.6 条指定的主控项目外，其他主控项目及一般项目可随意抽查，但复合地基中的水泥土搅拌桩、高压喷射注浆桩、振冲桩、土和灰土挤密桩、水泥粉煤灰碎石桩及夯实水泥土桩至少应抽查 20%。

1. 素土、灰土地基检验批质量验收记录
（1）推荐表格

素土、灰土地基检验批质量验收记录　　　　01010101 ＿＿＿

单位(子单位)工程名称			分部(子分部)工程名称		分项工程名称	
施工单位			项目负责人		检验批容量	
分包单位			分包单位项目负责人		检验批部位	
施工依据				验收依据	《建筑地基基础工程施工质量验收规范》GB 50202—2002	
		验收项目		设计要求及规范规定	最小/实际抽样数量	检查记录	检查结果
主控项目	1	地基强度、地基承载力		设计要求	/		
	2	配合比		设计要求	/		
	3	压实系数		设计要求	/		
一般项目	1	石灰粒径(mm)		≤5	/		
	2	土料有机质含量(%)		≤5	/		
	3	土颗粒粒径(mm)		≤15	/		
	4	含水量(与要求的最优含水量比较)(%)		±2	/		
	5	分层厚度偏差(与设计要求比较)(mm)		±50	/		
施工单位检查结果			专业工长：项目专业质量检查员：　　　年　月　日				
监理单位验收结论			专业监理工程师：　　　年　月　日				

(2) 验收内容及检查方法条文摘录

4.2.1 灰土土料、石灰或水泥（当水泥替代灰土中的石灰时）等材料及配合比应符合设计要求，灰土应搅拌均匀。

4.2.2 施工过程中应检查分层铺设的厚度、分段施工时上下两层的搭接长度、夯实时加水量、夯压遍数、压实系数。

4.2.3 施工结束后，应检验灰土地基的承载力。

4.2.4 灰土地基的质量验收标准应符合表4.2.4的规定。

表4.2.4 灰土地基质量检验标准

项	序	检查项目	允许偏差或允许值		检查方法
			单位	数值	
主控项目	1	地基承载力	设计要求		按规定方法
	2	配合比	设计要求		按拌和时的体积比
	3	压实系数	设计要求		现场实测
一般项目	1	石灰粒径	mm	≤5	筛分法
	2	土料有机质含量	%	≤5	试验室焙烧法
	3	土颗粒粒径	mm	≤15	筛分法
	4	含水量（与要求的最优含水量比较）	%	±2	烘干法
	5	分层厚度偏差（与设计要求比较）	mm	±50	水准仪

(3) 验收说明

1）施工依据：相应的施工规范、操作规程，并制定有专项施工方案或技术交底资料。

2）验收依据：《建筑地基基础工程施工质量验收规范》GB 50202—2002，相应的现场质量验收检查原始记录。

3）注意事项：

① 主控项目的质量经抽样检验均应合格；

② 一般项目的质量经抽样检验合格。当采用计数抽样时，合格点率应符合有关专业验收规范的规定，且不得存在严重缺陷；

③ 具有完整的施工操作依据、质量验收记录；

④ 本检验批的主控项目、一般项目已列入推荐表中，有关具体内容及检查方法见（2）条文摘录；

⑤ 黑体字的条文为强制性条文，必须严格执行，要制订控制措施。

2. 砂和砂石地基检验批质量验收记录

（1）推荐表格

砂和砂石地基检验批质量验收记录

01010201 ___

单位(子单位) 工程名称			分部(子分部) 工程名称		分项工程名称		
施工单位			项目负责人		检验批容量		
分包单位			分包单位项目 负责人		检验批部位		
施工依据			验收依据		《建筑地基基础工程施工质量验收规范》 GB 50202—2002		
验收项目			设计要求及 规范规定	最小/实际 抽样数量	检查记录	检查结果	
主控 项目	1	地基承载力	设计要求				
	2	配合比	设计要求				
	3	压实系数	设计要求				
一般 项目	1	砂、石料有机质含量(%)	≤5				
	2	砂、石料含泥量(%)	≤5				
	3	石料粒径(mm)	≤100				
	4	含水量(与最优含 水量比较)(%)	±2				
	5	分层厚度(与设 计要求较)(mm)	±50				
施工单位 检查结果		专业工长： 项目专业质量检查员： 年　月　日					
监理单位 验收结论		专业监理工程师： 年　月　日					

（2）验收内容及检查方法条文摘录

4.3.1　砂、石等原材料质量、配合比应符合设计要求，砂、石应搅拌均匀。

4.3.2　施工过程中必须检查分层厚度、分段施工时搭接部分的压实情况、加水量、压实遍数、压实系数。

4.3.3　施工结束后，应检验砂石地基的承载力。

4.3.4　砂和砂石地基的质量验收标准应符合表4.3.4的规定。

表 4.3.4 砂及砂石地基质量检验标准

项	序	检查项目	允许偏差或允许值		检查方法
			单位	数值	
主控项目	1	地基承载力	设计要求		按规定方法
	2	配合比	设计要求		检查拌和时的体积比或重量比
	3	压实系数	设计要求		现场实测
一般项目	1	砂石料有机质含量	%	≤5	焙烧法
	2	砂石料含泥量	%	≤5	水洗法
	3	石料粒径	mm	≤100	筛分法
	4	含水量（与最优含水量比较）	%	±2	烘干法
	5	分层厚度（与设计要求比较）	mm	±50	水准仪

（3）验收说明

1）施工依据：相应的施工规范、操作规程，并制订有专项施工方案或技术交底资料。

2）验收依据：《建筑地基基础工程施工质量验收规范》GB 50202—2002，相应的现场质量验收检查原始记录。

3）注意事项：

① 主控项目的质量经抽样检验均应合格；

② 一般项目的质量经抽样检验合格。当采用计数抽样时，合格点率应符合有关专业验收规范的规定，且不得存在严重缺陷；

③ 具有完整的施工操作依据、质量验收记录；

④ 本检验批的主控项目，一般项目已列入推荐表中，有关具体的验收内容及检查方法见（2）条文摘录；

⑤ 黑体字的条文为强制性条文，必须严格执行，要制订控制措施。

3．土工合成材料地基检验批质量验收记录

（1）推荐表格

土工合成材料地基检验批质量验收记录　　01010301 ＿＿＿

单位（子单位）工程名称		分部（子分部）工程名称		分项工程名称	
施工单位		项目负责人		检验批容量	
分包单位		分包单位项目负责人		检验批部位	
施工依据		验收依据	《建筑地基基础工程施工质量验收规范》GB 50202—2002		

	验收项目		设计要求及规范规定	最小/实际抽样数量	检查记录	检查结果
主控项目	1	土工合成材料强度（%）	≤5	/		
	2	土工合成材料延伸率（%）	≤3	/		
	3	地基承载力	设计要求	/		
一般项目	1	土工合成材料搭接长度（mm）	≥300	/		
	2	土石料有机质含量（%）	≤5	/		
	3	层面平整度（mm）	≤20	/		
	4	每层铺设厚度（mm）	±25	/		
施工单位检查结果		专业工长： 项目专业质量检查员： 年　月　日				
监理单位验收结论		专业监理工程师： 年　月　日				

（2）验收内容及检查方法条文摘录

4.4.1　施工前应对土工合成材料的物理性能（单位面积的质量、厚度、比重）、强度、延伸率以及土、砂石料等做检验。土工合成材料以 $100m^2$ 为一批，每批应抽查 5%。

4.4.2　施工过程中应检查清基、回填料铺设厚度及平整度、土工合成材料的铺设方向、接缝搭接长度或缝接状况、土工合成材料与结构的连接状况等。

4.4.3　施工结束后，应进行承载力检验。

4.4.4　土工合成材料地基质量检验标准应符合表4.4.4的规定。

表4.4.4　土工合成材料地基质量检验标准

项	序	检查项目	允许偏差或允许值		检查方法
			单位	数值	
主控项目	1	土工合成材料强度	%	≤5	置于夹具上做拉伸试验（结果与设计标准相比）
	2	土工合成材料延伸率	%	≤3	置于夹具上做拉伸试验（结果与设计标准相比）
	3	地基承载力	设计要求		按规定方法
一般项目	1	土工合成材料搭接长度	mm	≥300	用钢尺量
	2	土石料有机质含量	%	≤5	焙烧法
	3	层面平整度	mm	≤20	用2m靠尺
	4	每层铺设厚度	mm	±25	水准仪

（3）验收说明

1）施工依据：相应的施工规范、操作规程，并制订有专项施工方案或技术交底资料。

2）验收依据：《建筑地基基础工程施工质量验收规范》GB 50202—2002，相应的现场质量验收检查原始记录。

3）注意事项：

① 主控项目的质量经抽样检验均应合格；

② 一般项目的质量经抽样检验合格。当采用计数抽样时，合格点率应符合有关专业验收规范的规定，且不得存在严重缺陷；

③ 具有完整的施工操作依据、质量验收记录；

④ 本检验批的主控项目、一般项目已列入推荐表中，有关具体内容及检查方法见（2）条文摘录；

5）黑体字的条文为强制性条文，必须严格执行，要制定控制措施。

4. 粉煤灰地基检验批质量验收记录

（1）推荐表格

粉煤灰地基检验批质量验收记录   01010401____

单位（子单位）工程名称			分部（子分部）工程名称		分项工程名称	
施工单位			项目负责人		检验批容量	
分包单位			分包单位项目负责人		检验批部位	
施工依据				验收依据	《建筑地基基础工程施工质量验收规范》GB 50202—2002	
验收项目			设计要求及规范规定	最小/实际抽样数量	检查记录	检查结果
主控项目	1	压实系数	设计要求			
	2	地基承载力	设计要求			
一般项目	1	粉煤灰粒径(mm)	0.001～2.000			
	2	氧化铝及二氧化硅含量(%)	≥70			
	3	烧失量(%)	≤12			
	4	每层铺筑厚度(mm)	±50			
	5	含水量(与最优含水量比较)(%)	±2			
施工单位检查结果		专业工长： 项目专业质量检查员： 　　　　　　　　年　月　日				
监理单位验收结论		专业监理工程师： 　　　　　　　　年　月　日				

（2）验收内容及检查方法条文摘录

4.5.1 施工前应检查粉煤灰材料，并对基槽清底状况、地质条件予以检验。

4.5.2 施工过程中应检查铺筑厚度、碾压遍数、施工含水量控制、搭接区碾压程度、压实系数等。

4.5.3 施工结束后，应检验地基的承载力。

4.5.4 粉煤灰地基质量检验标准应符合表4.5.4的规定。

表4.5.4 粉煤灰地基质量检验标准

项	序	检查项目	允许偏差或允许值		检查方法
			单位	数值	
主控项目	1	压实系数	设计要求		现场实测
	2	地基承载力	设计要求		按规定方法
一般项目	1	粉煤灰粒径	mm	0.001～2.000	过筛
	2	氧化铝及二氧化硅含量	%	≥70	试验室化学分析
	3	烧失量	%	≤12	试验室烧结法
	4	每层铺筑厚度	mm	±50	水准仪
	5	含水量（与最优含水量比较）	%	±2	取样后试验室确定

（3）验收说明

1）施工依据：相应的施工规范，操作规程，并制订专项施工方案或技术交底资料。

2）验收依据：《建筑地基基础工程施工质量验收规范》GB 50202—2002，相应的现场质量验收检查原始记录。

3）注意事项：

① 主控项目的质量经抽样检验均应合格；

② 一般项目的质量经抽样检验合格。当采用计数抽样时，合格点率应符合有关专业验收规范的规定，且不得存在严重缺陷；

③ 具有完整的施工操作依据、质量验收记录；

④ 本检验批的主控项目、一般项目已列入推荐表中，有关具体内容及检查方法见（2）条文摘录；

⑤ 黑体字的条文为强制性条文，必须严格执行，要制订控制措施。

5. 强夯地基检验批质量验收记录

（1）推荐表格

强夯地基检验批质量验收记录

01010501 ＿＿＿

单位（子单位） 工程名称		分部（子分部） 工程名称		分项工程名称	
施工单位		项目负责人		检验批容量	
分包单位		分包单位项目 负责人		检验批部位	

施工依据			验收依据	《建筑地基基础工程施工质量验收规范》GB 50202—2002		
验收项目			设计要求及规范规定	最小/实际抽样数量	检查记录	检查结果
主控项目	1	地基强度	设计要求			
	2	地基承载力	设计要求			
一般项目	1	夯锤落距(mm)	±300			
	2	锤重(kg)	±100			
	3	夯击遍数及顺序	设计要求			
	4	夯点间距(mm)	±500			
	5	夯击范围(超出基础范围距离)	设计要求			
	6	前后两遍间歇时间	设计要求			
施工单位检查结果		专业工长： 项目专业质量检查员： 年　月　日				
监理单位验收结论		专业监理工程师： 年　月　日				

（2）验收内容及检查方法条文摘录

4.6.1 施工前应检查夯锤重量、尺寸，落距控制手段，排水设施及被夯地基的土质。

4.6.2 施工中应检查落距、夯击遍数、夯点位置、夯击范围。

4.6.3 施工结束后，检查被夯地基的强度并进行承载力检验。

4.6.4 强夯地基质量检验标准应符合表 4.6.4 的规定。

表 4.6.4 强夯地基质量检验标准

项	序	检查项目	允许偏差或允许值		检查方法
			单位	数值	
主控项目	1	地基强度	设计要求		按规定方法
	2	地基承载力	设计要求		按规定方法
一般项目	1	夯锤落距	mm	±300	钢索设标志
	2	锤重	kg	±100	称重
	3	夯击遍数及顺序	设计要求		计数法
	4	夯点间距	mm	±500	用钢尺量
	5	夯击范围(超出基础范围距离)	设计要求		用钢尺量
	6	前后两遍间歇时间	设计要求		

（3）验收说明

1）施工依据：相应的施工规范、操作规程，并制订专项施工方案或技术交底资料。

2）验收依据：《建筑地基基础工程施工质量验收规范》GB 50202—2002，相应的现场质量验收检查原始记录。

3）注意事项：

① 主控项目的质量经抽样检验均应合格；

② 一般项目的质量经抽样检验合格。当采用计数抽样时，合格点率应符合有关专业验收规范的规定，且不得存在严重缺陷；

③ 具有完整的施工操作依据、质量验收记录；

④ 本检验批的主控项目、一般项目已列入推荐表中，有关具体内容及检查方法见

（2）条文摘录；

⑤ 黑体字的条文为强制性条文，必须严格执行，要制订控制措施。

6. 注浆地基检验批质量验收记录

（1）推荐表格

注浆地基检验批质量验收记录　　　　01010601 ____

单位（子单位）工程名称			分部（子分部）工程名称			分项工程名称		
施工单位			项目负责人			检验批容量		
分包单位			分包单位项目负责人			检验批部位		
施工依据			验收依据			《建筑地基基础工程施工质量验收规范》GB 50202—2002		
验收项目				设计要求及规范规定	最小/实际抽样数量	检查记录	检查结果	
主控项目	1	原材料检验	水泥	设计要求				
			注浆用砂 — 粒径（mm）	<2.5				
			注浆用砂 — 细度模数（%）	<2.0				
			注浆用砂 — 含泥量及有机物含量（%）	<3				
			注浆用黏土 — 塑性指数	>14				
			注浆用黏土 — 黏粒含量（%）	>25				
			注浆用黏土 — 含砂量（%）	<5				
			注浆用黏土 — 有机物含量（%）	<3				
			粉煤灰 — 细度	不粗于同时使用的水泥				
			粉煤灰 — 烧失量（%）	<3%				
			水玻璃：模数	2.5～3.3				
			其他化学浆液	设计要求				
	2	注浆体强度		设计要求				
	3	地基承载力		设计要求				

验收项目			设计要求及规范规定	最小/实际抽样数量	检查记录	检查结果
一般项目	1	各种注浆材料称量误差（%）	<3%			
	2	注浆孔位（mm）	±20mm			
	3	注浆孔深（mm）	±100mm			
	4	注浆压力（与设计参数比）（%）	±10%			
施工单位检查结果		专业工长： 项目专业质量检查员： 年 月 日				
监理单位验收结论		专业监理工程师： 年 月 日				

（2）验收内容及检查方法条文摘录

4.7.1 施工前应掌握有关技术文件（注浆点位置、浆液配比、注浆施工技术参数、检测要求等）。浆液组成材料的性能应符合设计要求，注浆设备应确保正常运转。

4.7.2 施工中应经常抽查浆液的配比及主要性能指标，注浆的顺序、注浆过程中的压力控制等。

4.7.3 施工结束后，应检查注浆体强度、承载力等。检查孔数为总量的 2%～5%，不合格率大于或等于 20% 时应进行二次注浆。检验应在注浆后 15d（砂土、黄土）或 60d（黏性土）进行。

4.7.4 注浆地基的质量检验标准应符合表 4.7.4 的规定。

表 4.7.4 注浆地基质量检验标准

项	序	检查项目			允许偏差或允许值		检查方法
					单位	数值	
主控项目	1	原材料检验	水泥		设计要求		查产品合格证书或抽样送检
			注浆用砂	粒径	mm	<2.5	试验室试验
				细度模数	%	<2.0	
				含泥量及有机物含量	%	<3	
			注浆用黏土	塑性指数		>14	试验室试验
				黏粒含量	%	>25	
				含砂量	%	<5	
				有机物含量	%	<3	
			粉煤灰	细度	不粗于同时使用的水泥		试验室试验
				烧失量	%	<3	
			水玻璃：模数		2.5～3.3		抽样送检
			其他化学浆液		设计要求		查产品合格证书或抽样送检

107

续表 4.7.4

项	序	检查项目	允许偏差或允许值		检查方法
			单位	数值	
主控项目	2	注浆体强度	设计要求		取样检验
	3	地基承载力	设计要求		按规定方法
一般项目	1	各种注浆材料称量误差	％	＜3	抽查
	2	注浆孔位	mm	±20	用钢尺量
	3	注浆孔深	mm	±100	量测注浆管长度
	4	注浆压力(与设计参数比)	％	±10	检查压力表读数

(3) 验收说明

1) 施工依据：相应的施工规范、操作规程，并制订专项施工方案或技术交底资料。

2) 验收依据：《建筑地基基础工程施工质量验收规范》GB 50202—2002，相应的现场质量验收检查原始记录。

3) 注意事项：

① 主控项目的质量经抽样检验均应合格；

② 一般项目的质量经抽样检验合格。当采用计数抽样时，合格点率应符合有关专业验收规范的规定，且不得存在严重缺陷；

③ 具有完整的施工操作依据、质量验收记录；

④ 本检验批的主控项目、一般项目已列入推荐表中，有关具体内容及检查方法见(2) 条文摘录；

⑤ 黑体字的条文为强制性条文，必须严格执行，要制订控制措施。

7. 预压地基检验批质量验收记录

(1) 推荐表格

预压地基检验批质量验收记录

01010701 ＿＿＿

单位(子单位)工程名称			分部(子分部)工程名称		分项工程名称		
施工单位			项目负责人		检验批容量		
分包单位			分包单位项目负责人		检验批部位		
施工依据				验收依据	《建筑地基基础工程施工质量验收规范》GB 50202—2002		
验收项目			设计要求及规范规定	最小/实际抽样数量	检查记录		检查结果
主控项目	1	预压载荷(%)	≤2				
	2	固结度(与设计要求比)(%)	≤2				
	3	承载力或其他性能指标	设计要求				

验收项目			设计要求及规范规定	最小/实际抽样数量	检查记录	检查结果
一般项目	1	沉降速率(与控制值比)(%)	±10			
	2	砂井或塑料排水带位置(mm)	±100			
	3	砂井或塑料排水带插入深度(mm)	±200			
	4	插入塑料排水带时的回带长度(mm)	≤500			
	5	塑料排水带或砂井高出砂垫层距离(mm)	≥200			
	6	插入塑料排水带的回带根数(%)	<5			
施工单位检查结果		专业工长: 项目专业质量检查员: 年 月 日				
监理单位验收结论		专业监理工程师: 年 月 日				

(2) 验收内容及检查方法条文摘录

4.8.1 施工前应检查施工监测措施,沉降、孔隙水压力等原始数据,排水设施,砂井(包括袋装砂井)塑料排水带等位置。

4.8.2 堆载施工应检查堆载高度、沉降速率。真空预压施工应检查密封膜的密封性能、真空表读数等。

4.8.3 施工结束后,应检查地基土的强度及要求达到的其他物理力学指标,重要建筑物地基应做承载力检验。

4.8.4 预压地基和塑料排水带质量检验标准应符合表4.8.4的规定。

表4.8.4 预压地基和塑料排水带质量检验标准

项	序	检查项目	允许偏差或允许值		检查方法
			单位	数值	
主控项目	1	预压载荷	%	≤2	水准仪
	2	固结度(与设计要求比)	%	≤2	根据设计要求采用不同的方法
	3	承载力或其他性能指标	设计要求	按规定方法	
一般项目	1	沉降速率(与控制值比)	%	±10	水准仪
	2	砂井或塑料排水带位置	mm	±100	用钢尺量
	3	砂井或塑料排水带插入深度	mm	±200	插入时用经纬仪检查
	4	插入塑料排水带时的回带长度	mm	≤500	用钢尺量
	5	塑料排水带或砂井高出砂垫层距离	mm	≥200	用钢尺量
	6	插入塑料排水带的回带根数	%	<5	目测

注:如真空预压,主控项目中预压载荷的检查为真空度降低值<2%。

(3) 验收说明

1）施工依据：相应的施工规范、操作规程，并制订专项施工方案或技术交底资料。

2）验收依据：《建筑地基基础工程施工质量验收规范》GB 50202—2002，相应的现场质量验收检查原始记录。

3）注意事项：

① 主控项目的质量经抽样检验均应合格；

② 一般项目的质量经抽样检验合格。当采用计数抽样时，合格点率应符合有关专业验收规范的规定，且不得存在严重缺陷；

③ 具有完整的施工操作依据、质量验收记录；

④ 本检验批的主控项目、一般项目已列入推荐表中，有关具体内容及检查方法见（2）条文摘录；

⑤ 黑体字的条文为强制性条文，必须严格执行，要制订控制措施。

8. 砂石桩复合地基检验质量验收记录

（1）推荐表格

砂石桩复合地基检验质量验收记录　　01010801 ___

单位(子单位) 工程名称			分部(子分部) 工程名称		分项工程名称		
施工单位			项目负责人		检验批容量		
分包单位			分包单位项目 负责人		检验批部位		
施工依据			验收依据		《建筑地基基础工程施工质量验收规范》 GB 50202—2002		
验收项目			设计要求及 规范规定	最小/实际 抽样数量	检查记录	检查结果	
主控 项目	1	灌砂量(%)	≥95				
	2	地基强度	设计要求				
	3	地基承载力	设计要求				
一般项目	1	砂料的含泥量(%)	≤3				
	2	砂料的有机质含量(%)	≤5				
	3	桩位(mm)	≤50				
	4	砂桩标高(mm)	±150				
	5	垂直度(%)	≤1.5				
施工单位 检查结果				专业工长： 项目专业质量检查员： 　　　　　年　月　日			
监理单位 验收结论				专业监理工程师： 　　　　　年　月　日			

（2）验收内容及检查方法条文摘录

4.15.1 施工前应检查砂料的含泥量及有机质含量、样桩的位置等。

4.15.2 施工中检查每根砂桩的桩位、灌砂量、标高、垂直度等。

4.15.3 施工结束后，应检验被加固地基的强度或承载力。

4.15.4 砂桩地基的质量检验标准应符合表 4.15.4 的规定。

表 4.15.4 砂桩地基的质量检验标准

项	序	检查项目	允许偏差或允许值		检查方法
			单位	数值	
主控项目	1	灌砂量	％	≥95	实际用砂量与计算体积比
	2	地基强度	设计要求		按规定方法
	3	地基承载力	设计要求		按规定方法
一般项目	1	砂料的含泥量	％	≤3	试验室测定
	2	砂料的有机质含量	％	≤5	焙烧法
	3	桩位	mm	≤50	用钢尺量
	4	砂桩标高	mm	±150	水准仪
	5	垂直度	％	≤1.5	经纬仪检查桩管垂直度

（3）验收说明

1）施工依据：相应的施工规范、操作规程，并制订专项施工方案或技术交底资料。

2）验收依据：《建筑地基基础工程施工质量验收规范》GB 50202—2002，相应的现场质量验收检查原始记录。

3）注意事项：

① 主控项目的质量经抽样检验均应合格；

② 一般项目的质量经抽样检验合格。当采用计数抽样时，合格点率应符合有关专业验收规范的规定，且不得存在严重缺陷；

③ 具有完整的施工操作依据、质量验收记录；

④ 本检验批的主控项目、一般项目已列入推荐表中，有关具体内容及检查方法见（2）条文摘录；

⑤ 黑体字的条文为强制性条文，必须严格执行，要制订控制措施。

9. 高压旋喷注浆地基检验批质量验收记录

（1）推荐表格

高压旋喷注浆地基检验批质量验收记录 01010901 ____

单位（子单位）工程名称		分部（子分部）工程名称		分项工程名称	
施工单位		项目负责人		检验批容量	
分包单位		分包单位项目负责人		检验批部位	
施工依据		验收依据	《建筑地基基础工程施工质量验收规范》GB 50202—2002		

	验收项目		设计要求及规范规定	最小/实际抽样数量	检查记录	检查结果
主控项目	1	水泥及外掺剂质量	符合出厂要求			
	2	水泥用量	设计要求			
	3	桩体强度或完整性检验	设计要求			
	4	地基承载力	设计要求			
一般项目	1	钻孔位置(mm)	≤50			
	2	钻孔垂直度(%)	≤1.5			
	3	孔深(mm)	±200			
	4	注浆压力	按设定参数指标			
	5	桩体搭接(mm)	>200			
	6	桩体直径(mm)	≤50			
	7	桩身中心允许偏差(mm)	≤0.2D (D=＿mm)			
施工单位检查结果			专业工长： 项目专业质量检查员： 年 月 日			
监理单位验收结论			专业监理工程师： 年 月 日			

(2) 验收内容及检查方法条文摘录

4.10.1 施工前应检查水泥、外掺剂等的质量,桩位,压力表、流量表的精度和灵敏度,高压喷射设备的性能等。

4.10.2 施工中应检查施工参数(压力、水泥浆量、提升速度、旋转速度等)及施工程序。

4.10.3 施工结束后,应检验桩体强度、平均直径、桩身中心位置、桩体质量及承载力等。桩体质量及承载力检验应在施工结束后28d进行。

4.10.4 高压喷射注浆地基质量检验标准应符合表4.10.4的规定。

表4.10.4 高压喷射注浆地基质量检验标准

项	序	检查项目	允许偏差或允许值		检查方法
			单位	数值	
主控项目	1	水泥及外掺剂质量	符合出厂要求		查产品合格证书或抽样送检
	2	水泥用量	设计要求		查看流量表及水泥浆水灰比
	3	桩体强度或完整性检验	设计要求		按规定方法
	4	地基承载力	设计要求		按规定方法

项	序	检查项目	允许偏差或允许值		检查方法
			单位	数值	
一般项目	1	钻孔位置	mm	≤50	用钢尺量
	2	钻孔垂直度	%	≤1.5	经纬仪测钻杆或实测
	3	孔深	mm	±200	用钢尺量
	4	注浆压力	按设定参数指标		查看压力表
	5	桩体搭接	mm	>200	用钢尺量
	6	桩体直径	mm	≤50	开挖后用钢尺量
	7	桩身中心允许偏差		≤0.2D	开挖后桩顶下500mm处用钢尺量,D为桩径

(3) 验收说明

1) 施工依据:相应的施工规范、操作规程,并制订专项施工方案或技术交底资料。

2) 验收依据:《建筑地基基础工程施工质量验收规范》GB 50202—2002,相应的现场质量验收检查原始记录。

3) 注意事项:

① 主控项目的质量经抽样检验均应合格;

② 一般项目的质量经抽样检验合格。当采用计数抽样时,合格点率应符合有关专业验收规范的规定,且不得存在严重缺陷;

③ 具有完整的施工操作依据、质量验收记录;

④ 本检验批的主控项目、一般项目已列入推荐表中,有关具体内容及检查方法见(2)条文摘录;

⑤ 黑体字的条文为强制性条文,必须严格执行,要制订控制措施。

10. 水泥土搅拌桩地基检验批质量验收记录

(1) 推荐表格

水泥土搅拌桩地基检验批质量验收记录　　01011001 ____

单位(子单位)工程名称		分部(子分部)工程名称		分项工程名称	
施工单位		项目负责人		检验批容量	
分包单位		分包单位项目负责人		检验批部位	

施工依据			验收依据	《建筑地基基础工程施工质量验收规范》GB 50202—2002		
验收项目			设计要求及规范规定	最小/实际抽样数量	检查记录	检查结果
主控项目	1	水泥及外掺剂质量	设计要求			
	2	水泥用量	参数指标			
	3	桩体强度	设计要求			
	4	地基承载力	设计要求			
一般项目	1	机头提升速度(m/min)	≤0.5			
	2	桩底标高(mm)	±200			
	3	桩顶标高(mm)	+100 −50			
	4	桩位偏差(mm)	<50			
	5	桩径	<0.04D ($D=$__ mm)			
	6	垂直度(%)	≤1.5			
	7	搭接(mm)	>200			
施工单位检查结果			专业工长： 项目专业质量检查员： 年 月 日			
监理单位验收结论			专业监理工程师： 年 月 日			

（2）验收内容及检查方法条文摘录

4.11.1 施工前应检查水泥及外掺剂的质量、桩位、搅拌机工作性能及各种计量设备完好程度（主要是水泥浆流量计及其他计量装置）。

4.11.2 施工中应检查机头提升速度、水泥浆或水泥注入量、搅拌桩的长度及标高。

4.11.3 施工结束后，应检查桩体强度、桩体直径及地基承载力。

4.11.4 进行强度检验时，对承重水泥土搅拌桩应取90d后的试件；对支护水泥土搅拌桩应取28d的试件。

4.11.5 水泥土搅拌桩地基质量检验标准应符合表4.11.5的规定。

表4.11.5 水泥土搅拌桩地基质量检验标准

项	序	检查项目	允许偏差或允许值		检查方法
			单位	数值	
主控项目	1	水泥及外掺剂质量	设计要求		查产品合格证书或抽样送检
	2	水泥用量	参数指标		查看流量计
	3	桩体强度	设计要求		按规定方法
	4	地基承载力	设计要求		按规定方法
一般项目	1	机头提升速度	m/min	≤0.5	量机头上升距离及时间
	2	桩底标高	mm	±200	测机头深度
	3	桩顶标高	mm	+100 −50	水准仪（最上部500mm不计入）
	4	桩位偏差	mm	<50	用钢尺量
	5	桩径		<0.04D	用钢尺量，D为桩径
	6	垂直度	%	≤1.5	经纬仪
	7	搭接	mm	>200	用钢尺量

(3) 验收说明

1) 施工依据：相应的施工规范、操作规程，并制订专项施工方案或技术交底资料。

2) 验收依据：《建筑地基基础工程施工质量验收规范》GB 50202—2002，相应的现场质量验收检查原始记录。

3) 注意事项：

① 主控项目的质量经抽样检验均应合格；

② 一般项目的质量经抽样检验合格。当采用计数抽样时，合格点率应符合有关专业验收规范的规定，且不得存在严重缺陷；

③ 具有完整的施工操作依据、质量验收记录；

④ 本检验批的主控项目、一般项目已列入推荐表中，有关具体内容及检查方法见（2）条文摘录；

⑤ 黑体字的条文为强制性条文，必须严格执行，要制订控制措施。

11. 土和灰土挤密桩复合地基检验批质量验收记录

（1）推荐表格

土和灰土挤密桩复合地基检验批质量验收记录   01011101 ___

单位(子单位) 工程名称			分部(子分部) 工程名称		分项工程名称	
施工单位			项目负责人		检验批容量	
分包单位			分包单位项目 负责人		检验批部位	
施工依据			验收依据	《建筑地基基础工程施工质量验收规范》 GB 50202—2002		

		验收项目	设计要求及 规范规定	最小/实际 抽样数量	检查记录	检查结果
主控 项目	1	桩体及桩间土干密度	设计要求			
	2	桩长(mm)	＋500			
	3	地基承载力	符合设计要求			
	4	桩径(mm)	－20			
一般 项目	1	土料有机质含量(%)	≤5			
	2	石灰粒径(mm)	≤5			
	3	桩位偏差	满堂布桩≤0.40D (D=__ mm) 条基布桩≤0.25D (D=__ mm)			
	4	垂直度(%)	≤1.5			
	5	桩径(mm)	－20			
施工单位 检查结果				专业工长： 项目专业质量检查员： 　　　　　　年　月　日		
监理单位 验收结论				专业监理工程师： 　　　　　　　年　月　日		

（2）验收内容及检查方法条文摘录

4.12.1　施工前应对土及灰土的质量、桩孔放样位置等做检查。

4.12.2　施工中应对桩孔直径、桩孔深度、夯击次数、填料的含水量等做检查。

4.12.3　施工结束后，应检验成桩的质量及地基承载力。

4.12.4　土和灰土挤密桩地基质量检验标准应符合表4.12.4的规定。

116

表 4.12.4　土和灰土挤密桩地基质量检验标准

项	序	检查项目	允许偏差或允许值		检查方法
			单位	数值	
主控项目	1	桩体及桩间土干密度	设计要求		现场取样检查
	2	桩长	mm	＋500	测桩管长度或垂球测孔深
	3	地基承载力	设计要求		按规定的方法
	4	桩径	mm	－20	用钢尺量
一般项目	1	土料有机质含量	％	≤5	试验室焙烧法
	2	石灰粒径	mm	≤5	筛分法
	3	桩位偏差		满堂布桩≤0.40D 条基布桩≤0.25D	用钢尺量，D 为桩径
	4	垂直度	％	≤1.5	用经纬仪测桩管
	5	桩径	mm	－20	用钢尺量

注：桩径允许偏差负值是指个别断面。

（3）验收说明

1）施工依据：相应的施工规范、操作规程，并制订专项施工方案或技术交底资料。

2）验收依据：《建筑地基基础工程施工质量验收规范》GB 50202—2002，相应的现场质量验收检查原始记录。

3）注意事项：

① 主控项目的质量经抽样检验均应合格；

② 一般项目的质量经抽样检验合格。当采用计数抽样时，合格点率应符合有关专业验收规范的规定，且不得存在严重缺陷；

③ 具有完整的施工操作依据、质量验收记录；

④ 本检验批的主控项目、一般项目已列入推荐表中，有关具体内容及检查方法见（2）条文摘录；

⑤ 黑体字的条文为强制性条文，必须严格执行，要制订控制措施。

12. 水泥粉煤灰碎石桩复合地基检验批质量验收记录

（1）推荐表格

水泥粉煤灰碎石桩复合地基检验批质量验收记录　　01011201 ___

单位（子单位）工程名称			分部（子分部）工程名称		分项工程名称	
施工单位			项目负责人		检验批容量	
分包单位			分包单位项目负责人		检验批部位	
施工依据			验收依据	《建筑地基基础工程施工质量验收规范》GB 50202—2002		
		验收项目	设计要求及规范规定	最小/实际抽样数量	检查记录	检查结果
主控项目	1	原材料	设计要求			
	2	桩径（mm）	－20			
	3	桩身强度	设计要求 C ___			
	4	地基承载力	设计要求			

117

	验收项目		设计要求及规范规定	最小/实际抽样数量	检查记录	检查结果
一般项目	1	桩身完整性	按桩基检测技术规范			
	2	桩位偏差	满堂布桩≤0.4D（D=___ mm）			
			条基布桩≤0.25D（D=___ mm）			
	3	桩垂直度(%)	≤1.5			
	4	桩长(mm)	+100			
	5	褥垫层夯填度	≤0.9			
施工单位检查结果			专业工长：项目专业质量检查员： 年 月 日			
监理单位验收结论			专业监理工程师： 年 月 日			

（2）验收内容及检查方法条文摘录

4.13.1 水泥、粉煤灰、砂及碎石等原材料应符合设计要求。

4.13.2 施工中应检查桩身混合料的配合比、坍落度和提拔钻杆速度（或提拔套管速度）、成孔深度、混合料灌入量等。

4.13.3 施工结束后，应对桩顶标高、桩位、桩体质量、地基承载力以及褥垫层的质量做检查。

4.13.4 水泥粉煤灰碎石桩复合地基的质量检验标准应符合表4.13.4的规定。

表4.13.4 水泥粉煤灰碎石桩复合地基质量检验标准

项	序	检查项目	允许偏差或允许值		检查方法
			单位	数值	
主控项目	1	原材料	设计要求		查产品合格证书或抽样送检
	2	桩径	mm	-20	用钢尺量或计算填料量
	3	桩身强度	设计要求		查28d试块强度
	4	地基承载力	设计要求		按规定的方法
一般项目	1	桩身完整性	按桩基检测技术规范		按桩基检测技术规范
	2	桩位偏差	满堂布桩≤0.40D 条基布桩≤0.25D		用钢尺量，D为桩径
	3	桩垂直度	%	≤1.5	用经纬仪测桩管
	4	桩长	mm	+100	测桩管长度或垂球测孔深
	5	褥垫层夯填度	≤0.9		用钢尺量

注：1. 夯填度指夯实后的褥垫层厚度与虚体厚度的比值。

2. 桩径允许偏差负值是指个别断面。

118

(3) 验收说明

1) 施工依据：相应的施工规范、操作规程，并制订专项施工方案或技术交底资料。

2) 验收依据：《建筑地基基础工程施工质量验收规范》GB 50202—2002，相应的现场质量验收检查原始记录。

3) 注意事项：

① 主控项目的质量经抽样检验均应合格；

② 一般项目的质量经抽样检验合格。当采用计数抽样时，合格点率应符合有关专业验收规范的规定，且不得存在严重缺陷；

③ 具有完整的施工操作依据、质量验收记录；

④ 本检验批的主控项目、一般项目已列入推荐表中，有关具体内容及检查方法见（2）条文摘录；

⑤ 黑体字的条文为强制性条文，必须严格执行，要制订控制措施。

13. 夯实水泥土桩复合地基检验批质量验收记录

(1) 推荐表格

夯实水泥土桩复合地基检验批质量验收记录 01011301 ____

单位(子单位)工程名称			分部(子分部)工程名称		分项工程名称		
施工单位			项目负责人		检验批容量		
分包单位			分包单位项目负责人		检验批部位		
施工依据				验收依据	《建筑地基基础工程施工质量验收规范》GB 50202—2002		
验收项目			设计要求及规范规定	最小/实际抽样数量	检查记录	检查结果	
主控项目	1	桩径(mm)	−20				
	2	桩长(mm)	+500				
	3	桩体干密度	设计要求				
	4	地基承载力	设计要求				
一般项目	1	土料有机质含量(%)	≤5				
	2	含水量(与最优含水量比)(%)	±2				
	3	土料粒径(mm)	≤20				
	4	水泥质量	设计要求				
	5	桩位偏差	满堂布桩≤0.4D(D=____ mm)				
			条基布桩≤0.25D(D=____ mm)				
	6	桩孔垂直度(%)	≤1.5				
	7	褥垫层夯填度	≤0.9				
施工单位检查结果		专业工长： 项目专业质量检查员： 年 月 日					
监理单位验收结论		专业监理工程师： 年 月 日					

(2) 验收内容及检查方法条文摘录

4.14.1 水泥及夯实用土料的质量应符合设计要求。

4.14.2 施工中应检查孔位、孔深、孔径、水泥和土的配比、混合料含水量等。

4.14.3 施工结束后，应对桩体质量及复合地基承载力做检验，褥垫层应检查其夯填度。

4.14.4 夯实水泥土桩的质量检验标准应符合表4.14.4的规定。

表4.14.4 夯实水泥土桩复合地基质量检验标准

项	序	检查项目	允许偏差或允许值		检查方法
			单位	数值	
主控项目	1	桩径	mm	－20	用钢尺量
	2	桩长	mm	＋500	测桩孔深度
	3	桩体干密度	设计要求		现场取样检查
	4	地基承载力	设计要求		按规定的方法
一般项目	1	土料有机质含量	％	≤5	焙烧法
	2	含水量(与最优含水量比)	％	±2	烘干法
	3	土料粒径	mm	≤20	筛分法
	4	水泥质量	设计要求		查产品质量合格证书或抽样送检
	5	桩位偏差	满堂布桩≤0.40D 条基布桩≤0.25D		用钢尺量，D为桩径
	6	桩孔垂直度	％	≤1.5	用经纬仪测桩管
	7	褥垫层夯填度	≤0.9		用钢尺量

注：见表4.13.4。

(3) 验收说明

1) 施工依据：相应的施工规范、操作规程，并制订专项施工方案或技术交底资料。

2) 验收依据：《建筑地基基础工程施工质量验收规范》GB 50202—2002，相应的现场质量验收检查原始记录。

3) 注意事项：

① 主控项目的质量经抽样检验均应合格；

② 一般项目的质量经抽样检验合格。当采用计数抽样时，合格点率应符合有关专业验收规范的规定，且不得存在严重缺陷；

③ 具有完整的施工操作依据、质量验收记录；

④ 本检验批的主控项目、一般项目已列入推荐表中，有关具体内容及检查方法见(2)条文摘录；

⑤ 黑体字的条文为强制性条文，必须严格执行，要制订控制措施。

第三节　基础子分部工程检验批质量验收记录

一、基础子分部工程质量验收一般规定

5.1.1　桩位的放样允许偏差如下：

群桩：　　20mm；

单排桩：　10mm。

5.1.2　桩基工程的桩位验收，除设计有规定外，应按下述要求进行：

1　当桩顶设计标高与施工场地标高相同时，或桩基施工结束后，有可能对桩位进行检查时，桩基工程的验收应在施工结束后进行。

2　当桩顶设计标高低于施工场地标高，送桩后无法对桩位进行检查时，对打入桩可在每根桩桩顶沉至场地标高时，进行中间验收，待全部桩施工结束，承台或底板开挖到设计标高后，再做最终验收。对灌注桩可对护筒位置做中间验收。

5.1.3　打（压）入桩（预制混凝土方桩、先张法预应力管桩、钢桩）的桩位偏差，必须符合表 5.1.3 的规定。斜桩倾斜度的偏差不得大于倾斜角正切值的 15%（倾斜角系桩的纵向中心线与铅垂线间夹角）。

表 5.1.3　预制桩（钢桩）桩位的允许偏差（mm）

项	项　　　目	允　许　偏　差
1	盖有基础梁的桩： （1）垂直基础梁的中心线 （2）沿基础梁的中心线	$100+0.01H$ $150+0.01H$
2	桩数为 1～3 根桩基中的桩	100
3	桩数为 4～16 根桩基中的桩	1/2桩径或边长
4	桩数大于 16 根桩基中的桩： （1）最外边的桩 （2）中间桩	1/3桩径或边长 1/2桩径或边长

注：H 为施工现场地面标高与桩顶设计标高的距离。

5.1.4　灌注桩的桩位偏差必须符合表 5.1.4 的规定，桩顶标高至少要比设计标高高出 0.5m，桩底清孔质量按不同的成桩工艺有不同的要求，应按本章的各节要求执行。每浇筑 50m³ 必须有 1 组试件，小于 50m³ 的桩，每根桩必须有 1 组试件。

表 5.1.4　灌注桩的平面位置和垂直度的允许偏差

序号	成孔方法		桩径允许偏差（mm）	垂直度允许偏差（%）	桩位允许偏差（mm）	
					1～3 根、单排桩基垂直于中心线方向和群桩基础的边桩	条形桩基础沿中心线方向和群桩基础的中间桩
1	泥浆护壁灌注桩	$D{\leq}1000mm$	±50	<1	$D/6$,且不大于 100	$D/4$,且不大于 150
		$D{>}1000mm$	±50		$100+0.01H$	$150+0.01H$

序号	成孔方法		桩径允许偏差（mm）	垂直度允许偏差（%）	桩位允许偏差（mm）	
					1～3根、单排桩基垂直于中心线方向和群桩基础的边桩	条形桩基沿中心线方向和群桩基础的中间桩
2	套管成孔灌注桩	$D \leqslant 500mm$	−20	<1	70	150
		$D > 500mm$			100	150
3	干成孔灌注桩		−20	<1	70	150
4	人工挖孔桩	混凝土护壁	+50	<0.5	50	150
		钢套管护壁	+50	<1	100	200

注：1. 桩径允许偏差的负值是指个别断面。
　　2. 采用复打、反插法施工的桩，其桩径允许偏差不受上表限制。
　　3. H 为施工现场地面标高与桩顶设计标高的距离，D 为设计桩径。

5.1.5 工程桩应进行承载力检验。对于地基基础设计等级为甲级或地质条件复杂，成桩质量可靠性低的灌注桩，应采用静载荷试验的方法进行检验，检验桩数不应少于总数的1%，且不应少于3根，当总桩数少于50根时，不应少于2根。

5.1.6 桩身质量应进行检验。对设计等级为甲级或地质条件复杂，成桩质量可靠性低的灌注桩，抽检数量不应少于总数的30%，且不应少于20根；其他桩基工程的抽检数量不应少于总数的20%，且不应少于10根；对混凝土预制桩及地下水位以上且终孔后经过核验的灌注桩，检验数量不应少于总桩数的10%，且不得少于10根。每个柱子承台下不得少于1根。

5.1.7 对砂、石子、钢材、水泥等原材料的质量、检验项目、批量和检验方法，应符合国家现行标准的规定。

5.1.8 除本规范第5.1.5、5.1.6条规定的主控项目外，其他主控项目应全部检查，对一般项目，除已明确规定外，其他可按20%抽查，但混凝土灌注桩应全部检查。

二、基础子分部工程检验批质量验收记录

1～4. 无筋扩张基础01020101～01020104（见主体结构砌体工程）

5～14. 钢筋混凝土扩张基础01020201～01020210（见主体结构混凝土工程）

15～24. 筏形与箱形基础01020301～01020310（见主体结构混凝土工程）

25～36. 钢结构基础01020401～01020412（见主体结构钢结构）

37～43. 钢管混凝土结构基础01020501～01020507（见主体结构钢管混凝土结构）

44. 型钢混凝土结构基础01020601等检验批质量验收表格暂无（同主体结构）

45. 钢筋混凝土预制桩检验批质量验收记录

（1）推荐表格

钢筋混凝土预制桩检验批质量验收记录   01020701____

单位(子单位) 工程名称			分部(子分部) 工程名称		分项工程名称	
施工单位			项目负责人		检验批容量	
分包单位			分包单位项目 负责人		检验批部位	
施工依据			验收依据	《建筑地基基础工程施工质量验收规范》 GB 50202—2002		

		验收项目		设计要求及 规范规定	最小/实际 抽样数量	检查记录	检查结果
主控 项目	1	桩体质量检验		设计要求			
	2	桩位偏差		见本规范表5.1.3			
	3	承载力		设计要求			
一般 项目	1	砂、石、水泥、钢材等原 材料(现场预制时)		设计要求			
	2	混凝土配合比及强度 (现场预制时)		设计要求			
	3	成品桩外形		表面平整,颜色均匀, 掉角深度<10mm,蜂窝 面积小于总面积0.5%			
	4	成品桩裂缝(收缩裂缝或 起吊、装运、堆放 引起的裂缝)		深度<20mm,宽度 <0.25mm,横向裂 缝不超过边长的一半			
	5	成品尺寸	横截面边长	±5mm			
			桩顶对角线差	<10mm			
			桩尖中心线	<10mm			
			桩身弯曲矢高	<1/1000L (L=___mm)			
			桩顶平整度	<2			
	6	电焊接桩:焊缝质量		见本规范表5.5.4-2			
		电焊结束后停歇时间		>1.0min			
		上下节平面偏差		<10mm			
		节点弯曲矢高		<1/1000L (L=___mm)			
	7	硫磺胶泥接桩: 胶泥浇注时间		<2min			
		浇注后停歇时间		>7min			
	8	桩顶标高		±50mm			
	9	停锤标准		设计要求			
施工单位 检查结果		专业工长: 项目专业质量检查员: 年 月 日					
监理单位 验收结论		专业监理工程师: 年 月 日					

（2）验收内容及检查方法条文摘录

5.4.1　桩在现场预制时，应对原材料、钢筋骨架（见表5.4.1）、混凝土强度进行检查；采用工厂生产的成品桩时，桩进场后应进行外观及尺寸检查。

5.4.2　施工中应对桩体垂直度、沉桩情况、桩顶完整状况、接桩质量等进行检查，对电焊接桩，重要工程应做10%的焊缝探伤检查。

5.4.3　施工结束后，应对承载力及桩体质量做检验。

5.4.4　对长桩或总锤击数超过500击的锤击桩，应符合桩体强度及28d龄期的两项条件才能锤击。

5.4.5　钢筋混凝土预制桩的质量检验标准应符合表5.4.5的规定。

表5.4.5　钢筋混凝土预制桩的质量检验标准

项目	序	检查项目	允许偏差或允许值		检查方法
			单位	数值	
主控项目	1	桩体质量检验	按基桩检测技术规范		按基桩检测技术规范
	2	桩位偏差	见本规范表5.1.3		用钢尺量
	3	承载力	按基桩检测技术规范		按基桩检测技术规范
一般项目	1	砂、石、水泥、钢材等原材料（现场预制时）	符合设计要求		查出厂质保文件或抽样送检
	2	混凝土配合比及强度（现场预制时）	符合设计要求		检查称量及查试块记录
	3	成品桩外形	表面平整，颜色均匀，掉角深度<10mm，蜂窝面积小于总面积0.5%		直观
	4	成品桩裂缝（收缩裂缝或起吊、装运、堆放引起的裂缝）	深度<20mm，宽度<0.25mm，横向裂缝不超过边长的一半		裂缝测定仪，该项在地下水有侵蚀地区及锤击数超过500击的长桩不适用
	5	成品桩尺寸：横截面边长	mm	±5	用钢尺量
		桩顶对角线差	mm	<10	用钢尺量
		桩尖中心线	mm	<10	用钢尺量
		桩身弯曲矢高		<1/1000l	用钢尺量，l为桩长
		桩顶平整度	mm	<2	用水平尺量
	6	电焊接桩：焊缝质量	见本规范表5.5.4-2		见本规范表5.5.4-2
		电焊结束后停歇时间	min	>1.0	秒表测定
		上下节平面偏差		<10	用钢尺量
		节点弯曲矢高	mm	<1/1000l	用钢尺量，l为两节桩长
	7	硫磺胶泥接桩：胶泥浇筑时间	min	<2	秒表测定
		浇筑后停歇时间	min	>7	秒表测定
	8	桩顶标高	mm	±50	水准仪
	9	停锤标准	设计要求		现场实测或查沉桩记录

（3）验收说明

1）施工依据：相应的施工规范，操作规程，并制订专项施工方案或技术交底资料。

2）验收依据：《建筑地基基础工程施工质量验收规范》GB 50202—2002，相应的现场质量验收检查原始记录。

3）注意事项：

① 主控项目的质量经抽样检验均应合格；

② 一般项目的质量经抽样检验合格。当采用计数抽样时，合格点率应符合有关专业验收规范的规定，且不得存在严重缺陷；

③ 具有完整的施工操作依据、质量验收记录；

④ 本检验批的主控项目、一般项目已列入推荐表中，有关具体内容及检查方法见（2）条文摘录；

⑤ 黑体字的条文为强制性条文，必须严格执行，要制订控制措施。

46. **混凝土灌注桩（钢筋笼）检验批质量验收记录〔46、48、50、52、基坑支护 1（01030101）〕**

本表适用于：泥浆护壁成孔桩、干作业成孔桩、长螺旋钻孔桩、沉管灌注桩、灌注桩排桩围护墙的钢筋笼的质量验收。

（1）推荐表格

01020801 ____

01020901 ____

01021001 ____

01021101 ____

混凝土灌注桩（钢筋笼）检验批质量验收记录   01030101 ____

单位（子单位）工程名称			分部（子分部）工程名称		分项工程名称	
施工单位			项目负责人		检验批容量	
分包单位			分包单位项目负责人		检验批部位	
施工依据			验收依据		《建筑地基基础工程施工质量验收规范》GB 50202—2002	

验收项目			设计要求及规范规定	最小/实际抽样数量	检查记录	检查结果
主控项目	1	主筋间距(mm)	±10			
	2	长度(mm)	±100			
一般项目	1	钢筋材质检验	设计要求			
	2	箍筋间距(mm)	±20			
	3	直径(mm)	±10			
施工单位检查结果		专业工长： 项目专业质量检查员： 年　月　日				
监理单位验收结论		专业监理工程师： 年　月　日				

（2）验收内容及检查方法条文摘录

5.6.1 施工前应对水泥、砂、石子（如现场搅拌）、钢材等原材料进行检查，对施工组织设计中制定的施工顺序、监测手段（包括仪器、方法）也应检查。

5.6.2 施工中应对成孔、清渣、放置钢筋笼、灌注混凝土等进行全过程检查，人工挖孔桩尚应复验孔底持力层土（岩）性。嵌岩桩必须有桩端持力层的岩性报告。

5.6.3 施工结束后，应检查混凝土强度，并应做桩体质量及承载力的检验。

5.6.4 混凝土灌注桩的质量检验标准应符合表 5.6.4-1、表 5.6.4-2 的规定。

表 5.6.4-1 混凝土灌注桩钢筋笼质量检验标准（mm）

项	序	检查项目	允许偏差或允许值	检查方法
主控项目	1	主筋间距	±10	用钢尺量
	2	长度	±100	用钢尺量
一般项目	1	钢筋材质检验	设计要求	抽样送检
	2	箍筋间距	±20	用钢尺量
	3	直径	±10	用钢尺量

5.6.5 人工挖孔桩、嵌岩桩的质量检验应按本节执行。

（3）验收说明

1）施工依据：相应的施工规范，操作规程，并制订专项施工方案或技术交底资料。

2）验收依据：《建筑地基基础工程施工质量验收规范》GB 50202—2002，相应的现场质量验收检查原始记录。

3）注意事项：

① 主控项目的质量经抽样检验均应合格；

② 一般项目的质量经抽样检验合格。当采用计数抽样时，合格点率应符合有关专业验收规范的规定，且不得存在严重缺陷；

③ 具有完整的施工操作依据、质量验收记录；

④ 本检验批的主控项目、一般项目已列入推荐表中，有关具体内容及检查方法见（2）条文摘录；

⑤ 黑体字的条文为强制性条文，必须严格执行。要制订控制措施。

47. 混凝土灌注桩检验批质量验收记录［47、49、51、53、基坑支护 2（01030102）］

本表适用于泥浆护壁成孔桩、干作业成孔桩、螺旋钻孔压灌桩、沉管灌注桩、灌注桩排桩围护墙的混凝土灌注桩的质量验收。

（1）推荐表格

01020802 ____

01020902 ____

01021002 ____

01021102 ____

混凝土灌注桩检验批质量验收记录 01030102 ____

单位(子单位) 工程名称			分部(子分部) 工程名称		分项工程名称		
施工单位			项目负责人		检验批容量		
分包单位			分包单位 项目负责人		检验批部位		
施工依据			验收依据		《建筑地基基础工程施工质量验收规范》 GB 50202—2002		
验收项目			设计要求及 规范规定	最小/实际 抽样数量	检查记录	检查结果	
主控 项目	1	桩位	见本规范表5.1.4				
	2	孔深(mm)	＋300				
	3	桩体质量检验	设计要求				
	4	混凝土强度	设计要求 C ____				
	5	承载力	设计要求				
一般 项目	1	垂直度	见本规范表5.1.4				
	2	桩径	见本规范表5.1.4				
	3	泥浆比重(黏土或 砂性土中)	1.15～1.20				
	4	泥浆面标高(高于 地下水位)(m)	0.5～1.0				
	5	混凝土坍 落度	端承桩(mm)	≤50			
			摩擦桩(mm)	≤150			
	6	混凝土坍 落度	水下灌注(mm)	160～220			
			干施工(mm)	70～100			
	7	钢筋笼安装深度(mm)	±100				
	8	混凝土充盈系数	＞1				
	9	桩顶标高(mm)	＋30，－50				
施工单位 检查结果			专业工长： 项目专业质量检查员： 年　月　日				
监理单位 验收结论			专业监理工程师： 年　月　日				

127

（2）验收内容及检查方法条文摘录

5.6.1　施工前应对水泥、砂、石子（如现场搅拌）、钢材等原材料进行检查，对施工组织设计中制定的施工顺序、监测手段（包括仪器、方法）也应检查。

5.6.2　施工中应对成孔、清渣、放置钢筋笼、灌注混凝土等进行全过程检查，人工挖孔桩尚应复验孔底持力层土（岩）性。嵌岩桩必须有桩端持力层的岩性报告。

5.6.3　施工结束后，应检查混凝土强度，并应做桩体质量及承载力的检验。

5.6.4　混凝土灌注桩的质量检验标准应符合表5.6.4-1的规定。

表 5.6.4-1　混凝土灌注桩质量检验标准

项	序	检查项目	允许偏差或允许值		检查方法
			单位	数值	
主控项目	1	桩位	见本规范表5.1.4		基坑开挖前量护筒,开挖后量桩中心
	2	孔深	mm	+300	只深不浅,用重锤测,或测钻杆、套管长度,嵌岩桩应确保进入设计要求的嵌岩深度
	3	桩体质量检验	按基桩检测技术规范。如钻芯取样,大直径嵌岩桩应钻至桩尖下50cm		按基桩检测技术规范
	4	混凝土强度	设计要求		试件报告或钻芯取样送检
	5	承载力	按基桩检测技术规范		按基桩检测技术规范
一般项目	1	垂直度	按本规范表5.1.4		测套管或钻杆,或用超声波探测,干施工时吊垂球
	2	桩径	按本规范表5.1.4		井径仪或超声波检测,干施工时用钢尺量,人工挖孔桩不包括内衬厚度
	3	泥浆比重（黏土或砂性土中）	1.15~1.20		用比重计测,清孔后在距孔底50cm处取样
	4	泥浆面标高（高于地下水位）	m	0.5~1.0	目测
	5	沉渣厚度:端承桩 摩擦桩	mm mm	≤50 ≤150	用沉渣仪或重锤测量
	6	混凝土坍落度:水下灌注 干施工	mm mm	160~220 70~100	坍落度仪
	7	钢筋笼安装深度	mm	±100	用钢尺量
	8	混凝土充盈系数	>1		检查每根桩的实际灌注量
	9	桩顶标高	mm	+30 −50	水准仪,需扣除桩顶浮浆层及劣质桩体

5.6.5　人工挖孔桩、嵌岩桩的质量检验应按本节执行。

（3）验收说明

1）施工依据：相应的施工规范，操作规程，并制订专项施工方案或技术交底资料。

2）验收依据：《建筑地基基础工程施工质量验收规范》GB 50202—2002，相应的现场质量验收检查原始记录。

3）注意事项：

① 主控项目的质量经抽样检验均应合格；

② 一般项目的质量经抽样检验合格。当采用计数抽样时，合格点率应符合有关专业验收规范的规定，且不得存在严重缺陷；

③ 具有完整的施工操作依据、质量验收记录；

④ 本检验批的主控项目、一般项目已列入推荐表中，有关具体内容及检查方法见（2）条文摘录；

⑤ 黑体字的条文为强制性条文，必须严格执行，要制订控制措施。

54. 钢桩（成品）检验批质量验收记录

（1）推荐表格

钢桩（成品）检验批质量验收记录   01021201 ＿＿＿

单位（子单位）工程名称				分部（子分部）工程名称		分项工程名称	
施工单位				项目负责人		检验批容量	
分包单位				分包单位项目负责人		检验批部位	
施工依据				验收依据		《建筑地基基础工程施工质量验收规范》GB 50202—2002	
验收项目				设计要求及规范规定	最小/实际抽样数量	检查记录	检查结果
主控项目	1	钢桩外径或断面尺寸	桩端	$\pm0.5\%D$			
			桩身	$\pm1D$			
	2	矢高		$<1/1000L$			
一般项目	1	长度（mm）		$+10$			
	2	端部平整度（mm）		$\leqslant2$			
	3	H 钢桩的方正度	$h>300$mm	$T+T\leqslant8$			
			$h<300$mm	$T+T\leqslant6$			
	4	端部平面与桩中心线的倾斜（mm）		$\leqslant2$			
施工单位检查结果		专业工长： 项目专业质量检查员： 年　月　日					
监理单位验收结论		专业监理工程师： 年　月　日					

（2）验收内容及检查方法条文摘录

5.5.1 施工前应检查进入现场的成品钢桩，成品桩的质量标准应符合本规范表5.5.4-1的规定。

5.5.2 施工中应检查钢桩的垂直度、沉入过程、电焊连接质量、电焊后的停歇时间、桩顶锤击后的完整状况。电焊质量除常规检查外，应做10%的焊缝探伤检查。

5.5.3 施工结束后应做承载力检验。

5.5.4 钢桩施工质量检验标准应符合表5.5.4-1的规定。

表5.5.4-1 成品钢桩质量检验标准

项	序	检查项目	允许偏差或允许值		检查方法
			单位	数值	
主控项目	1	钢桩外径或断面尺寸：桩端 桩身		$\pm0.5\%D$ $\pm1D$	用钢尺量，D为外径或边长
	2	矢高		$<1/1000l$	用钢尺量，l为桩长
一般项目	1	长度	mm	+10	用钢尺量
	2	端部平整度	mm	≤2	用水平尺量
	3	H钢桩的方正度 $h>300$ $h<300$	mm mm	$T+T'\leqslant8$ $T+T'\leqslant6$	用钢尺量，h、T、T'见图示
	4	端部平面与桩中心线的倾斜值	mm	≤2	用水平尺量

（3）验收说明

1）施工依据：相应的施工规范，操作规程，并制订专项施工方案或技术交底资料。

2）验收依据：《建筑地基基础工程施工质量验收规范》GB 50202—2002，相应的现场质量验收检查原始记录。

3）注意事项：

① 主控项目的质量经抽样检验均应合格；

② 一般项目的质量经抽样检验合格。当采用计数抽样时，合格点率应符合有关专业验收规范的规定，且不得存在严重缺陷；

③ 具有完整的施工操作依据、质量验收记录；

④ 本检验批的主控项目、一般项目已列入推荐表中，有关具体内容及检查方法见（2）条文摘录；

⑤ 黑体字的条文为强制性条文，必须严格执行，要制订控制措施。

55．钢桩检验批质量验收记录

（1）推荐表格

钢桩检验批质量验收记录

01021202 ____

单位(子单位) 工程名称				分部(子分部) 工程名称			分项工程名称		
施工单位				项目负责人			检验批容量		
分包单位				分包单位项目 负责人			检验批部位		
施工依据				验收依据			《建筑地基基础工程施工质量验收规范》 GB 50202—2002		

		验收项目		设计要求及 规范规定	最小/实际 抽样数量	检查记录	检查结果
主控 项目	1	桩位偏差		见本规范表 5.1.3			
	2	承载力		设计要求			
一般 项目	1	电焊接桩焊缝	(1)上下节 端部错口	(外径≥700 mm)(mm) ≤3			
				(外径＜700 mm)(mm) ≤2			
			(2)焊缝咬边深度(mm)	≤0.5			
			(3)焊缝加强层高度(mm)	2			
			(4)焊加强层宽度(mm)	2			
			(5)焊缝电焊质量外观	无气孔,无焊瘤, 无裂缝			
			(6)焊缝探伤检验	设计要求			
	2	电焊结束后停歇时间(min)		＞1.0			
	3	节点弯曲矢高		＜1/1000L			
	4	桩顶标高(mm)		±50			
	5	停锤标准		设计要求			

施工单位 检查结果	专业工长： 项目专业质量检查员： 　　　　　　　　　年　月　日
监理单位 验收结论	专业监理工程师： 　　　　　　　　　年　月　日

（2）验收内容及检查方法条文摘录

5.5.4　钢桩施工质量检验标准应符合表5.5.4-2的规定。

表5.5.4-2　钢桩施工质量检验标准

项	序	检查项目	允许偏差或允许值		检查方法
			单位	数值	
主控项目	1	桩位偏差	见本规范表5.1.3		用钢尺量
	2	承载力	按基桩检测技术规范		按基桩检测技术规范
一般项目	1	电焊接桩焊缝： （1）上下节端部错口 　　（外径≥700mm） 　　（外径＜700mm） （2）焊缝咬边深度 （3）焊缝加强层高度 （4）焊缝加强层宽度	 mm mm mm mm mm	 ≤3 ≤2 ≤0.5 2 2	 用钢尺量 用钢尺量 焊缝检查仪 焊缝检查仪 焊缝检查仪
		（5）焊缝电焊质量外观	无气孔，无焊瘤，无裂缝		直观
		（6）焊缝探伤检验	满足设计要求		按设计要求
	2	电焊结束后停歇时间	min	＞1.0	秒表测定
	3	节点弯曲矢高		＜1/1000l	用钢尺量，l为两节桩长
	4	桩顶标高	mm	±50	水准仪
	5	停锤标准	设计要求		用钢尺量或沉桩记录

（3）验收说明

1）施工依据：相应的专业施工规范，操作规程，并制订专项施工方案或技术交底资料。

2）验收依据：《建筑地基基础工程施工质量验收规范》GB 50202—2002，相应的现场质量验收检查原始记录。

3）注意事项：

①　主控项目的质量经抽样检验均应合格；

②　一般项目的质量经抽样检验合格。当采用计数抽样时，合格点率应符合有关专业验收规范的规定，且不得存在严重缺陷；

③　具有完整的施工操作依据、质量验收记录；

④　本检验批的主控项目、一般项目已列入推荐表中，有关具体内容及检查方法见（2）条文摘录；

⑤　黑体字的条文为强制性条文，必须严格执行，要制订控制措施。

132

56. 锚杆静压桩基础检验批质量验收记录

（1）推荐表格

锚杆静压桩基础检验批质量验收记录　　　　01021301____

单位(子单位)工程名称			分部(子分部)工程名称		分项工程名称		
施工单位			项目负责人		检验批容量		
分包单位			分包单位项目负责人		检验批部位		
施工依据			验收依据		《建筑地基基础工程施工质量验收规范》GB 50202—2002		
验收项目			设计要求及规范规定	最小/实际抽样数量	检查记录	检查结果	
主控项目	1	桩体质量检验	设计要求				
	2	桩位偏差	见本规范表5.1.3				
	3	承载力	设计要求				
一般项目	1	成品桩质量:外观 外形尺寸 强度	表面平整,颜色均匀,掉角深度<10mm,蜂窝面积小于总面积0.5%				
	2	硫磺胶泥质量(半成品)	设计要求				
	3	电焊接桩焊缝质量	5.5.4-2				
	4	电焊接桩,电焊结束后停歇时间	>1.0min				
	5	硫磺胶泥接桩,·胶泥浇注时间	<2min				
	6	硫磺胶泥接桩,浇注后停歇时间	>7min				
	7	电焊条质量	设计要求				
	8	压桩压力(设计有要求时)	±5%				
	9	接桩时上下节平面偏差(mm)	<10 且<1/1000L				
	10	接桩时节点弯曲矢高(mm)	<10 且<1/1000L				
	11	桩顶标高	±50mm				
施工单位检查结果		专业工长: 项目专业质量检查员: 年　月　日					
监理单位验收结论		专业监理工程师: 年　月　日					

133

（2）验收内容及检查方法条文摘录

见《混凝土灌注桩检验批质量验收记录》表格质量验收及相关条文摘录。

5.2.1　静力压桩包括锚杆静压桩及其他各种非冲击力沉桩。

5.2.2　施工前应对成品桩（锚杆静压成品桩一般均由工厂制造，运至现场堆放）做外观及强度检验，接桩用焊条或半成品硫磺胶泥应有产品合格证书，或送有关部门检验，压桩用压力表、锚杆规格及质量也应进行检查。硫磺胶泥半成品应每100kg做一组试件（3件）。

5.2.3　压桩过程中应检查压力、桩垂直度、接桩间歇时间、桩的连接质量及压入深度。重要工程应对电焊接桩的接头做10％的探伤检查。对承受反力的结构应加强观测。

5.2.4　施工结束后，应做桩的承载力及桩体质量检验。

5.2.5　锚杆静压桩质量检验标准应符合表5.2.5的规定。

表5.2.5　静力压桩质量检验标准

项	序	检查项目		允许偏差或允许值		检查方法
				单位	数值	
主控项目	1	桩体质量检验		按基桩检测技术规范		按基桩检测技术规范
	2	桩位偏差		见本规范表5.1.3		用钢尺量
	3	承载力		按基桩检测技术规范		按基桩检测技术规范
一般项目	1	成品桩质量：外观 外形尺寸 强度		表面平整，颜色均匀，掉角深度＜10mm,蜂窝面积小于总面积0.5％ 见本规范表5.4.5 满足设计要求		直观 见本规范表5.4.5 查产品合格证书或钻芯试压
	2	硫磺胶泥质量（半成品）		设计要求		查产品合格证书或抽样送检
	3	接桩	电焊接桩：焊缝质量 电焊结束后停歇时间	见本规范表5.5.4-2 min	>1.0	见本规范表5.5.4-2 秒表测定
			硫磺胶泥接桩： 胶泥浇注时间 浇筑后停歇时间	min min	＜2 ＞7	秒表测定 秒表测定
	4	电焊条质量		设计要求		查产品合格证书
	5	压装压力（设计有要求时）		％	±5	查压力表读数
	6	接桩时上下节平面偏差 接桩时节点弯曲矢高		mm 	＜10 ＜1/1000l	用钢尺量 用钢尺量,l为两节桩长
	7	桩顶标高		mm	±50	水准仪

（3）验收说明

1）施工依据：相应的专业施工规范，操作规程，并制订专项施工方案或技术交底资料。

2）验收依据：《建筑地基基础工程施工质量验收规范》GB 50202—2002，相应的现场质量验收检查原始记录。

3）注意事项：

① 主控项目的质量经抽样检验均应合格；

② 一般项目的质量经抽样检验合格。当采用计数抽样时，合格点率应符合有关专业

验收规范的规定，且不得存在严重缺陷；

    ③ 具有完整的施工操作依据、质量验收记录；

    ④ 本检验批的主控项目、一般项目已列入推荐表中，有关具体内容及检查方法见

（2）条文摘录；

    ⑤ 黑体字的条文为强制性条文，必须严格执行，要制订控制措施。

57. 岩石锚杆基础（暂无表格）

58. 沉井与沉箱基础检验批质量验收记录

（1）推荐表格

沉井与沉箱基础检验批质量验收记录

01021501 ____

单位（子单位） 工程名称			分部（子分部） 工程名称		分项工程名称		
施工单位			项目负责人		检验批容量		
分包单位			分包单位项 目负责人		检验批部位		
施工依据			验收依据		《建筑地基基础工程施工质量验收规范》 GB 50202—2002		
		验收项目		设计要求及 规范规定	最小/实际 抽样数量	检查记录	检查结果
主控 项目	1	混凝土强度		设计要求 C ____			
	2	封底前，沉井（箱）的下沉稳定		$<10mm/8h$			
	3	封底 结束 后的 位置	刃脚平均标高（与设计标高比）	$<100mm$			
			刃脚平面中心线位移	$<1\%H$ （$H=$__ mm）			
			四角中任何两角的底面高差	$<1\%L$ （$L=$__ mm）			
一般 项目	1	钢材、对接钢筋、水泥、 骨料等原材料检查		设计要求			
	2	结构体外观		无裂缝、无蜂窝、 空洞，不露筋			
	3	平面 尺寸	长与宽	$\pm0.5\%$			
			曲线部分半径	$\pm0.5\%$			
			两对角线差	1.0%			
			预埋件	$20mm$			
	4	下沉过 程中的 偏差	高差	$1.5\%\sim2.0\%$			
			平面轴线	$<1.5\%H$ （$H=$__ mm）			
	5	封底混凝土坍落度		$18\sim22cm$			
施工单位 检查结果			专业工长： 项目专业质量检查员： 年 月 日				
监理单位 验收结论			专业监理工程师： 年 月 日				

（2）验收内容及检查方法条文摘录

7.7.1 沉井是下沉结构，必须掌握确凿的地质资料，钻孔可按下述要求进行：

1 面积在 200m² 以下（包括 200m²）的沉井（箱），应有一个钻孔（可布置在中心位置）。

2 面积在 200m² 以上的沉井（箱）在四角（圆形为相互垂直的两直径端点）应各布置一个钻孔。

3 特大沉井（箱）可根据具体情况增加钻孔。

4 钻孔底标高应深于沉井的终沉标高。

5 每座沉井（箱）应有一个钻孔提供土的各项物理力学指标、地下水位和地下水含量资料。

7.7.2 沉井（箱）的施工应由具有专业施工经验的单位承担。

7.7.3 沉井制作时，承垫木或砂垫层的采用，与沉井的结构情况、地质条件、制作高度等有关。无论采用何种形式，均应有沉井制作时的稳定计算及措施。

7.7.4 多次制作和下沉的沉井（箱），在每次制作接高时，应对下卧层作稳定复核计算，并确定确保沉井接高的稳定措施。

7.7.5 沉井采用排水封底，应确保终沉时，井内不发生管涌、涌土及沉井止沉稳定。如不能保证时，应采用水下封底。

7.7.6 沉井施工除应符合本规范规定外，尚应符合现行国家标准《混凝土结构工程施工质量验收规范》GB 50204 及《地下防水工程质量验收规范》GB 50208 的规定。

7.7.7 沉井（箱）在施工前应对钢筋、电焊条及焊接成形的钢筋半成品进行检验。如不用商品混凝土，则应对现场的水泥、骨料做检验。

7.7.8 混凝土浇筑前，应对模板尺寸、预埋件位置、模板的密封性进行检验。拆模后应检查浇注质量（外观及强度），符合要求后方可下沉。浮运沉井尚需做起浮可能性检查。下沉过程中应对下沉偏差做过程控制检查。下沉后的接高应对地基强度、沉井的稳定做检查。封底结束后，应对底板的结构（有无裂缝）及渗漏做检查。有关渗漏验收标准应符合现行国家标准《地下防水工程质量验收规范》GB 50208 的规定。

7.7.9 沉井（箱）破工后的验收应包括沉井（箱）的平面位置、终端标高、结构完整性、渗水等进行综合检查。

7.7.10 沉井（箱）的质量检验标准应符合表 7.7.10 的要求。

表 7.7.10 沉井（箱）的质量检验标准

项	序	检查项目	允许偏差或允许值		检查方法
			单位	数值	
主控项目	1	混凝土强度	满足设计要求（下沉前必须达到 70%设计强度）		查试件记录或抽样送检
	2	封底前,沉井（箱）的下沉稳定	mm/8h	＜10	水准仪
	3	封底结束后的位置： 刃脚平均标高（与设计标高比）	mm	＜100	水准仪
		刃脚平面中心线位移		＜1%H	经纬仪,H 为下沉总深度,$H<$ 10m 时,控制在 100mm 之内
		四角中任何两角的底面高差		＜1%L	水准仪,L 为两角的距离,但不超过 300mm,$L<$10m 时,控制在 100mm 之内

续表 7.7.10

项	序	检查项目	允许偏差或允许值		检查方法
			单位	数值	
一般项目	1	钢材、对接钢筋、水泥、骨料等原材料检查	符合设计要求		查出厂质保书或抽样送检
	2	结构体外观	无裂缝,无风窝,空洞,不露筋		直观
	3	平面尺寸:长与宽 曲线部分半径 两对角线差 预埋件	% % % mm	±0.5 ±0.5 1.0 20	用钢尺量,最大控制在100mm之内 用钢尺量,最大控制在50mm之内 用钢尺量 用钢尺量
	4	下沉过程中的偏差 — 高差	%	1.5~2.0	水准仪,但最大不超过1m
		下沉过程中的偏差 — 平面轴线		<1.5%H	经纬仪,H为下沉深度,最大应控制在300mm内,此数值不包括高差引起的中线位移
	5	封底混凝土坍落度	cm	18~22	坍落度测定器

注:主控项目3的三项偏差可同时存在,下沉总深度,系指下沉前后刃脚之高差。

(3) 验收说明

1) 施工依据:相应的专业施工规范,操作规程,并制订专项施工方案或技术交底资料。

2) 验收依据:《建筑地基基础工程施工质量验收规范》GB 50202—2002,相应的现场质量验收检查原始记录。

3) 注意事项:

① 主控项目的质量经抽样检验均应合格;

② 一般项目的质量经抽样检验合格。当采用计数抽样时,合格点率应符合有关专业验收规范的规定,且不得存在严重缺陷;

③ 具有完整的施工操作依据、质量验收记录;

④ 本检验批的主控项目、一般项目已列入推荐表中,有关具体内容及检查方法见(2)条文摘录;

⑤ 黑体字的条文为强制性条文,必须严格执行,要制订控制措施。

第四节 基坑支护子分部工程检验批质量验收记录

一、基坑支护子分部工程质量验收一般规定

7.1.1 在基坑(槽)或管沟工程等开挖施工中,现场不宜进行放坡开挖,当可能对邻近建(构)筑物、地下管线、永久性道路产生危害时,应对基坑(槽)、管沟进行支护后再开挖。

7.1.2 基坑（槽）、管沟开挖前应做好下述工作：

1. 基坑（槽）、管沟开挖前，应根据支护结构形式、挖深、地质条件、施工方法、周围环境、工期、气候和地面载荷等资料制定施工方案、环境保护措施、监测方案，经审批后方可施工。

2. 土方工程施工前，应对降水、排水措施进行设计，系统应经检查和试运转，一切正常时方可开始施工。

3. 有关围护结构的施工质量验收可按本规范第 4 章、第 5 章及本章 7.2、7.3、7.4、7.6、7.7 的规定执行，验收合格后方可进行土方开挖。

7.1.3 土方开挖的顺序、方法必须与设计工况相一致，并遵循"开槽支撑，先撑后挖，分层开挖，严禁超挖"的原则。

7.1.4 基坑（槽）管沟的挖土应分层进行。在施工过程中基坑（槽）、管沟边堆置土方不应超过设计荷载，挖方时不应碰撞或损伤支护结构、降水设施。

7.1.5 基坑（槽）、管沟土方施工中应对支护结构、周围环境进行观察和监测，如出现异常情况应及时处理，待恢复正常后方可继续施工。

7.1.6 基坑（槽）、管沟开挖至设计标高后，应对坑底进行保护，经验槽合格后，方可进行垫层施工。对特大型基坑，宜分区分块挖至设计标高，分区分块及时浇筑垫层。必要时，可加强垫层。

7.1.7 基坑（槽）、管沟土方工程验收必须确保支护结构安全和周围环境安全为前提。当设计有指标时，以设计要求为依据，如无设计指标时应按表 7.1.7 的规定执行。

表 7.1.7 基坑变形的监控值（mm）

基坑类别	围护结构墙顶位移监控值	围护结构墙体最大位移监控值	地面最大沉降监控值
一级基坑	3	5	3
二级基坑	6	8	6
三级基坑	8	10	10

注：1. 符合下列情况之一，为一级基坑：
　　1）重要工程或支护结构做主体结构的一部分；
　　2）开挖深度大于 10m；
　　3）与临近建筑物、重要设施的距离在开挖深度以内的基坑；
　　4）基坑范围内有历史文物、近代优秀建筑、重要管线等需严加保护的基坑。
　　2. 三级基坑为开挖深度小于 7m，且周围环境无特别要求时的基坑。
　　3. 除一级和三级外的基坑属二级基坑。
　　4. 当周围已有的设施有特殊要求时，尚应符合这些要求。

二、基坑支护子分部工程检验批质量验收记录

1. 灌注桩排桩围护墙的钢筋笼检验批质量验收记录 01030101 见 01020801

2. 混凝土灌注桩排桩围护墙检验批质量验收记录 01030102 见 01020802

3. 重复使用钢板桩围护墙检验批质量验收记录

（1）推荐表格

重复使用钢板桩围护墙检验批质量验收记录 01030201 ___

单位(子单位) 工程名称			分部(子分部) 工程名称		分项工程名称	
施工单位			项目负责人		检验批容量	
分包单位			分包单位项 目负责人		检验批部位	
施工依据			验收依据		《建筑地基基础工程施工质量验收规范》 GB 50202—2002	

验收项目			设计要求及 规范规定	最小/实际 抽样数量	检查记录	检查结果
主控 项目	1	桩垂直度(%)	<1 (L=___ mm)			
	2	桩身弯曲度(%)	<2 (L=___ mm)			
	3	齿槽平直度及光滑度	无电焊渣或毛刺			
	4	桩长度	不小于设计长度 (L=___ mm)			
施工单位 检查结果			专业工长: 项目专业质量检查员: 年 月 日			
监理单位 验收结论			专业监理工程师: 年 月 日			

(2) 验收内容及检查方法条文摘录

7.2.1 排桩墙支护结构包括灌注桩、预制桩、板桩等类型桩构成的支护结构。

7.2.2 灌注桩、预制桩的检验标准应符合本规范第 5 章的规定。钢板桩均为工厂成品,新桩可按出厂标准检验,重复使用的钢板桩应符合表 7.2.2-1 的规定,混凝土板桩应符合表 7.2.2-2 的规定。

表 7.2.2-1 重复使用的钢板桩检验标准

序	检查项目	允许偏差或允许值		检查方法
		单位	数值	
1	桩垂直度	%	<1	用钢尺量
2	桩身弯曲度		<2%l	用钢尺量,l 为桩长
3	齿槽平直度及光滑度	无电焊渣或毛刺		用1m 长的桩端做通过试验
4	桩长度	不小于设计长度		用钢尺量

表 7.2.2-2　混凝土板桩制作标准

| 项 | 序 | 检查项目 | 允许偏差或允许值 | | 检查方法 |
			单位	数值	
主控项目	1	桩长度	mm	+100	用钢尺量
	2	桩身弯曲度		<0.1%l	用钢尺量，l 为桩长
一般项目	1	保护层厚度	mm	±5	用钢尺量
	2	模截面相对两面之差	mm	5	用钢尺量
	3	桩尖对桩轴线的位移	mm	10	用钢尺量
	4	桩厚度	mm	+100	用钢尺量
	5	凹凸槽尺寸	mm	±3	用钢尺量

7.2.3　排桩墙支护的基坑，开挖后应及时支护，每一道支撑施工应确保基坑变形在设计要求的控制范围内。

7.2.4　在含水地层范围内的排桩墙支护基坑，应有确实可靠的止水措施，确保基坑施工及邻近构筑物的安全。

(3) 验收说明

1) 施工依据：相应的专业施工规范，操作规程，并制订专项施工方案或技术交底资料。

2) 验收依据：《建筑地基基础工程施工质量验收规范》GB 50202—2002，相应的现场质量验收检查原始记录。

3) 注意事项：

① 主控项目的质量经抽样检验均应合格；

② 一般项目的质量经抽样检验合格。当采用计数抽样时，合格点率应符合有关专业验收规范的规定，且不得存在严重缺陷；

③ 具有完整的施工操作依据、质量验收记录；

④ 本检验批的主控项目、一般项目已列入推荐表中，有关具体内容及检查方法见(2) 条文摘录；

⑤ 黑体字的条文为强制性条文，必须严格执行，要制订控制措施。

4. 混凝土板桩围护墙检验批质量验收记录

(1) 推荐表格

混凝土板桩围护墙检验批质量验收记录

01030202＿＿＿

单位(子单位) 工程名称			分部(子分部)工程名称		分项工程名称	
施工单位			项目负责人		检验批容量	
分包单位			分包单位项目负责人		检验批部位	
施工依据				验收依据	《建筑地基基础工程施工质量验收规范》 GB 50202—2002	

验收项目			设计要求及 规范规定	最小/实际 抽样数量	检查记录	检查结果
主控 项目	1	桩长度	$+10mm$ $-0mm$			
	2	桩身弯曲度	$<0.1\%Lmm$ $(L=\_\_\_mm)$			
一般项目	1	保护层厚度	$\pm5mm$			
	2	横截面相对两面之差	$5mm$			
	3	桩尖对桩轴线的位移	$10mm$			
	4	桩厚度	$+10mm,0mm$			
	5	凹凸槽尺寸	$\pm3mm$			
施工单位 检查结果				专业工长： 项目专业质量检查员： 年　月　日		
监理单位 验收结论				专业监理工程师： 年　月　日		

（2）验收内容及检查方法条文摘录

见《重复使用钢板桩排桩墙检验批质量验收记录》表格质量验收及相关条文摘录。

（3）验收说明

1）施工依据：相应的专业施工规范，操作规程，并制订专项施工方案或技术交底资料。

2）验收依据：《建筑地基基础工程施工质量验收规范》GB 50202—2002，相应的现场质量验收检查原始记录。

3）注意事项：

① 主控项目的质量经抽样检验均应合格；

② 一般项目的质量经抽样检验合格。当采用计数抽样时，合格点率应符合有关专业验收规范的规定，且不得存在严重缺陷；

③ 具有完整的施工操作依据、质量验收记录；

141

④ 本检验批的主控项目、一般项目已列入推荐表中，有关具体内容及检查方法按见

（2）条文摘录；

⑤ 黑体字的条文为强制性条文，必须严格执行，要制订控制措施。

5. 咬合桩围护墙（暂无检验批表格）

6. 型钢水泥土搅拌墙（暂无检验批表格）

7. 土钉墙检验批质量验收记录

（1）推荐表格

土钉墙检验批质量验收记录

01030501 ____

单位(子单位) 工程名称				分部(子分部) 工程名称			分项工程名称		
施工单位				项目负责人			检验批容量		
分包单位				分包单位项目 负责人			检验批部位		
施工依据				验收依据		《建筑地基基础工程施工质量验收规范》 GB 50202—2002			
验收项目				设计要求及 规范规定		最小/实际 抽样数量	检查记录	检查结果	
主控 项目	1	锚杆土钉长度		±30mm					
	2	锚杆锁定力		设计要求					
一般 项目	1	锚杆或土钉位置		±100mm					
	2	钻孔倾斜度		±1°					
	3	浆体强度		设计要求 C____					
	4	注浆量		>1					
	5	土钉墙面厚度		±10mm					
	6	墙体强度		设计要求 C____					
施工单位 检查结果		专业工长： 项目专业质量检查员： 年　月　日							
监理单位 验收结论		专业监理工程师： 年　月　日							

（2）验收内容及检查方法条文摘录

7.4.1 锚杆及土钉墙支护工程施工前应熟悉地质资料、设计图纸及周围环境，降水系统应确保正常工作，必须的施工设备如挖掘机、钻机、压浆泵、搅拌机等应能正常运转。

7.4.2 一般情况下，应遵循分段开挖、分段支护的原则，不宜按一次挖就再行支护的方式施工。

7.4.3 施工中应对锚杆或土钉位置，钻孔直径、深度及角度，锚杆或土钉插入长度，注浆配比压力及注浆量、喷锚墙面厚度及强度、锚杆或土钉应力等进行检查。

7.4.4 每段支护体施工完后，应检查坡顶或坡面位移，坡顶沉降及周围环境变化，如有异常情况应采取措施，恢复正常后方可继续施工。

7.4.5 锚杆及土打墙支护工程质量检验应符合表7.4.5的规定。

表7.4.5 锚杆及土钉墙支护工程质量检验标准

项	序	检查项目	允许偏差或允许值		检查方法
			单位	数值	
主控项目	1	锚杆土钉长度	mm	±30	用钢尺量
	2	锚杆锁定力	设计要求		现场实测
一般项目	1	锚杆或土钉位置	mm	±100	用钢尺量
	2	钻孔倾斜度	°	±1	测钻机倾角
	3	浆体强度	设计要求		试样送检
	4	注浆量	大于理论计算浆量		检查计量数据
	5	土钉墙面厚度	mm	±10	用钢尺量
	6	墙体强度	设计要求		试样送检

（3）验收说明

1）施工依据：相应的专业施工规范，操作规程，并制订专项施工方案或技术交底资料。

2）验收依据：《建筑地基基础工程施工质量验收规范》GB 50202—2002，相应的现场质量验收检查原始记录。

3）注意事项：

① 主控项目的质量经抽样检验均应合格；

② 一般项目的质量经抽样检验合格。当采用计数抽样时，合格点率应符合有关专业验收规范的规定，且不得存在严重缺陷；

③ 具有完整的施工操作依据、质量验收记录；

④ 本检验批的主控项目、一般项目已列入推荐表中，有关具体内容及检查方法见（2）条文摘录；

⑤ 黑体字的条文为强制性条文，必须严格执行，要制订控制措施。

8. 地下连续墙检验批质量验收记录

（1）推荐表格

单位(子单位) 工程名称			分部(子分部) 工程名称		分项工程名称		
施工单位			项目负责人		检验批容量		
分包单位			分包单位项目 负责人		检验批部位		
施工依据				验收依据	《建筑地基基础工程施工质量验收规范》 GB 50202—2002		
验收项目				设计要求及 规范规定	最小/实际 抽样数量	检查记录	检查结果
主控 项目	1	墙体强度		设计要求 C＿＿＿	/		
	2	垂直度	永久结构	1/300	/		
			临时结构	1/150	/		
一般 项目	1	导墙 尺寸	宽度	$W+40mm$ $(W=$＿＿$mm)$	/		
			墙面平整度	＜5mm	/		
			导墙平面位置	±10mm	/		
	2	沉渣 厚度	永久结构	≤100mm	/		
			临时结构	≤200mm	/		
	3	槽深		＋100mm	/		
	4	混凝土坍落度		180～220mm	/		
	5	钢筋笼尺寸		见验收表 （Ⅰ）(010405)	/		
	6	地下墙 表面平 整度	永久结构	＜100mm	/		
			临时结构	＜150mm	/		
			插入式结构	＜20mm	/		
	7	永久结 构时的 预埋件 位置	水平向	≤10mm	/		
			垂直向	≤20mm	/		
施工单位 检查结果				专业工长： 项目专业质量检查员： 年 月 日			
监理单位 验收结论				专业监理工程师： 年 月 日			

（2）验收内容及检查方法条文摘录

见《重复使用钢板桩排桩墙检验批质量验收记录》表格质量验收及相关条文摘录。

7.6.1 地下连续墙均应设置导墙，导墙形式有预制及现浇两种，现浇导墙形状有"L"型或倒"L"型，可根据不同土质选用。

7.6.2 地下墙施工前宜先试成槽，以检验泥浆的配比、成槽机的选型并可复核地质资料。

7.6.3 作为永久结构的地下连续墙，其抗渗质量标准可按现行国家标准《地下防水工程质量验收规范》GB 50208 执行。

7.6.4 地下墙槽段间的连接接头形式，应根据地下墙的使用要求选用，且应考虑单位的经验，无论选用何种接头，在浇筑混凝土前，接头处必须刷洗干净，不留任何泥砂或污物。

7.6.5 地下墙与地下室结构顶板、楼板、底板及梁之间连接可预埋钢筋或接驳器（锥螺纹或直螺纹），对接驳器也应按原材料检验要求，抽样复验。数量每 500 套为一个检验批，每批应抽查 3 件，复验内容为外观、尺寸、抗拉试验等。

7.6.6 施工前应检验进场的钢材、电焊条。已完工的导墙应检查其净空尺寸，墙面平整度与垂直度。检查泥浆用的仪器、泥浆循环系统应完好。地下连续墙应用商品混凝土。

7.6.7 施工中应检查成槽的垂直度、槽底的淤积物厚度、泥浆比重、钢筋笼尺寸、浇筑导管位置、混凝土上升速度、浇筑面标高、地下墙连接面的清洗程度、商品混凝土的坍落度、锁口管或接头箱的拔出时间及速度等。

7.6.8 成槽结束后应对成槽的宽度、深度及倾斜度进行检验，重要结构每段槽段都应检查，一般结构可抽查总槽段数的 20%，每槽段应抽查 1 个段面。

7.6.9 永久性结构的地下墙，在钢筋笼沉放后，应做二次清孔，沉渣厚度应符合要求。

7.6.10 每 50m³ 地下墙应做 1 组试件，每幅槽段不得少于 1 组，在强度满足设计要求后方可开挖土方。

7.6.11 作为永久性结构的地下连续墙，土方开挖后应进行逐段检查，钢筋混凝土底板也应符合现行国家标准《混凝土结构工程施工质量验收规范》GB 50204 的规定。

7.6.12 地下墙的钢筋笼检验标准应符合本规范表 5.6.4-1 的规定。其他标准应符合表 7.6.12 的规定。

表 7.6.12 地下墙质量检验标准

项	序	检查项目		允许偏差或允许值		检查方法
				单位	数值	
主控项目	1	墙体强度		设计要求		查试件记录或取芯试压
	2	垂直度：永久结构 临时结构			1/300 1/150	测声波测槽仪或成槽机上的监测系统
一般项目	1	导墙尺寸	宽度	mm	W+40	用钢尺量，W 为地下墙设计厚度
			墙面平整度	mm	<5	用钢尺量
			导墙平面位置	mm	±10	用钢尺量

续表 7.6.12

项	序	检查项目		允许偏差或允许值		检查方法
				单位	数值	
一般项目	2	沉渣厚度:永久结构 临时结构		mm mm	≤100 ≤200	重锤测或沉积物测定仪测
	3	槽深		mm	+100	重锤测
	4	混凝土坍落度		mm	180～220	坍落度测定器
	5	钢筋笼尺寸		见本规范表 5.6.4-1		见本规范表 5.6.4-1
	6	地下墙表面平整度	永久结构	mm	<100	此为均匀粘土层,松散及易坍土层由设计决定
			临时结构	mm	<150	
			插入式结构	mm	<20	
	7	永久结构时的预埋件位置	水平向	mm	≤10	用钢尺量
			垂直向	mm	≤20	水准仪

（3）验收说明

1）施工依据：相应的专业施工规范，操作规程，并制订专项施工方案或技术交底资料。

2）验收依据：《建筑地基基础工程施工质量验收规范》GB 50202—2002，相应的现场质量验收检查原始记录。

3）注意事项：

① 主控项目的质量经抽样检验均应合格；

② 一般项目的质量经抽样检验合格。当采用计数抽样时，合格点率应符合有关专业验收规范的规定，且不得存在严重缺陷；

③ 具有完整的施工操作依据、质量验收记录；

④ 本检验批的主控项目、一般项目已列入推荐表中，有关具体内容及检查方法见（2）条文摘录；

⑤ 黑体字的条文为强制性条文，必须严格执行，要制订控制措施。

9. 水泥土重力式挡墙检验批质量验收记录（暂无表格）

10. 钢或混凝土支撑系统检验批质量验收记录

（1）推荐表格

单位(子单位) 工程名称			分部(子分部) 工程名称		分项工程名称	
施工单位			项目负责人		检验批容量	
分包单位			分包单位项目 负责人		检验批部位	
施工依据			验收依据	《建筑地基基础工程施工质量验收规范》 GB 50202—2002		

验收项目				设计要求及 规范规定	最小/实际 抽样数量	检查记录	检查结果
主控 项目	1	支撑 位置	标高	±30mm	/		
			平面	±100mm	/		
	2	预加顶力		±50kN	/		
一般 项目	1	围图标高		±30mm	/		
	2	立柱桩		设计要求	/		
	3	立柱 位置	标高	±30mm	/		
			平面	±50mm	/		
	4	开挖超深(开槽放 支撑不在此范围)		<200mm	/		
	5	支撑安装时间		设计要求	/		
施工单位 检查结果		专业工长： 项目专业质量检查员： 　　　　　　　　年　月　日					
监理单位 验收结论		专业监理工程师： 　　　　　　　　年　月　日					

(2) 验收内容及检查方法条文摘录

见《重复使用钢板桩排桩墙检验批质量验收记录》表格质量验收及相关条文摘录。

7.5.1　支撑系统包括围图及支撑，当支撑较长时（一般超过15m），还包括支撑下的立柱及相应的立柱桩。

7.5.2　施工前应熟悉支撑系统的图纸及各种计算工况，掌握开挖及支撑设置的方式、预顶力及周围环境保护的要求。

7.5.3　施工过程中应严格控制开挖和支撑的程序及时间，对支撑的位置（包括立柱及立柱桩的位置）、每层开挖深度、预加顶力（如需要时）、钢围图与围护体或支撑与围图的密贴度应做周密检查。

7.5.4 全部支撑安装结束后，仍应维持整个系统的正常运转直至支撑全部拆除。

7.5.5 作为永久性结构的支撑系统尚应符合现行国家标准《混凝土结构工程施工质量验收规范》GB 50204 的要求。

7.5.6 钢或混凝土支撑系统工程质量检验标准应符合表 7.5.6 的规定。

表 7.5.6 钢及混凝土支撑系统工程质量检验标准

项	序	检查项目	允许偏差或允许值		检查方法
			单位	数值	
主控项目	1	支撑位置：标高 平面	mm mm	30 100	水准仪 用钢尺量
	2	预加顶力	kN	±50	油泵读数或传感器
一般项目	1	围囹标高	mm	30	水准仪
	2	立柱桩	参见本规范第 5 章		参见本规范第 5 章
	3	立柱位置：标高 平面	mm mm	30 50	水准仪 用钢尺量
	4	开挖超深（开槽放支撑不在此范围）	mm	<200	水准仪
	5	支撑安装时间	设计要求		用钟表估测

（3）验收说明

1）施工依据：相应的专业施工规范，操作规程，并制订专项施工方案或技术交底资料。

2）验收依据：《建筑地基基础工程施工质量验收规范》GB 50202—2002，相应的现场质量验收检查原始记录。

3）注意事项：

① 主控项目的质量经抽样检验均应合格；

② 一般项目的质量经抽样检验合格。当采用计数抽样时，合格点率应符合有关专业验收规范的规定，且不得存在严重缺陷；

③ 具有完整的施工操作依据、质量验收记录；

④ 本检验批的主控项目、一般项目已列入推荐表中，有关具体内容及检查方法见（2）条文摘录；

⑤ 黑体字的条文为强制性条文，必须严格执行，要制订控制措施。

11. 锚杆检验批质量验收记录

（1）推荐表格

锚杆检验批质量验收记录

01030901 ____

单位(子单位) 工程名称			分部(子分部) 工程名称		分项工程名称		
施工单位			项目负责人		检验批容量		
分包单位			分包单位项目 负责人		检验批部位		
施工依据				验收依据	《建筑地基基础工程施工质量验收规范》 GB 50202—2002		

		验收项目	设计要求及 规范规定	最小/实际 抽样数量	检查记录	检查结果
主控 项目	1	锚杆土钉长度	±30mm	/		
	2	锚杆锁定力	设计要求	/		
一般项目	1	锚杆或土钉位置	±100mm	/		
	2	钻孔倾斜度	±1°	/		
	3	浆体强度	设计要求 C____	/		
	4	注浆量	大于计算量	/		
	5	土钉墙面厚度	±10mm	/		
	6	墙体强度	设计要求 C____	/		
施工单位 检查结果			专业工长： 项目专业质量检查员： 　　　　　年　月　日			
监理单位 验收结论			专业监理工程师： 　　　　　年　月　日			

(2)验收内容及检查方法条文摘录

见《重复使用钢板桩排桩墙检验批质量验收记录》表格质量验收及相关条文摘录。

7.4.1 锚杆及土钉墙支护工程施工前应熟悉地质资料、设计图纸及周围环境，降水系统应确保正常工作，必须的施工设备如挖掘机、钻机、压浆泵、搅拌机等应能正常运转。

7.4.2 一般情况下，应遵循分段开挖、分段支护的原则，不宜按一次挖就再行支护的方式施工。

7.4.3 施工中应对锚杆或土钉位置，钻孔直径、深度及角度，锚杆或土钉插入长度，注浆配比、压力及注浆量，喷锚墙面厚度及强度、锚杆或土钉应力等进行检查。

7.4.4 每段支护体施工完后，应检查坡顶或坡面位移，坡顶沉降及周围环境变化，如有异常情况应采取措施，恢复正常后方可继续施工。

7.4.5 锚杆及土钉墙支护工程质量检验应符合表7.4.5的规定。

表 7.4.5　锚杆及土钉墙支护工程质量检验标准

项	序	检查项目	允许偏差或允许值		检查方法
			单位	数值	
主控项目	1	锚杆土钉长度	mm	±30	用钢尺量
	2	锚杆锁定力	设计要求		现场实测
一般项目	1	锚杆或土钉位置	mm	±100	用钢尺量
	2	钻孔倾斜度	°	±1	测钻机倾角
	3	浆体强度	设计要求		试样送检
	4	注浆量	大于理论计算浆量		检查计量数据
	5	土钉墙面厚度	mm	±10	用钢尺量
	6	墙体强度	设计要求		试样送检

(3) 验收说明

1) 施工依据：相应的专业施工规范，操作规程，并制订专项施工方案或技术交底资料。

2) 验收依据：《建筑地基基础工程施工质量验收规范》GB 50202—2002，相应的现场质量验收检查原始记录。

3) 注意事项：

① 主控项目的质量经抽样检验均应合格；

② 一般项目的质量经抽样检验合格。当采用计数抽样时，合格点率应符合有关专业验收规范的规定，且不得存在严重缺陷；

③ 具有完整的施工操作依据、质量验收记录；

④ 本检验批的主控项目、一般项目已列入推荐表中，有关具体内容及检查方法见（2）条文摘录；

⑤ 黑体字的条文为强制性条文，必须严格执行，要制订控制措施。

12. 与主体结构相结合的基坑支护（暂无表格）

第五节　地下水控制子分部工程检验批质量验收记录

1. 降水与排水检验批质量验收记录

(1) 推荐表格

降水与排水检验批质量验收记录 01040101 ____

单位(子单位) 工程名称			分部(子分部) 工程名称		分项工程名称	
施工单位			项目负责人		检验批容量	
分包单位			分包单位项目 负责人		检验批部位	
施工依据				验收依据	《建筑地基基础工程施工质量验收规范》 GB 50202—2002	

验收项目			设计要求及 规范规定	最小/实际 抽样数量	检查记录	检查结果
一般项目	1	排水沟坡度	1‰～2‰	/		
	2	井管(点)垂直度	1%	/		
	3	井管(点)间距(与设计相比)	≤150%	/		
	4	井管(点)插入深度 (与设计相比)	≤200mm	/		
	5	过滤砂砾料填灌 (与计算值相比)	≤5mm	/		
	6	井点真 空度	轻型井点	>60kPa	/		
	7		喷射井点	>93kPa	/		
	8	电渗井点 阴阳极 距离	轻型井点	80～100mm	/		
	9		喷射井点	120～150mm	/		

施工单位 检查结果	专业工长： 项目专业质量检查员： 年　月　日
监理单位 验收结论	专业监理工程师： 年　月　日

(2) 验收内容及检查方法条文摘录

见《重复使用钢板桩排桩墙检验批质量验收记录》表格质量验收及相关条文摘录。

7.8.1　降水与排水是配合基坑开挖的安全措施，施工前应有降水与排水设计。当在基坑外降水时，应有降水范围的估算，对重要建筑物或公共设施在降水过程中应监测。

7.8.2　对不同的土质应用不同的降水形式，表7.8.2为常用的降水形式。

表 7.8.2 降水类型及适用条件

使用条件降水类型	渗透系数(cm/s)	可能降低的水位深度(m)
轻型井点 多级轻型井点	$10^{-2} \sim 10^{-5}$	3~6 6~12
喷射井点	$10^{-3} \sim 10^{-6}$	8~20
电渗井点	$<10^{-6}$	宜配合其他形式降水使用
深井井管	$\geqslant 10^{-5}$	>10

7.8.3 降水系统施工完后,应试运转,如发现井管失效,应采取措施使其恢复正常,如无可能恢复则应报废,另行设置新的井管。

7.8.4 降水系统运转过程中应随时检查观测孔中的水位。

7.8.5 基坑内明排水应设置排水沟及集水井,排水沟纵坡宜控制在 1‰~2‰。

7.8.6 降水与排水施工的质量检验标准应符合表 7.8.6 的规定。

表 7.8.6 降水与排水施工质量检验标准

序	检查项目	允许值或允许偏差		检查方法
		单位	数值	
1	排水沟坡度	‰	1~2	目测:坑内不积水,沟内排水畅通
2	井管(点)垂直度	%	1	插管时目测
3	井管(点)间距(与设计相比)	%	≤150	用钢尺量
4	井管(点)插入深度(与设计值相比)	mm	≤200	水准仪
5	过滤砂砾料填灌(与计算值相比)	mm	≤5	检查回填料用量
6	井点真空度:轻型井点 喷射井点	kPa kPa	>60 >93	真空度表 真空度表
7	电渗井点阴阳极距离:轻型井点 喷射井点	mm mm	80~100 120~150	用钢尺量 用钢尺量

(3) 验收说明

1) 施工依据:相应的专业施工规范,操作规程,并制订专项施工方案或技术交底资料。

2) 验收依据:《建筑地基基础工程施工质量验收规范》GB 50202—2002,相应的现场质量验收检查原始记录。

3) 注意事项:

① 主控项目的质量经抽样检验均应合格;

② 一般项目的质量经抽样检验合格。当采用计数抽样时,合格点率应符合有关专业验收规范的规定,且不得存在严重缺陷;

③ 具有完整的施工操作依据、质量验收记录;

④ 本检验批的主控项目、一般项目已列入推荐表中,有关具体内容及检查方法见(2)条文摘录;

⑤ 黑体字的条文为强制性条文,必须严格执行,要制订控制措施。

2. 回灌检验批质量验收记录（暂无表格）

第六节　土方子分部工程检验批质量验收记录

1. 土方开挖检验批质量验收记录

（1）推荐表格

土方开挖检验批质量验收记录　　01050101____

单位(子单位)工程名称			分部(子分部)工程名称			分项工程名称		
施工单位			项目负责人			检验批容量		
分包单位			分包单位项目负责人			检验批部位		
施工依据				验收依据		《建筑地基基础工程施工质量验收规范》GB 50202—2002		
验收项目			设计要求及规范规定			最小/实际抽样数量	检查记录	检查结果
主控项目	1	标高(mm)	桩基基坑基槽		−50	/		
			场地平整	人工	±30	/		
				机械	±50	/		
			管沟		−50	/		
			地(路)面基础层		−50	/		
	2	长度、宽度(由设计中心线向两边量)(mm)	桩基基坑基槽		+200 −50	/		
			场地平整	人工	+300 −100	/		
				机械	+500 −150	/		
			管沟		+100	/		
	3	边坡	设计要求			/		
一般项目	1	表面平整度(mm)	桩基基坑基槽		20	/		
			场地平整	人工	20	/		
				机械	50	/		
			管沟		20	/		
	2	基底土性	地(路)面基础层		20	/		
			设计要求			/		
施工单位检查结果		专业工长： 项目专业质量检查员： 年　月　日						
监理单位验收结论		专业监理工程师： 年　月　日						

(2) 验收内容及检查方法条文摘录

一 般 规 定

6.1.1 土方工程施工前应进行挖、填方的平衡计算，综合考虑土方运距最短、运程合理和各个工程项目的合理施工程序等，做好土方平衡调配，减少重复挖运。土方平衡调配应尽可能与城市规划和农田水利相结合将余土一次性运到指定弃土场，做到文明施工。

6.1.2 当土方工程挖方较深时，施工单位应采取措施，防止基坑底部土的隆起并避免危害周边环境。

6.1.3 在挖方前，应做好地面排水和降低地下水位工作。

6.1.4 平整场地的表面坡度应符合设计要求，如设计无要求时，排水沟方向的坡度不应小于2‰。平整后的场地表面应逐点检查。检查点为每100~400m² 取1点，但不应少于10点；长度、宽度和边坡均为每20m取1点，每边不应少于1点。

6.1.5 土方工程施工，应经常测量和校核其平面位置、水平标高和边坡坡度。平面控制桩和水控制点应采取可靠的保护措施，定期复测和检查。土方不应堆在基坑边缘。

6.1.6 对雨季和冬季施工还应遵守国家现行有关标准。

6.2.1 土方开挖前应检查定位放线、排水和降低地下水位系统，合理安排土方运输车的行走路线及弃土场。

6.2.2 施工过程中应检查平面位置、水平标高、边坡坡度、压实度、排水、降低地下水位系统，并随时观测周围的环境变化。

6.2.3 临时性挖方的边坡值应符合表6.2.3的规定。

表 6.2.3 临时性挖方边坡值

土的类别		边坡值（高：宽）
砂土（不包括细砂、粉砂）		1：1.25~1：1.50
一般性粘土	硬	1：0.75~1：1.00
	硬、塑	1：1.00~1：1.25
	软	1：1.50 或更缓
碎石类土	充填坚硬、硬塑粘性土	1：0.50~1：1.00
	充填砂土	1：1.00~1：1.50

注：1. 设计有要求时，应符合设计标准。
    2. 如采用降水或其他加固措施，可不受本表限制，但应计算复核。
    3. 开挖深度，对软土不应超过4m，对硬土不应超过8m。

6.2.4 土方开挖工程的质量检验标准应符合表6.2.4的规定。

表 6.2.4 土方开挖工程的质量检验标准 （mm）

项目	序	项目	允许偏差或允许值					检验方法
			柱基基坑基槽	挖方场地平整		管沟	地（路）面基层	
				人工	机械			
主控项目	1	标高	−50	±30	±50	−50	−50	水准仪
	2	长度、宽度（由设计中心线向两边量）	+200 −50	+300 −100	+500 −150	+100	—	经纬仪，用钢尺量

154

续表 6.2.4

| 项 | 序 | 项目 | 允许偏差或允许值 | | | | | 检验方法 |
| | | | 柱基基坑基槽 | 挖方场地平整 | | 管沟 | 地(路)面基层 | |
				人工	机械			
主控项目	3	边坡	设计要求					观察或用坡度尺检查
一般项目	1	表面平整度	20	20	50	20	20	用2m靠尺和楔形塞尺检查
	2	基底土性	设计要求					观察或土样分析

注：地(路)面基层的偏差只适用于直接在挖、填方上做地(路)面的基层。

（3）验收说明

1）施工依据：相应的专业施工规范，操作规程，并制订专项施工方案或技术交底资料。

2）验收依据：《建筑地基基础工程施工质量验收规范》GB 50202—2002，相应的现场质量验收检查原始记录。

3）注意事项：

① 主控项目的质量经抽样检验均应合格；

② 一般项目的质量经抽样检验合格。当采用计数抽样时，合格点率应符合有关专业验收规范的规定，且不得存在严重缺陷；

③ 具有完整的施工操作依据、质量验收记录；

④ 本检验批的主控项目、一般项目已列入推荐表中，有关具体内容及检查方法见（2）条文摘录。

2. 土方回填检验批质量验收记录

（1）推荐表格

土方回填检验批质量验收记录　　01050201 ____

单位(子单位)工程名称			分部(子分部)工程名称			分项工程名称		
施工单位			项目负责人			检验批容量		
分包单位			分包单位项目负责人			检验批部位		
施工依据			验收依据		《建筑地基基础工程施工质量验收规范》GB 50202—2002			
		验收项目		设计要求及规范规定		最小/实际抽样数量	检查记录	检查结果
主控项目	1	标高(mm)	桩基基坑基槽		−50	/		
			场地平整	人工	±30	/		
				机械	±50	/		
			管沟		−50	/		
			地(路)面基础层		−50	/		

155

验收项目				设计要求及规范规定	最小/实际抽样数量	检查记录	检查结果
主控项目	2	分层压实系数		设计要求	/		
一般项目	1	回填涂料		设计要求	/		
	2	分层厚度及含水量		设计要求	/		
	3	表面平整度（mm）	桩基基坑基槽		20	/	
			场地平整 人工		20	/	
			场地平整 机械		30	/	
			管沟		20	/	
			地(路)面基础层		20	/	

施工单位检查结果	专业工长： 项目专业质量检查员： 年　月　日
监理单位验收结论	专业监理工程师： 年　月　日

(2) 验收内容及检查方法条文摘录

见《土方开挖检验批质量验收记录》表格质量验收及相关条文摘录。

6.3.1 土方回填前应清除基底的垃圾、树根等杂物，抽除坑穴积水、淤泥，验收基底标高。如在耕植土或松土上填方，应在基底压实后再进行。

6.3.2 对填方土料应按设计要求验收后方可填入。

6.3.3 填方施工过程中应检查排水措施，每层填筑厚度、含水量控制、压实程度。填筑厚度及压实遍数应根据土质，压实系数及所用机具确定。如无试验依据，应符合表6.3.3的规定。

表6.3.3 填土施工时的分层厚度及压实遍数

压实机具	分层厚度（mm）	每层压实遍数
平碾	250～300	6～8
振动压实机	250～350	3～4
柴油打夯机	200～250	3～4
人工打夯	<200	3～4

6.3.4 填方施工结束后，应检查标高、边坡坡度、压实程度等，检验标准应符合表6.3.4的规定。

156

表 6.3.4　填土工程质量检验标准（mm）

项	序	项目	允许偏差或允许值					检验方法
			柱基基坑基槽	场地平整		管沟	地（路）面基层	
				人工	机械			
主控项目	1	标高	−50	±30	±50	−50	−50	水准仪
	2	分层压实系数	设计要求					按规定方法
一般项目	1	回填土料	设计要求					取样检查或直观鉴别
	2	分层厚度及含水量	设计要求					水准仪及抽样检查
	3	表面平整度	20	20	30	20	20	用靠尺或水准仪

(3) 验收说明

1）施工依据：相应的专业施工规范，操作规程，并制订专项施工方案或技术交底资料。

2）验收依据：《建筑地基基础工程施工质量验收规范》GB 50202—2002，相应的现场质量验收检查原始记录。

3）注意事项：

① 主控项目的质量经抽样检验均应合格；

② 一般项目的质量经抽样检验合格。当采用计数抽样时，合格点率应符合有关专业验收规范的规定，且不得存在严重缺陷；

③ 具有完整的施工操作依据、质量验收记录；

④ 本检验批的主控项目、一般项目已列入推荐表中，有关具体内容及检查方法见（2）条文摘录。

3. 场地平整检验批质量验收（暂无表格）

第七节　边坡子分部工程检验批质量验收记录

1. 喷锚支护检验批质量验收记录（暂无表格）

2. 挡土墙检验批质量验收记录（暂无表格）

3. 边坡开挖检验批质量验收记录（暂无表格）

第八节　地下防水子分部工程检验批质量验收记录

一、地下防水子分部工程质量验收规定

《地下防水工程质量验收规范》GB 50208—2011

1. 地下防水子分部工程质量验收规定

9.0.1　地下防水工程子分部工程质量验收的程序和组织，应符合现行国家标准《建筑工程质量验收统一标准》GB 50300 的有关规定。

9.0.2　检验批的合格制定应符合下列规定：

（1）主动项目的质量经抽样检验全部合格；

（2）一般项目的质量经抽样检验 80％以上检测点合格，其余不得有影响使用功能的缺陷；对由允许偏差的检验项目，其最大偏差不得超过本规范规定允许偏差的 1.5 倍；

（3）施工具有明确的操作依据和完整的质量检查记录。

9.0.3　分项工程质量验收合格应符合下列规定：

（1）分项工程所含检验批的质量均应验收合格；

（2）分项工程所含检验批的质量验收记录应完整。

9.0.4　子分部工程质量验收合格应符合下列规定：

（1）子分部所含分项工程的质量均应验收合格；

（2）质量控制资料应完整；

（3）地下工程渗漏水检测应符合设计的防水等级标准要求；

（4）观感质量检查应符合要求。

9.0.5　地下防水工程竣工和记录资料应符合表 9.0.5 的规定。

表 9.0.5　地下防水工程竣工和记录资料

序号	项目	竣工和记录资料
1	防水设计	施工图、设计交底记录、图纸会审记录、设计变更通知单和材料代用核定单
2	资质、资格证明	施工单位资质及施工人员上岗证复印证件
3	施工方案	施工方法、技术措施、质量保证措施
4	技术交流	施工操作要求及安全等注意事项
5	材料质量证明	产品合格证、产品性能检测报告、材料进厂检验报告
6	混凝土、砂浆质量证明	试配及施工配合比，混凝土抗压强度、抗渗性能检验报告，砂浆粘接强度、抗渗性能检验报告
7	中间检查记录	施工质量验收记录、隐蔽工程验收记录、施工检查记录
8	检验记录	渗漏水检测记录、观感质量检测记录
9	施工日志	逐日施工情况
10	其他资料	事故处理报告、技术总结

9.0.6　地下防水工程应对下列部位作好隐蔽工程验收记录：

（1）防水层的基层；

（2）防水混凝土结构和防水层被掩盖的部位；

（3）施工缝、变形缝、后浇带等防水构造做法；

（4）管道穿过防水层的封固部位；

（5）渗排水层、盲沟和坑槽；

（6）结构裂缝注浆处理部位；

（7）初砌前围岩渗漏水处理部位；

（8）基坑的超挖和回填。

9.0.7 地下防水工程的观感质量检查应符合下列规定：

（1）防水混凝土应密实，表面应平整，不得有露筋、蜂窝等缺陷；裂缝密度不得大于0.2mm，并不得贯通；

（2）水泥砂浆防水层应密实、平整，粘接牢固，不得有空鼓、裂纹、起砂、麻面等缺陷；

（3）卷材防水层接缝应粘贴牢固，密封严密，防水层不得有损伤、空鼓、折皱等缺陷；

（4）涂料防水层与基层粘接牢固，不得有脱皮、流淌、鼓泡、露胎、折皱等缺陷；

（5）塑料防水板防水层应铺设牢固、平整，搭接焊缝严密，不得有下垂、绷紧破损现象；

（6）金属板防水层焊缝不得有裂纹、未熔合、夹渣、焊瘤、咬边、烧穿、弧坑、针状气孔等缺陷；

（7）施工缝、变形缝、后浇带、穿墙管、埋设件、预留管道接头、桩头、孔口、坑、池等防水构造应符合设计要求；

（8）锚喷支护、地下连续墙、盾构隧道、沉井、逆筑结构等防水构造应符合设计要求；

（9）排水系统不淤积、不堵塞、确保排水畅通；

（10）结构裂缝的注浆效果应符合设计要求。

9.0.8 地下工程出现渗漏水时，应及时进行治理，符合设计的防水等级标准要求后方可验收。

9.0.9 地下防水工程验收后，应填写子分部工程治理验收记录，随同工程验收资料分部由建设单位和施工单位存档。

2. 地下防水子分部工程质量验收基本规定

基本规定是质量验收应了解的一般知识，贯穿于各检验批、分项、子分部工程的质量验收过程中，它不是验收内容，但对做好验收是重要的，在做验收之前应先学习它。

3.0.1 地下工程的防水等级标准应符合表3.0.1的规定。

表 3.0.1 地下工程防水等级标准

防水等级	防 水 标 准
一级	不允许渗水,结构表面无湿渍
二级	不允许漏水,结构表面允许有少量湿渍； 房屋建筑地下工程,总湿渍面积不应大于总防水面积(包括顶板、墙面、地面)的1/1000；任意100m²防水面积上的湿渍不超过2处,单个湿渍的最大面积不大于0.1m²； 其他地下工程:总湿渍面积不应大于总防水面积的2/1000；任意100m²防水面积上的湿渍不超过3处,单个湿渍最大面积不大于0.2m²；其中,隧道工程平均渗水量不大于0.05L/(m²·d),任意100m²防水面积上的渗水量不大于0.15L/(m²·d)
三级	有少量的漏水点,不得有线流和漏泥砂；任意100m²防水面积上的漏水或湿渍点数不超过7处,单个漏水点的最大漏水量不大于2.5L/d,单个湿渍的最大面积不大于0.3m²
四级	有漏水点,不得有线流和漏泥砂；整个工程平均漏水量不大于2L/(m²·d)；任意100m²防水面积上的平均漏水量不大于4L/(m²·d)

3.0.2　明挖法和暗挖法地下工程的防水设防应按表3.0.2-1和表3.0.2-2选用。

表3.0.2-1　明挖法地下工程防水设防

工程部位	主体结构							施工缝						后浇带				变形缝、诱导缝					
防水措施 / 防水等级	防水混凝土	防水卷材	防水涂料	塑料防水板	膨润土防水材料	防水砂浆	金属板	遇水膨胀止水条或止水胶	外贴式止水带	中埋式止水带	外抹防水砂浆	外涂防水涂料	水泥基渗透结晶型防水涂料	补偿收缩混凝土	遇水膨胀止水条或止水胶	外贴式止水带	预埋注浆管	中埋式止水带	外贴式止水带	可卸式止水带	防水密封材料	外贴防水卷材	外涂防水涂料
一级	应选	应选一种至二种						应选二种						应选	应选二种		应选	应选二种					
二级	应选	应选一种						应选一种至二种						应选	应选一种至二种		应选	应选一种至二种					
三级	应选	宜选一种						宜选一种至二种						应选	宜选一种至二种		应选	宜选一种至二种					
四级	宜选	—						宜选一种						应选	宜选一种		应选	宜选一种					

表3.0.2-2　暗挖法地下工程防水设防

工程部位	衬砌结构							内衬砌施工缝						内衬砌变形缝、诱导缝			
防水措施 / 防水等级	防水混凝土	防水卷材	防水涂料	塑料防水板	膨润土防水卷材	防水砂浆	金属板	遇水膨胀止水条或止水胶	外贴式止水带	中埋式止水带	防水密封材料	水泥基渗透结晶型防水涂料	预埋注浆管	中埋式止水带	外贴式止水带	可卸式止水带	防水密封材料
一级	必选	应选一种至二种						应选一种至二种					应选	应选一种至二种			
二级	应选	应选一种						应选一种					应选	应选一种			
三级	宜选	宜选一种						宜选一种					应选	宜选一种			
四级	宜选	宜选一种						宜选一种					应选	宜选一种			

3.0.3　地下防水工程必须由持有资质等级证书的防水专业队伍进行施工，主要施工人员应持有省级及以上建设行政主管部门或其指定单位颁发的执业资格证书或防水专业岗位证书。

3.0.4　地下防水工程施工前，应通过图纸会审，掌握结构主体及细部构造的防水要求，施工单位应编制防水工程专项施工方案，经监理单位或建设单位审查批准后执行。

3.0.5　地下防水工程所使用防水材料的品种、规格、性能等必须符合现行国家或行业产品标准和设计要求。

3.0.6 防水材料必须经具备相应资质的检测单位进行抽样检验，并出具产品性能检测报告。

3.0.7 防水材料的进场验收应符合下列规定：

（1）对材料的外观、品种、规格、包装、尺寸和数量等进行检查验收，并经监理单位或建设单位代表检查确认，形成相应验收记录。

（2）材料的质量证明文件进行检查，并经监理单位或建设单位代表检查确认，纳入工程技术档案。

（3）材料进场后应按相关规定抽样检验，检验应执行见证取样送检制度，并出具材料进场检验报告。

（4）材料的物理性能检验项目全部指标达到标准规定时，即为合格；若有一项指标不符合标准规定，应在受检产品中重新取样进行该项指标复验，复验结果符合标准规定，则判定该批材料为合格。

3.0.8 地下工程使用的防水材料及其配套材料，应符合现行行业标准《建筑防水涂料中有害物质限量》JC 1066 的规定，不得对周围环境造成污染。

3.0.9 地下防水工程的施工，应建立各道工序的自检、交接检和专职人员检查的制度，并有完整的检查记录；工程隐蔽前，应由施工单位通知有关单位进行验收，并形成隐蔽工程验收记录；未经监理单位或建设单位代表对上道工序的检查确认，不得进行下道工序的施工。

3.0.10 地下防水工程施工期间，必须保持地下水位稳定在工程底部最低高程500mm 以下，必要时应采取降水措施。对采用明沟排水的基坑，应保持基坑干燥。

3.0.11 地下防水工程不得在雨天、雪天和五级风及其以上时施工；防水材料施工环境气温条件宜符合表 3.0.11 的规定。

表 3.0.11 防水材料施工环境气温条件

防水材料	施工环境气温条件
高聚物改性沥青防水卷材	冷粘法、自粘法不低于 5℃，热熔法不低于 -10℃
合成高分子防水卷材	冷粘法、自粘法不低于 5℃，焊接法不低于 -10℃
有机防水涂料	溶剂型 -5~35℃，反应型、水乳型 5℃~35℃
无机防水涂料	5℃~35℃
防水混凝土、防水砂浆	5℃~35℃
膨润土防水材料	不低于 -20℃

3.0.12 地下防水工程是一个子分部工程，其分项工程的划分应符合表 3.0.12 的要求。

表 3.0.12 地下防水工程的分项工程

子分部工程		分 项 工 程
地下防水工程	主体结构防水	防水混凝土、水泥砂浆防水层、卷材防水层、涂料防水层、塑料防水板防水层、金属板防水层、膨润土防水材料防水层
	细部构造防水	施工缝、变形缝、后浇带、穿墙管、埋设件、预留通道接头、桩头、孔口、坑、池

子分部工程		分项工程
地下防水工程	特殊施工法结构防水	锚喷支护、地下连续墙、盾构隧道、沉井、逆筑结构
	排水	渗排水、盲沟排水、隧道排水、坑道排水、塑料排水板排水
	注浆	预注浆、后注浆、结构裂缝注浆

3.0.13 地下防水工程的分项工程检验批和抽样检验数量应符合下列规定:

(1) 主体结构防水工程和细部构造防水工程应按结构层、变形缝或后浇带等施工段划分检验批;

(2) 特殊施工法结构防水工程应按隧道区间、变形缝等施工段划分检验批;

(3) 排水工程和注浆工程应各为一个检验批;

(4) 各检验批的抽样检验数量:细部构造应为全数检查,其他均应符合本细则质量验收的有关规定。

3.0.14 地下工程应按设计的防水等级标准进行验收。地下工程渗漏水调查与检测应按本规范附录 C 执行。

二、地下防水子分部工程检验批质量验收记录

1. 防水混凝土检验批质量验收记录

(1) 推荐表格

防水混凝土 检验批质量验收记录

01070101 ___

单位(子单位)工程名称			分部(子分部)工程名称			分项工程名称		
施工单位			项目负责人			检验批容量		
分包单位			分包单位项目负责人			检验批部位		
施工依据			验收依据		《地下防水工程质量验收规范》GB 50208—2011			
验收项目				设计要求及规范规定	最小/实际抽样数量	检查记录	检查结果	
主控项目	1	防水混凝土的原材料、配合比及坍落度		第4.1.14条	/			
	2	防水混凝土的抗压强度和抗渗性能		第4.1.15条	/			
	3	防水混凝土结构的变形缝、施工缝、后浇带、穿墙管、埋设件等设置和构造		第4.1.16条	/			
一般项目	1	防水混凝土结构表面应坚实、平整,不得有露筋、蜂窝等缺陷;埋设件位置应准确		第4.1.17条	/			
	2	防水混凝土结构表面的裂缝宽度,且不得贯通		≯0.2mm	/			
	3	防水混凝土结构厚度不应小于250mm		+8mm −5mm	/			
		主体结构迎水面钢筋保护层厚度不应小于50mm		±5mm	/			
施工单位检查结果				专业工长:项目专业质量检查员: 年 月 日				
监理单位验收结论				专业监理工程师: 年 月 日				

(2) 验收内容及检查方法条文摘录

一般规定

4.1.1 防水混凝土适用于抗渗等级不低于 P6 的地下混凝土结构。不适用于环境温度高于 80℃ 的地下工程。处于侵蚀性介质中，防水混凝土的耐侵蚀性要求应符合现行国家标准《工业建筑防腐蚀设计规范》GB 50046 和《混凝土结耐久性设计规范》GB/T 50476 的规定。

4.1.2 水泥的选择应符合下列规定：

1 宜采用普通硅酸盐水泥或硅酸盐水泥，采用其他品种水泥时应经试验确定；

2 在受侵蚀性介质作用时，应按介质的性质选用相应的水泥品种；

3 不得使用过期或受潮结块的水泥，并不得将不同品种或强度等级的水泥混合使用。

4.1.3 砂、石的选择应符合下列规定：

1 砂宜选用中粗砂，含泥量不应大于 3.0%，泥块含量不宜大于 1.0%；

2 不宜使用海砂；在没有使用河砂的的条件时，应对海砂进行处理后才能使用，且控制氯离子含量不得大于 0.06%；

3 碎石或卵石的粒径宜为 5～40mm，含泥量不应大于 1.0%，泥块含量不应大于 0.5%；

4 对长期处于潮湿环境的重要结构混凝土用砂、石，应进行碱活性检验。

4.1.4 矿物掺合料的选择应符合下列规定：

1 粉煤灰的级别不应低于二级，烧失量不应大于 5%；

2 硅粉的比表面积不应小于 15000m²/kg，SiO_2 含量不应小于 85%；

3 粒化高炉矿渣粉的品质要求应符合现行国家标准《用于水泥和混凝土中的粒化高炉矿渣粉》GB/T 18046 的有关规定。

4.1.5 混凝土拌合用水应符合现行行业标准《混凝土用水标准》JGJ 63 的有关规定。

4.1.6 外加剂的选择应符合下列规定：

1 外加剂的品种和用量应经试验确定，所用外加剂应符合现行国家标准《混凝土外加剂应用技术规范》GB 50119 的质量规定；

2 掺加引气剂或引气型减水剂的混凝土，其含气量宜控制在 3%～5%；

3 考虑外加剂对硬化混凝土收缩性能的影响；

4 严禁使用对人体产生危害、对环境产生污染的外加剂。

4.1.7 防水混凝土的配合比应经试验确定，并应符合下列规定：

1 试配要求的抗渗水压值应比设计值提高 0.2MPa；

2 混凝土胶凝材料总量不宜小于 320kg/m³，其中水泥用量不宜少于 260kg/m³；粉煤灰掺量宜为胶凝材料总量的 20%～30%，硅粉的掺量宜为胶凝材料总量的 2%～5%；

3 水胶比不得大于 0.50，有侵蚀性介质时水胶比不宜大于 0.45；

4 砂率宜为 35%～40%，泵送时可增加到 45%；

5 灰砂比宜为 1:1.5～1:2.5；

6 混凝土拌合物的氯离子含量不应超过胶凝材料总量的 0.1%；混凝土中各类材料

的总碱量即 Na_2O 当量不得大于 $3kg/m^3$。

4.1.8 防水混凝土采用预拌混凝土时，入泵坍落度宜控制在 $120\sim140mm$，坍落度每小时损失不应大于 $20mm$，坍落度总损失值不应大于 $40mm$。

4.1.9 混凝土拌制和浇筑过程控制应符合下列规定：

1 拌制混凝土所用材料的品种、规格和用量，每工作班检查不应少于两次。每盘混凝土组成材料计量结果的允许偏差应符合表 4.1.9-1 的规定。

表 4.1.9-1　混凝土组成材料计量结果的允许偏差（%）

混凝土组成材料	每盘计量	累计计量
水泥、掺合料	±2	±1
粗、细骨料	±3	±2
水、外加剂	±2	±1

注：累计计量仅适用于微机控制计量的搅拌站。

2 混凝土在浇筑地点的坍落度，每工作班至少检查两次。混凝土的坍落度试验应符合现行国家标准《普通混凝土拌合物性能试验方法标准》GB/T 50080 的有关规定。混凝土坍落度允许偏差应符合表 4.1.9-2 的规定。

表 4.1.9-2　混凝土坍落度允许偏差（mm）

规定坍落度	允许偏差
≤40	±10
50～90	±15
≥100	±20

3 当防水混凝土拌合物在运输后出现离析，必须进行二次搅拌。当坍落度损失后不能满足施工要时，应加入原水胶比的水泥浆或掺加同品种的减水剂进行搅拌，严禁直接加水。

4.1.10 防水混凝土抗压强度试件，应在混凝土浇筑地点随机取样后制作，并应符合下列规定：

1 同一工程、同一配合比的混凝土，取样频率和试件留置组数应符合现行国家标准《混凝土结构工程施工质量验收规范》GB 50204 的有关规定。

2 抗压强度试验应符合现行国家标准《普通混凝土力学性能试验方法标准》GB/T 50081 的有关规定。

3 结构构件的混凝土强度评定应符合现行国家标准《混凝土强度检验评定标准》GB/T 50107 有关规定。

4.1.11 防水混凝土抗渗性能应采用标准条件下养护混凝土抗渗试件的试验结果评定，试件应在混凝土浇筑地点随机取样后制作，并应符合下列规定：

1 连续浇筑混凝土每 $500m^3$ 应留置一组 6 个抗渗试件，且每项工程不得少于两组；

采用预拌混凝土的抗渗试件，留置组数应视结构的规模和要求而定。

2 抗渗性能试验应符合现行国家标准《普通混凝土长期性能和耐久性能试验方法标准》GB/T 50082 的有关规定。

4.1.12 大体积防水混凝土的施工应采取材料选择、温度控制、保温保湿等技术措施。在设计许可的情况下，掺粉煤灰混凝土设计强度的龄期宜为 60d 或 90d。

4.1.13 防水混凝土分项工程检验批的抽样检验数量，应按混凝土外露面积每 $100m^2$ 抽查 1 处，每处 $10m^2$，且不得少于 3 处。

主 控 项 目

4.1.14 防水混凝土的原材料、配合比及坍落度必须符合设计要求。

检验方法：检查产品合格证、产品性能检测报告、计量措施和材料进场检验报告。

4.1.15 防水混凝土的抗压强度和抗渗性能必须符合设计要求。

检验方法：检查混凝土抗压强度、抗渗性能检验报告。

4.1.16 防水混凝土结构的变形缝、施工缝、后浇带、穿墙管、埋设件等设置和构造必须符合设计要求。

检验方法：观察检查和检查隐蔽工程验收记录。

一 般 项 目

4.1.17 防水混凝土结构表面应坚实、平整，不得有露筋、蜂窝等缺陷；埋设件位置应准确。

检验方法：观察检查。

4.1.18 防水混凝土结构表面的裂缝宽度不应大于 0.2mm，且不得贯通。

检验方法：用刻度放大镜检查。

4.1.19 防水混凝土结构厚度不应小于 250mm，其允许偏差应为 +8mm，-5mm；主体结构迎水面钢筋保护层厚度不应小于 50mm，其允许偏差为 ±5mm。

(3) 验收说明

1) 施工依据：《地下工程防水技术规范》GB 50108—2008 相应的专业技术规范，施工工艺标准并制订专项施工方案或技术交底资料。

2) 验收依据：《地下防水工程质量验收规范》GB 50208—2011，相应的现场质量验收检查原始记录。

3) 注意事项：

① 主控项目的质量经抽样检验均应合格；

② 一般项目的质量经抽样检验合格。当采用计数抽样时，合格点率应符合有关专业验收规范的规定，且不得存在严重缺陷；

③ 具有完整的施工操作依据、质量验收记录；

④ 本检验批的主控项目、一般项目已列入推荐表中，有关具体的内容及检查方法见（2）条文摘录；

⑤ 黑体字的为强制性条文，必须严格执行，要制订控制措施。

2. 水泥砂浆防水层检验批质量验收记录

(1) 推荐表格

水泥砂浆防水层检验批质量验收记录

单位(子单位)工程名称			分部(子分部)工程名称		分项工程名称		
施工单位			项目负责人		检验批容量		
分包单位			分包单位项目负责人		检验批部位		
施工依据			验收依据		《地下防水工程质量验收规范》GB 50208—2011		

		验收项目	设计要求及规范规定	最小/实际抽样数量	检查记录	检查结果
主控项目	1	防水砂浆的原材料及配合比	第4.2.7条	/		
	2	防水砂浆的粘结强度和抗渗性能	第4.2.8条	/		
	3	水泥砂浆防水层与基层之间应结合牢固,无空鼓现象	第4.2.9条	/		
一般项目	1	水泥砂浆防水层表面应密实、平整,不得有裂纹、起砂、麻面等缺陷	第4.2.10条	/		
	2	水泥砂浆防水层施工缝留槎位置应正确,接槎应按层次顺序操作,层层搭接紧密	第4.2.11条	/		
	3	水泥砂浆防水层的平均厚度应符合设计要求	厚度≮设计值的85%	/		
	4	水泥砂浆防水层表面平整度	5mm	/		
施工单位检查结果			专业工长: 项目专业质量检查员: 年　月　日			
监理单位验收结论			专业监理工程师: 年　月　日			

(2) 验收内容及检验方法条文摘录

一般规定

4.2.1 水泥砂浆防水层适用于地下工程主体结构的迎水面或背水面。不适用于受持续振动或环境温度高于80℃的地下工程。

4.2.2 水泥砂浆防水层应采用聚合物水泥防水砂浆;掺外加剂或掺合料的防水砂浆。

4.2.3 水泥砂浆防水层所用的材料应符合下列规定:

1 水泥应使用普通硅酸盐水泥、硅酸盐水泥或特种水泥,不得使用过期或受潮结块的水泥;

2 砂宜采用中砂,含泥量不应大于1%,硫化物和硫酸盐含量不得大于1%;

3 用于拌制水泥砂浆的水应采用不含有害物质的洁净水;

4 聚合物乳液的外观为均匀液体,无杂质、无沉淀、不分层。

5　外加剂的技术性能应符合国家或行业有关标准的质量要求。

4.2.4　水泥砂浆防水层的基层质量应符合下列规定：

1　基层表面应平整、坚实、清洁，并应充分湿润，无明水；

2　基层表面的孔洞、缝隙应采用与防水层相同的水泥砂浆填塞并抹平；

3　施工前应将埋设件、穿墙管预留凹槽内嵌填密封材料后，再进行水泥砂浆防水施工。

4.2.5　水泥砂浆防水层施工应符合下列规定：

1　水泥砂浆的配制、应按所掺材料的技术要求准确计量；

2　分层铺抹或喷涂，铺抹时应压实、抹平，最后一层表面应提浆压光；

3　防水层各层应紧密粘合，每层宜连续施工；必须留设施工缝时，应采用阶梯坡形槎，但与阴阳角的距离不得小于 200mm；

4　水泥砂浆终凝后应及时进行养护，养护温度不宜低于 5℃，并应保持砂浆表面湿润，养护时间不得少于 14d；聚合物水泥防水砂浆未达到硬化状态时，不得浇水养护或直接受雨水冲刷，硬化后应采用干湿交替的养护方法。潮湿环境中，可在自然条件下养护。

4.2.6　水泥砂浆防水层分项工程检验批的抽样检验数量，应按施工面积每 100m² 抽查 1 处，每处 10m²，且不得少于 3 处。

主 控 项 目

4.2.7　防水砂浆的原材料及配合比必须符合设计规定。

检验方法：检查产品合格证、产品性能检测报告、计量措施和材料进场检验报告。

4.2.8　防水砂浆的粘结强度和抗渗性能必须符合设计规定。

检验方法：检查砂浆粘结强度、抗渗性能检测报告。

4.2.9　水泥砂浆防水层与基层之间应结合牢固，无空鼓现象。

检验方法：观察和用小锤轻击检查。

一 般 项 目

4.2.10　水泥砂浆防水层表面应密实、平整，不得有裂纹、起砂、麻面等缺陷。

检验方法：观察检查。

4.2.11　水泥砂浆防水层施工缝留槎位置应正确，接槎应按层次顺序操作，层层搭接紧密。

检验方法：观察检查和检查隐蔽工程验收记录。

4.2.12　水泥砂浆防水层的平均厚度应符合设计要求，最小厚度不得小于设计值的 85%。

检验方法：用针测法检查。

4.2.13　水泥砂浆防水层表面平整度的允许偏差应为 5mm。

检查方法：用 2m 靠尺和楔形塞尺检查。

（3）验收说明

1）施工依据：《地下工程防水技术规范》GB 50108—2008 相应的专业技术规范，施工工艺标准并制订专项施工方案或技术交底资料。

2）验收依据：《地下防水工程质量验收规范》GB 50208—2011，相应的现场质量验收检查原始记录。

3）注意事项：

① 主控项目的质量经抽样检验均应合格；

② 一般项目的质量经抽样检验合格。当采用计数抽样时，合格点率应符合有关专业验收规范的规定，且不得存在严重缺陷；

③ 具有完整的施工操作依据、质量验收记录；

④ 本检验批的主控项目、一般项目已列入推荐表中，有关具体的内容及检查方法见

(2) 条文摘录。

3. 卷材防水层检验批质量验收记录

(1) 推荐表格

卷材防水层检验批质量验收记录

01070103 _____

单位(子单位) 工程名称			分部(子分部) 工程名称		分项工程名称		
施工单位			项目负责人		检验批容量		
分包单位			分包单位项目 负责人		检验批部位		
施工依据			验收依据		《地下防水工程质量验收规范》 GB 50208—2011		
	验收项目			设计要求及 规范规定	最小/实际 抽样数量	检查记录	检查结果
主控 项目	1	卷材防水层所用卷材及其配套材料		第4.3.15条	/		
	2	卷材防水层在转角处、变形缝、施工缝、穿墙管等部位做法		第4.3.16条	/		
一般 项目	1	卷材防水层的搭接缝		第4.3.17条	/		
	2	采用外防外贴法铺贴卷材防水层时，立面卷材接槎的搭接宽度，且上层卷材应盖过下层卷材		第4.3.18条	/		
	3	侧墙卷材防水层的保护层		第4.3.19条	/		
	4	卷材搭接宽度		—10mm	/		
施工单位 检查结果		专业工长： 项目专业质量检查员： 年 月 日					
监理单位 验收结论		专业监理工程师： 年 月 日					

(2) 验收内容及检查方法条文摘录

一 般 规 定

4.3.1 卷材防水层适用于受侵蚀性介质作用或受振动作用的地下工程；卷材防水层

应铺设在主体结构的迎水面。

4.3.2 卷材防水层应采用高聚物改性沥青防水卷材和合成高分子防水卷材。所选用的基层处理剂、胶粘剂、密封材料等均应与铺贴的卷材相匹配。

4.3.3 在进场材料检验的同时，防水卷材接缝粘结质量检验应按本规范附录D执行。

4.3.4 铺贴防水卷材前，清扫应干净、干燥，并应涂刷基层处理剂；当基面潮湿时，应涂刷湿固化型胶粘剂或潮湿界面隔离剂。

4.3.5 基层阴阳角应做成圆弧或45°坡角，其尺寸应根据卷材品种确定；在转角处、变形缝、施工缝、穿墙管等部位应铺贴卷材加强层，加强层宽度不应小于500mm。

4.3.6 防水卷材的搭接宽度应符合表4.3.6的要求。铺贴双层卷材时，上下两层和相邻两幅的接缝应错开1/3～1/2幅宽，且两层卷材不得相互垂直铺贴。

表4.3.6 防水卷材的搭接宽度

卷材品种	搭接宽度（mm）
弹性体改性沥青防水卷材	100
改性沥青聚乙烯胎防水卷材	100
自粘聚合物改性沥青防水卷材	80
三元乙丙橡胶防水卷材	100/60（胶粘剂/胶粘带）
聚氯乙烯防水卷材	60/80（单焊缝/双焊缝）
	100（胶粘剂）
聚乙烯丙纶复合防水卷材	100（粘接料）
高分子自粘胶膜防水卷材	70/80（自粘胶/胶粘带）

4.3.7 冷粘法铺贴卷材应符合下列规定：

1 胶粘剂涂刷应均匀，不得露底，不堆积；

2 根据胶粘剂的性能，应控制胶结剂涂刷与卷材铺贴的间隔时间；

3 铺贴时不得用力拉伸卷材，排除卷材下面的空气，辊压粘结牢固；

4 铺贴卷材应平整、顺直，搭接尺寸准确，不得有扭曲、皱折；

5 卷材接缝部位应采用专用粘结剂或胶结带满粘，接缝口应用密封材料封严，其宽度不应小于10mm。

4.3.8 热熔法铺贴卷材应符合下列规定：

1 火焰加热器加热卷材应均匀，不得加热不足或烧穿卷材；

2 卷材表面热熔后应立即滚铺，排除卷材下面的空气，并粘结牢固；

3 铺贴卷材应平整、顺直，搭接尺寸准确，不得有扭曲、皱折；

4 卷材接缝部位应溢出热熔的改性沥青胶料，并粘结牢固，封闭严密。

4.3.9 自粘法铺贴卷材应符合下列规定：

1 铺贴卷材时，应将有黏性的一面朝向主体结构；

2 外墙、顶板铺贴时，排除卷材下面的空气，并粘结牢固；

3 铺贴卷材应平整、顺直，搭接尺寸准确，不得有扭曲、皱折和起泡；

4 立面卷材铺贴完成后，应将卷材端头固定，并应用密封材料封严；

5 低温施工时，宜对卷材和基面采用热风适当加热，然后铺贴卷材。

4.3.10 卷材接缝采用焊接法施工应符合下列规定：

1 焊接前卷材应铺放平整，搭接尺寸准确，焊接缝的结合面应清扫干净；

2 焊接前应先焊长边搭接缝，后焊短边搭接缝；

3 控制热风加热温度和时间，焊接处不得漏焊、跳焊或焊接不牢；

4 焊接时不得损害非焊接部位的卷材。

4.3.11 铺贴聚乙烯丙纶复合防水卷材应符合下列规定：

1 应采用配套的聚合物水泥防水粘结材料；

2 卷材与基层粘贴应采用满粘法，粘结面积不应小于90%，刮涂粘结料应均匀，不得露底、堆积、流满；

3 固化后的粘结料厚度不应小于1.3mm；

4 卷材接缝部位应挤出粘结料，接缝表面处应刮1.3mm厚50mm宽聚合物水泥粘结料封边；

5 聚合物水泥粘结料固化前，不得在其上行走或进行后续作业。

4.3.12 高分子自粘胶膜防水卷材宜采用预铺反粘法施工，并应符合下列规定：

1 卷材宜单层铺设；

2 在潮湿基面铺设时，基面应平整坚固、无明水；

3 卷材长边应采用自粘边搭接，短边应采用胶结带搭接，卷材端部搭接区应相互错开。

4 立面施工时，在自粘边位置距离卷材边缘10mm～20mm内，每隔400mm～600mm应进行机械固定，并应保证固定位置被卷材完全覆盖；

5 浇筑结构混凝土时不得损伤防水层。

4.3.13 卷材防水层完工并经验收合格后应及时做保护层。保护层应符合下列规定：

1 顶板的细石混凝土保护层与防水层之间宜设置隔离层。细石混凝土保护层厚度：机械回填时不宜小于70mm，人工回填时不宜小于50mm；

2 底板的细石混凝土保护层厚度不应小于50mm；

3 侧墙宜采用软质保护材料或铺抹20mm厚1:2.5水泥砂浆。

4.3.14 卷材防水层分项工程检验批的抽检数量，应按铺贴面积每100m² 抽查1处，每处10 m²，且不得少于3处。

主 控 项 目

4.3.15 卷材防水层所用卷材及其配套材料必须符合设计要求。

检验方法：检查产品合格证、产品性能检测报告和材料进场检验报告。

4.3.16 卷材防水层在转角处、变形缝、施工缝、穿墙管等部位做法必须符合设计要求。

检验方法：观察检查和检查隐蔽工程验收记录。

一 般 项 目

4.3.17 卷材防水层的搭接缝应粘贴或焊接牢固，密封严密，不得有扭曲、皱折、翘边和起泡等缺陷。

检验方法：观察检查。

4.3.18 采用外防外贴法铺贴卷材防水层时，立面卷材接槎的搭接宽度，高聚物改性沥青类卷材应为150mm，合成高分子类卷材应为100mm，且上层卷材应盖过下层卷材。

检验方法：观察和尺量检查。

4.3.19 侧墙卷材防水层的保护层与防水层应结合紧密、保护层厚度应符合设计要求。

检验方法：观察和尺量检查。

4.3.20 卷材搭接宽度的允许偏差应为－10mm。

检验方法：观察和尺量检查。

（3）验收说明

1）施工依据：《地下工程防水技术规范》GB 50108—2008 相应的专业技术规范，施工工艺标准，并制订专项施工方案或技术交底资料。

2）验收依据：《地下防水工程质量验收规范》GB 50208—2011，相应的现场质量验收检查原始记录。

3）注意事项：

① 主控项目的质量经抽样检验均应合格；

② 一般项目的质量经抽样检验合格。当采用计数抽样时，合格点率应符合有关专业验收规范的规定，且不得存在严重缺陷；

③ 具有完整的施工操作依据、质量验收记录；

④ 本检验批的主控项目、一般项目已列入推荐表中，有关具体的内容及检查方法见（2）条文摘录。

4. 涂料防水层检验批质量验收记录

（1）推荐表格

涂料防水层检验批质量验收记录

01070104_____

单位(子单位) 工程名称			分部(子分部) 工程名称		分项工程名称		
施工单位			项目负责人		检验批容量		
分包单位			分包单位项 目负责人		检验批部位		
施工依据				验收依据	《地下防水工程质量验收规范》 GB 50208—2011		
验收项目			设计要求及 规范规定	最小/实际 抽样数量	检查记录	检查结果	
主控 项目	1	涂料防水层所用的材料及配合比	第4.4.7条	/			
	2	涂料防水层的平均厚度应符合设计要求	≮90%	/			
	3	涂料防水层在转角处、变形缝、施工缝、穿墙管等部位做法	第4.4.9条	/			

	验收项目		设计要求及规范规定	最小/实际抽样数量	检查记录	检查结果
一般项目	1	涂料防水层应与基层粘结	第4.4.10条	/		
	2	涂层间夹铺胎体增强材料	第4.4.11条	/		
	3	侧墙涂料防水层的保护层	第4.4.12条	/		
施工单位检查结果		专业工长： 项目专业质量检查员： 年 月 日				
监理单位验收结论		专业监理工程师： 年 月 日				

（2）验收内容及检查方法条文摘录

一 般 规 定

4.4.1 涂料防水层适用于受侵蚀性介质作用或受振动作用的地下工程；有机防水涂料宜用于主结构的迎水面，无机防水涂料宜用于主体结构的迎水面或背水面。

4.4.2 有机防水涂料应采用反应型、水乳型、聚合物水泥等涂料；无机防水涂料应采用掺外加剂、掺合料的水泥基防水涂料或水泥基渗透结晶型防水涂料。

4.4.3 有机防水涂料基面应干燥。当基面较潮湿时，应涂刷湿固化型胶结剂或潮湿界面隔离剂；无机防水涂料施工前，基面应充分润湿，但不得有明水。

4.4.4 涂料防水层的施工应符合下列规定：

1 多组分涂料应按配合比准确计量，搅拌均匀，并应根据有效时间确定每次配制的用量；

2 涂料应分层涂刷或喷涂，涂层应均匀，涂刷应待前遍涂层干燥成膜后进行；每遍涂刷时应交替改变涂层的涂刷方向，同层涂膜的先后搭压宽度宜为30mm～50mm；

3 涂料防水层的甩槎处接缝宽度不应小于100mm，接涂前应将其甩槎表面处理干净；

4 采用有机防水涂料时，基层阴阳角处应做成圆弧；在转角处、变形缝、施工缝、穿墙管等部位应增加胎体增强材料和增涂防水涂料，宽度不应小于500mm；

5 胎体增强材料的搭接宽度不应小于100mm，上下两层和相邻两幅胎体的接缝应错开1/3幅宽，且上下两层胎体不得相互垂直铺贴。

4.4.5 涂料防水层完工并经验收合格后应及时做保护层。保护层应符合本规范第4.3.13条的规定；

4.4.6 涂料防水层分项工程检验批的抽检数量，应按铺贴面积每100m² 抽查1处，每处10m²，且不得少于3处。

主 控 项 目

4.4.7 涂料防水层所用的材料及配合比必须符合设计要求。

检验方法：检查产品合格证、产品性能检测报告、计量措施和材料进场检验报告。

4.4.8　涂料防水层的平均厚度应符合设计要求，最小厚度不得低于设计厚度的 **90%**。

检验方法：用针测法检查。

4.4.9　涂料防水层在转角处、变形缝、施工缝、穿墙管等部位做法必须符合设计要求。

检验方法：观察检查和检查隐蔽工程验收记录。

一 般 项 目

4.4.10　涂料防水层应与基层粘结牢固、涂刷均匀，不得流淌、鼓泡、露槎。

检验方法：观察检查。

4.4.11　涂层间夹铺胎体增强材料时，应使防水涂料浸透胎体覆盖完全，不得有胎体外露现象。

检验方法：观察检查。

4.4.12　侧墙涂料防水层的保护层与防水层应结合紧密，保护层厚度应符合设计要求。

检验方法：观察检查。

（3）验收说明

1) 施工依据：《地下工程防水技术规范》GB 50108—2008 相应的专业技术规范，施工工艺标准，并制订专项施工方案或技术交底资料。

2) 验收依据：《地下防水工程质量验收规范》GB 50208—2011，相应的现场质量验收检查原始记录。

3) 注意事项：

① 主控项目的质量经抽样检验均应合格；

② 一般项目的质量经抽样检验合格。当采用计数抽样时，合格点率应符合有关专业验收规范的规定，且不得存在严重缺陷；

③ 具有完整的施工操作依据、质量验收记录；

④ 本检验批的主控项目、一般项目已列入推荐表中，有关具体的内容及检查方法见一般规定及（2）条文摘录；

⑤ 黑体字的为强制性条文，必须严格执行，制订落实控制措施。

5. 塑料防水板防水层检验批质量验收记录

（1）推荐表格

塑料防水板防水层检验批质量验收记录

01070105 _____

单位(子单位) 工程名称		分部(子分部) 工程名称		分项工程名称	
施工单位		项目负责人		检验批容量	
分包单位		分包单位项目 负责人		检验批部位	
施工依据		验收依据		《地下防水工程质量验收规范》 GB 50208—2011	

		验收项目	设计要求及规范规定	最小/实际抽样数量	检查记录	检查结果
主控项目	1	塑料防水板及其配套材料	第4.5.8条	/		
	2	塑料防水板的搭接缝必须采用双缝热熔焊接	第4.5.9条	/		
	3	塑料防水板每条焊缝的有效宽度	≮10mm	/		
一般项目	1	塑料防水板应采用无钉孔铺设,其固定点的间距	第4.5.10条	/		
	2	塑料防水板与暗钉圈焊接	第4.5.11条	/		
	3	塑料防水板的铺设	第4.5.12条	/		
	4	塑料防水板搭接宽度	—10mm	/		

施工单位检查结果	专业工长: 项目专业质量检查员: 　　　　年　月　日
监理单位验收结论	专业监理工程师: 　　　　年　月　日

(2) 验收内容及检查方法条文摘录

一 般 规 定

4.5.1 塑料防水板防水层适用于经常承受水压、侵蚀性介质或有振动作用的地下工程;塑料防水板宜铺设在复合式衬砌的初期支护与二次衬砌之间。

4.5.2 塑料防水板防水层的基面应平整,无尖锐突出物,基面平整度 D/L 不应大于 $1/6$。

注:D 为初期支护基面相邻两凸面间凹进去的深度;

L 为初期支护基面相邻两凸面间的距离。

4.5.3 初期支护的渗漏水,应在塑料防水板防水层铺设前封堵或引排。

4.5.4 塑料板防水板的铺设应符合下列规定:

1 铺设塑料防水板前应先铺缓冲层,缓冲层应用暗钉圈固定在基面上;缓冲层搭接宽度不应小于 50mm;铺设塑料防水板时,应边铺边用压焊机将塑料防水板与暗钉圈焊接;

2 两幅塑料防水板的搭接宽度不应小于 100mm,下部塑料防水板应压住上部塑料防水板。接缝焊接时,塑料防水板的搭接层数不得超过 3 层;

3 塑料防水板的搭接缝应采用双焊缝,每条焊缝的有效宽度不应小于 10mm;

4 塑料防水板铺设时宜设置分区预埋注浆系统；

5 分段设置塑料防水板防水层时，两端应采取封闭措施。

4.5.5 塑料防水板的铺设应超前二次衬砌混凝土施工，超前距离宜为 5m～20m。

4.5.6 塑料防水板应牢固地固定在基面上，固定点间距应根据基面平整情况确定，拱部宜为 0.5m～0.8m，边墙宜为 1m～1.5m，底部宜为 1.5m～2m；局部凹凸较大时，应在凹处加密固定点。

4.5.7 塑料防水板防水层分项工程检验批的抽样检验数量，应按铺设面积每 100m^2 抽查 1 处，每处 10m^2，但不得少于 3 处。焊缝检验应按焊缝条数抽查 5%，每条焊缝为 1 处，且不得少于 3 处。

主 控 项 目

4.5.8 塑料防水板及其配套材料必须符合设计要求。

检验方法：检查产品合格证、产品性能检测报告和材料进场检验报告。

4.5.9 塑料防水板的搭接缝必须采用双缝热熔焊接，每条焊缝的有效宽度不应小于 10mm。

检验方法：双焊缝间空腔内充气检查和尺量检查。

一 般 项 目

4.5.10 塑料防水板应采用无钉孔铺设，其固定点的间距应符合本规范第 4.5.6 条的规定。

检验方法：观察和尺量检查。

4.5.11 塑料防水板与暗钉圈应焊接牢靠，不得漏焊、假焊和焊穿。

检验方法：观察检查。

4.5.12 塑料防水板的铺设应平顺，不得有下垂、绷紧和破损现象。

检验方法：观察检查。

4.5.13 塑料防水板搭接宽度的允许偏差为 -10mm。

检验方法：尺量检查。

(3) 验收说明

1）施工依据：《地下工程防水技术规范》GB 50108—2008 相应的专业技术规范，施工工艺标准，并制订专项施工方案或技术交底资料。

2）验收依据：《地下防水工程质量验收规范》GB 50208—2011，相应的现场质量验收检查原始记录。

3）注意事项：

① 主控项目的质量经抽样检验均应合格；

② 一般项目的质量经抽样检验合格。当采用计数抽样时，合格点率应符合有关专业验收规范的规定，且不得存在严重缺陷；

③ 具有完整的施工操作依据、质量验收记录；

④ 本检验批的主控项目、一般项目已列入推荐表中，有关具体的内容及检查方法见一般规定及（2）条文摘录。

6. 金属板防水层检验批质量验收记录

（1）推荐表格

金属板防水层检验批质量验收记录　　　　01070106 _____

单位(子单位) 工程名称		分部(子分部) 工程名称		分项工程名称	金属板防水层
施工单位		项目负责人		检验批容量	
分包单位		分包单位项目 负责人		检验批部位	
施工依据			验收依据	《地下防水工程质量验收规范》 GB 50208—2011	

		验收项目	设计要求及 规范规定	最小/实际 抽样数量	检查记录	检查结果
主控 项目	1	金属板和焊接材料	第4.6.6条	/		
	2	焊工应持有有效的执业资格证书	第4.6.7条	/		
一般 项目	1	金属板表面不得有明显凹面和损伤	第4.6.8条	/		
	2	焊缝质量	第4.6.9条	/		
	3	焊缝的焊波和保护涂层	第4.6.10条	/		

施工单位 检查结果	专业工长： 项目专业质量检查员： 　　　　　　　　年　月　日
监理单位 验收结论	专业监理工程师： 　　　　　　　　年　月　日

（2）验收内容及检查方法条文摘录

一 般 规 定

4.6.1　金属防水板适用于抗渗性能要求较高的地下工程，金属板应铺设在主体结构迎水面。

4.6.2　金属板防水层所采用的金属材料和保护材料应符合设计要求。金属板及其焊接材料的规格、外观质量和主要物理性能，应符合国家现行有关标准的规定。

4.6.3　金属板的拼接及金属板与工程结构的锚固件连接应采用焊接。金属板的拼接焊缝应进行外观检查和无损检验。

4.6.4　金属板表面有锈蚀、麻点或划痕等缺陷时，其深度不得大于该板材厚度的负偏差值。

4.6.5　金属板防水层分项工程检验批的抽样检验数量，应按铺设面积每10m²抽查1处，每处1m²，且不得少于3处。焊缝表面缺陷检验应按焊缝的条数抽查5%，且不得少于 1 条焊缝；每条焊缝检查 1 处，总抽查数不得少于 10 处。

主 控 项 目

4.6.6 金属板和焊接材料必须符合设计要求。

检验方法：检查产品合格证、产品性能检测报告和材料进场检验报告。

4.6.7 焊工应持有有效的执业资格证书。

检验方法：检查焊工执业资格证书和考核日期。

一 般 项 目

4.6.8 金属板表面不得有明显凹面和损伤。

检验方法：观察检查。

4.6.9 焊缝不得有裂纹、未熔合、夹渣、焊瘤、咬边、烧穿、弧坑、针状气孔等缺陷。

检验方法：观察检查和使用放大镜、焊缝量规及钢尺检查，必要时采用渗透或磁粉探伤检查。

4.6.10 焊缝的焊波应均匀，焊渣和飞溅物应清除干净；保护涂层不得有漏涂、脱皮和反锈现象。

检验方法：观察检查。

(3) 验收说明

1）施工依据：《地下工程防水技术规范》GB 50108—2008 相应的专业技术规范，施工工艺标准，并制订专项施工方案或技术交底资料。

2）验收依据：《地下防水工程质量验收规范》GB 50208—2011，相应的现场质量验收检查原始记录。

3）注意事项：

① 主控项目的质量经抽样检验均应合格；

② 一般项目的质量经抽样检验合格。当采用计数抽样时，合格点率应符合有关专业验收规范的规定，且不得存在严重缺陷；

③ 具有完整的施工操作依据、质量验收记录；

④ 本检验批的主控项目、一般项目已列入推荐表中，有关具体的内容及检查方法见一般规定及（2）条文摘录。

7. 膨润土防水材料防水层检验批质量验收记录

(1) 推荐表格

膨润土防水材料防水层检验批质量验收记录 01070107 _____

单位（子单位）工程名称		分部（子分部）工程名称		分项工程名称	
施工单位		项目负责人		检验批容量	
分包单位		分包单位项目负责人		检验批部位	
施工依据		验收依据		《地下防水工程质量验收规范》GB 50208—2011	

	验收项目		设计要求及规范规定	最小/实际抽样数量	检查记录	检查结果
主控项目	1	膨润土防水材料	第4.7.11条	/		
	2	膨润土防水材料防水层在转角处和变形缝、施工缝、后浇带、穿墙管等部位做法	第4.7.12条	/		
一般项目	1	膨润土防水毯的织布面或防水板的膨润土面朝向	第4.7.13条	/		
	2	立面或斜面膨润土防水材料施工	第4.7.14条	/		
	3	膨润土防水材料固定	第4.7.5条			
		膨润土防水材料搭接	第4.7.6条			
		膨润土防水材料收口	第4.7.7条			
	4	膨润土防水材料搭接宽度	−10mm	/		

施工单位检查结果	专业工长： 项目专业质量检查员： 年　月　日
监理单位验收结论	专业监理工程师： 年　月　日

（2）验收内容及检查方法条文摘录

一 般 规 定

4.7.1　膨润土防水材料防水层适用于 pH 为 4～10 的地下环境中；膨润土防水材料防水层应用于复合式衬砌的初期支护与二次衬砌之间以及明挖法地下工程主体结构迎水面，防水层两侧应具有一定的夹持力。

4.7.2　膨润土防水材料中的膨润土颗粒应采用钠基膨润土，不应采用钙基膨润土。

4.7.3　膨润土防水材料防水层基面应坚实、清洁，不得有明水，基面平整度应符合本规范第4.5.2条的规定；基层阴阳角应做成圆弧或坡角。

4.7.4　膨润土防水毯的织布面与膨润土防水板的膨润土面，均应与结构外表面密贴。

4.7.5　膨润土防水材料应采用水泥钉和垫片固定；立面和斜面上的固定间距宜为 400mm～500mm，平面上应在搭接缝处固定。

4.7.6　膨润土防水材料的搭接宽度应大于 100mm；搭接部位的固定间距宜为 200mm～300mm，固定点与搭接边缘的距离宜为 25mm～30mm，搭接处应涂抹膨润土密封膏。平面搭接缝处可干撒膨润土颗粒，其用量宜为 0.3kg/m～0.5kg/m。

4.7.7　膨润土防水材料的收口部位应采用金属压条与水泥钉固定，并用膨润土密封膏覆盖。

4.7.8 转角处和变形缝、施工缝、后浇带等部位均应设置宽度不小于 500mm 加强层，加强层应设置在防水层与结构外表面之间。穿墙管件宜采用膨润土橡胶止水条、膨润土密封膏进行加强处理。

4.7.9 膨润土防水材料分段铺设时，应采取临时遮挡防护措施。

4.7.10 膨润土防水材料防水层分项工程检验批的抽检数量，应按铺贴面积每 $100m^2$ 抽查 1 处，每处 $10m^2$，且不得少于 3 处。

主 控 项 目

4.7.11 膨润土防水材料必须符合设计要求。

检验方法：检查产品合格证、产品性能检测报告、计量措施和材料进场检验报告。

4.7.12 膨润土防水材料防水层在转角处和变形缝、施工缝、后浇带、穿墙管等部位做法必须符合设计要求。

检验方法：观察检查和检查隐蔽工程验收记录。

一 般 项 目

4.7.13 膨润土防水毯的织布面或防水板的膨润土面，应朝向工程主体结构的迎水面。

检验方法：观察检查。

4.7.14 立面或斜面铺设的膨润土防水材料应上层压住下层，防水层与基层、防水层与防水层之间应密贴，并应平整无折皱。

检验方法：观察检查。

4.7.15 膨润土防水材料的搭接和收口部位应符合本规范第 4.7.5 条、第 4.7.6 条、第 4.7.7 条的规定。

检验方法：观察检查。

4.7.16 膨润土防水材料搭接宽度的允许偏差应为 -10mm。

检验方法：观察和尺量检查。

（3）验收说明

1）施工依据：《地下工程防水技术规范》GB 50108—2008 相应的专业技术规范，施工工艺标准，并制订专项施工方案或技术交底资料。

2）验收依据：《地下防水工程质量验收规范》GB 50208—2011，相应的现场质量验收检查原始记录。

3）注意事项：

① 主控项目的质量经抽样检验均应合格；

② 一般项目的质量经抽样检验合格。当采用计数抽样时，合格点率应符合有关专业验收规范的规定，且不得存在严重缺陷；

③ 具有完整的施工操作依据、质量验收记录；

④ 本检验批的主控项目、一般项目已列入推荐表中，有关具体的内容及检查方法见一般规定及（2）条文摘录。

8. 施工缝检验批质量验收记录

（1）推荐表格

施工缝检验批质量验收记录

单位(子单位)工程名称			分部(子分部)工程名称		分项工程名称	
施工单位			项目负责人		检验批容量	
分包单位			分包单位项目负责人		检验批部位	
施工依据				验收依据	《地下防水工程质量验收规范》GB 50208—2011	

验收项目			设计要求及规范规定	最小/实际抽样数量	检查记录	检查结果
主控项目	1	施工缝防水密封材料种类及质量	第5.1.1条	/		
	2	施工缝防水构造	第5.1.2条	/		
一般项目	1	墙体水平施工缝位置	第5.1.3条	/		
		拱、板与墙结合的水平施工缝位置	第5.1.3条	/		
		垂直施工缝位置	第5.1.3条	/		
	2	在施工缝处继续浇筑混凝土时,已浇筑的混凝土抗压强度不应小于1.2MPa	第5.1.4条	/		
	3	水平施工缝界面处理	第5.1.5条	/		
	4	垂直施工缝浇筑界面处理	第5.1.6条	/		
	5	中埋式止水带及外贴式止水带埋设	第5.1.7条	/		
	6	遇水膨胀止水带应具有膨胀性能;	第5.1.8条	/		
		止水条埋设	第5.1.8条	/		
	7	遇水膨胀止水胶施工	第5.1.9条	/		
	8	预埋式注浆管设置	第5.1.10条	/		
施工单位检查结果				专业工长:项目专业质量检查员:年 月 日		
监理单位验收结论				专业监理工程师:年 月 日		

(2)验收内容及检查方法条文摘录

主控项目

5.1.1 施工缝用止水带、遇水膨胀止水条或止水胶、水泥基渗透结晶型防水涂料和预埋注浆管必须符合设计要求。

检验方法:检查产品合格证、产品性能检测报告和材料进场检验报告。

5.1.2 施工缝防水构造必须符合设计要求。

检验方法：观察检查和检查隐蔽工程验收记录。

一 般 项 目

5.1.3 墙体水平施工缝应留设在高出底板表面不小于300mm的墙体上。拱、板与墙结合的水平施工缝，宜留在拱、板和墙交接处以下150mm～300mm处；垂直施工缝应避开地下水和裂隙水较多的地段，并宜与变形缝相结合。

检验方法：观察检查和检查隐蔽工程验收记录。

5.1.4 在施工缝处继续浇筑混凝土时，已浇筑的混凝土抗压强度不应小于1.2MPa。

检验方法：观察，检查和检查隐蔽工程验收记录。

5.1.5 水平施工缝浇筑混凝土前，应将其表面浮浆和杂物清除，然后铺设净浆、涂刷混凝土界面处理剂或水泥基渗透结晶型防水涂料，再铺30mm～50mm厚的1:1水泥砂浆，并及时浇筑混凝土。

检验方法：观察检查和检查隐蔽工程验收记录。

5.1.6 垂直施工缝浇筑混凝土前，应将其表面清理干净，再涂刷混凝土界面处理剂或水泥基渗透结晶型防水涂料，并及时浇筑混凝土。

检验方法：观察检查和检查隐蔽工程验收记录。

5.1.7 中埋式止水带及外贴式止水带埋设位置应准确，固定应牢靠。

检验方法：观察检查和检查隐蔽工程验收记录。

5.1.8 遇水膨胀止水带应具有缓膨胀性能；止水条与施工缝基面应密贴，中间不得有空鼓、脱离等现象；止水条应牢固地安装在缝表面或预埋凹槽内；止水条采用搭接连接时，搭接宽度不得小于30mm。

检验方法：观察检查和检查隐蔽工程验收记录。

5.1.9 遇水膨胀止水股应采用专用注胶器挤出粘结在施工缝表面，并做到连续、均匀、饱满、无气泡和孔洞，挤出宽度及厚度应符合设计要求；止水胶挤出成型后，固化期内应采取临时保护措施；止水胶固化前不得浇筑混凝土。

检验方法：观察检查和检查隐蔽工程验收记录。

5.1.10 预埋式注浆管应设置在施工缝断面中部，注浆管与施工缝基面应密贴并固定牢靠，固定间距宜为200mm～300mm；注浆导管与注浆管的连接应牢固、严密，导管埋入混凝土内的部分应与结构钢筋绑扎牢固，导管的末端应临时封堵严密。

检验方法：观察检查和检查隐蔽工程验收记录。

(3) 验收说明

1) 施工依据：《地下工程防水技术规范》GB 50108—2008相应的专业技术规范，施工工艺标准，并制订专项施工方案或技术交底资料。

2) 验收依据：《地下防水工程质量验收规范》GB 50208—2011，相应的现场质量验收检查原始记录。

3) 注意事项：

① 主控项目的质量经抽样检验均应合格；

② 一般项目的质量经抽样检验合格。当采用计数抽样时，合格点率应符合有关专业验收规范的规定，且不得存在严重缺陷；

③ 具有完整的施工操作依据、质量验收记录；

④ 本检验批的主控项目、一般项目已列入推荐表中，有关具体的内容及检查方法见一般规定及（2）条文摘录。

9. 变形缝检验批质量验收记录

（1）推荐表格

变形缝检验批质量验收记录

01070202 _____

单位(子单位) 工程名称			分部(子分部) 工程名称		分项工程名称		
施工单位			项目负责人		检验批容量		
分包单位			分包单位项目 负责人		检验批部位		
施工依据				验收依据	《地下防水工程质量验收规范》 GB 50208—2011		
		验收项目		设计要求及 规范规定	最小/实际 抽样数量	检查 记录	检查 结果
主控 项目	1	变形缝用止水带、填缝材料和密封 材料		第5.2.1条	/		
	2	变形缝防水构造		第5.2.2条			
	3	中埋式止水带埋设位置		第5.2.3条			
一般 项目	1	中埋式止水带的接缝和接头		第5.2.4条			
	2	中埋式止水带在转角处应做成圆弧形		第5.2.5条			
		顶板、底板内止水带应安装成盆状， 并宜采用专用钢筋套或扁钢固定		第5.2.5条	/		
	3	外贴式止水带在变形缝与施工缝相 交部位和变形缝转角部位设置		第5.2.6条	/		
		外贴式止水带埋设位置和敷设		第5.2.6条	/		
	4	安设于结构内侧的可卸式止水带		第5.2.7条	/		
	5	嵌填密封材料的缝内处理		第5.2.8条	/		
		嵌缝底部应设置背衬材料		第5.2.8条	/		
		密封材料嵌填		第5.2.8条	/		
	6	变形缝处表面粘贴卷材或涂刷涂料 前设置		第5.2.9条	/		
施工单位 检查结果				专业工长： 项目专业质量检查员： 　　　　　　　　年　月　日			
监理单位 验收结论				专业监理工程师： 　　　　　　　　年　月　日			

182

(2) 验收内容及检查方法条文摘录

主 控 项 目

5.2.1 变形缝用止水带、填缝材料和密封材料必须符合设计要求。

检验方法：检查产品合格证、产品性能检测报告和材料进场检验报告。

5.2.2 变形缝防水构造必须符合设计要求。

检验方法：观察检查和检查隐蔽工程验收记录。

5.2.3 中埋式止水带埋设位置应准确，其中间空心圆环与变形缝的中心线应重合。

检验方法：观察检查和检查隐蔽工程验收记录。

一 般 项 目

5.2.4 中埋式止水带的接缝应设在边墙较高位置上，不得设在结构转角处；接头宜采用热压焊接，接缝应平整、牢固，不得有裂口和脱胶现象。

检验方法：观察检查和检查隐蔽工程验收记录。

5.2.5 中埋式止水带在转角处应做成圆弧形；顶板、底板内止水带应安装成盆状，并宜采用专用钢筋套或扁钢固定。

检验方法：观察检查和检查隐蔽工程验收记录。

5.2.6 外贴式止水带在变形缝与施工缝相交部位宜采用十字配件；外贴式止水带在变形缝转角部位宜采用直角配件。止水带埋设位置应准确，固定应牢靠，并与固定止水带的基层密贴，不得出现空鼓、翘边等现象。

检验方法：观察检查和检查隐蔽工程验收记录。

5.2.7 安设于结构内侧的可卸式止水带所需配件应一次配齐，转角处应做成45°坡角，并增加紧固件的数量。

检验方法：观察检查和检查隐蔽工程验收记录。

5.2.8 嵌填密封材料的缝内两侧基面应平整、洁净、干燥，并应涂刷基层处理剂；嵌缝底部应设置背衬材料；密封材料嵌填应严密、连续、饱满，粘结牢固。

检验方法：观察检查和检查隐蔽工程验收记录。

5.2.9 变形缝处表面粘贴卷材或涂刷涂料前，应在缝上设置隔离层和加强层。

检验方法：观察检查和检查隐蔽工程验收记录。

(3) 验收说明

1）施工依据：《地下工程防水技术规范》GB 50108—2008 相应的专业技术规范，施工工艺标准并制订专项施工方案或技术交底资料。

2）验收依据：《地下防水工程质量验收规范》GB 50208—2011，相应的现场质量验收检查原始记录。

3）注意事项：

① 主控项目的质量经抽样检验均应合格；

② 一般项目的质量经抽样检验合格。当采用计数抽样时，合格点率应符合有关专业验收规范的规定，且不得存在严重缺陷；

③ 具有完整的施工操作依据、质量验收记录；

④ 本检验批的主控项目、一般项目已列入推荐表中，有关具体的内容及检查方法见（2）条文摘录；

⑤ 黑体字的为强制性条文，必须严格执行，制订控制措施。

10. 后浇带检验批质量验收记录

（1）推荐表格

后浇带检验批质量验收记录

01070203 _____

单位（子单位）工程名称			分部（子分部）工程名称		分项工程名称		
施工单位			项目负责人		检验批容量		
分包单位		·	分包单位项目负责人		检验批部位		
施工依据				验收依据	《地下防水工程质量验收规范》GB 50208—2011		
验收项目			设计要求及规范规定	最小/实际抽样数量	检查记录	检查结果	
主控项目	1	后浇带用遇水膨胀止水条或止水胶、预埋注浆管、外贴式止水带	第5.3.1条	/			
	2	补偿收缩混凝土的原材料及配合比	第5.3.2条	/			
	3	后浇带防水构造	第5.3.3条	/			
	4	采用掺膨胀剂的补偿收缩混凝土，其抗压强度、抗渗性能和限制膨胀率	第5.3.4条	/			
一般项目	1	补偿收缩混凝土浇筑前，后浇带部位和外贴式止水带应采取保护措施	第5.3.5条	/			
	2	后浇带两侧的接缝表面应先清理干净，再涂刷混凝土界面处理剂或水泥基渗透结晶型防水涂料	第5.3.6条	/			
		后浇混凝土的浇筑时间应符合设计要求	第5.3.6条	/			
	3	遇水膨胀止水条应具有缓膨胀性能	第5.1.8条	/			
		止水条埋设位置、方法	第5.1.8条	/			
		止水条采用搭接连接时，搭接宽度	不得小于30mm	/			
	4	遇水膨胀止水胶施工	第5.1.9条	/			
	5	预埋式注浆管设置	第5.1.10条	/			
	6	外贴式止水带在变形缝与施工缝相交部位和变形缝转角部位设置	第5.2.6条	/			
		外贴式止水带埋设位置和敷设	第5.2.6条	/			
	7	后浇带混凝土应一次浇筑，不得留施工缝	第5.3.8条	/			
		混凝土浇筑后应及时养护，养护时间不得少于28d	第5.3.8条	/			
施工单位检查结果				专业工长：项目专业质量检查员：年 月 日			
监理单位验收结论				专业监理工程师：年 月 日			

184

(2) 验收内容及检查方法条文摘录

主 控 项 目

5.3.1 后浇带用遇水膨胀止水条或止水胶、预埋注浆管、外贴式止水带必须符合设计要求。

检验方法：检查产品合格证、产品性能检测报告和材料进场检验报告。

5.3.2 补偿收缩混凝土的原材料及配合比必须符合设计要求。

检验方法：检查产品合格证、产品性能检测报告、计量措施和材料进场检验报告。

5.3.3 后浇带防水构造必须符合设计要求。

检验方法：观察检查和检查隐蔽工程验收记录。

5.3.4 采用掺膨胀剂的补偿收缩混凝土，其抗压强度、抗渗性能和限制膨胀率必须符合设计要求。

检验方法：检查混凝土抗压强度、抗渗性能和水中养护 14d 后的限制膨胀率检测报告。

一 般 项 目

5.3.5 补偿收缩混凝土浇筑前，后浇带部位和外贴式止水带应采取保护措施。

检验方法：观察检查。

5.3.6 后浇带两侧的接缝表面应先清理干净，再涂刷混凝土界面处理剂或水泥基渗透结晶型防水涂料；后浇混凝土的浇筑时间应符合设计要求。

检验方法：观察检查和检查隐蔽工程验收记录。

5.3.7 遇水膨胀止水条的施工应符合本规范第 5.1.8 条的规定；遇水膨胀止水胶的施工应符合本规范第 5.1.9 条的规定；预埋注浆管的施工应符合本规范第 5.1.10 条的规定；外贴式止水带的施工应符合本规范第 5.2.6 条的规定。

检验方法：观察检查和检查隐蔽工程验收记录。

5.3.8 后浇带混凝土应一次浇筑，不得留施工缝；混凝土浇筑后应及时养护，养护时间不得少于 28d。

检验方法：观察检查和检查隐蔽工程验收记录。

(3) 验收说明

1) 施工依据：《地下工程防水技术规范》GB 50108—2008 相应的专业技术规范，施工工艺标准，并制订专项施工方案或技术交底资料。

2) 验收依据：《地下防水工程质量验收规范》GB 50208—2011，相应的现场质量验收检查原始记录。

3) 注意事项：

① 主控项目的质量经抽样检验均应合格；

② 一般项目的质量经抽样检验合格。当采用计数抽样时，合格点率应符合有关专业验收规范的规定，且不得存在严重缺陷；

③ 具有完整的施工操作依据、质量验收记录；

④ 本检验批的主控项目、一般项目已列入推荐表中，有关具体的内容及检查方法见(2)条文摘录；

⑤ 黑体字的为强制性条文，必须严格执行，制订落实控制措施。

11. 穿墙管检验批质量验收记录

（1）推荐表格

穿墙管检验批质量验收记录

01070204 _____

单位(子单位) 工程名称		分部(子分部) 工程名称		分项工程名称	
施工单位		项目负责人		检验批容量	
分包单位		分包单位项目 负责人		检验批部位	
施工依据		验收依据		《地下防水工程质量验收规范》 GB 50208—2011	

		验收项目	设计要求及 规范规定	最小/实际 抽样数量	检查记录	检查结果
主控 项目	1	穿墙管用遇水膨胀止水条和密封材料	第5.4.1条	/		
	2	穿墙管防水构造	第5.4.2条	/		
一般 项目	1	固定式穿墙管应加焊止水环或环绕 遇水膨胀止水圈，并作好防腐处理	第5.4.3条	/		
		固定式穿墙管应在主体结构迎水面 预留凹槽，槽内应用密封材料嵌填密实	第5.4.3条	/		
	2	套管式穿墙管的套管与止水环及翼环	第5.4.4条	/		
		套管内密封处理及固定	第5.4.4条	/		
	3	穿墙盒设置	第5.4.5条	/		
	4	主体结构迎水面有柔性防水层	第5.4.6条	/		
	5	密封材料嵌填	第5.4.7条	/		
施工单位 检查结果				专业工长： 项目专业质量检查员： 年　月　日		
监理单位 验收结论				专业监理工程师： 年　月　日		

（2）验收内容及检查方法条文摘录

主 控 项 目

5.4.1　穿墙管用遇水膨胀止水条和密封材料必须符合设计要求。

检验方法：检查产品合格证、产品性能检测报告和材料进场检验报告。

5.4.2　穿墙管防水构造必须符合设计要求。

检验方法：观察检查和检查隐蔽工程验收记录。

一 般 项 目

5.4.3 固定式穿墙管应加焊止水环或环绕遇水膨胀止水圈，并作好防腐处理；穿墙管应在主体结构迎水面预留凹槽，槽内应用密封材料嵌填密实。

检验方法：观察检查和检查隐蔽工程验收记录。

5.4.4 套管式穿墙管的套管与止水环及翼环应连续满焊，并作好防腐处理；套管内表面应清理干净，穿墙管与套管之间应用密封材料和橡胶密封圈进行密封处理，并采用法兰盘及螺栓进行固定。

检验方法：观察检查和检查隐蔽工程验收记录。

5.4.5 穿墙盒的封口钢板与混凝土结构墙上预埋的角钢应焊平，并从钢板上的预留浇注孔注入改性沥青密封材料或细石混凝土，封填后将浇注孔口用钢板焊接封闭。

检验方法：观察检查和检查隐蔽工程验收记录。

5.4.6 当主体结构迎水面有柔性防水层时，防水层与穿墙管连接处应增设加强层。

检验方法：观察检查和检查隐蔽工程验收记录。

5.4.7 密封材料嵌填应密实、连续、饱满，粘结牢固。

检验方法：观察检查和检查隐蔽工程验收记录。

(3) 验收说明

1) 施工依据：《地下工程防水技术规范》GB 50108—2008 相应的专业技术规范，施工工艺标准，并制订专项施工方案或技术交底资料。

2) 验收依据：《地下防水工程质量验收规范》GB 50208—2011，相应的现场质量验收检查原始记录。

3) 注意事项：

① 主控项目的质量经抽样检验均应合格；

② 一般项目的质量经抽样检验合格。当采用计数抽样时，合格点率应符合有关专业验收规范的规定，且不得存在严重缺陷；

③ 具有完整的施工操作依据、质量验收记录；

④ 本检验批的主控项目、一般项目已列入推荐表中，有关具体的内容及检查方法见（2）条文摘录。

12. 埋设件检验批质量验收记录

(1) 推荐表格

埋设件检验批质量验收记录　　01070205 _____

单位(子单位)工程名称		分部(子分部)工程名称		分项工程名称	
施工单位		项目负责人		检验批容量	
分包单位		分包单位项目负责人		检验批部位	
施工依据		验收依据		《地下防水工程质量验收规范》GB 50208—2011	

		验收项目	设计要求及规范规定	最小/实际抽样数量	检查记录	检查结果
主控项目	1	埋设件用密封材料	第5.5.1条	/		
	2	埋设件防水构造	第5.5.2条	/		
一般项目	1	埋设件应位置准确,固定牢靠	第5.5.3条	/		
		埋设件应进行防腐处理	第5.5.3条	/		
	2	埋设件端部或预留孔、槽底部的混凝土厚度不得少于250mm	第5.5.4条	/		
		当混凝土厚度小于250mm时,应局部加厚或采取其他防水措施	第5.5.4条	/		
	3	结构迎水面的埋设件周围构造	第5.5.5条	/		
	4	用于固定模板的螺栓必须穿过混凝土结构时,可采用工具式螺栓或螺栓加堵头,螺栓上应加焊止水环	第5.5.6条	/		
		拆模后留下的凹槽处理	第5.5.6条	/		
	5	预留孔、槽内的防水层应与主体防水层保持连续	第5.5.7条	/		
	6	密封材料嵌填	第5.5.8条	/		

施工单位检查结果	专业工长: 项目专业质量检查员: 年 月 日
监理单位验收结论	专业监理工程师: 年 月 日

(2) 验收内容及检查方法条文摘录

主 控 项 目

5.5.1 埋设件用密封材料必须符合设计要求。

检验方法:检查产品合格证、产品性能检测报告和材料进场检验报告。

5.5.2 埋设件防水构造必须符合设计要求。

检验方法:观察检查和检查隐蔽工程验收记录。

一 般 项 目

5.5.3 埋设件应位置准确,固定牢靠;埋设件应进行防腐处理。

188

检验方法：观察、尺量和手扳检查。

5.5.4　埋设件端部或预留孔、槽底部的混凝土厚度不得少于 250mm；当混凝土厚度小于 250mm 时，应局部加厚或采取其他防水措施。

检验方法：尺量检查和检查隐蔽工程验收记录。

5.5.5　结构迎水面的埋设件周围应预留凹槽，凹槽内应用密封材料嵌填密实。

检验方法：观察检查和检查隐蔽工程验收记录。

5.5.6　用于固定模板的螺栓必须穿过混凝土结构时，可采用工具式螺栓或螺栓加堵头，螺栓上应加焊止水环。拆模后留下的凹槽应用密封材料封堵密实，并用聚合物水泥砂浆抹平。

检验方法：观察检查和检查隐蔽工程验收记录。

5.5.7　预留孔、槽内的防水层应与主体防水层保持连续。

检验方法：观察检查和检查隐蔽工程验收记录。

5.5.8　密封材料嵌填应密实、连续、饱满，粘结牢固。

检验方法：观察检查和检查隐蔽工程验收记录。

（3）验收说明

1）施工依据：《地下工程防水技术规范》GB 50108—2008 相应的专业技术规范，施工工艺标准，并制订专项施工方案或技术交底资料。

2）验收依据：《地下防水工程质量验收规范》GB 50208—2011，相应的现场质量验收检查原始记录。

3）注意事项：

①　主控项目的质量经抽样检验均应合格；

②　一般项目的质量经抽样检验合格。当采用计数抽样时，合格点率应符合有关专业验收规范的规定，且不得存在严重缺陷；

③　具有完整的施工操作依据、质量验收记录；

④　本检验批的主控项目、一般项目已列入推荐表中，有关具体的内容及检查方法见（2）条文摘录。

13. 预留通道接头检验批质量验收记录

（1）推荐表格

预留通道接头检验批质量验收记录

01070206 ＿＿＿＿

单位（子单位）工程名称		分部（子分部）工程名称		分项工程名称	
施工单位		项目负责人		检验批容量	
分包单位		分包单位项目负责人		检验批部位	
施工依据		验收依据		《地下防水工程质量验收规范》GB 50208—2011	

		验收项目	设计要求及规范规定	最小/实际抽样数量	检查记录	检查结果
主控项目	1	预留通道接头用密封材料	第5.6.1条	/		
	2	预留通道接头防水构造	第5.6.2条	/		
	3	中埋式止水带埋设位置	第5.6.3条	/		
一般项目	1	预留通道先浇筑混凝土结构	第5.6.4条	/		
	2	遇水膨胀止水条应具有缓膨胀性能	第5.1.8条	/		
		止水条埋设	第5.1.8条	/		
	3	遇水膨胀止水胶施工	第5.1.9条	/		
	4	预埋式注浆管设置	第5.1.10条	/		
	5	密封材料嵌填	第5.6.6条	/		
	6	用膨胀螺栓固定可卸式止水带	第5.6.7条	/		
		金属膨胀螺栓防腐	第5.6.7条	/		
	7	预留通道接头外部应设保护墙	第5.6.8条	/		
施工单位检查结果			专业工长： 项目专业质量检查员： 年 月 日			
监理单位验收结论			专业监理工程师： 年 月 日			

（2）验收内容及检查方法条文摘录

主 控 项 目

5.6.1 预留通道接头用中埋式止水带、遇水膨胀止水条或止水胶、预埋注浆管、密封材料和可卸式止水带必须符合设计要求。

检验方法：检查产品合格证、产品性能检测报告和材料进场检验报告。

5.6.2 预留通道接头防水构造必须符合设计要求。

检验方法：观察检查和检查隐蔽工程验收记录。

5.6.3 中埋式止水带埋设位置应准确，其中间空心圆环与变形缝的中心线应重合。

检验方法：观察检查和检查隐蔽工程验收记录。

一 般 项 目

5.6.4 预留通道先浇筑混凝土结构、中埋式止水带和预埋件应及时保护，预埋件应进行防锈处理。

检验方法：观察检查。

5.6.5 遇水膨胀止水条的施工应符合本规范第5.1.8条的规定；遇水膨胀止水胶的

施工应符合本规范第 5.1.9 条的规定；预埋注浆管的施工应符合本规范第 5.1.10 条的规定。

检验方法：观察检查和检查隐蔽工程验收记录。

5.6.6 密封材料嵌填应密实、连续、饱满，粘结牢固。

检验方法：观察检查和检查隐蔽工程验收记录。

5.6.7 用膨胀螺栓固定可卸式止水带时，止水带与紧固件压块以及止水带与基面之间应结合紧密。采用金属膨胀螺栓时，应选用不锈钢材料或进行防腐剂锈处理。

检验方法：观察检查和检查隐蔽工程验收记录。

5.6.8 预留通道接头外部应设保护墙。

检验方法：观察检查和检查隐蔽工程验收记录。

（3）验收说明

1）施工依据：《地下工程防水技术规范》GB 50108—2008 相应的专业技术规范，施工工艺标准，并制订专项施工方案或技术交底资料。

2）验收依据：《地下防水工程质量验收规范》GB 50208—2011，相应的现场质量验收检查原始记录。

3）注意事项：

① 主控项目的质量经抽样检验均应合格；

② 一般项目的质量经抽样检验合格。当采用计数抽样时，合格点率应符合有关专业验收规范的规定，且不得存在严重缺陷；

③ 具有完整的施工操作依据、质量验收记录；

④ 本检验批的主控项目、一般项目已列入推荐表中，有关具体的内容及检查方法见（2）条文摘录。

14. 桩头检验批质量验收记录

（1）推荐表格

桩头检验批质量验收记录

01070207 _____

单位（子单位）工程名称			分部（子分部）工程名称		分项工程名称		
施工单位			项目负责人		检验批容量		
分包单位			分包单位项目负责人		检验批部位		
施工依据				验收依据	《地下防水工程质量验收规范》GB 50208—2011		
验收项目				设计要求及规范规定	最小/实际抽样数量	检查记录	检查结果
主控项目	1	桩头用防水材料		第5.7.1条	/		
	2	桩头防水构造		第5.7.2条	/		
	3	桩头混凝土		第5.7.3条	/		

验收项目		设计要求及规范规定	最小/实际抽样数量	检查记录	检查结果
一般项目	1	桩头顶面和侧面裸露处应涂刷水泥基渗透结晶型防水涂料,并延伸至结构底板垫层150mm处	第5.7.4条	/		
		桩头周围300mm范围内应抹聚合物水泥防水砂浆过渡层	第5.7.4条	/		
	2	结构底板防水层应做在聚合物水泥防水砂浆过渡层上并延伸至桩头侧壁,其与桩头侧壁接缝处应用密封材料嵌填	第5.7.5条	/		
	3	桩头的受力钢筋根部应采用遇水膨胀止水条或止水胶,并应采取保护措施	第5.7.6条	/		
	4	遇水膨胀止水条应具有缓膨胀性能	第5.1.8条	/		
		止水条埋设	第5.1.8条	/		
	5	遇水膨胀止水胶施工	第5.1.9条	/		
	6	密封材料嵌填	第5.7.8条	/		
施工单位检查结果			专业工长: 项目专业质量检查员: 年 月 日			
监理单位验收结论			专业监理工程师: 年 月 日			

(2) 验收内容及检查方法条文摘录

主控项目

5.7.1 桩头用聚合物水泥防水砂浆、水泥基渗透结晶型防水涂料、遇水膨胀止水条或止水胶和密封材料必须符合设计要求。

检验方法:检查产品合格证、产品性能检测报告和材料进场检验报告。

5.7.2 桩头防水构造必须符合设计要求。

检验方法:观察检查和检查隐蔽工程验收记录。

5.7.3 桩头混凝土应密实,如发现渗漏水应及时采取封堵措施。

检验方法:观察检查和检查隐蔽工程验收记录。

一般项目

5.7.4 桩头顶面和侧面裸露处应涂刷水泥基渗透结晶型防水涂料,并延伸至结构底板垫层150mm处;桩头周围300mm范围内应抹聚合物水泥防水砂浆过渡层。

检验方法：观察检查和检查隐蔽工程验收记录。

5.7.5　结构底板防水层应做在聚合物水泥防水砂浆过渡层上并延伸至桩头侧壁，其与桩头侧壁接缝处应采用密封材料嵌填。

检验方法：观察检查和检查隐蔽工程验收记录。

5.7.6　桩头的受力钢筋根部应采用遇水膨胀止水条或止水胶，并应采取保护措施。

检验方法：观察检查和检查隐蔽工程验收记录。

5.7.7　遇水膨胀止水条的施工应符合本规范第5.1.8条的规定；遇水膨胀止水胶的施工应符合本规范第5.1.9条的规定。

检验方法：观察检查和检查隐蔽工程验收记录。

5.7.8　密封材料嵌填应密实、连续、饱满，粘结牢固。

检验方法：观察检查和检查隐蔽工程验收记录。

（3）验收说明

1）施工依据：《地下工程防水技术规范》GB 50108—2008相应的专业技术规范，施工工艺标准，并制订专项施工方案或技术交底资料。

2）验收依据：《地下防水工程质量验收规范》GB 50208—2011，相应的现场质量验收检查原始记录。

3）注意事项：

① 主控项目的质量经抽样检验均应合格；

② 一般项目的质量经抽样检验合格。当采用计数抽样时，合格点率应符合有关专业验收规范的规定，且不得存在严重缺陷；

③ 具有完整的施工操作依据、质量验收记录；

④ 本检验批的主控项目、一般项目已列入推荐表中，有关具体的内容及检查方法见（2）条文摘录。

15. 孔口检验批质量验收记录

（1）推荐表格

孔口检验批质量验收记录

01070208 _____

单位(子单位) 工程名称		分部(子分部) 工程名称		分项工程名称		
施工单位		项目负责人		检验批容量		
分包单位		分包单位项目 负责人		检验批部位		
施工依据		验收依据		《地下防水工程质量验收规范》 GB 50208—2011		
验收项目			设计要求及 规范规定	最小/实际 抽样数量	检查 记录	检查 结果
主控 项目	1	孔口用防水卷材、防水涂料和密封材料	第5.8.1条	/		
	2	孔口防水构造	第5.8.2条	/		

		验收项目	设计要求及规范规定	最小/实际抽样数量	检查记录	检查结果
一般项目	1	人员出入口	第5.8.3条	/		
		汽车出入口	第5.8.3条	/		
	2	窗井的底部在最高地下水位以上时，防水处理	第5.8.4条	/		
	3	窗井或窗井的一部分在最高地下水位以下时，防水处理	第5.8.5条	/		
	4	窗井内的底板应低于窗下缘300mm	第5.8.6条	/		
		窗井墙高出室外地面不得小于500mm	第5.8.6条	/		
		窗井外地面应做散水，散水与墙面间应采用密封材料嵌填	第5.8.6条	/		
	5	密封材料嵌填	第5.8.7条	/		

施工单位检查结果	专业工长： 项目专业质量检查员： 年　月　日
监理单位验收结论	专业监理工程师： 年　月　日

（2）验收内容及检查方法条文摘录

主 控 项 目

5.8.1　孔口用防水卷材、防水涂料和密封材料必须符合设计要求。

检验方法：检查产品合格证、产品性能检测报告和材料进场检验报告。

5.8.2　孔口防水构造必须符合设计要求。

检验方法：观察检查和检查隐蔽工程验收记录。

一 般 项 目

5.8.3　人员出入口应高出地面不应小于500mm；汽车出入口设置明沟排水时，其高出地面150mm，并应采取防雨措施。

检验方法：观察和尺量检查。

5.8.4　窗井的底部在最高地下水位以上时，窗井的墙体和底板应作防水处理，并宜与主体结构断开。窗井下部的墙体和底板应做防水层。

检验方法：观察检查和检查隐蔽工程验收记录。

5.8.5　窗井或窗井的一部分地最高地下水位以下时，窗井应与主体结构连成整体，其防水层也应连成整体，并应在窗井内设置集水井。窗台下部的墙体和底板应做防水层。

检验方法：观察检查和检查隐蔽工程验收记录。

5.8.6　窗井内的底板应低于窗下缘 300mm。窗井墙高出室外地面不得小于 500mm；窗井外地面应做散水，散水与墙面间应采用密封材料嵌填。

检验方法：观察检查和检查隐蔽工程验收记录。

5.8.7　密封材料嵌填应密实、连续、饱满，粘结牢固。

检验方法：观察检查和检查隐蔽工程验收记录。

(3) 验收说明

1) 施工依据：《地下工程防水技术规范》GB 50108—2008 相应的专业技术规范，施工工艺标准，并制订专项施工方案或技术交底资料。

2) 验收依据：《地下防水工程质量验收规范》GB 50208—2011，相应的现场质量验收检查原始记录。

3) 注意事项：

① 主控项目的质量经抽样检验均应合格；

② 一般项目的质量经抽样检验合格。当采用计数抽样时，合格点率应符合有关专业验收规范的规定，且不得存在严重缺陷；

③ 具有完整的施工操作依据、质量验收记录；

④ 本检验批的主控项目、一般项目已列入推荐表中，有关具体的内容及检查方法见（2）条文摘录。

16. 坑、池检验批质量验收记录

(1) 推荐表格

坑、池检验批质量验收记录

01070209 _____

单位(子单位) 工程名称			分部(子分部) 工程名称		分项工程名称		
施工单位			项目负责人		检验批容量		
分包单位			分包单位项目 负责人		检验批部位		
施工依据				验收依据	《地下防水工程质量验收规范》 GB 50208—2011		
		验收项目		设计要求及 规范规定	最小/实际 抽样数量	检查记录	检查结果
主控 项目	1	坑、池防水混凝土的原材料、配合比 及坍落度		第5.9.1条	/		
	2	坑、池防水构造		第5.9.2条	/		
	3	坑、池、储水库内部防水层完成后，应 进行蓄水试验		第5.9.3条	/		

195

	验收项目		设计要求及规范规定	最小/实际抽样数量	检查记录	检查结果
一般项目	1	坑、池、储水库宜采用防水混凝土整体浇筑,混凝土质量	第5.9.4条	/		
	2	坑、池底板的混凝土厚度不应少于250mm	第5.9.5条	/		
		当底板的厚度小于250mm时,应采取局部加厚措施,并应使防水层保持连续	第5.9.5条	/		
	3	坑、池施工完后,应及时遮盖和防止杂物堵塞	第5.9.6条	/		
施工单位检查结果				专业工长: 项目专业质量检查员: 年 月 日		
监理单位验收结论				专业监理工程师: 年 月 日		

(2)验收内容及检查方法条文摘录

主 控 项 目

5.9.1 坑、池防水混凝土的原材料、配合比及坍落度必须符合设计要求。

检验方法:检查产品合格证、产品性能检测报告、计量措施和材料进场检验报告。

5.9.2 坑、池防水构造必须符合设计要求。

检验方法:观察检查和检查隐蔽工程验收记录。

5.9.3 坑、池、储水库内部防水层完成后,应进行蓄水试验。

检验方法:观察检查和检查蓄水试验记录。

一 般 项 目

5.9.4 坑、池、储水库宜采用防水混凝土整体浇筑,混凝土表面应坚实、平整,不得有露筋、蜂窝和裂缝等缺陷。

检验方法:观察检查和检查隐蔽工程验收记录。

5.9.5 坑、池底板的混凝土厚度不应少于250mm;当底板的厚度小于250mm时,应采取局部加厚措施,并应使防水层保持连续。

检验方法:观察检查和检查隐蔽工程验收记录。

5.9.6 坑、池施工完后,应及时遮盖和防止杂物堵塞。

检验方法:观察检查。

(3)验收说明

1)施工依据:《地下工程防水技术规范》GB 50108—2008 相应的专业技术规范,施工工艺标准,并制订专项施工方案或技术交底资料。

2)验收依据:《地下防水工程质量验收规范》GB 50208—2011,相应的现场质量验收检查原始记录。

3)注意事项:

① 主控项目的质量经抽样检验均应合格；

② 一般项目的质量经抽样检验合格。当采用计数抽样时，合格点率应符合有关专业验收规范的规定，且不得存在严重缺陷；

③ 具有完整的施工操作依据、质量验收记录；

④ 本检验批的主控项目、一般项目已列入推荐表中，有关具体的内容及检查方法见

（2）条文摘录。

17. 锚喷支护检验批质量验收记录

（1）推荐表格

锚喷支护检验批质量验收记录

01070301 _____

单位（子单位）工程名称			分部（子分部）工程名称		分项工程名称	
施工单位			项目负责人		检验批容量	
分包单位			分包单位项目负责人		检验批部位	
施工依据			验收依据		《地下防水工程质量验收规范》GB 50208—2011	
		验收项目		设计要求及规范规定	最小/实际抽样数量	检查记录	检查结果
主控项目	1	喷射混凝土所用原材料、混合料配合比以及钢筋网、锚杆、钢拱架等		第6.1.9条	/		
	2	喷射混凝土抗压强度、抗渗性能和锚杆抗拔力		第6.1.10条	/		
	3	锚杆支护的渗漏水量		第6.1.11条	/		
一般项目	1	喷层与围岩以及喷层之间		第6.1.12条	/		
	2	喷层厚度		第6.1.13条	/		
	3	喷射混凝土质量		第6.1.14条	/		
	4	喷射混凝土表面平整度 D/L		≤1/6	/		
施工单位检查结果				专业工长：项目专业质量检查员：　　　　　年　月　日			
监理单位验收结论				专业监理工程师：　　　　　年　月　日			

（2）验收内容及检查方法条文摘录

一 般 规 定

6.1.1　锚喷支护适用于暗挖法地下工程的支护结构及复合式衬砌的初期支护。

6.1.2　喷射混凝土施工前，应根据围岩裂隙及渗漏水的情况，预先采用引排或注浆堵水。

6.1.3　喷射混凝土所用原材料应符合下列规定：

1　选用普通硅酸盐水泥或硅酸盐水泥；

2 中砂或粗砂的细度模数宜大于 2.5，含泥量不应大于 3%；干法喷射时，含水率宜为 5%～7%；

3 采用卵石或碎石，粒径不应大于 15mm；含泥量不应大于 1%；使用碱性速凝剂时，不得使用含有活性二氧化硅的石料；

4 速凝剂的初凝时间不应大于 5min，终凝时间不应大于 10min。

6.1.4 混合料必须计量准确、搅拌均匀，并符合下列规定：

1 水泥与砂石质量比宜为 1∶4～4.5，砂率宜为 45%～55%，水胶比不得大于 0.45，外加剂和外掺料的掺量应通过试验确定；

2 水泥和速凝剂称量允许偏差均为 ±2%，砂石称量允许偏差均为 ±3%；

3 混合料在运输和存放过程中严防受潮，存放时间不应超过 120min；当掺入速凝剂时，存放时间不应超过 20min。

6.1.6 喷射混凝土试件制作组数应符合下列规定：

1 地下铁道工程应按区间或小于区间断面的结构，每 20 延米拱和墙各取抗压试件一组；车站取抗压试件两组。其他工程应按每喷射 50m³ 同一配合比的混合料或混合料小于 50m³ 的独立工程取抗压试件一组。

2 地下铁道工程应按区间结构每 40 延米取抗渗试件一组；车站每 20 延米取抗渗试件一组。其他工程当设计有抗渗要求时，可增做抗渗性能试验。

6.1.7 锚杆必须进行抗拔力试验。同一批锚杆每 100 根应取一组试件，每组 3 根，不足 100 根也取 3 根。同一批试件抗拔力平均值不应小于设计锚固力，且同一批试件抗拔力的最低值不应小于设计锚固力的 90%。

6.1.8 喷锚支护分项工程检验批的抽样检验数量，应按区间或小于区间断面的结构每 20 延米检查 1 处，车站每 10 延米检查 1 处，每处 10m²，且不得少于 3 处。

主 控 项 目

6.1.9 喷射混凝土所用原材料、混合料配合比以及钢筋网、锚杆、钢拱架等必须符合设计要求。

检验方法：检查产品合格证、产品性能检测报告、计量措施和材料进场检验报告。

6.1.10 喷射混凝土抗压强度、抗渗性能和锚杆抗拔力必须符合设计要求。

检验方法：检查混凝土抗压强度、抗渗性能检验报告和锚杆抗拔力检验报告。

6.1.11 锚杆支护的渗漏水量必须符合设计要求。

检验方法：观察检查和检查渗漏水检测记录。

一 般 项 目

6.1.12 喷层与围岩以及喷层之间应粘结紧密，不得有空鼓现象。

检验方法：用小锤轻击检查。

6.1.13 喷层厚度有 60% 以上检查点不应小于设计厚度，最小厚度不得小于设计厚度的 50%，且平均厚度不得小于设计厚度。

检验方法：用针探法或凿孔法检查。

6.1.14 喷射混凝土应密实、平整，无裂缝、脱落、漏喷、露筋。

检验方法：观察检查。

6.1.15 喷射混凝土表面平整度 D/L 不得大于 1/6。

D—初期支护基面相邻两凸面向凹进去的深度；L—两凸面间距离。

检验方法：尺量检查。

（3）验收说明

1）施工依据：《地下工程防水技术规范》GB 50108—2008 相应的专业技术规范，施工工艺标准，并制订专项施工方案或技术交底资料。

2）验收依据：《地下防水工程质量验收规范》GB 50208—2011，相应的现场质量验收检查原始记录。

3）注意事项：

① 主控项目的质量经抽样检验均应合格；

② 一般项目的质量经抽样检验合格。当采用计数抽样时，合格点率应符合有关专业验收规范的规定，且不得存在严重缺陷；

③ 具有完整的施工操作依据、质量验收记录；

④ 本检验批的主控项目、一般项目已列入推荐表中，有关具体的内容及检查方法见基本规定及（2）条文摘录。

18. 地下连续墙结构防水检验批质量验收记录

（1）推荐表格

地下连续墙结构防水检验批质量验收记录

01070302 _____

单位(子单位)工程名称			分部(子分部)工程名称			分项工程名称		
施工单位			项目负责人			检验批容量		
分包单位			分包单位项目负责人			检验批部位		
施工依据					验收依据	《地下防水工程质量验收规范》GB 50208—2011		

		验收项目		设计要求及规范规定	最小/实际抽样数量	检查记录	检查结果
主控项目	1	防水混凝土的原材料、配合比以及坍落度		第6.2.8条	/		
	2	防水混凝土的抗压强度和抗渗性能		第6.2.9条	/		
	3	地下连续墙的渗漏水量		第6.2.10条	/		
一般项目	1	地下连续墙的槽段接缝构造		第6.2.11条	/		
	2	地下连续墙墙面		第6.2.12条	/		
	3	地下连续墙墙体表面平整度	临时支护墙体	50mm	/		
			单一或复合墙体	30mm	/		
施工单位检查结果				专业工长： 项目专业质量检查员： 年 月 日			
监理单位验收结论				专业监理工程师： 年 月 日			

(2) 验收内容及检查方法条文摘录

一 般 规 定

6.2.1 地下连续墙适用于地下工程的主体结构、支护结构以及复合式衬砌的初期支护。

6.2.2 地下连续墙应采用防水混凝土，胶凝材料用量不应少于400kg/m³，水胶比应小于0.55，坍落度不得小于180mm。

6.2.3 地下连续墙施工时，混凝土应按每一个单元槽段留置一组抗压强度试件，每5个单元槽段留置一组抗渗试件。

6.2.4 叠合式侧墙的地下连续墙与内衬结构连接处，应凿毛并清洗干净，必要时应作特殊防水处理。

6.2.5 地下连续墙应根据工程要求和施工条件减少槽段数量；地下连续墙槽段接缝应避开拐角部位。

6.2.6 地下连续墙如有裂缝、孔洞、露筋等缺陷，应采用聚合物水泥砂浆修补；地下连续墙槽段接缝如有渗漏，应采用引排或注浆封堵。

6.2.7 地下连续墙分项工程检验批的抽样检验数量，应按每连续5个槽段抽查1个槽段，且不得少于3个槽段。

主 控 项 目

6.2.8 防水混凝土的原材料、配合比以及坍落度必须符合设计要求。

检验方法：检查产品合格证、产品性能检测报告、计量措施和材料进场检验报告。

6.2.9 防水混凝土的抗压强度和抗渗性能必须符合设计要求。

检验方法：检查混凝土抗压强度、抗渗性能检验报告。

6.2.10 地下连续墙的渗漏水量必须符合设计要求。

检验方法：观察检查和检查渗漏水检测记录。

一 般 项 目

6.2.11 地下连续墙的槽段接缝构造应符合设计要求。

检验方法：观察检查和检查隐蔽工程验收记录。

6.2.12 地下连续墙墙面不得有露筋、露石和夹泥现象。

检验方法：观察检查。

6.2.13 地下连续墙墙体表面平整度，临时支护墙体允许偏差并没有为50mm，单一或复合墙体允许偏差应为30mm。

检验方法：尺量检查。

(3) 验收说明

1) 施工依据：《地下工程防水技术规范》GB 50108—2008 相应的专业技术规范，施工工艺标准，并制订专项施工方案或技术交底资料。

2) 验收依据：《地下防水工程质量验收规范》GB 50208—2011，相应的现场质量验收检查原始记录。

3) 注意事项：

① 主控项目的质量经抽样检验均应合格；

② 一般项目的质量经抽样检验合格。当采用计数抽样时，合格点率应符合有关专业验收规范的规定，且不得存在严重缺陷；

③ 具有完整的施工操作依据、质量验收记录；

④ 本检验批的主控项目、一般项目已列入推荐表中，有关具体的内容及检查方法见基本规定及（2）条文摘录。

19. 盾构隧道检验批质量验收记录

（1）推荐表格

盾构隧道检验批质量验收记录

01070303 _____

单位(子单位) 工程名称			分部(子分部) 工程名称		分项工程名称		
施工单位			项目负责人		检验批容量		
分包单位			分包单位 项目负责人		检验批部位		
施工依据			验收依据		《地下防水工程质量验收规范》 GB 50208—2011		

		验收项目	设计要求及 规范规定	最小/实际 抽样数量	检查 记录	检查 结果
主控 项目	1	盾构隧道衬砌所用防水材料	第6.3.11条	/		
	2	钢筋混凝土管片的抗压强度和 抗渗性能	第6.3.12条	/		
	3	盾构隧道衬砌的渗漏水量	第6.3.13条	/		
一般 项目	1	管片接缝密封垫及其沟槽的断 面尺寸	第6.3.14条	/		
	2	密封垫在沟槽内设置	第6.3.15条	/		
	3	管片嵌缝槽的深度比及断面构 造形式、尺寸	第6.3.16条	/		
	4	嵌缝材料嵌填	第6.3.17条	/		
	5	管片的环向及纵向螺栓	第6.3.18条	/		
		衬砌内表面的外露铁件防腐处理	第6.3.18条	/		

施工单位 检查结果	专业工长： 项目专业质量检查员： 年　月　日
监理单位 验收结论	专业监理工程师： 年　月　日

（2）验收内容及检查方法条文摘录

一 般 规 定

6.3.1 盾构隧道适用于在软土和软岩中采用盾构掘进和拼装管片方法修建的衬砌结构。

6.3.2 盾构隧道衬砌防水措施应按表6.3.2选用。

表 6.3.2 盾构隧道衬砌防水措施

防水措施		高精度管片	接缝防水				混凝土内衬或其他内衬	外防水涂料
			密封垫	嵌缝材料	密封剂	螺孔密封圈		
防水等级	1级	必选	必选	全隧道或部分隧道应选	可选	必选	宜选	对混凝土有中等以上腐蚀的地层应选，在非腐蚀地面宜选
	2级	必选	必选	部分区段宜选	可选	必选	局部宜选	对混凝土有中等以上腐蚀的地层宜选
	3级	应选	必选	部分区段宜选	—	应选	—	对混凝土有中等以上腐蚀的地层宜选
	4级	可选	宜选	可选	—	—	—	—

6.3.3 钢筋混凝土管片的质量应符合下列规定：

1 管片混凝土抗压强度和抗渗性能以及混凝土氯离子扩散系数均应符合设计要求；

2 管片不应有露筋、孔洞、疏松、夹渣、有害裂缝、缺棱掉角、飞边等缺陷；

3 单块管片制作尺寸允许偏差应符合表 6.3.3 的规定。

表 6.3.3 单块管片制作尺寸允许偏差

项目	允许偏差(mm)
宽度	±1
弧长、弦长	±1
厚度	+3，−1

6.3.4 钢筋混凝土管片抗压和抗渗试件制作应符合下列规定：

1 直径 8m 以下隧道，同一配合比按每生产 10 环制作抗压试件一组，每生产 30 环制作抗渗试件一组；

2 直径 8m 以上隧道，同一配合比按每工作台班制作抗压试件一组，每生产 10 环制作抗渗试件一组。

6.3.5 钢筋混凝土管片的单块抗渗检漏应符合下列规定：

1 检验数量：管片每生产 100 环应抽查 1 块管片进行检漏测试，连续 3 次达到检漏标准，则改为每生产 200 环抽查 1 块管片，再连续 3 次达到检漏标准，按最终检测频率为 400 环抽查 1 块管片进行检漏测试。如出现一次不达标，则恢复每 100 环抽查 1 块管片的最初检漏频率，再按上述要求进行抽检。当检漏频率为每 100 环抽查 1 块时，如出现不达标，则双倍复检，如再出现不达标，必须逐块检漏。

2 检漏标准：管片外表在 0.8MPa 水压力下，恒压 3h，渗水进入管片外背高度不超过 50mm 为合格。

6.3.6 盾构隧道衬砌的管片密封垫防水应符合下列规定：

1 密封垫沟槽表面应干燥、无灰尘，雨天不得进行密封垫粘贴施工；

2　密封垫应与沟槽紧密贴合，不得有起鼓、超长和缺口现象；

3　密封垫粘贴完毕并达到规定强度后，方可进行管片拼装；

4　采用遇水膨胀橡胶密封垫时，非粘贴面应涂刷缓膨胀剂或采取符合缓膨胀的措施。

6.3.7　盾构隧道衬砌的管片嵌缝材料防水应符合下列规定：

1　根据盾构施工方法和隧道的稳定性，确定嵌缝作业开始的时间；

2　嵌缝槽如有缺损，应采用与管片混凝土强度等级相同的聚合物水泥砂浆修补；

3　嵌缝槽表面应坚实、平整、洁净、干燥；

4　嵌缝作业应在无明显渗水后进行；

5　嵌填材料施工时，应先刷涂基层处理剂，嵌填应密实、平整。

6.3.8　盾构隧道衬砌的管片密封剂防水应符合下列规定：

1　接缝管片渗漏时，应采用密封剂堵漏；

2　密封剂注入口应无缺损，注入通道应通畅；

3　密封剂材料注入施工前，应采取控制注入范围的措施。

6.3.9　盾构隧道衬砌的管片螺孔密封圈防水应符合下列规定：

1　螺栓拧紧前，应确保螺栓孔密封圈定位准确，并与螺栓孔沟槽相贴合；

2　螺栓孔渗漏时，应采取封堵措施；

3　不得使用已破损或提前膨胀的密封圈。

6.3.10　盾构隧道分项工程检验批的抽样检验数量，应按每连续 5 环抽查 1 环，且不得少于 3 环。

主 控 项 目

6.3.11　盾构隧道衬砌所用防水材料必须符合设计要求。

检验方法：检查产品合格证、产品性能检测报告、计量措施和材料进场检验报告。

6.3.12　钢筋混凝土管片的抗压强度和抗渗性能必须符合设计要求。

检验方法：检查混凝土抗压强度、抗渗性能检验报告和管片单块检漏测试报告。

6.3.13　盾构隧道衬砌的渗漏水量必须符合设计要求。

一 般 项 目

6.3.14　管片接缝密封垫及其沟槽的断面尺寸应符合设计要求。

检验方法：观察检查和检查隐蔽工程验收记录。

6.3.15　密封垫在沟槽内应套箍和粘结牢固，不得歪斜、扭曲。

检验方法：观察检查。

6.3.16　管片嵌缝槽的深度比及断面构造形式、尺寸应符合设计要求。

检验方法：观察检查和检查隐蔽工程验收记录。

6.3.17　嵌缝材料嵌填应密实、连续、饱满、表面平整、密贴牢固。

检验方法：观察检查和检查隐蔽工程验收记录。

6.3.18　管片的环向及纵向螺栓应全部穿进并拧紧；衬砌内表面的外露铁件防腐处理应符合设计要求。

检验方法：观察检查。

(3) 验收说明

1）施工依据：《地下工程防水技术规范》GB 50108—2008 相应的专业技术规范，施工工艺标准，并制订专项施工方案或技术交底资料。

2）验收依据：《地下防水工程质量验收规范》GB 50208—2011，相应的现场质量验收检查原始记录。

3）注意事项：

① 主控项目的质量经抽样检验均应合格；

② 一般项目的质量经抽样检验合格。当采用计数抽样时，合格点率应符合有关专业验收规范的规定，且不得存在严重缺陷；

③ 具有完整的施工操作依据、质量验收记录；

④ 本检验批的主控项目、一般项目已列入推荐表中，有关具体的内容及检查方法见基本规定及（2）条文摘录。

20. 沉井检验批质量验收记录

（1）推荐表格

沉井检验批质量验收记录

01070304 _____

单位(子单位)工程名称			分部(子分部)工程名称		分项工程名称		
施工单位			项目负责人		检验批容量		
分包单位			分包单位项目负责人		检验批部位		
施工依据			验收依据		《地下防水工程质量验收规范》GB 50208—2011		
验收项目			设计要求及规范规定	最小/实际抽样数量		检查记录	检查结果
主控项目	1	沉井混凝土的原材料、配合比以及坍落度	第6.4.7条		/		
	2	沉井混凝土的抗压强度和抗渗性能	第6.4.8条		/		
	3	沉井的渗漏水量	第6.4.9条		/		
一般项目	1	沉井干封衣施工	第6.4.3条		/		
		沉井水封衣施工	第6.4.4条		/		
	2	沉井底板与井壁接缝处的防水处理	第6.4.11条		/		
施工单位检查结果			专业工长：项目专业质量检查员： 年　月　日				
监理单位验收结论			专业监理工程师： 年　月　日				

（2）验收内容及检查方法条文摘录

一 般 规 定

6.4.1 沉井适用于下沉施工的地下建筑物或构筑物。

6.4.2 沉井结构应采用防水混凝土浇筑。沉井分段制作时，施工缝的防水措施应符合本规范第5.1节的有关规定；固定模板的螺栓穿过混凝土井壁时，螺栓部位的防水处理应符合本规范第5.5.6条的规定。

6.4.3 沉井干封底施工应符合下列规定：

1 沉井基底土面应全部挖至设计标高，待其下沉稳定后再将井内积水排干。

2 清除浮土杂物，底板与井壁连接部位应凿毛、清洗干净或涂刷混凝土界面处理剂，及时浇筑防水混凝土封底。

3 封底混凝土施工过程中，应从底板上的集水井中不间断地抽水。

4 在软土中封底时，宜分格逐段对称进行。

5 封底混凝土达到设计强度后，方可停止抽水；集水井的封堵应采用微膨胀混凝土填充捣实，并用法兰、焊接钢板等方法封平。

6.4.4 沉井水下封底施工应符合下列规定：

1 井底应将浮泥清理干净，并铺碎石垫层。

2 底板与井壁连接部位应冲刷干净。

3 封底宜采用水下不分散混凝土，其坍落度宜为 180mm～220mm。

4 封底混凝土应在沉井全部底面积上连续均匀浇筑，浇筑时导管插入混凝土深度不宜小于1.5m。

5 封底混凝土应达到设计强度后，方可从井内抽水，并应检查封底质量，对渗漏水部位应进行堵漏处理。

6.4.5 防水混凝土底板应连续浇筑，不得留设施工缝；底板与井壁拼缝处的防水处理应符合本规范第5.1节的有关规定。

6.4.6 沉井分项工程检验批的抽样检验数量，应按混凝土外露面积每100m² 抽查1处，每处 10m²，且不得少于3处。

主 控 项 目

6.4.7 沉井混凝土的原材料、配合比以及坍落度必须符合设计要求。

检验方法：检查产品合格证、产品性能检测报告、计量措施和材料进场检验报告。

6.4.8 沉井混凝土的抗压强度和抗渗性能必须符合设计要求。

检验方法：检查混凝土抗压强度、抗渗性能检验报告。

6.4.9 沉井的渗漏水量必须符合设计要求。

检验方法：观察检查和检查渗漏水检测记录。

一 般 项 目

6.4.10 沉井干封底和水下封底的施工应符合本规范第6.4.3条和第6.4.4条的规定。

检验方法：观察检查和检查隐蔽工程验收记录。

6.4.11 沉井底板与井壁接缝处的防水处理应符合设计要求。

检验方法：观察检查和检查隐蔽工程验收记录。

(3) 验收说明

1) 施工依据：《地下工程防水技术规范》GB 50108—2008 相应的专业技术规范，施工工艺标准，并制订专项施工方案或技术交底资料。

2）验收依据：《地下防水工程质量验收规范》GB 50208—2011，相应的现场质量验收检查原始记录。

3）注意事项：

① 主控项目的质量经抽样检验均应合格；

② 一般项目的质量经抽样检验合格。当采用计数抽样时，合格点率应符合有关专业验收规范的规定，且不得存在严重缺陷；

③ 具有完整的施工操作依据、质量验收记录；

④ 本检验批的主控项目、一般项目已列入推荐表中，有关具体的内容及检查方法见基本规定及（2）条文摘录。

21. 逆筑结构检验批质量验收记录

（1）推荐表格

逆筑结构检验批质量验收记录 01070305 _____

单位(子单位)工程名称			分部(子分部)工程名称		分项工程名称		
施工单位			项目负责人		检验批容量		
分包单位			分包单位项目负责人		检验批部位		
施工依据			验收依据		《地下防水工程质量验收规范》GB 50208—2011		
验收项目			设计要求及规范规定	最小/实际抽样数量	检查记录	检查结果	
主控项目	1	补偿收缩混凝土的原材料、配合比以及坍落度	第6.5.8条	/			
	2	内衬墙接缝用遇水膨胀止水条或止水胶和预埋注浆管	第6.5.9条	/			
	3	逆筑结构的渗漏水量	第6.5.10条	/			
一般项目	1	地下连续墙为主体结构逆筑法施工	第6.5.2条	/			
		地下连续墙与内衬构成复合式衬砌逆筑法施工	第6.5.3条	/			
	2	遇水膨胀止水条应具有缓膨胀性能；	第5.1.8条	/			
		止水条埋设	第5.1.8条	/			
	3	遇水膨胀止水胶施工	第5.1.9条	/			
	4	预埋注浆管的施工	第5.1.10条	/			
施工单位检查结果		专业工长： 项目专业质量检查员： 年 月 日					
监理单位验收结论		专业监理工程师： 年 月 日					

(2) 验收内容及检查方法条文摘录

一 般 规 定

6.5.1 逆筑结构适用于地下连续墙为主体结构或地下连续墙与内衬构成复合衬砌进行逆筑法施工的地下工程。

6.5.2 地下连续墙为主体结构逆筑法施工应符合下列规定：

1 地下连续墙墙面应凿毛、清洗干净，并宜做水泥砂浆防水层；

2 地下连续墙与顶板、中楼板、底板接缝部位应凿毛处理；施工缝的施工应符合本规范第 5.1 节的有关规定；

3 钢筋接驳器处宜涂刷水泥基渗透结晶型防水涂料。

6.5.3 地下连续墙与内衬构成复合衬砌进行逆筑法施工除应符合本规范第 6.5.2 条的规定外，尚应符合下列规定：

1 顶板及中楼板下部 500mm 内衬墙应同时浇筑，内衬墙下部应做成斜坡形；斜坡形下部应预留 300mm～500mm 空间，并应待下部先浇混凝土施工 14d 后再行浇筑；

2 浇筑混凝土前，内衬墙的接缝面应凿毛、清洗干净，并应设置遇水膨胀止水条或止水胶和预埋注浆管；

3 内衬墙的后浇带混凝土应采用补偿收缩混凝土，浇筑口宜高于斜坡顶端 200mm 以上；

6.5.4 内衬墙垂直施工缝应与地下连续墙的槽段接缝相互错开 2.0m～3.0m。

6.5.5 底板混凝土应连续浇筑，不得留设施工缝；底板与桩头接缝部位的防水处理应符合本规范第 5.7 节的有关规定。

6.5.6 底板混凝土达到设计强度后方可停止降水，并应将降水井封堵密实。

6.5.7 逆筑结构分项工程检验批的抽样检验数量，应按混凝土外露面积每 100m² 抽查 1 处，每处 10m²，且不得少于 3 处。

主 控 项 目

6.5.8 补偿收缩混凝土的原材料、配合比以及坍落度必须符合设计要求。

检验方法：检查产品合格证、产品性能检测报告、计量措施和材料进场检验报告。

6.5.9 内衬墙接缝用遇水膨胀止水条或止水胶和预埋注浆管必须符合设计要求；

检验方法：检查产品合格证、产品性能检测报告和材料进场检验报告。

6.5.10 逆筑结构的渗漏水量必须符合设计要求。

检验方法：观察检查和检查渗漏水检测记录。

一 般 项 目

6.5.11 逆筑结构的施工应符合本规范第 6.5.2 条和第 6.5.3 条的规定。

检验方法：观察检查和检查隐蔽工程验收记录。

6.5.12 遇水膨胀止水条的施工应符合本规范第 5.1.8 条的规定；遇水膨胀止水胶的施工应符合本规范第 5.1.9 条的规定；预埋注浆管的施工应符合本规范第 5.1.10 条的规定。

检验方法：观察检查和检查隐蔽工程验收记录。

(3) 验收说明

1) 施工依据：《地下工程防水技术规范》GB 50108—2008 相应的专业技术规范，施工工艺标准，并制订专项施工方案或技术交底资料。

2）验收依据：《地下防水工程质量验收规范》GB 50208—2011，相应的现场质量验收检查原始记录。

3）注意事项：

① 主控项目的质量经抽样检验均应合格；

② 一般项目的质量经抽样检验合格。当采用计数抽样时，合格点率应符合有关专业验收规范的规定，且不得存在严重缺陷；

③ 具有完整的施工操作依据、质量验收记录；

④ 本检验批的主控项目、一般项目已列入推荐表中，有关具体的内容及检查方法见《施工缝检验批质量验收记录》及本检验批的基本规定和（2）条文摘录。

22. 渗排水、盲沟排水检验批质量验收记录

（1）推荐表格

渗排水、盲沟排水检验批质量验收记录

01070401 _____

单位(子单位) 工程名称			分部(子分部) 工程名称		分项工程名称		
施工单位			项目负责人		检验批容量		
分包单位			分包单位项目 负责人		检验批部位		
施工依据				验收依据	《地下防水工程质量验收规范》 GB 50208—2011		
		验收项目		设计要求及 规范规定	最小/实际 抽样数量	检查记录	检查结果
主控 项目	1	盲沟反滤层的层次和粒径组成		第7.1.7条	/		
	2	集水管的埋置深度及坡度		第7.1.8条	/		
一般 项目	1	渗排水构造		第7.1.9条	/		
	2	渗排水层的铺设		第7.1.10条	/		
	3	盲沟排水构造		第7.1.11条	/		
	4	集水管采用平接式或承插式接口		第7.1.12条	/		
施工单位 检查结果		专业工长： 项目专业质量检查员： 年　月　日					
监理单位 验收结论		专业监理工程师： 年　月　日					

（2）验收内容及检查方法条文摘录

一 般 规 定

7.1.1　渗排水适用于无自流排水条件、防水要求较高且有抗浮要求的地下工程。盲沟排水适用于地基为弱透水性土层、地下水量不大或排水面积较小，地下水位在结构底板以下或在丰水期地下水位高于结构底板的地下工程。

7.1.2　渗排水应符合下列规定：

1 渗排水层用砂、石应洁净，含泥量不应大于 2.0%；

2 粗砂过滤层总厚度宜为 300mm，如较厚时应分层铺填；过滤层与基坑土层接触处，应采用厚度为 100 mm~150mm、粒径为 5 mm~10mm 的石子铺填；

3 集水管应设置在粗砂过滤层下部，坡度不宜小于 1%，且不得有倒坡现象。集水管之间的距离宜为 5 m~10m，并与集水井相通；

4 工程底板与渗排水层之间应做隔浆层，建筑周围的渗排水层顶面应做散水坡。

7.1.3 盲沟排水应符合下列规定：

1 盲沟成型尺寸和坡度应符合设计要求；

2 盲沟的类型及盲沟与基础的距离应符合设计要求；

3 盲沟用砂、石应洁净，含泥量不应大于 2.0%；

4 盲沟反滤层层次和粒径组成应符合表 7.1.3 的规定；

表 7.1.3 盲沟反滤层的层次和粒径组成

反滤层的层次	建筑物地区地层为砂性土时（塑性指数 I_p < 3）	建筑物地区地层为黏性土时（塑性指数 I_p > 3）
第一层（贴天然土）	用 1mm~3mm 粒径砂子组成	用 2mm~5mm 粒径砂子组成
第二层	用 3mm~10mm 粒径小卵石组成	用 5mm~10mm 粒径小卵石组成

5 盲沟在转弯处和高低处应设置检查井，出水口处应设置滤水箅子。

7.1.4 渗排水、盲沟排水均应在地基工程验收合格后进行施工。

7.1.5 集水管宜采用无砂混凝土管、硬质塑料管或软式透水管。

7.1.6 渗排水、盲沟排水分项工程检验批的抽样检验数量：应按 10% 抽查，其中按两轴线间或 10 延米为 1 处，且不得少于 3 处。

主 控 项 目

7.1.7 盲沟反滤层的层次和粒径组成必须符合设计要求。

检验方法：检查砂、石试验报告和隐蔽工程验收记录。

7.1.8 集水管的埋置深度及坡度必须符合设计要求。

检验方法：观察和尺量检查。

一 般 项 目

7.1.9 渗排水构造应符合设计要求。

检验方法：观察检查和检查隐蔽工程验收记录。

7.1.10 渗排水层的铺设应分层、铺平、拍实。

检验方法：观察检查和检查隐蔽工程验收记录。

7.1.11 盲沟排水构造应符合设计要求。

检验方法：观察检查和检查隐蔽工程验收记录。

7.1.12 集水管采用平接式或承插式接口应连接牢固，不得扭曲变形和错位。

检验方法：观察检查

(3) 验收说明

1) 施工依据：《地下工程防水技术规范》GB 50108—2008 相应的专业技术规范，施工工艺标准，并制订专项施工方案或技术交底资料。

2）验收依据：《地下防水工程质量验收规范》GB 50208—2011，相应的现场质量验收检查原始记录。

3）注意事项：

① 主控项目的质量经抽样检验均应合格；

② 一般项目的质量经抽样检验合格。当采用计数抽样时，合格点率应符合有关专业验收规范的规定，且不得存在严重缺陷；

③ 具有完整的施工操作依据、质量验收记录；

④ 本检验批的主控项目、一般项目已列入推荐表中，有关具体的内容及检查方法见基本规定及（2）条文摘录。

23. 隧道排水、坑道排水检验批质量验收记录

（1）推荐表格

隧道排水、坑道排水检验批质量验收记录

01070402 _____

单位(子单位) 工程名称			分部(子分部) 工程名称		分项工程名称	
施工单位			项目负责人		检验批容量	
分包单位			分包单位项目 负责人		检验批部位	
施工依据			验收依据		《地下防水工程质量验收规范》 GB 50208—2011	
		验收项目		设计要求及 规范规定	最小/实际 抽样数量	检查记录	检查结果
主控 项目	1	盲沟反滤层的层次和粒径		第7.2.10条	/		
	2	无砂混凝土管、硬质塑料管或软式透水管		第7.2.11条	/		
	3	隧道、坑道排水系统必须畅通		第7.2.12条	/		
一般 项目	1	盲沟、盲管及横向导水管的管径、间距、坡度		第7.2.13条	/		
	2	隧道或坑道内排水明沟及离壁式衬砌外排水沟,其断面尺寸及坡度		第7.2.14条	/		
	3	盲管应与岩壁或初期支护密贴,并应固定牢固		第7.2.15条	/		
		环向、纵向盲管接头宜与盲管相配套		第7.2.15条	/		
	4	贴壁式、复合式衬壁的盲沟与混凝土衬砌接触部位应做隔浆层		第7.2.16条	/		
施工单位 检查结果		专业工长： 项目专业质量检查员： 年 月 日					
监理单位 验收结论		专业监理工程师： 年 月 日					

（2）验收内容及检查方法条文摘录

一 般 规 定

7.2.1 隧道排水、坑道排水适用于贴壁式、复合式、离壁式衬砌。

7.2.2 隧道或坑道内如设置排水泵房时，主排水泵站和辅助排水泵站、集水池的有效容积应符合设计规定。

7.2.3 主排水泵站、辅助排水泵站和污水泵房的废水及污水，应分别排入城市雨水和污水管道系统。污水的排放尚应符合国家现行有关标准的规定。

7.2.4 坑道排水应符合有关特殊功能设计的要求。

7.2.5 隧道贴壁式、复合式衬砌围岩疏导排水应符合下列规定：

1 集中地下水出露处，宜在衬砌背后设置盲沟、盲管或钻孔等引排措施；

2 水量较大、出水面广时，衬砌背后应设置环向、纵向盲沟组成排水系统，将水集排至排水沟内；

3 当地下水丰富、含水层明显且有补给来源时，可采用辅助坑道或泄水洞等截、排水设施。

7.2.6 盲沟中心宜采用无砂混凝土管或硬质塑料管，其管周围应设置反滤层；盲管应采用软式透水管。

7.2.7 排水明沟的纵向坡度应与隧道或坑道坡度一致，排水明沟应设置盖板和检查井。

7.2.8 隧道离壁式衬砌侧墙外排水沟应做成明沟，其纵向坡度不应小于 0.5%。

7.2.9 隧道排水、坑道排水分项工程检验批的抽样检验数量：应按 10% 抽查，其中按两轴线间或 10 延米为 1 处，且不得少于 3 处。

主 控 项 目

7.2.10 盲沟反滤层的层次和粒径必须符合设计要求。

检验方法：检查砂、石试验报告。

7.2.11 无砂混凝土管、硬质塑料管或软式透水管必须符合设计要求。

检验方法：检查产品合格证和产品性能检测报告。

7.2.12 隧道、坑道排水系统必须畅通。

检验方法：观察检查。

一 般 项 目

7.2.13 盲沟、盲管及横向导水管的管径、间距、坡度均应符合设计要求。

检验方法：观察和尺量检查。

7.2.14 隧道或坑道内排水明沟及离壁式衬砌外排水沟，其断面尺寸及坡度应符合设计要求。

检验方法：观察和尺量检查。

7.2.15 盲管应与岩壁或初期支护密贴，并应固定牢固；环向、纵向盲管接头宜与盲管相配套。

检验方法：观察检查。

7.2.16 贴壁式、复合式衬壁的盲沟与混凝土衬砌接触部位应做隔浆层。

检验方法：观察检查和检查隐蔽工程验收记录。

1）施工依据：《地下工程防水技术规范》GB 50108—2008 相应的专业技术规范，施工工艺标准，并制订专项施工方案或技术交底资料。

2）验收依据：《地下防水工程质量验收规范》GB 50208—2011，相应的现场质量验收检查原始记录。

3）注意事项：

① 主控项目的质量经抽样检验均应合格；

② 一般项目的质量经抽样检验合格。当采用计数抽样时，合格点率应符合有关专业验收规范的规定，且不得存在严重缺陷；

③ 具有完整的施工操作依据、质量验收记录；

④ 本检验批的主控项目、一般项目已列入推荐表中，有关具体的内容及检查方法见（2）条文摘录；

⑤ 黑体字的为强制性条文，必须严格执行，制订落实控制措施。

24. 塑料排水板检验批质量验收记录

（1）推荐表格

塑料排水板排水检验批质量验收记录

01070403 _____

单位(子单位)工程名称		分部(子分部)工程名称		分项工程名称		
施工单位		项目负责人		检验批容量		
分包单位		分包单位项目负责人		检验批部位		
施工依据		验收依据		《地下防水工程质量验收规范》GB 50208—2011		

验收项目			设计要求及规范规定	最小/实际抽样数量	检查记录	检查结果
主控项目	1	塑料排水板和土工布	第7.3.8条	/		
	2	塑料排水板排水层与排水系统	第7.3.9条	/		
一般项目	1	塑料排水板排水层构造和施工工艺	第7.3.10条	/		
	2	塑料排水板的长短边搭接宽度	均不应小于100mm	/		
		塑料排水板接缝	第7.3.11条	/		
	3	土工布铺设	第7.3.12条	/		
		土工布的搭接宽度和搭接方法	第7.3.12条	/		
施工单位检查结果		专业工长：项目专业质量检查员：年 月 日				
监理单位验收结论		专业监理工程师：年 月 日				

212

（2）验收内容及检查方法条文摘录

一 般 规 定

7.3.1 塑料排水板适用于无自流排水条件且防水要求较高的地下工程以及地下工程种植顶板排水。

7.3.2 塑料排水板排水构造应选用抗压强度大且耐久性好的凹凸型排水板。

7.3.3 塑料排水板排水构造应符合设计要求，并宜符合以下工艺流程：

1 室内底板排水按混凝土底板→铺设塑料排水板（支点向下）→混凝土垫层→配筋混凝土面层等顺序进行；

2 室内侧墙排水按混凝土侧墙→粘贴塑料排水板（支点向墙面）→钢丝网固定→水泥砂浆面层等顺序进行；

3 种植顶板排水按混凝土顶板→找坡层→防水层→混凝土保护层→铺设塑料排水板（支点向上）→铺设土工布→覆盖等顺序进行；

4 隧道或坑道排水按初期支护→铺设土工布→铺设塑料排水板（支点向初期支护）→二次衬构等顺序进行。

7.3.4 铺设塑料排水板应采用搭接法施工，长短边搭接宽度均不应小于100mm。塑料排水板的接缝处宜采用配套胶粘剂粘结或热熔焊接。

7.3.5 地下工程种植顶板种植土若低于周围土体，塑料排水板排水层必须结合排水沟或盲沟分区设置，并保持排水畅通。

7.3.6 塑料排水板应与土工布复合使用。土工布宜采用$200g/m^2 \sim 400g/m^2$的聚酯无纺布。布应铺设在塑料排水板的凸面上。相邻土工布搭接宽度不应小于200mm，搭接部位应采用粘合或缝合。

7.3.7 塑料排水板排水分项工程检验批的抽样检验数量：应按铺设面积每$100m^2$抽查1处，每处$10m^2$，且不得少于3处。

主 控 项 目

7.3.8 塑料排水板和土工布必须符合设计要求。

检验方法：检查产品合格证和产品性能检测报告。

7.3.9 塑料排水板排水层必须与排水系统连通，不得有堵塞现象。

检验方法：观察检查。

一 般 项 目

7.3.10 塑料排水板排水层构造做法应符合本规范第7.3.3条的规定。

检验方法：观察检查和检查隐蔽工程验收记录。

7.3.11 塑料排水板的搭接宽度和搭接方法应符合本规范第7.3.4条的规定。

检验方法：观察和尺量检查。

7.3.12 土工布铺设应平整、无折皱；土工布的搭接宽度和搭接方法应符合本规范第7.3.6规定。

检验方法：观察和尺量检查。

（3）验收说明

1）施工依据：《地下工程防水技术规范》GB 50108—2008相应的专业技术规范，施工工艺标准，并制订专项施工方案或技术交底资料。

2）验收依据：《地下防水工程质量验收规范》GB 50208—2011，相应的现场质量验收检查原始记录。

3）注意事项：

① 主控项目的质量经抽样检验均应合格；

② 一般项目的质量经抽样检验合格。当采用计数抽样时，合格点率应符合有关专业验收规范的规定，且不得存在严重缺陷；

③ 具有完整的施工操作依据、质量验收记录；

④ 本检验批的主控项目、一般项目已列入推荐表中，有关具体的内容及检查方法见

（2）条文摘录。

25. 预注浆、后注浆检验批质量验收记录

（1）推荐表格

预注浆、后注浆检验批质量验收记录　　　　01070501 _____

单位（子单位）工程名称			分部（子分部）工程名称		分项工程名称	
施工单位			项目负责人		检验批容量	
分包单位			分包单位项目负责人		检验批部位	
施工依据				验收依据	《地下防水工程质量验收规范》GB 50208—2011	
验收项目			设计要求及规范规定	最小/实际抽样数量	检查记录	检查结果
主控项目	1	配制浆液的原材料及配合比	第8.1.7条	/		
	2	预注浆和后注浆的注浆效果	第8.1.8条	/		
一般项目	1	注浆孔的数量、布置间距、钻孔深度及角度	第8.1.9条	/		
	2	注浆各阶段的控制压力和注浆量	第8.1.10条	/		
	3	注浆时浆液不得溢出地面和超出有效注浆范围	第8.1.11条	/		
	4	注浆对地面产生的沉降量	≯30mm	/		
		地面的隆起	≯20mm	/		
施工单位检查结果		专业工长： 项目专业质量检查员： 年　月　日				
监理单位验收结论		专业监理工程师： 年　月　日				

214

（2）验收内容及检查方法条文摘录

一 般 规 定

8.1.1 预注浆适用于工程开挖前预计涌水量较大的地段或软弱地层；后注浆法适用于工程开挖后处理围岩渗漏及初期壁后空隙回填。

8.1.2 注浆材料应符合下列规定：

1 具有较好的可注性；

2 具有固结收缩小，良好的粘结性、抗渗性、耐久性和化学稳定性；

3 低毒并对环境污染小；

4 注浆工艺简单，施工操作方便，安全可靠。

8.1.3 在砂卵石层中宜采用渗透注浆法；在黏土层中宜采用劈裂注浆法；在淤泥质软土中宜采用高压喷射注浆法。

8.1.4 注浆浆液应符合下列规定：

1 预注浆宜采用水泥浆液、黏土水泥浆液或化学浆液；

2 后注浆宜采用水泥浆液、水泥砂浆或掺有石灰、黏土膨润土、粉煤灰的水泥浆液；

3 注浆浆液配合比应经现场试验确定。

8.1.5 注浆过程控制应符合下列规定：

1 根据工程地质、注浆目的等控制注浆压力和注浆量；

2 回填注浆应在衬砌混凝土达到设计强度的 70% 后进行，衬砌后围岩注浆应在充填注浆固结体达到设计强度的 70% 后进行；

3 浆液不得溢出地面和超出有效注浆范围，地面注浆结束后注浆孔应封填密实；

4 注浆范围和建筑物的水平距离很近时，应加强对临近建筑物和地下埋设物的现场监控；

5 注浆点距离饮用水源或公共水域较近时，注浆施工如有污染应及时采取相应措施。

8.1.6 预注浆、后注浆分项工程检验批的抽样检验数量，应按加固或堵漏面积每 100m² 抽查 1 处，每处 10m²，且不得少于 3 处。

主 控 项 目

8.1.7 配制浆液的原材料及配合比必须符合设计要求。

检验方法：检查产品合格证、产品性能检测报告、计量措施和材料进场检验报告。

8.1.8 预注浆和后注浆的注浆效果必须符合设计要求。

检验方法：采用钻孔取芯法检查；必要时采取压水或抽水试验方法检查。

一 般 项 目

8.1.9 注浆孔的数量、布置间距、钻孔深度及角度应符合设计要求。

检验方法：尺量检查和检查隐蔽工程验收记录。

8.1.10 注浆各阶段的控制压力和注浆量应符合设计要求。

检验方法：观察检查和检查隐蔽工程验收记录。

8.1.11 注浆时浆液不得溢出地面和超出有效注浆范围。

检验方法：观察检查。

8.1.12 注浆对地面产生的沉降量不得超过 30mm，地面的隆起不得超过 20mm。

检验方法：用水准仪测量。

（3）验收说明

1）施工依据：《地下工程防水技术规范》GB 50108—2008 相应的专业技术规范，施工工艺标准，并制订专项施工方案或技术交底资料。

2）验收依据：《地下防水工程质量验收规范》GB 50208—2011，相应的现场质量验收检查原始记录。

3）注意事项：

① 主控项目的质量经抽样检验均应合格；

② 一般项目的质量经抽样检验合格。当采用计数抽样时，合格点率应符合有关专业验收规范的规定，且不得存在严重缺陷；

③ 具有完整的施工操作依据、质量验收记录；

④ 本检验批的主控项目、一般项目已列入推荐表中，有关具体的内容及检查方法见（2）条文摘录。

26. 结构裂缝注浆检验批质量验收记录

（1）推荐表格

结构裂缝注浆检验批质量验收记录

01070502 _____

单位(子单位) 工程名称			分部(子分部) 工程名称		分项工程名称		
施工单位			项目负责人		检验批容量		
分包单位			分包单位项目 负责人		检验批部位		
施工依据				验收依据	《地下防水工程质量验收规范》 GB 50208—2011		
		验收项目		设计要求及 规范规定	最小/实际 抽样数量	检查记录	检查结果
主控 项目	1	注浆材料及配合比		第 8.2.6 条	/		
	2	结构裂缝注浆的注浆效果		第 8.2.7 条	/		
一般 项目	1	注浆孔的数量、布置间距、钻孔深度 及角度		第 8.2.8 条	/		
	2	注浆各阶段的控制压力和注浆量		第 8.2.9 条	/		
施工单位 检查结果		专业工长： 项目专业质量检查员： 年　月　日					
监理单位 验收结论		专业监理工程师： 年　月　日					

216

（2）验收内容及检查方法条文摘录

一 般 规 定

8.2.1 结构裂缝注浆适用于混凝土结构宽度大于 0.2mm 的静止裂缝、贯穿性裂缝等堵水注浆。

8.2.2 裂缝注浆应待结构基本稳定和混凝土达到设计强度后进行。

8.2.3 结构裂缝堵水注浆宜选用聚氨酯、甲丙烯酸盐等化学浆液；补强加固的结构裂缝注浆宜选用改性环氧树脂、超细水泥等浆液。

8.2.4 结构裂缝注浆应符合下列规定：

1 施工前，应沿缝清除基面上的油污杂质；

2 浅裂缝应骑缝粘埋注浆嘴，必要时沿缝开凿"U"形槽并用速凝水泥砂浆封缝；

3 深裂缝应骑缝钻孔或斜向钻孔至裂缝深部，孔内安放注浆管或注浆嘴，间距应根据裂缝宽度而定，但每条裂缝至少有一个进浆孔和一个排气孔；

4 注浆嘴及注浆管应设在裂缝的交叉处、较宽处及贯穿处等部位。对封缝的密封效果应进行检查；

5 注浆后待缝内浆液固化后，方可拆下注浆嘴并进行封口抹平。

8.2.5 结构裂缝注浆分项工程检验批的抽样检验数量，应按裂缝的条数抽查 10%，每条裂缝检查 1 处，且不得少于 3 处。

主 控 项 目

8.2.6 注浆材料及配合比必须符合设计要求。

检验方法：检查产品合格证、产品性能检测报告、计量措施和材料进场检验报告。

8.2.7 结构裂缝注浆的注浆效果必须符合设计要求。

检验方法：观察检查和压水或压气检查，必要时钻取芯样采取劈裂抗拉强度试验方法检查。

一 般 项 目

8.2.8 注浆孔的数量、布置间距、钻孔深度及角度应符合设计要求。

检验方法：尺量检查和检查隐蔽工程验收记录。

8.2.9 注浆各阶段的控制压力和注浆量应符合设计要求。

检验方法：观察检查和检查隐蔽工程验收记录。

（3）验收说明

1）施工依据：《地下工程防水技术规范》GB 50108—2008 相应的专业技术规范，施工工艺标准，并制订专项施工方案或技术交底资料。

2）验收依据：《地下防水工程质量验收规范》GB 50208—2011，相应的现场质量验收检查原始记录。

3）注意事项：

① 主控项目的质量经抽样检验均应合格；

② 一般项目的质量经抽样检验合格。当采用计数抽样时，合格点率应符合有关专业验收规范的规定，且不得存在严重缺陷；

③ 具有完整的施工操作依据、质量验收记录；

④ 本检验批的主控项目、一般项目已列入推荐表中，有关具体的内容及检查方法见（2）条文摘录。

第五章　主体结构分部工程检验批质量验收用表

第一节　主体结构分部工程检验批质量验收用表编号及表的目录

一、主体结构与建筑地基基础有关分部、分项及检验批质量验收共用表

地基基础分部工程的子分部基础部分的验收内容与主体结构的内容是一致的，其检验批验收用表是一表多用。这里将检验批的编号列出。具体表格与相应的主体结构一起使用。

主体结构与建筑地基基础有关子分部、分项及检验批质量验收共用表编号见表5.1-1。

表 5.1-1　主体结构与建筑地基基础有关分部、分项及检验批质量验收共用表编号

分部工程	子分部工程及编号	分项工程名称及编号	检验批名称及编号			依据规范及标准章节	
			序号	检验批名称	检验批编号		
建筑地基基础分部工程01与主体分部工程02有关的验收项目	基础0102	无筋扩张基础010201	1	砖砌体检验批质量验收记录	01020101	《砌体结构工程施工质量验收规范》GB 50203—2011	5　砖砌体工程
			2	混凝土小型空心砌块砌体检验批质量验收记录	01020102		6　混凝土小型空心砌块砌体工程
			3	石砌体检验批质量验收记录	01020103		7　石砌体工程
			4	配筋砌体检验批质量验收记录	01020104		8　配筋砌体工程
		钢筋混凝土扩张基础010202	1	模板安装检验批质量验收记录	01020201	《混凝土结构工程施工质量验收规范》GB 50204—2015	4.2　模板安装
			2	钢筋材料检验批质量验收记录	01020202		5.2　材料
			3	钢筋加工检验批质量验收记录	01020203		5.3　钢筋加工
			4	钢筋连接检验批质量验收记录	01020204		5.4　钢筋连接
			5	钢筋安装检验批质量验收记录	01020205		5.5　钢筋安装

分部工程	子分部工程及编号	分项工程名称及编号	序号	检验批名称	检验批编号	依据规范及标准章节	
建筑地基基础分部工程01与主体分部工程02有关的验收项目	基础0102	钢筋混凝土扩张基础010202	6	混凝土原材料检验批质量验收记录	01020206		7.2 原材料
			7	混凝土拌合物检验批质量验收记录	01020207		7.3 混凝土拌合物
			8	混凝土施工检验批质量验收记录	01020208		7.4 混凝土施工
			9	现浇结构外观质量检验批质量验收记录	01020209		8.2 外观质量
			10	现浇结构位置及尺寸偏差检验批质量验收记录	01020210		8.3 尺寸偏差
		筏形与箱型基础010203	1	模板安装检验批质量验收记录	01020301	《混凝土结构工程施工质量验收规范》GB 50205—2015	4.2 模板安装
			2	钢筋材料检验批质量验收记录	01020302		5.2 材料
			3	钢筋加工检验批质量验收记录	01020303		5.3 钢筋加工
			4	钢筋连接检验批质量验收记录	01020304		5.4 钢筋连接
			5	钢筋安装检验批质量验收记录	01020305		5.5 钢筋安装
			6	混凝土材料检验批质量验收记录	01020306		7.2 原材料
			7	混凝土拌合物检验批质量验收记录	01020307		7.3 混凝土拌合物
			8	混凝土施工检验批质量验收记录	01020308		7.4 混凝土施工
			9	现浇结构外观质量检验批质量验收记录	01020309		8.2 外观质量
			10	现浇结构位置及尺寸偏差检验批质量验收记录	01020310		8.3 尺寸偏差
		钢结构基础010204	1	钢结构焊接检验批质量验收记录	01020401	《钢结构工程施工质量验收规范》GB 50205—2001	4.3 焊接材料 5.2 钢构件焊接工程
			2	焊钉(栓钉)焊接工程检验批质量验收记录	01020402		4.3 焊接材料 5.3 焊钉(栓钉)焊接工程
			3	紧固件连接检验批质量验收记录	01020403		4.4 连接用紧固标准件 6.2 普通紧固件连接

分部工程	子分部工程及编号	分项工程名称及编号	检验批名称及编号			依据规范及标准章节
			序号	检验批名称	检验批编号	
建筑地基基础分部工程01与主体分部工程02有关的验收项目	基础 0102	钢结构基础 010204	4	高强度螺栓连接检验批质量验收记录	01020404	4.4 连接用紧固标准件 6.3 高强度螺栓连接
			5	钢零部件加工检验批质量验收记录	01020405	4.2 钢材 7.2 切割 7.3 矫正和成型 7.4 边缘加工 7.6 制孔
			6	钢构件组装检验批质量验收记录	01020406	8.2 焊接H型钢 8.3 组装 8.4 端部铣平及安装焊缝坡口 8.5 钢构件外形尺寸
			7	钢构件预拼装检验批质量验收记录	01020407	9.2 预拼装
			8	单层钢结构安装检验批质量验收记录	01020408	10.2 基础及支承面 10.4 安装和矫正
			9	多层及高层钢结构安装检验批质量验收记录	01020409	11.2 基础及支承面 11.3 安装和校正
			10	压型金属板检验批质量验收记录	01020410	13 压型金属板工程
			11	防腐涂料涂装检验批质量验收记录	01020411	14.2 钢结构防腐涂料涂装
			12	防火涂料涂装检验批质量验收记录	01020412	14.3 钢结构防水涂料涂装
		钢管混凝土结构基础 010205	1	钢管构件进场验收检验批质量验收记录	01020501	4.1 钢管构件进场验收
			2	钢管混凝土构件现场拼装验收批质量验收记录	01020502	4.2 钢管混凝土构件现场拼装
			3	钢管混凝土柱脚锚固检验批质量验收记录	01020503	4.3 钢管混凝土柱脚锚固
			4	钢管混凝土构件安装检验批质量验收记录	01020504	4.4 钢管混凝土构件安装
			5	钢管混凝土柱与钢筋混凝土梁连接检验批质量验收记录	01020505	4.5 钢管混凝土柱与钢筋混凝土梁连接
			6	钢管内钢筋骨架检验批质量验收记录	01020506	4.6 钢管内钢筋骨架
			7	钢管内混凝土浇筑检验批质量验收记录	01020507	4.7 钢管内混凝土浇筑

依据规范及标准章节：《钢结构工程施工质量验收规范》GB 50205—2001（对应序号4~12）；《钢管混凝土工程施工质量验收规范》GB 50628—2010（对应钢管混凝土结构基础）

二、主体结构分部子分部、分项及检验批质量验收用表

主体结构分部子分部、分项及检验批验收内容与相应规范、章节对应如表 5.1-2 所示，有混凝土结构工程、砌体工程、钢结构工程、钢管混凝土结构工程、型钢混凝土结构工程、铝合金结构工程、木结构工程子分部工程的检验批质量验收用表。型钢混凝土结构工程为新增加的子分部工程，暂无检验批表格。

主体结构分部子分部、分项及检验批质量验收用表编号见表 5.1-2。

表 5.1-2 主体结构分部子分部、分项及检验批质量验收用表编号

分部工程	子分部工程及编号	分项工程名称及编号	序号	检验批名称	检验批编号	依据规范及标准章节	
主体结构分部工程 02	混凝土结构 0201	模板 020101	1	模板安装检验批质量验收记录	02010101	《混凝土结构工程施工质量验收规范》GB 50204—2015	4.2 模板安装
		钢筋 020102	2	钢筋材料检验批质量验收记录	02010201		5.2 材料
			3	钢筋加工检验批质量验收记录	02010202		5.3 钢筋加工
			4	钢筋连接检验批质量验收记录	02010203		5.4 钢筋连接
			5	钢筋安装检验批质量验收记录	02010204		5.5 钢筋安装
		混凝土 020103	6	混凝土原材料检验批质量验收记录	02010301		7.2 原材料
			7	混凝土拌合物检验批质量验收记录	02010302		7.3 混凝土拌合物
			8	混凝土施工检验批质量验收记录	02010303		7.4 混凝土施工
		预应力 020104	9	预应力材料检验批质量验收记录	02010401		6.2 材料
			10	预应力制作与安装检验批质量验收记录	02010402		6.3 制作与安装
			11	预应力张拉和放张检验批质量验收记录	02010403		6.4 张拉和放张
			12	预应力灌浆及封锚检验批质量验收记录	02010404		6.5 灌浆及封锚
		现浇结构 020105	13	现浇结构外观质量检验批质量验收记录	02010501		8.2 外观质量
			14	现浇结构位置及尺寸偏差检验批质量验收记录	02010502		8.3 位置和尺寸偏差
		装配式结构 020106	15	装配式结构预制构件检验批质量验收记录	02010601		9.2 预制构件
			16	装配式结构安装与连接检验批质量验收记录	02010602		9.3 安装于连接

分部工程	子分部工程及编号	分项工程名称及编号	检验批名称及编号			依据规范及标准章节	
			序号	检验批名称	检验批编号		
主体结构分部工程02	砌体结构0202	砖砌体020201	1	砖砌体检验批质量验收记录	02020101	《砌体结构工程施工质量验收规范》GB 50203—2011	5 砖砌体工程
		混凝土小型空心砌块砌体020202	2	混凝土小型空心砌块砌体检验批质量验收记录	02020201		6 混凝土小型空心砌块砌体工程
		石砌体020203	3	石砌体检验批质量验收记录	02020301		7 石砌体工程
		配筋砌体020204	4	配筋砌体检验批质量验收记录	02020401		8 配筋砌体工程
		填充墙砌体020205	5	填充墙砌体检验批质量验收记录	02020501		9 填充墙砌体工程
	钢结构0203	钢结构焊接020301	1	钢结构焊接检验批质量验收记录	02030101	《钢结构工程施工质量验收规范》GB 50205—2001	4.3 焊接材料 5.2 钢构件
			2	焊钉(栓钉)焊接检验批质量验收记录	02030102		4.3 焊接材料 5.3 焊钉(栓钉)焊接工程
		紧固件连接020302	3	紧固件连接检验批质量验收记录	02030201		4.4 连接用紧固标准件 6.2 普通紧固件连接
			4	高强度螺栓连接检验批质量验收记录	02030202		4.4 连接用紧固标准件 6.3 高强度螺栓连接
		钢零部件加工020303	5	钢零部件加工检验批质量验收记录	02030301		4.2 钢材 7.2 切割 7.3 矫正和成型 7.4 边缘加工 7.5 管球加工 7.6 制孔
		钢构件组装及预拼装020304	6	钢构件组装检验批质量验收记录	02030401		8.2 焊接H型钢 8.3 组装 8.4 端部铣平及安装焊缝坡口 8.5 钢构件外形尺寸
			7	钢构件预拼装检验批质量验收记录	02030402		9.2 预拼装

分部工程	子分部工程及编号	分项工程名称及编号	检验批名称及编号			依据规范及标准章节
			序号	检验批名称	检验批编号	
主体结构分部工程 02	钢结构 0203	单层钢结构安装 020305	8	单层钢结构安装检验批质量验收记录	02030501	10.2 基础及支承面 10.3 安装和校正
		多层及高层钢结构安装 020306	9	多层及高层钢结构安装检验批质量验收记录	02030601	11.2 基础及支承面 11.3 安装和校正
		钢管结构安装 020307	10	钢网架制作检验批质量验收记录	02030701	7.5 管、球加工
			11	钢网架安装检验批质量验收记录	02030702	《钢结构工程施工质量验收规范》 GB 50205—2001 … 12.2 支承面顶板和支承垫块 12.3 拼装与安装
		压型金属板 020309	12	压型金属板检验批质量验收记录	02030901	4.8 压型金属板 13.2 压型金属板制作 13.3 压型金属板安装
		防腐涂料涂装 020310	13	防腐涂料涂装检验批质量验收记录	02031001	4.9 涂装材料 14.2 钢结构防腐涂料涂装
		防火涂料涂装 020311	14	防火涂料涂装检验批质量验收记录	02031101	4.9 涂装材料 14.3 钢结构防火涂料涂装
		预应力钢索和膜结构 020308	15	预应力钢索和膜结构检验批质量验收记录	02030801	新增暂无表格
	钢管混凝土结构 0204	构件现场拼装 020401	1	钢管构件进场验收检验批质量验收记录	02040101	4.1 钢管构件进场验收
			2	钢管混凝土构件现场拼装检验批质量验收记录	02040102	《钢管混凝土工程施工质量验收规范》 GB 50628—2010 … 4.2 钢管混凝土构件现场拼装
		构件安装 020402	3	钢管混凝土柱柱脚锚固检验批质量验收记录	02040201	4.3 钢管混凝土柱柱脚锚固
			4	钢管混凝土构件安装检验批质量验收记录	02040202	4.4 钢管混凝土构件安装

分部工程	子分部工程及编号	分项工程名称及编号	检验批名称及编号			依据规范及标准章节	
			序号	检验批名称	检验批编号		
主体结构分部工程 02	钢管混凝土结构 0204	贯通连接 020403	5	钢管混凝土柱与钢筋混凝土梁连接贯通型检验批质量验收记录	02040301	《钢管混凝土工程施工质量验收规范》 GB 50628—2010	4.5 钢管混凝土柱与钢筋混凝土梁连接
		非贯通连接 020404	6	钢管混凝土柱与钢筋混凝土梁连接非贯通型检验批质量验收记录	02040401		
		钢管内钢筋骨架 020405	7	钢管内钢筋骨架检验批质量验收记录	02040501		4.6 钢管内钢筋骨架
		钢管内混凝土浇筑 020406	8	钢管内混凝土浇筑检验批质量验收记录	02040601		4.7 钢管内混凝土浇筑
	型钢混凝土结构 0205	各分项工程暂无检验批表格					
主体结构 02	铝合金结构 0206	铝合金焊接 020601	1	焊接材料检验批质量验收记录	02060101	《铝合金结构工程施工质量验收规范》 GB 50576—2010	4.3 焊接材料
			2	铝合金构件焊接检验批质量验收记录	02060102		5.2 铝合金构件焊接工程
		紧固件连接 020602	3	标准紧固件检验批质量验收记录	02060201		4.4 标准紧固件
			4	普通紧固件连接检验批质量验收记录	02060202		6.2 普通紧固件连接
			5	高强度螺栓连接检验批质量验收记录	02060203		6.3 高强度螺栓连接
		铝合金零部件加工 020603	6	铝合金材料检验批质量验收记录	02060301		4.2 铝合金材料
			7	铝合金零部件切割加工检验批质量验收记录	02060302		7.2 切割
			8	铝合金零部件边缘加工检验批质量验收记录	02060303		7.3 边缘加工
			9	球、毂加工检验批质量验收记录	02060304		7.4 球、毂加工

分部工程	子分部工程及编号	分项工程名称及编号	检验批名称及编号			依据规范及标准章节	
			序号	检验批名称	检验批编号		
主体结构 02	铝合金结构 0206	铝合金零部件加工 020603	10	铝合金零部件制孔检验批质量验收记录	02060305	《铝合金结构工程施工质量验收规范》GB 50576—2010	7.5 制孔
			11	铝合金零部件槽、豁、榫加工检验批质量验收记录	02060306		7.6 槽、豁、榫加工
		铝合金构件组装 020604	12	螺栓球检验批质量验收记录	02060401		4.5 螺栓球
			13	铝合金构件组装检验批质量验收记录	02060402		8.2 组装
			14	铝合金构件端部铣平及安装焊缝坡口检验批质量验收记录	02060403		8.3 端部铣平及安装焊缝坡口
		铝合金构件预拼装 020605	15	铝合金构件预拼装检验批质量验收记录	02060501		9.2 预拼装
		铝合金框架结构安装 020606	16	铝合金框架结构基础和支承面检验批质量验收记录	02060601		10.2 基础和支承面
			17	铝合金框架结构总拼和安装检验批质量验收记录	02060602		10.3 总拼和安装
		铝合金空间网络结构安装 020607	18	铝合金空间网络结构支承面检验批质量验收记录	02060701		11.2 支承面
			19	铝合金空间网络结构总拼和安装检验批质量验收记录	02060702		11.3 总拼和安装
		铝合金面板 020608	20	铝合金面板检验批质量验收记录	02060801		4.6 铝合金面板
			21	铝合金面板制作检验批质量验收记录	02060802		12.2 铝合金面板制作
			22	铝合金面板安装检验批质量验收记录	02060803		12.3 铝合金面板安装
		铝合金幕墙结构安装 020609	23	铝合金幕墙结构支承面检验批质量验收记录	02060901		13.2 支承面
			24	铝合金幕墙结构总拼和安装检验批质量验收记录	02060902		13.3 总拼和安装

分部工程	子分部工程及编号	分项工程名称及编号	检验批名称及编号			依据规范及标准章节	
			序号	检验批名称	检验批编号		
主体结构02	铝合金结构0206	防腐处理020610	25	其他材料检验批质量验收记录	02061001	《铝合金结构工程施工质量验收规范》GB 50576—2010	4.7 其他材料
			26	阳极氧化检验批质量验收记录	02061002		14.2 阳极氧化
			27	涂装检验批质量验收记录	02061003		14.3 涂装
			28	隔离检验批质量验收记录	02061004		14.4 隔离
	木结构0207	方木和原木结构	1	方木和原木结构检验批质量验收记录	02070101	《木结构工程施工质量验收规范》GB 50206—2012	4 方木与原木结构
		胶合木结构	2	胶合木结构检验批质量验收记录	02070201		5 胶合木结构
		轻型木结构	3	轻型木结构检验批质量验收记录	02070301		6 轻型木结构
		木结构防护	4	木结构防护检验批质量验收记录	02070401		7 木结构

三、主体结构分部工程各子分部工程共用分项工程检验批质量验收用表目录

主体结构分部工程各子分部工程共用分项工程检验批质量验收用表目录见表 5.1-3。

表 5.1-3 主体结构分部工程各子分部工程共用分项工程检验批质量验收用表目录

检验批编号 分项工程的检验批名称		0201 混凝土结构	0202 砌体结构	0203 钢结构	0204 钢管混凝土结构	0205 型钢混凝土结构	0206 铝合金结构	0207 木结构	0102 地基基础的基础部分
序	名称								
1	模板安装	02010101							01020201 01020301
2	钢筋材料	02010201							01020202 01020302
3	钢筋加工	02010202							01020203 01020303
4	钢筋连接	02010203							01020204 01020304
5	钢筋安装	02010204							01020205 01020305

序	名称	0201 混凝土结构	0202 砌体结构	0203 钢结构	0204 钢管混凝土结构	0205 型钢混凝土结构	0206 铝合金结构	0207 木结构	0102 地基基础的基础部分
6	混凝土原材料	02010301							01020206 01020306
7	混凝土拌合物	02010302							01020207 01020307
8	混凝土施工	02010303							01020208 01020308
9	预应力材料	02010401							
10	预应力制作与安装	02010402							
11	预应力张拉与放张	02010403							
12	预应力灌浆与封锚	02010404							
13	现浇结构外观质量	02010501							01020209 01020309
14	现浇结构位置及尺寸偏差	02010502							01020210 01020310
15	装配式结构预制构件	02010601							
16	装配式结构安装与连接	02010602							
1	砖砌体		02020101						01020101
2	混凝土小型空心砌块砌体		02020201						01020102
3	石砌体		02020301						01020103
4	配筋砌体		02020401						01020104
5	填充墙砌体		02020501						
1	钢结构焊接			02030101					01020401
2	焊钉(栓钉)焊接			02030102					01020402
3	普通紧固件连接			02030201					01020403

227

检验批编号 / 子分部工程名称及编号 \ 分项工程的检验批名称		0201 混凝土结构	0202 砌体结构	0203 钢结构	0204 钢管混凝土结构	0205 型钢混凝土结构	0206 铝合金结构	0207 木结构	0102 地基基础的基础部分
序	名称								
4	高强度螺栓连接			02030202					01020404
5	钢零部件加工			02030301					01020405
6	钢构件组装			02030401					01020406
7	钢构件预拼装			02030402					01020407
8	单层钢结构安装			02030501					01020408
9	多层及高层钢结构安装			02030601					01020409
10	钢网架制作			02030701					
11	钢网架安装			02030702					
12	压型金属板			02030901					01020410
13	防腐涂料涂装			02031001					01020411
14	防火涂料涂装			02031101					01020412
15	预应力钢索和膜结构			02030801 （暂无表格）					
1	钢管构件进场验收				02040101				01020501
2	钢管混凝土构件现场拼装				02040102				01020502
3	钢管混凝土柱脚锚固				02040201				01020503
4	钢管混凝土构件安装				02040202				01020504
5	钢管混凝土柱与钢筋混凝土梁连接贯通型				02040301				01020505

228

检验批编号　　子分部工程名称及编号　　分项工程的检验批名称		0201 混凝土结构	0202 砌体结构	0203 钢结构	0204 钢管混凝土结构	0205 型钢混凝土结构	0206 铝合金结构	0207 木结构	0102 地基基础的基础部分
序	名称								
6	钢管混凝土柱与钢筋混凝土梁连接非贯通型				02040401				01020506
7	钢管内钢筋骨架				02040501				01020507
8	钢管内混凝土浇筑				02040601				01020508
1	型钢混凝土结构子分部工程各检验批暂无验收表格					02050101 等各检验批暂无表格			
1	铝合金焊接材						02060101		
2	铝合金构件焊接						02060102		
3	标准紧固件						02060201		
4	普通紧固件连接						02060202		
5	高强度螺栓连接						02060203		
6	铝合金材料						02060301		
7	铝合金零部件切制加工						02060302		
8	铝合金零部件边缘加工						02060303		
9	球、毂加工						02060304		
10	铝合金零部件制孔						02060305		
11	铝合金零部件槽、豁、榫加工						02060306		
12	螺栓球						02060401		
13	铝合金构件组装						02060402		

检验批编号 / 子分部工程名称及编号 / 分项工程的检验批名称		0201 混凝土结构	0202 砌体结构	0203 钢结构	0204 钢管混凝土结构	0205 型钢混凝土结构	0206 铝合金结构	0207 木结构	0102 地基基础的基础部分
序	名称								
14	铝合金端部铣平及安装焊缝坡口						02060403		
15	铝合金构件预拼装						02060501		
16	铝合金框架结构基础和支承面						02060601		
17	铝合金框架结构总拼和安装						02060602		
18	铝合金空间网格结构支承面						02060701		
19	铝合金空间网格总拼和安装						02060702		
20	铝合金面板						02060801		
21	铝合金面板制作						02060802		
22	铝合金面板安装						02060803		
23	铝合金幕墙结构支承面						02060901		
24	铝合金幕墙结构总拼和安装						02060902		
25	其他材料						02061001		
26	阳极氧化						02061002		
27	涂装						02061003		
28	隔离						02061004		
1	方木和圆木							02070101	
2	胶合木							02070201	
3	轻型木结构							02070301	
4	木结构防护							02070401	

第二节　混凝土结构子分部工程检验批质量验收记录

一、混凝土结构工程质量验收的基本规定（《混凝土结构工程施工质量验收规范》GB 50204—2015）

1. 混凝土结构子分部工程质量验收的基本规定

3.0.1　混凝土结构子分部工程可划分为模板、钢筋、预应力、混凝土、现浇结构和装配式结构等分项工程。各分项工程可根据与生产和施工方式相一致且便于控制施工质量的原则，按进场批次、工作班、楼层、结构缝或施工段划分为若干检验批。

3.0.2　混凝土结构子分部工程的质量验收，应在钢筋、预应力、混凝土、现浇结构和装配式结构等相关分项工程验收合格的基础上，进行质量控制资料检查、观感质量验收及本规范第10.1节规定的结构实体检验。

3.0.3　分项工程的质量验收应在所含检验批验收合格的基础上，进行质量验收记录检查。

3.0.4　检验批的质量验收应包括实物检查和资料检查，并应符合下列规定：

（1）主控项目的质量经抽样检验应合格；

（2）一般项目的质量经抽样检验应合格；一般项目当采用计数抽样检验时，本规范各章有专门规定外，其合格点率应达到80％及以上，且不得有严重缺陷；

（3）应具有完整的质量检验记录，重要工序应具有完整的施工操作记录。

3.0.5　检验批抽样样本应随机抽取，并应满足分布均匀、具有代表性的要求。

3.0.6　不合格检验批的处理应符合下列规定：

（1）材料、构配件、器具及半成品检验批不合格时不得使用；

（2）混凝土浇筑前施工质量不合格的检验批，应返工、返修，并应重新验收；

（3）混凝土浇筑后施工质量不合格的检验批，应按本规范有关规定进行处理。

3.0.7　获得认证的产品或来源稳定且连续三批均一次检验合格的产品，进场验收时检验批的容量可按本规范的有关规定扩大一倍，且检验批容量仅可扩大一次。扩大检验批后的检验中，出现不合格情况时，应按扩大前的检验批容量重新验收，且该产品不得再次扩大检验批容量。

3.0.8　混凝土结构工程采用的材料、构配件、器具及半成品应按进场批次进行检验。属于同一工程项目且同期施工的多个单位工程，对同一厂家生产的同批材料、构配件、器具及半成品，可统一划分检验批进行验收。

3.0.9　检验批、分项工程、混凝土结构子分部工程的质量验收可按本规范附录A记录。

2. 混凝土结构子分部工程

10.1　结构实体检验

10.1.1　对涉及混凝土结构安全的有代表性的部位应进行结构实体检验。结构实体检验应包括混凝土强度、钢筋保护层厚度、结构位置与尺寸偏差以及合同约定的项目；必要时可检验其他项目。

结构实体检验应由监理单位组织施工单位实施，并见证实施过程。施工单位应制定结构实体检验专项方案，并经监理单位审核批准后实施。除结构位置与尺寸偏差外的结构实体检验项目，应由具有相应资质的检测机构完成。

10.1.2　结构实体混凝土强度应按不同强度等级分别检验，检验方法宜采用同条件养护试件方法；当未取得同条件养护试件强度或同条件养护试件强度不符合要求时，可采用回弹-取芯法进行检验。

结构实体混凝土同条件养护试件强度检验应符合本规范附录 C 的规定；结构实体混凝土回弹-取芯法强度检验应符合本规范附录 D 的规定。

混凝土强度检验时的等效养护龄期可取日平均温度逐日累计达到 600℃·d 时所对应的龄期，且不应小于 14d。日平均温度为 0℃及以下的龄期不计入。

冬期施工时，等效养护龄期计算时温度可取结构构件实际养护温度，也可根据结构构件的实际养护条件，按照同条件养护试件强度与在标准养护条件下 28d 龄期试件强度相等的原则由监理、施工等各方共同确定。

10.1.3　钢筋保护层厚度检验应符合本规范附录 E 的规定。

10.1.4　结构位置与尺寸偏差检验应符合本规范附录 F 的规定。

10.1.5　结构实体检验中，当混凝土强度或钢筋保护层厚度检验结果不满足要求时，应委托具有资质的检测机构按国家现行有关标准的规定进行检测。

10.2　混凝土结构子分部工程验收

10.2.1　混凝土结构子分部工程施工质量验收合格应符合下列规定：

（1）所含分项工程质量验收应合格；

（2）应有完整的质量控制资料；

（3）观感质量验收应合格；

（4）结构实体检验结果应符合本规范第 10.1 节的要求。

10.2.2　当混凝土结构施工质量不符合要求时，应按下列规定进行处理：

（1）经返工、返修或更换构件、部件的，应重新进行验收；

（2）经有资质的检测机构按国家现行相关标准检测鉴定达到设计要求的，应予以验收；

（3）经有资质的检测机构按国家现行相关标准检测鉴定达不到设计要求，但经原设计单位核算并确认仍可满足结构安全和使用功能的，可予以验收；

（4）经返修或加固处理能够满足结构可靠性要求的，可根据技术处理方案和协商文件进行验收。

10.2.3　混凝土结构子分部工程施工质量验收时，应提供下列文件和记录：

（1）设计变更文件；

（2）原材料质量证明文件和抽样检验报告；

（3）预拌混凝土的质量证明文件；

（4）混凝土、灌浆料试件的性能检验报告；

（5）钢筋接头的试验报告；

（6）预制构件的质量证明文件和安装验收记录；

（7）预应力筋用锚具、连接器的质量证明文件和抽样检验报告；

（8）预应力筋安装、张拉的检验记录；

（9）钢筋套筒灌浆连接预应力孔道灌浆记录；

（10）隐蔽工程验收记录；

（11）混凝土工程施工记录；

（12）混凝土试件的试验报告；

（13）分项工程验收记录；

（14）结构实体检验记录；

（15）工程的重大质量问题的处理方案和验收记录；

（16）其他必要的文件和记录。

10.2.4　混凝土结构工程子分部工程施工质量验收合格后，应将所有的验收文件存档备案。

3. 附录 C　结构实体混凝土同条件养护试件强度检验

C.0.1　同条件养护试件的取样和留置应符合下列规定：

（1）同条件养护试件所对应的结构构件或结构部位，应由施工、监理等各方共同选定，且同条件养护试件的取样宜均匀分布于工程施工周期内；

（2）同条件养护试件应在混凝土浇筑入模处见证取样；

（3）同条件养护试件应留置在靠近相应结构构件的适当位置，并应采取相同的养护方法；

（4）同一强度等级的同条件养护试件不宜少于 10 组，且不应少于 3 组。每连续两层楼取样不应少于 1 组；每 2000m³ 取样不得少于一组。

C.0.2　每组同条件养护试件的强度值应根据强度试验结果按现行国家标准《普通混凝土力学性能试验方法标准》GB/T 50081 的规定确定。

C.0.3　对同一强度等级的同条件养护试件，其强度值应除以 0.88 后按现行国家标准《混凝土强度检验评定标准》GB/T 50107 的有关规定进行评定，评定结果符合要求时可判结构实体混凝土强度合格。

4. 附录 D　结构实体混凝土回弹-取芯法强度检验

D.0.1　回弹构件的抽取应符合下列规定：

（1）同一混凝土强度等级的柱、梁、墙、板，抽取构件最小数量应符合表 D.0.1 的规定，并应均匀分布；

（2）不宜抽取截面高度小于 300mm 的梁和边长小于 300mm 的柱。

表 D.0.1　回弹构件抽取最小数量

构件总数量	最下抽样数量
20 以下	全数
20～50	20
151～280	26
281～500	40
501～1200	64
1201～3200	100

D.0.2　每个构件应按现行行业标准《回弹法检测混凝土抗压强度技术规程》JGJ/T 23 对单个构件检测的有关规定选取不少于 5 个测区进行回弹，楼板构件的回弹应在板底

进行。

D.0.3 对同一强度等级的构件，应按每个构件的最小测区平均回弹值进行排序，并选取最低的 3 个测区对应的部位各钻取 1 个芯样试件。芯样应采用带水冷却装置的薄壁空心钻钻取，其直径宜为 100mm，且不宜小于混凝土骨料最大粒径的 3 倍。

D.0.4 芯样试件的端部宜采用环氧胶泥或聚合物水泥砂浆补平，也可采用硫磺胶泥修补。加工后芯样试件的尺寸偏差与外观质量应符合下列规定：

（1）芯样试件的高度与直径之比实测值不应小于 0.98，也不应大于 1.02；

（2）沿芯样高度的任一直径与其平均值之差不应大于 2mm；

（3）芯样试件端面的不平整度在 100mm 长度内不应大于 0.1mm；

（4）芯样试件端面与轴线的不垂直度不应大于 1°；

（5）芯样不应有裂缝、缺陷及钢筋等其他杂物。

D.0.5 芯样试件尺寸的量测应符合下列规定：

（1）应采用游标卡尺在芯样试件中部互相垂直的两个位置测量直径，取其算术平均值作为芯样试件的直径，精确至 0.5mm；

（2）应采用钢板尺测量芯样试件的高度，精确至 1mm；

（3）垂直度应采用游标量角器测量芯样试件两个端线与轴线的夹角，精确至 0.1°；

（4）平整度应采用钢板尺或角尺紧靠在芯样试件端面上，一面转动钢板尺，一面用塞尺测量钢板尺与芯样试件端面之间的缝隙；也可采用其他专用设备测量。

D.0.6 芯样试件应按现行国家标准《普通混凝土力学性能试验方法标准》GB/T 50081 中圆柱体试件的规定进行抗压强度试验。

D.0.7 对同一强度等级的构件，当符合下列规定时，结构实体混凝土强度可判为合格：

（1）3 个芯样的抗压强度算术平均值不小于设计要求的混凝土强度等级值的 88%；

（2）3 个芯样抗压强度的最小值不小于设计要求的混凝土强度等级值的 80%。

5. 附录 E 结构实体钢筋保护层厚度检验

E.0.1 结构实体钢筋保护层厚度检验构件的选取应均匀分布，并应符合下列规定：

（1）对悬挑构件之外的梁板类构件，应各抽取构件数量的 2% 且不少于 5 个构件进行检验。

（2）对悬挑梁，应抽取构件数量的 5% 且不少于 10 个构件进行检验；当悬挑梁数量少于 10 个时，应全数检验。

（3）对悬挑板，应抽取构件数量的 10% 且不少于 20 个构件进行检验；当悬挑板数量少于 20 个时，应全数检验。

E.0.2 对选定的梁类构件，应对全部纵向受力钢筋的保护层厚度进行检验；对选定的板类构件，应抽取不少于 6 根纵向受力钢筋的保护层厚度进行检验。对每根钢筋，应选择有代表性的不同部位量测 3 点取平均值。

E.0.3 钢筋保护层厚度的检验，可采用非破损或局部破损的方法，也可采用非破损方法并用局部破损方法进行校准。当采用非破损方法检验时，所使用的检测仪器应经过计量检验，检测操作应符合相应规程的规定。

钢筋保护层厚度检验的检测误差不应大于 1mm。

E.0.4 钢筋保护层厚度检验时，纵向受力钢筋保护层厚度的允许偏差应符合表 E.0.4 的规定。

表 E.0.4 结构实体纵向受力钢筋保护层厚度的允许偏差

构 建 类 型	允许偏差（mm）
梁	+10，−7
板	+8，−5

E.0.5 梁类、板类构件纵向受力钢筋的保护层厚度应分别进行验收，并应符合下列规定：

（1）当全部钢筋保护层厚度检验的合格率为 90％及以上时，可判为合格；

（2）当全部钢筋保护层厚度检验的合格率小于 90％但不小于 80％时，可再抽取相同数量的构件进行检验；当按两次抽样总和计算的合格率为 90％及以上时，仍可判为合格；

（3）每次抽样检验结果中不合格点的最大偏差均不应大于本规范附录 F.0.4 条规定允许偏差的 1.5 倍。

6. 附录 F 结构实体位置与尺寸偏差检验

F.0.1 结构实体位置与尺寸偏差检验构件的选取应均匀分布，并应符合下列规定：

（1）梁、柱应抽取构件数量的 1％，且不应少于 3 个构件；

（2）墙、板应按有代表性的自然间抽取 1％，且不应少于 3 间；

（3）层高应按有代表性的自然间抽查 1％，且不应少于 3 间。

F.0.2 对选定的构件，检验项目及检验方法应符合表 F.0.2 的规定，允许偏差及检验方法应符合本规范表 8.3.2 和表 9.3.10 的规定，精确至 1mm。

表 F.0.2 结构实体位置与尺寸偏差检验项目及检验方法

项 目	检 验 方 法
柱截面尺寸	选取柱的一遍量测柱中部、下部及其他部位,取 3 点平均值
柱垂直度	沿两个方向分别测量,取较大值
墙厚	墙身中部量测 3 点,取平均值;测点间距不应小于 1m
梁高	量测一侧边跨中及两个距离支座 0.1m 处,取 3 点平均值;量测值可取腹板高度加上此次楼板的实测厚度
板厚	悬挑板取距离支座 0.1m 处,沿宽度方向取包括中心位置在内的随机 3 点去平均值;其他楼板,在同一对角线上量测中间及距离两端各 0.1m 处,取 3 点平均值
层高	与板厚测点相同,量测板顶至上层楼板板底净高,层高量测值为净高与板厚之和,取 3 点平均值

F.0.3 墙厚、板厚、层高的检验可采用非破损或局部破损的方法，也可采用非破损方法并用局部破损方法进行校准。当采用非破损方法检验时，所使用的检测仪器应经过计量检验，检测操作应符合国家现行相关标准的规定。

F.0.4 结构实体位置与尺寸偏差项目应分别进行验收，并应符合下列规定：

（1）当检验项目的合格率为 80％及以上时，可判为合格；

（2）当检验项目的合格率小于 80％但不小于 70％时，可再抽取相同数量的构件进行检验；当按两次抽样总和计算的合格率为 80％及以上时，仍可判为合格。

二、混凝土结构子分部工程检验批质量验收记录

1. 模板安装检验批质量验收记录

（1）推荐表格

01020201 ____
01020301 ____

模板安装检验批质量验收记录

02010101 ____

单位(子单位)工程名称			分部(子分部)工程名称			分项工程名称	
施工单位			项目负责人			检验批容量	
分包单位			分包单位项目负责人			检验批部位	
施工依据			验收依据		《混凝土结构工程施工质量验收规范》GB 50204—2015		
验收项目			设计要求及规范规定	最小/实际抽样数量	检查记录		检查结果
主控项目	1	模板及支架材料质量	第4.2.1条	/			
	2	模板及支架安装质量	第4.2.2条	/			
	3	后浇带处的模板及支架设置	第4.2.3条	/			
	4	支架竖杆和竖向模板安装在土层上时	第4.2.4条	/			
一般项目	1	模板安装质量要求	第4.2.5条	/			
	2	脱模剂品种和涂刷方法要求	第4.2.6条	/			
	3	模板起拱要求	第4.2.7条	/			
	4	多层连接支模、上下层竖杆宜对准	第4.2.8条	/			
	5	预埋件、预留孔（mm）	不遗漏、安装牢固、防渗要求		第4.2.9条	/		
			预埋管、预留孔中心线位置		3	/		
			插筋	中心线位置	5	/		
				外露长度	+10,0	/		
			预埋螺栓	中心线位置	2	/		
				外露长度	+10,0	/		
			预留洞	中心线位置	10	/		
				尺寸	+10,0	/		

验收项目			设计要求及规范规定	最小/实际抽样数量	检查记录	检查结果
一般项目	6	现浇模板安装允许偏差（mm）	轴线位置	5	/		
			模底上表面标高	±5	/		
			基础板内尺寸	±10	/		
			柱、墙、梁内尺寸	±5	/		
			楼梯相邻踏步高差	±5	/		
			柱、墙层高垂直度≤6m	8	/		
			柱、墙层高垂直度＜6m	10	/		
			相邻两板表面高度差	2	/		
			表面平整度	5	/		
施工单位检查结果			专业工长： 项目专业质量检查员： 　　　　年　月　日				
监理单位验收结论			专业监理工程师： 　　　　年　月　日				

（2）验收内容及检验方法条文摘录

一 般 规 定

4.1.1　模板工程应编制施工方案。爬升式模板工程、工具式模板工程机高大模板支架工程的施工方案，应按有关规定进行技术论证。

4.1.2　模板及支架应根据安装、使用和拆除工况进行设计，并应满足承载力、刚度和整体稳固性要求。

4.1.3　模板及支架拆除的顺序及安全措施应符合现行国家标准《混凝土结构工程施工规范》GB 50666 的规定和施工方案的要求。

主 控 项 目

4.2.1　模板及支架用材料的技术指标应符合国家现行有关标准的规定。进场时应抽样检验模板和支架材料的外观、规格和尺寸。

检查数量：按国家现行相关标准的规定确定。

检验方法：检查质量证明文件，观察，尺量。

4.2.2　现浇混凝土结构模板及支架的安装质量，应符合国家现行有关标准的规定和施工方案的要求。

检查数量：按国家现行相关标准的规定确定。

检验方法：按国家现行有关标准的规定执行。

4.2.3 后浇带处的模板及支架应独立设置。

检查数量：全数检查。

检验方法：观察。

4.2.4 支架竖杆和竖向模板安装在土层上时，应符合下列规定：

1 土层应坚实、平整，其承载力或密实度应符合施工方案的要求；

2 应有防水、排水措施；对冻胀性土，应有预防冻融措施；

3 支架竖杆下应有底座或垫板。

检查数量：全数检查。

检验方法：观察；检查土层密实度检测报告、土层承载力验算或现场检测报告。

一 般 项 目

4.2.5 模板安装质量应符合下列规定：

1 模板的接缝应严密；

2 模板内不应有杂物、积水或冰雪等；

3 模板与混凝土的接触面应平整、清洁；

4 用作模板的地坪、胎膜等应平整、清洁，不应有影响构件质量的下沉、裂缝、起砂或起鼓；

5 对清水混凝土及装饰混凝土构件，应使用能达到设计效果的模板。

检查数量：全数检查。

检验方法：观察。

4.2.6 脱模剂的品种和涂刷方法应符合施工方案的要求。脱模剂不得影响结构性能及装饰施工；不得沾污钢筋、预应力筋、预埋件和混凝土接槎处；不得对环境造成污染。

检查数量：全数检查。

检验方法：检查质量证明文件；观察。

4.2.7 模板的起拱应符合现行国家标准《混凝土结构工程施工规范》GB 50666 的规定，并应符合设计及施工方案的要求。

检查数量：在同一检验批内，对梁，跨度大于 18m 时应全数检查，跨度不大于 18m 时应抽查构件数量的 10%，且不应少于 3 件；对板，应按有代表性的自然间抽查 10%，且不应少于 3 间；对大空间结构，板可按纵、横轴线划分检查面，抽查 10%，且不应少于 3 面。

检验方法：水准仪或尺量。

4.2.8 现浇混凝土结构多层连续支模应符合施工方案的规定。上下层模板支架的竖杆宜对准。竖杆下垫板的设置应符合施工方案的要求。

检查数量：全数检查。

检查方法：观察。

4.2.9 固定在模板上的预埋件和预留孔洞不得遗漏，且应安装牢固。有抗渗要求的混凝土结构中的预埋件，应按设计及施工方案的要求采取防渗措施。

预埋件和预留孔洞的位置应满足设计和施工方案的要求。当设计无具体要求时，其位置偏差应符合表 4.2.9 的规定。

检查数量：在同一检验批内，对梁、柱和独立基础，应抽查构件数量的 10%，且不应少于3件；对墙和板，应按有代表性的自然间抽查10％，且不应少于3间；对大空间结构墙可按相邻轴线间高度5m左右划分检查面，板可按纵、横轴线划分检查面，抽查10％，且均不应少于3面。

检验方法：观察、尺量。

表4.2.9 预埋件和预留孔洞的安装允许偏差

项　　目		允许偏差（mm）
预埋钢板中心线位置		3
预埋管、预留孔中心线位置		3
插筋	中心线位置	5
	外露长度	+10,0
预埋螺栓	中心线位置	2
	外露长度	+10,0
预留洞	中心线位置	10
	尺寸	+10,0

注：检查中心线位置时，应沿纵、横两个方向量测，并取其中的较大值。

4.2.10 现浇结构模板安装的偏差及检验方法应符合表4.2.10的规定。

检查数量：在同一检验批内，对梁、柱和独立基础，应抽查构件数量的10％，且不少于3件；对墙和板，应按有代表性的自然间抽查10％，且不少于3间；对大空间结构，墙可按相邻轴线间高度5m左右划分检查面，板可按纵、横轴线划分检查面，抽查10％，且均不少于3面。

表4.2.10 现浇结构模板安装的允许偏差及检验方法

项　　目		允许偏差（mm）	检验方法
轴线位置		5	尺量
底模上表面标高		±5	水准仪或拉线、尺量
模板内部尺寸	基础	±10	尺量
	柱、墙、梁	±5	尺量
	楼梯相邻踏步高差	±5	尺量
垂直度	柱、墙层高≤6m	8	经纬仪或吊线、尺量
	柱、墙层高＞6m	10	经纬仪或吊线、尺量
相邻两块模板表面高度差		2	尺量
表面平整度		5	2m靠尺和塞尺检查

注：检查轴线位置时，应沿纵、横两个方向量测，并取其中的较大值。

4.2.11 预制构件模板安装的偏差及检验方法应符合表4.2.11的规定。

检查数量：首次使用及大修后的模板应全数检查；使用中的模板应抽查10％，且不应少于5件，不足5件时应全数检查。

表 4.2.11 预制构件模板安装的允许偏差及检验方法

项 目		允许偏差（mm）	检验方法
长度	板、梁	±4	尺量两侧边,取其中较大值
	薄腹板、桁架	±8	
	柱	0,−10	
	墙板	0,−5	
宽度	板、墙板	0,−5	尺量两端及中部,取其中较大值
	梁、薄腹板、桁架	+2,−5	
高(厚)度	板	+2,−3	尺量两端及中部,取其中较大值
	墙板	0,−5	
	梁、薄腹板、桁架、柱	+2,−5	
侧向弯曲	梁、板、柱	$L/1000$,且≤15	拉线、尺量最大弯曲处
	墙板、薄腹板、桁架	$L/1500$,且≤15	
板的表面平整度		3	2m 靠尺和塞尺量测
相邻两板表面高低差		1	尺量
对角线差	板	7	尺量两对角线
	墙板	5	
翘曲	板、墙板	$L/1500$	水平尺在两端量测
设计起拱	薄腹板、桁架、梁	±3	拉线、尺量跨中

注：L 为构件长度（mm）。

（3）验收说明

1）施工依据：《混凝土结构工程施工规范》GB 50666—2011,相应的专业技术规范,施工工艺标准,并制订专项施工方案、技术交底资料。

2）验收依据：《混凝土结构施工质量验收规范》GB 50204—2015,相应的现场质量验收检查原始记录。

3）注意事项

① 主控项目的质量经抽样检验均应合格；

② 一般项目的质量经抽样检验合格。当采用计数抽样时,合格点率应符合有关专业验收规范的规定,且不得存在严重缺陷；

③ 具有完整的施工操作依据、质量验收记录；

④ 本检验批的主控项目、一般项目已列入推荐表中,有关具体内容及检查方法见一般规定及（2）条文摘录；

⑤ 黑体字的条文为强制性条文必须严格执行,制订控制措施；

⑥ 本表格是现浇结构模板安装,用预制构件模板时,将 4.2.10 条换成 4.2.11 条的允许偏差；

⑦ 本推荐表还可供"钢筋混凝土扩展基础"01020201 及"筏形与箱形基础"

01020301 检验批验收使用。

2. 钢筋材料检验批质量验收记录

（1）推荐表格

钢筋材料检验批质量验收记录

单位(子单位) 工程名称			分部(子分部) 工程名称		分项工程名称		
施工单位			项目负责人		检验批容量		
分包单位			分包单位项目 负责人		检验批部位		
施工依据			验收依据		《混凝土结构工程施工质量验收 规范》GB 50204—2015		
验收项目			设计要求及 规范规定	最小/实际 抽样数量	检查记录	检查结果	
主控 项目	1	钢材质量进场检验	第5.2.1条	/			
	2	成型钢筋质量进场检验	第5.2.2条	/			
	3	一、二、三级抗震设计用钢筋	第5.2.3条	/			
一般 项目	1	钢筋外观质量	第5.2.4条	/			
	2	成型钢筋外观质量、尺寸偏差	第5.2.5条	/			
	3	连接套筒、锚固板、预埋件质量	第5.2.6条	/			
施工单位 检查结果		专业工长： 项目专业质量检查员： 年　月　日					
监理单位 验收结论		专业监理工程师： 年　月　日					

（2）验收内容及检查方法条文摘录

一 般 规 定

5.1.1 浇筑混凝土之前，应进行钢筋隐蔽工程验收。隐蔽工程验收应包括下列主要内容：

1 纵向受力钢筋的牌号、规格、数量、位置；

2 钢筋的连接方式、接头位置、街头质量、接头面积百分率、搭接长度、锚固方式及锚固长度；

3 箍筋、横向钢筋的牌号、规格、数量、间距、位置，箍筋弯钩的弯折角度及平直段长度；

4 预埋件的规格、数量和位置。

5.1.2 钢筋、成型钢筋进场检验，当满足下列条件之一时，其检验批容量可扩大一倍：

1 获得认证的钢筋、成型钢筋；

2 同一厂家、统一牌号、同一规格的钢筋，连续三批均一次检验合格；

3 同一厂家、同一类型、统一钢筋来源的成型钢筋，连续三批均一次检验合格。

主 控 项 目

5.2.1 钢筋进场时，应按国家现行相关标准的规定抽取试件作屈服强度、抗拉强度、伸长率、弯曲性能和重量偏差检验，检验结果必须符合相应标准的规定。

检查数量：按进场批次和产品的抽样检验方案确定。

检验方法：检查质量证明文件和抽样检验报告。

注：相关标准指《钢筋混凝土用 钢第 1 部分：热轧光圆钢筋》GB 1499.1、《钢筋混凝土用钢 第 2 部分：热轧带肋钢筋》GB 1499.2、《钢筋混凝土用余热处理钢筋》GB 13014、《钢筋混凝土用钢 第 3 部分：钢筋焊接网》GB 1499.3、《冷轧带肋钢筋》GB 13788、《高延性冷轧带肋钢筋》YB/T 4620、《冷轧扭钢筋》JG 190 及《冷轧带肋钢筋混凝土结构技术规程》JGJ 95、《冷轧扭钢筋混凝土构建技术规程》JGJ 115、《冷拔低碳钢丝应用技术规程》JGJ 19 等。

5.2.2 成型钢筋进场时，应抽取试件做屈服强度、抗拉强度、伸长率和重量偏差检验，检验结果应符合国家现行相关标准的规定。

对由热轧钢筋制成的成型钢筋，当有施工单位或监理单位的代表驻厂监督生产过程，并提供原材钢筋力学性能第三方检验报告时，可仅进行重量偏差检验。

检查数量：同一厂家、同一类型、同一钢筋来源的成型钢筋，不超过 30t 为一批，每批中每种钢筋牌号、规格均应至少抽取 1 个钢筋试件，总数不应少于 3 个。

检验方法：检查质量证明文件和抽样检验报告。

5.2.3 对按一、二、三级抗震等级设计的框架和斜撑构件（含梯段）中的纵向受力普通钢筋应采用 HRB335E、HRB400E、HRB500E、HRBF335E、HRBF400E 或 HRBF500E 钢筋，其强度和最大力下总伸长率的实测值应符合下列规定：

1 抗拉强度实测值与屈服强度实测值的比值不应小于 **1.25**；

2 屈服强度实测值与屈服强度标准值的比值不应大于 **1.30**；

3 最大力下总伸长率不应小于 **9%**。

检查数量：按进场的批次和产品的抽样检验方案确定。

检验方法：检查抽样检验报告。

一 般 项 目

5.2.4 钢筋应平直、无损伤，表面不得有裂纹、油污、颗粒状或片状老锈。

检查数量：全数检查。

检验方法：观察。

5.2.5 成型钢筋的外观质量和尺寸偏差应符合国家现行相关标准的规定。

检查数量：同一厂家、同一类型的成型钢筋，不超过 30t 为一批，每批随机抽取 3 个成型钢筋试件。

检验方法：观察，尺量。

5.2.6　钢筋机械连接套筒、钢筋锚固板以及预埋件等的外观质量应符合国家现行相关标准的规定。

检查数量：按国家现行相关标准的规定确定。

检验方法：检查产品质量证明文件；观察，尺量。

（3）验收说明

1）施工依据：《混凝土结构工程施工规范》GB 50666—2011，相应的专业技术规范，施工工艺标准，并制订专项施工方案、技术交底资料。

2）验收依据：《混凝土结构施工质量验收规范》GB 50204—2015，相应的现场质量验收检查原始记录。

3）注意事项

① 主控项目的质量经抽样检验均应合格；

② 一般项目的质量经抽样检验合格。当采用计数抽样时，合格点率应符合有关专业验收规范的规定，且不得存在严重缺陷；

③ 具有完整的施工操作依据、质量验收记录；

④ 本检验批的主控项目、一般项目已列入推荐表中，有关具体内容及检查方法见一般规定及（2）条文摘录；

⑤ 黑体字的条文为强制性条文必须严格执行，制订控制措施；

⑥ 本推荐表还可供"钢筋混凝土扩展基础"01020202 及"筏形与箱形基础"01020302 检验批验收使用。

3. 钢筋加工检验批质量验收记录

（1）推荐表格

01020203 ____

01020303 ____

钢筋加工检验批质量验收记录

02010202 ____

单位（子单位）工程名称			分部（子分部）工程名称		分项工程名称	
施工单位			项目负责人		检验批容量	
分包单位			分包单位项目负责人		检验批部位	
施工依据				验收依据	《混凝土结构工程施工质量验收规范》GB 50204—2015	
		验收项目		设计要求及规范规定	最小/实际抽样数量	检查记录	检查结果
主控项目	1	钢筋的弯折弯弧内直径		第5.3.1条	/		
	2	钢筋弯折后平直段长度		第5.3.2条	/		
	3	箍筋、拉筋末端弯钩		第5.3.3条	/		

		验收项目		设计要求及规范规定	最小/实际抽样数量	检查记录	检查结果
主控项目	4	断后伸长率A(%)	HRB300	≥21	/		
			HRB335、HRBF335	≥16	/		
			HRB400、HRBF400	≥15	/		
			RRB400	≥13	/		
			HRB500、HRBF500	≥14	/		
		重量偏差(%)	HRB300、φ6mm～12mm	≥-10	/		
			400、500、φ6mm～12mm	≥-8	/		
			400、500、φ14mm～16mm	≥-6	/		
一般项目	1	加工允许偏差(mm)	受力筋沿长方向净尺寸	±10	/		
			弯起筋弯折位置	±20	/		
			箍筋外廓尺寸	±5	/		
施工单位检查结果			专业工长： 项目专业质量检查员： 年 月 日				
监理单位验收结论			专业监理工程师： 年 月 日				

(2)验收内容及检查方法条文摘录

主 控 项 目

5.3.1 钢筋弯折的弯弧内直径应符合下列规定：

1 光圆钢筋，不应小于钢筋直径的 2.5 倍；

2 335MPa、400MPa 级带肋钢筋，不应小于钢筋直径的 4 倍；

3 500MPa 级带肋钢筋，当直径为 28mm 以下时不应小于钢筋直径的 6 倍，当直径为 28mm 及以上时不应小于钢筋直径的 7 倍；

4 箍筋弯折处尚不应小于纵向受力钢筋的直径。

5.3.2 纵向受力钢筋的弯折后平直段长度应符合设计要求。光圆钢筋末端作 180°弯钩时，弯钩的平直段长度不应小于钢筋直径的 3 倍。

检查数量：按每工作班同一类型钢筋、同一加工设备抽查不应少于 3 件。

检验方法：尺量。

5.3.3 箍筋、拉筋的末端应按设计要求作弯钩，并应符合下列规定：

1 对一般结构构件，箍筋弯钩的弯折角度不应小于 90°，弯折后平直段长度不应小于箍筋直径的 5 倍；对有抗震设防要求或设计有专门要求的结构构件，箍筋弯钩的弯折角度不应小于 135°，弯折后平直段长度不应小于箍筋直径的 10 倍。

244

2 圆形箍筋的搭接长度不应小于其受拉锚固长度，且两端弯钩的弯折角度不应小于135°，弯折后平直段长度对一般结构构件不应小于箍筋直径的5倍，对有抗震设防要求的结构构件不应小于箍筋直径的10倍；

3 梁、柱符合箍筋中的单肢箍筋两端弯钩的弯折角度均不应小于135°，弯折后平直段长度应符合本条第1款对箍筋的有关规定。

检查数量：按每工作班同一类型钢筋、同一加工设备抽查不应少于3件。

检验方法：尺量。

5.3.4 盘卷钢筋调直后应进行力学性能和重量偏差检验，其强度应符合国家现行有关标准的规定，其断后伸长率、重量偏差应符合表5.3.4的规定。力学性能和重量偏差检验应符合下列规定：

1 应对3个试件先进性重量偏差检验，再取其中2个试件进行力学性能检验。

2 重量偏差应按下式计算：

$$\Delta = \frac{W_d - W_0}{W_0} \times 100 \tag{5.3.4}$$

式中：Δ——重量偏差（%）；

W_d——3个调直钢筋试件的实际重量之和（kg）；

W_0——钢筋理论重量（kg），取每米理论重量（kg/m）与3个调直钢筋试件长度之和（m）的乘积。

3 检验重量偏差时，试件切口应平滑并与长度方向垂直，其长度不应小于500mm，长度和重量的量测精度分别不应低于1mm和1g。

采用无延伸功能的机械设备调直的钢筋，可不进行本条规定的检验。

表5.3.4 盘卷钢筋调直后的断后伸长率、重量负偏差要求

钢筋牌号	断后伸长率A(%)	重量负偏差(%)	
		直径6mm～12mm	直径14mm～16mm
HPB235、HPB300	≥21	≥-10	—
HRB335、HRBF335	≥16	≥-8	≥-6
HRB400、HRBF400	≥15		
RRB400	≥13		
HRB500、HRBF500	≥14		

注：断后伸长率A的量测标距为5倍钢筋直径。

检查数量：同一加工设备、同一牌号、同一规格调直钢筋，重量不大于30t为一批；每批见证取3件试件。

检验方法：检查抽样检验报告。

一 般 项 目

5.3.5 钢筋加工的形状、尺寸应符合设计要求，其偏差应符合表5.3.5的规定。

检查数量：按每工作班同一类型钢筋、同一加工设备抽查不应少于3件。

检验方法：尺量。

表 5.3.5 钢筋加工的允许偏差

项目	允许偏差（mm）
受力钢筋顺长度方向全长的净尺寸	±10
弯起钢筋的弯折位置	±20
箍筋外廓尺寸	±5

（3）验收说明

1）验收依据：《混凝土结构工程施工规范》GB 50666—2011，相应的专业技术规范，施工工艺标准，并制订专项施工方案、技术交底资料。

2）施工依据：《混凝土结构施工质量验收规范》GB 50204—2015，相应的现场质量验收检查原始记录。

3）注意事项

① 主控项目的质量经抽样检验均应合格；

② 一般项目的质量经抽样检验合格。当采用计数抽样时，合格点率应符合有关专业验收规范的规定，且不得存在严重缺陷；

③ 具有完整的施工操作依据、质量验收记录；

④ 本检验批的主控项目、一般项目已列入推荐表中，有关具体内容及检查方法见一般规定及（2）条文摘录；

⑤ 黑体字的条文为强制性条文必须严格执行，制订控制措施；

⑥ 本推荐表还可供"钢筋混凝土扩展基础"01020203 及"筏形与箱形基础"01020303 检验批验收使用。

4. 钢筋连接检验批质量验收记录

（1）推荐表格

01020204 ____

01020304 ____

02010203 ____

钢筋连接检验批质量验收记录

单位（子单位）工程名称			分部（子分部）工程名称		分项工程名称		
施工单位			项目负责人		检验批容量		
分包单位			分包单位项目负责人		检验批部位		
施工依据			验收依据	《混凝土结构工程施工质量验收规范》（2010 版）GB 50204—2015			
验收项目			设计要求及规范规定	最小/实际抽样数量	检查记录	检查结果	
主控项目	1	钢筋连接方式	设计要求	/			
	2	机械、焊接连接接头力学、弯曲性能	第5.4.2条	/			
	3	螺纹接头扭矩值、压接压痕直径	第5.4.3条				

246

	验收项目		设计要求及规范规定	最小/实际抽样数量	检查记录	检查结果
一般项目	1	钢筋接头位置	第5.4.4条	/		
	2	机械、焊接接头外观质量	第5.4.5条	/		
	3	同一连接区内受力筋接头面积	第5.4.6条	/		
	4	绑扎接头的接头位置	第5.4.7条	/		
	5	梁、柱类构件搭接长度范围内箍筋设置	第5.4.8条	/		

施工单位检查结果	专业工长： 项目专业质量检查员： 年 月 日
监理单位验收结论	专业监理工程师： 年 月 日

(2) 验收内容及检查方法条文摘录

主控项目

5.4.1 钢筋的连接方式应符合设计要求。

检查数量：全数检查。

检验方法：观察。

5.4.2 钢筋采用机械连接或焊接连接时，钢筋机械连接接头、焊接接头的力学性能、弯曲性能应符合国家现行相关标准的规定。接头试件应从工程实体中截取。

检查数量：按国家现行标准《钢筋机械连接技术规程》JGJ 107、《钢筋焊接及验收规程》JGJ 18 的规定确定。

检验方法：检查质量证明文件和抽样检验报告。

5.4.3 螺纹接头应检验拧紧扭矩值，挤压接头应测压痕直径，检验结果应符合现行行业标准《钢筋机械连接技术规程》JGJ 107 的相关规定。

检查数量：按现行行业标准《钢筋机械连接技术规程》JGJ 107 的规定确定。

检验方法：采用专用扭力扳手或专用量规检查。

一般项目

5.4.4 钢筋接头的位置应符合设计和施工方案要求。有抗震设防要求的结构中，梁端、柱端箍筋加密区范围内不应进行钢筋搭接。接头末端至钢筋弯起点的距离不应小于钢筋直径的 10 倍。

检查数量：全数检查。

检验方法：观察，尺量。

5.4.5 钢筋机械连接接头、焊接接头的外观质量应符合现行行业标准《钢筋机械连接术规程》JGJ 107 和《钢筋焊接及验收规程》JGJ 18 的规定。

检查数量：按现行行业标准《钢筋机械连接术规程》JGJ 107 和《钢筋焊接及验收规程》JGJ 18 的规定。

检验方法：观察，尺量。

5.4.6　当纵向受力钢筋采用机械连接接头或焊接接头时，同一连接区段内纵向受力钢筋的接头面积百分率应符合设计要求；当设计无具体要求时，应符合下列规定：

1　受拉接头，不宜大于 50%；受压接头，可不受限制；

2　直接承受动力荷载的结构构件中，不宜采用焊接；当采用机械连接时，不应大于 50%。

检查数量：在同一检验批内，对梁、柱和独立基础，应抽查构件数量的 10%，且不少于 3 件；对墙和板，应按有代表性的自然间抽查 10%，且不少于 3 间；对大空间结构，墙可按相邻轴线间高度 5m 左右划分检查面，板可按纵横轴线划分检查面，抽查 10%，且均不少于 3 面。

检验方法：观察，尺量。

注：1　接头连接区段是指长度为 35d 且不应小于 500mm 的区段，d 为相互连接两根钢筋的直径较小值。

2　同一连接区段内纵向受力钢筋接头面积百分率为接头中点位于该连接区段内的纵向受力钢筋截面面积与全部纵向受力钢筋截面面积的比值。

5.4.7　当纵向受力钢筋采用绑扎搭接接头时，接头的设置应符合下列规定：

1　接头的横向净间距不应小于钢筋直径，且不应小于 25mm；

2　同一连接区段内，纵向受拉钢筋的接头面积百分率应符合设计要求；当设计无具体要求时，应符合下列规定：

1）梁类、板类及墙类构件，不宜超过 25%；基础筏板，不宜超过 50%；

2）柱类构件，不宜超过 50%；

3）当工程中确有必要增大接头面积百分率时，对梁类构件，不应大于 50%。

检查数量：在同一检验批内，对梁、柱和独立基础，应抽查构件数量的 10%，且不应少于 3 件；对墙和板，应按有代表性的自然间抽查 10%，且不应少于 3 间；对大空间结构，墙可按相邻轴线间高度 5m 左右划分检查面，板可按纵横轴线划分检查面，抽查 10%，且均不应少于 3 面。

检验方法：观察，尺量。

注：1　接头连接区段是指长度为 1.3 倍搭接长度的区段。搭接长度取相互连接两根钢筋中较小直径计算。

2　同一连接区段内纵向受力接头面积百分率为接头中点位于该连接区段长度内的纵向受力钢筋截面面积与全部纵向受力钢筋截面面积的比值。

5.4.8　在梁、柱类构件的纵向受力钢筋搭接长度范围内箍筋的设置应符合设计要求；当设计无具体要求时，应符合下列规定：

1　箍筋直径不应小于搭接钢筋较大直径的 1/4 倍；

2　受拉搭接区段的箍筋间距不应大于搭接钢筋较小直径的 5 倍，且不应大于 100mm；

3　受压搭接区段的箍筋间距不应大于搭接钢筋较小直径的 10 倍，且不应大于 200mm；

4　当柱中纵向受力钢筋直径大于 25mm 时，应在搭接接头两个端面外 100mm 范围内各设置两个箍筋，其间距宜为 50mm。

检查数量：在同一检验批内，应抽查构件数量的 10%，且不少于 3 件。

检查方法：观察，尺量。

(3) 验收说明

1）施工依据：《混凝土结构工程施工规范》GB 50666—2011，相应的专业技术规范，施工工艺标准，并制订专项施工方案、技术交底资料。

2）验收依据：《混凝土结构施工质量验收规范》GB 50204—2015，相应的现场质量验收检查原始记录。

3）注意事项

① 主控项目的质量经抽样检验均应合格；

② 一般项目的质量经抽样检验合格。当采用计数抽样时，合格点率应符合有关专业验收规范的规定，且不得存在严重缺陷；

③ 具有完整的施工操作依据、质量验收记录；

④ 本检验批的主控项目、一般项目已列入推荐表中，有关具体内容及检查方法见一般规定及（2）条文摘录；

⑤ 黑体字的条文为强制性条文必须严格执行，制订控制措施；

⑥ 本推荐表还可供"钢筋混凝土扩展基础"01020204 及"筏形与箱形基础"01020304 检验批验收使用。

5. 钢筋安装检验批质量验收记录

(1) 推荐表格

01020205 ____
01020305 ____
02010204 ____

钢筋安装检验批质量验收记录

单位(子单位)工程名称			分部(子分部)工程名称			分项工程名称	
施工单位			项目负责人			检验批容量	
分包单位			分包单位项目负责人			检验批部位	
施工依据			验收依据		《混凝土结构工程施工质量验收规范》(2010 版)GB 50204—2015		
验收项目				设计要求及规范规定	最小/实际抽样数量	检查记录	检查结果
主控项目	1	受力钢筋牌号、规格和数量		第 5.5.1 条	/		
	2	受力钢筋安装位置、锚固方式		第 5.5.2 条	/		
一般项目	1	绑扎钢筋	长、宽 mm	±10	/		
			网眼尺寸 mm	±20	/		
		绑扎钢筋骨架	长、宽 mm	±10	/		
			网眼尺寸 mm	±5	/		

验收项目				设计要求及规范规定	最小/实际抽样数量	检查记录	检查结果
一般项目	1	受力钢筋	锚固长度	−20	/		
			间距 mm	±10	/		
			排距 mm	±5	/		
			保护层厚度 mm 基础	±10	/		
			保护层厚度 mm 柱、梁	±5	/		
			保护层厚度 mm 板、墙、壳	±3	/		
		绑扎箍筋、横向钢筋间距 mm		±20	/		
		钢筋弯起点位置 mm		20	/		
		预埋件	中心线位置 mm	5	/		
			水平高差 mm	+3,0	/		
施工单位检查结果					专业工长： 项目专业质量检查员： 　　年　月　日		
监理单位验收结论					专业监理工程师： 　　年　月　日		

（2）验收内容及检查方法条文摘录

主 控 项 目

5.5.1 钢筋安装时，受力钢筋的牌号、规格和数量必须符合设计要求。

检查数量：全数检查。

检验方法：观察，尺量。

5.5.2 受力钢筋的安装位置、锚固方式应符合设计要求。

检查数量：全数检查。

检验方法：观察，尺量。

一 般 项 目

5.5.3 钢筋安装偏差及检验方法应符合表5.5.3的规定。

梁板类构件上部受力钢筋保护层厚度的合格点率应达到90%及以上，且不得有超过表中数值1.5倍的尺寸偏差。

检查数量：在同一检验批内，对梁、柱和独立基础，应抽查构件数量的10%，且不应少于3件；对墙和板，应按有代表性的自然间抽查10%，且不应少于3间；对大空间结构，墙可按相邻轴线间高度5m左右划分检查面，板可按纵、横轴线划分检查面，抽查10%，且均不应少于3面。

表 5.5.3 钢筋安装允许偏差和检验方法

项目		允许偏差(mm)	检验方法
绑扎钢筋网	长、宽	±10	尺量
	网眼尺寸	±20	尺量连续三档,取最大偏差值
绑扎钢筋骨架	长	±10	尺量
	宽、高	±5	尺量
纵向受力钢筋	锚固长度	−20	尺量
	间距	±10	尺量两端、中间各一点,取最大偏差值
	排距	±5	
纵向受力钢筋、箍筋的混凝土保护层厚度	基础	±10	尺量
	柱、梁	±5	尺量
	板、墙、壳	±3	尺量
绑扎箍筋,横向钢筋间距		±20	尺量连续三档,取最大偏差值
钢筋弯起点位置		20	尺量,沿纵、横两个方向量测,并取其中偏差的较大值
预埋件	中心线位置	5	尺量
	水平高差	+3,0	塞尺尺量

(3) 验收说明

1) 施工依据:《混凝土结构工程施工规范》GB 50666—2011,相应的专业技术规范,施工工艺标准,并制订专项施工方案、技术交底资料。

2) 验收依据:《混凝土结构施工质量验收规范》GB 50204—2015,相应的现场质量验收检查原始记录。

3) 注意事项

① 主控项目的质量经抽样检验均应合格;

② 一般项目的质量经抽样检验合格。当采用计数抽样时,合格点率应符合有关专业验收规范的规定,且不得存在严重缺陷;

③ 具有完整的施工操作依据、质量验收记录;

④ 本检验批的主控项目、一般项目已列入推荐表中,有关具体内容及检查方法见一般规定及(2)条文摘录;

⑤ 黑体字的条文为强制性条文必须严格执行,制订控制措施;

⑥ 本推荐表还可供"钢筋混凝土扩展基础"01020205 及"筏形与箱形基础"01020305 检验批验收使用。

6. 混凝土原材料检验批质量验收记录

(1) 推荐表格

混凝土原材料检验批质量验收记录

单位(子单位) 工程名称			分部(子分部) 工程名称		分项工程名称		
施工单位			项目负责人		检验批容量		
分包单位			分包单位项目 负责人		检验批部位		
施工依据			验收依据	《混凝土结构工程施工质量验收 规范》(2010 版)GB 50204—2015			
		验收项目	设计要求及 规范规定	最小/实际 抽样数量	检查记录	检查结果	
主控 项目	1	水泥进场检验	第 7.2.1 条	/			
	2	外加剂质量及进场检验	第 7.2.2 条	/			
	3	水泥、外加剂、进场检验批量	第 7.2.3 条	/			
一般 项目	1	矿物掺合料质量及进场检验	第 7.2.4 条	/			
	2	粗、细骨料的质量	第 7.2.5 条	/			
	3	混凝土拌制及养护用水	第 7.2.6 条	/			
施工单位 检查结果		专业工长： 项目专业质量检查员： 年 月 日					
监理单位 验收结论		专业监理工程师： 年 月 日					

（2）验收内容及检查方法条文摘录

一 般 规 定

7.1.1 混凝土强度应按现行国家标准《混凝土强度检验评定标准》GB/T 50107 的规定分批检验评定。划入同一检验批的混凝土，其施工持续时间不宜超过 3 个月。

检验评定混凝土强度时，应采用 28d 或设计规定龄期的标准养护试件。

试件成型方法及标准养护条件应符合现行国家标准《普通混凝土力学性能试验方法标准》GB/T 50081 的规定。采用蒸汽养护的构件，其试件应先随构件同条件养护，然后再置入标准养护条件下继续养护至 28d 或设计规定龄期。

7.1.2 当采用非标准尺寸试件时，应将其抗压强度乘以尺寸折算系数，折算成边长为 150mm 的标准尺寸试件抗压强度。尺寸折算系数应按现行国家标准《混凝土强度检验评定标准》GB/T 50107 采用。

7.1.3 当混凝土试件强度评定不合格时，可采用非破损或局部破损的检测方法，并

252

按国家现行有关标准的规定对结构构件中的混凝土强度进行推定，并应按本规范第10.2.2条的规定进行处理。

7.1.4　混凝土有耐久性指标要求时，应按现行行业标准《混凝土耐久性检验评定标准》JGJ/T 193的规定检验评定。

7.1.5　大批量、连续生产的同一配合比混凝土，混凝土生产单位应提供基本性能试验报告。

7.1.6　预拌混凝土的原材料质量、制备等应符合现行国家标准《预拌混凝土》GB/T 14902的规定。

主 控 项 目

7.2.1　水泥进场时，应对其品种、代号、强度等级、包装或散装仓号、出厂日期等进行检查，并应对水泥的强度、安定性和凝结时间进行检验，检验结果应符合现行国家标准《通用硅酸盐水泥》GB 175等的相关规定。

检查数量：按同一厂家、同一品种、同一代号、同一强度等级、同一批号且连续进场的水泥，袋装不超过200t为一批，散装不超过500t为一批，每批抽样不少于一次。

检验方法：检查质量证明文件和抽样检验报告。

7.2.2　混凝土外加剂进场时，应对其品种、性能、出厂日期等进行检查，并应对外加剂的相关性能指标进行检验，检验结果应符合现行国家标准《混凝土外加剂》GB 8076和《混凝土外加剂应用技术规范》GB 50119等的规定。

检查数量：按同一厂家、同一品种、同一性能、同一批号且连续进场的混凝土外加剂，不超过50t为一批，每批抽样数量不应少于一次。

检验方法：检查质量证明文件和抽样检验报告。

7.2.3　水泥、外加剂进场检验，当满足下列条件之一时，其检验批容量可扩大一倍：

1　获得认证的产品；

2　同一厂家、同一品种、同一规格的产品，连续三次进场检验均一次检验合格。

一 般 项 目

7.2.4　混凝土用矿物掺合料进场时，应对其品种、性能、出厂日期等进行检查，并应对矿物掺合料的相关性能指标进行检验，检验结果应符合国家现行有关标准的规定。

检查数量：同一厂家、同一品种、同一批号且连续进场的矿物掺合料，粉煤灰、矿渣粉、磷渣粉、钢铁渣粉和复合矿物掺合料不超过200t为一批，沸石粉不超过120t为一批，硅灰不超过30t为一批，每批抽样数量不应少于一次。

检验方法：检查质量证明文件和抽样检验报告。

7.2.5　混凝土原材料中的粗骨料、细骨料的质量应符合现行行业标准《普通混凝土用砂、石质量及检验方法标准》JGJ 52的规定，使用经过净化处理的海砂应符合现行行业标准《海砂混凝土应用技术规范》JGJ 206的规定，再生混凝土骨料应符合国家标准《混凝土用再生骨料》GB/T 25177和《混凝土和砂浆用再生细骨料》GB/T 25176的规定。

检查数量：按现行行业标准《普通混凝土用砂、石质量及检验方法标准》JGJ 52的规定确定。

检验方法：检查抽样检验报告。

7.2.6　混凝土拌制及养护用水应符合现行行业标准《混凝土拌合用水标准》JGJ 63 的规定。采用饮用水作为混凝土用水时，可不检验；采用中水、搅拌站清洗水、施工现场循环式等其他水源时，应对其成分进行检验。

检查数量：同一水源检查不应少于一次。

检验方法：检查水质试验报告。

(3) 验收说明

1) 施工依据：《混凝土结构工程施工规范》GB 50666—2011，相应的专业技术规范，施工工艺标准，并制订专项施工方案、技术交底资料。

2) 验收依据：《混凝土结构施工质量验收规范》GB 50204—2015，相应的现场质量验收检查原始记录。

3) 注意事项

① 主控项目的质量经抽样检验均应合格；

② 一般项目的质量经抽样检验合格。当采用计数抽样时，合格点率应符合有关专业验收规范的规定，且不得存在严重缺陷；

③ 具有完整的施工操作依据、质量验收记录。

④ 本检验批的主控项目、一般项目已列入推荐表中，有关具体内容及检查方法见一般规定及（2）条文摘录。

⑤ 黑体字的条文为强制性条文必须严格执行，制订控制措施。

⑥ 本推荐表还可供"钢筋混凝土扩展基础"01020206 及"筏形与箱形基础"01020306 检验批验收使用。

7. 混凝土拌合物检验批质量验收记录

(1) 推荐表格

01020207 ＿＿＿
01020307 ＿＿＿

<h3 align="center">混凝土拌合物检验批质量验收记录</h3>

02010302 ＿＿＿

单位(子单位)工程名称			分部(子分部)工程名称		分项工程名称	
施工单位			项目负责人		检验批容量	
分包单位			分包单位项目负责人		检验批部位	
施工依据				验收依据	《混凝土结构工程施工质量验收规范》(2010 版)GB 50204—2015	
验收项目			设计要求及规范规定	最小/实际抽样数量	检查记录	检查结果
主控项目	1	预拌混凝土进场检查	第7.3.1条	/		
	2	混凝土拌合物不应离析	第7.3.2条	/		
	3	混凝土氯离子、碱总含量	第7.3.3条	/		
	4	混凝土开盘鉴定	第7.3.4条	/		

	验收项目		设计要求及规范规定	最小/实际抽样数量	检查记录	检查结果
主控项目	1	拌合物稠度检验	第7.3.5条	/		
	2	混凝土耐久性要求	第7.3.6条	/		
	3	混凝土含气量检验	第7.3.7条	/		
施工单位检查结果			专业工长： 项目专业质量检查员： 年　月　日			
监理单位验收结论			专业监理工程师： 年　月　日			

(2) 验收内容及检查方法条文摘录

主 控 项 目

7.3.1 预拌混凝土进场时，其质量应符合现行国家标准《预拌混凝土》GB/T 14902 的规定。

检查数量：全数检查。

检验方法：检查质量证明文件。

7.3.2 混凝土拌合物不应离析。

检查数量：全数检查。

检验方法：观察。

7.3.3 混凝土中氯离子含量和碱总含量应符合现行国家标准《混凝土结构设计规范》 GB 50010 的规定和设计要求。

检查数量：同一配合比的混凝土检查不应少于一次。

检验方法：检查原材料试验报告和氯离子、碱的总含量计算书。

7.3.4 首次使用的混凝土配合比应进行开盘鉴定，其原材料、强度、凝结时间、稠度等应满足设计配合比的要求。

检查数量：同一配合比的混凝土检查不应少于一次。

检验方法：检查开盘鉴定资料和强度试验报告。

一 般 项 目

7.3.5 混凝土拌合物稠度应满足施工方案的要求。

检查数量：对同一配合比混凝土，取样应符合下列规定：

1 每拌制 100 盘且不超过 100m³ 时，取样不得少于一次；

2 每工作班拌制不足 100 盘时，取样不得少于一次；

3 每次连续浇筑超过 1000m³ 时，每 200m³ 取样不得少于一次；

4 每一楼层取样不得少于一次。

255

检验方法：检查稠度抽样检验记录。

7.3.6 混凝土有耐久性指标要求时，应在施工现场随机抽取试件进行耐久性检验，其检验结果应符合国家现行有关标准的规定和设计要求。

检查数量：同一配合比的混凝土，取样不应少于一次，留置试件数量应符合国家现行标准《普通混凝土长期性能和耐久性能试验方法标准》GB/T 50082 和《混凝土耐久性检验评定标准》JGJ/T 193 的规定。

检验方法：检查试件耐久性试验报告。

7.3.7 混凝土有抗冻要求时，应在施工现场进行混凝土含气量检验，其检验结果应符合国家现行有关标准的规定和设计要求。

检查数量：同一配合比的混凝土，取样不应少于一次，取样数量应符合现行国家标准《普通混凝土拌合物性能试验方法标准》GB/T 50080 的规定。

检验方法：检查混凝土含气量检验报告。

(3) 验收说明

1) 施工依据：《混凝土结构工程施工规范》GB 50666—2011，相应的专业技术规范，施工工艺标准，并制订专项施工方案、技术交底资料。

2) 验收依据：《混凝土结构施工质量验收规范》GB 50204—2015，相应的现场质量验收检查原始记录。

3) 注意事项

① 主控项目的质量经抽样检验均应合格；

② 一般项目的质量经抽样检验合格。当采用计数抽样时，合格点率应符合有关专业验收规范的规定，且不得存在严重缺陷；

③ 具有完整的施工操作依据、质量验收记录；

④ 本检验批的主控项目、一般项目已列入推荐表中，有关具体内容及检查方法见一般规定及（2）条文摘录；

⑤ 本推荐表还可供"钢筋混凝土扩展基础"01020207 及"筏形与箱形基础"01020307 检验批验收使用。

8. 混凝土施工检验批质量验收记录

(1) 推荐表格

01020208 ____

01020308 ____

混凝土施工检验批质量验收记录　　02010303 ____

单位(子单位) 工程名称		分部(子分部) 工程名称		分项工程名称	
施工单位		项目负责人		检验批容量	
分包单位		分包单位项目 负责人		检验批部位	
施工依据		验收依据		《混凝土结构工程施工质量验收 规范》(2010 版)GB 50204—2015	

		验收项目	设计要求及规范规定	最小/实际抽样数量	检查记录	检查结果
主控项目	1	混凝土强度等级及试件的取样和留置	第7.4.1条	/		
一般项目	1	后浇带的位置和浇筑	第7.4.2条	/		
	2	养护措施	第7.4.3条	/		
施工单位检查结果		专业工长： 项目专业质量检查员： 年 月 日				
监理单位验收结论		专业监理工程师： 年 月 日				

（2）验收内容及检查方法条文摘录

一般规定

7.1.1 混凝土强度应按现行国家标准《混凝土强度检验评定标准》GB/T 50107 的规定分批检验评定。划入同一检验批的混凝土，其施工持续时间不宜超过 3 个月。

检验评定混凝土强度时，应采用 28d 或设计规定龄期的标准养护试件。

试件成型方法及标准养护条件应符合现行国家标准《普通混凝土力学性能试验方法标准》GB/T 50081 的规定。采用蒸汽养护的构件，其试件应先随构件同条件养护，然后在置入标准养护条件下继续养护至 28d 或设计规定龄期。

7.1.2 当采用非标准尺寸试件时，应将其抗压强度乘以尺寸折算系数，折算成边长为 150mm 的标准尺寸试件抗压强度。尺寸折算系数应按现行国家标准《混凝土强度检验评定标准》GB/T 50107 采用。

7.1.3 当混凝土试件强度评定不合格时，可采用非破损或就不破损的检测方法，并按国家现行有关标准的规定对结构构件中的混凝土强度进行推定，并应按本规范第 10.2.2 条的规定进行处理。

7.1.4 混凝土有耐久性指标要求时，应按现行行业标准《混凝土耐久性检验评定标准》JGJ/T 193 的规定检验评定。

7.1.5 大批量、连续生产的同一配合比混凝土，混凝土生产单位应提供基本性能试验报告。

7.1.6 预拌混凝土的原材料质量、制备等应符合国家现行标准《预拌混凝土》GB/T 10492 的规定。

主 控 项 目

7.4.1 **混凝土的强度等级必须符合设计要求。用于检查结构构件混凝土强度的试件，应在浇筑地点随机抽取。**

检查数量：对同一配合比混凝土，取样与试件留置应符合下列规定：

1 每拌制 100 盘且不超过 100m³ 时，取样不得少于一次；

2 每工作班拌制不足 100 盘时，取样不得少于一次；

3 连续浇筑超过 1000m³ 时，每 200m³ 取样不得少于一次；

4 每一楼层取样不得少于一次；

5 每次取样应至少留置一组试件。

检验方法：检查施工记录及混凝土强度试验报告。

一 般 项 目

7.4.2 后浇带的留设位置应符合设计要求，后浇带和施工缝的留设及处理方法应符合施工方案要求。

检查数量：全数检查。

检验方法：观察。

7.4.3 混凝土浇筑完毕后应及时进行养护，养护时间以及养护方法应符合施工方案要求。

检查数量：全数检查。

检验方法：观察，检查混凝土养护记录。

（3）验收说明

1）施工依据：《混凝土结构工程施工规范》GB 50666—2011，相应的专业技术规范，施工工艺标准，并制订专项施工方案、技术交底资料。

2）验收依据：《混凝土结构施工质量验收规范》GB 50204—2015，相应的现场质量验收检查原始记录。

3）注意事项

① 主控项目的质量经抽样检验均应合格；

② 一般项目的质量经抽样检验合格。当采用计数抽样时，合格点率应符合有关专业验收规范的规定，且不得存在严重缺陷；

③ 具有完整的施工操作依据、质量验收记录；

④ 本检验批的主控项目、一般项目已列入推荐表中，有关具体内容及检查方法见一般规定及（2）条文摘录；

⑤ 黑体字的条文为强制性条文必须严格执行，制订控制措施；

⑥ 本推荐表还可供"钢筋混凝土扩展基础"01020208 及"筏形与箱形基础"01020308 检验批验收使用。

9. 预应力材料检验批质量验收记录

（1）推荐表格

预应力材料检验批质量验收记录

单位(子单位)工程名称			分部(子分部)工程名称		分项工程名称	
施工单位			项目负责人		检验批容量	
分包单位			分包单位项目负责人		检验批部位	
施工依据			验收依据	《混凝土结构工程施工质量验收规范》GB 50204—2015		

验收项目			设计要求及规范规定	最小/实际抽样数量	检查记录	检查结果
主控项目	1	预应力筋力学性能检验	第6.2.1条	/		
	2	无粘结预应力筋的涂包质量	第6.2.2条			
	3	锚具、夹具和连接器的性能	第6.2.3条			
	4	三a、三b环境下,无粘结锚具系统	第6.2.4条	/		
	5	孔道灌浆用水泥和外加剂	第6.2.5条			
一般项目	1	预应力筋外观质量	第6.2.6条	/		
	2	锚具、夹角和连接器和外观质量	第6.2.7条	/		
	3	预应力管道外观质量	第6.2.8条	/		

施工单位检查结果	专业工长: 项目专业质量检查员: 年 月 日
监理单位验收结论	专业监理工程师: 年 月 日

(2) 验收内容及检查方法条文摘录

一 般 规 定

6.1.1 浇筑混凝土之前,应进行预应力隐蔽工程验收。隐蔽工程验收应包括下列主要内容:

1 预应力筋的品种、规格、级别、数量和位置;

2 成孔管道的规格、数量、位置、形状以及灌浆孔、排气兼泌水孔；

3 局部加强钢筋的牌号、规格、数量和位置；

4 预应力筋锚具和连接器及锚垫板的品种、规格、数量和位置。

6.1.2 预应力筋、锚具、夹具、连接器、成孔管道的进厂检验，当满足下列条件之一时，其检验批容量可扩大一倍：

1 获得认证的产品；

2 同一厂家、同一品种、同一规格的产品，连续三批均一次检验合格。

6.1.3 预应力筋拉张机具及压力表应定期维护和标定。张拉设备和压力表应配套标定和使用，标定期限不应超过半年。

主 控 项 目

6.2.1 预应力筋进场时，应按现行国家相关标准的规定抽取试件作抗拉强度、伸长率检验，其检验结果应符合相应标准的规定。

检查数量： 按进场的批次和产品的抽样检验方案确定。

检验方法： 检查质量证明文件和抽样检验报告。

注：相关标准指《预应力混凝土用钢绞线》GB/T 5224、《预应力混凝土用钢丝》GB/T 5223、《预应力混凝土用螺纹钢筋》GB/T 20065 和《无粘结预应力钢绞线》JG 161 等。

6.2.2 无粘结预应力钢绞线进场时，应进行防腐润滑脂量和护套厚度的检验，检验结果应符合现行行业标准《无粘结预应力钢绞线》JG 161 的规定。

经观察认为涂包质量有保证时，无粘结预应力筋可不作油脂量和护套厚度的抽样检验。

检查数量： 按现行行业标准《无粘结预应力钢绞线》JG 161 的规定确定。

检验方法： 观察，检查质量证明文件和抽样检验报告。

6.2.3 预应力筋用锚具应和铺垫板、局部加强钢筋配套使用，锚具、夹具和连接器进场时，应按现行行业标准《预应力筋用锚具、夹具和连接器应用技术规程》JGJ 85 的相关规定对其性能进行检验，检验结果应符合该标准的规定。

锚具、夹具和连接器用量不足检验批规定数量的 50%，且供货方提供有效的试验报告时，可不作静载锚固性能试验。

检查数量： 按现行行业标准《预应力筋用锚具、夹具和连接器应用技术规程》JGJ 85 的规定确定。

检验方法： 检查质量证明文件、锚固区传力性能试验报告和抽样检验报告。

6.2.4 处于三 a、三 b 类环境条件下的无粘结预应力筋用锚具系统，应按现行行业标准《无粘结预应力混凝土结构技术规程》JGJ 92 的相关规定检验其防水性能，检验结果应符合该标准的规定。

检查数量： 同一品种、同一规格的锚具系统为一批，每批抽取 3 套。

检验方法： 检查质量证明文件和抽样检验报告。

6.2.5 孔道灌浆用水泥应采用硅酸盐水泥或普通硅酸盐水泥，水泥、外加剂的质量应分别符合本规范第 7.2.1 条、第 7.2.2 条的规定；成品灌浆材料的质量应符合现行国家标准《水泥基灌浆材料应用技术规范》GB/T 50448 的规定。

检查数量： 按进场批次和产品的抽样检验方法确定。

检验方法：检查质量证明文件和抽样检验报告。

一 般 项 目

6.2.6　预应力筋进场时，应进行外观检查，其外观质量应符合下列规定：

1　有粘结预应力的表面不应有裂纹、小刺、机械损伤、氧化铁皮和油污等，展开后应平顺，不应有弯折；

2　无粘结预应力筋钢线护套应光滑、无裂缝，无明显褶皱；轻微破损处应外包防水塑料胶带修补，严重破损者不得使用。

检查数量：全数检查。

检验方法：观察。

6.2.7　预应力筋用锚具、夹具和连接器进场时，应进行外观检查，其表面应无污物、锈蚀、机械损伤和裂纹。

检查数量：全数检查。

检验方法：观察。

6.2.8　预应成孔管道进场时，应进行管道外观质量检查、径向刚度和抗渗漏性能检验，其检验结果应符合下列规定：

1　金属管道外观应清洁，内外表面应无锈蚀、油污、附着物、孔洞；波纹管不应有不规则褶皱，咬口鹦鹉开裂、脱扣；钢管焊缝应连续；

2　塑料波纹管的外观应光滑、色泽均匀，内外壁不应有气泡、裂口、硬块、油污、附着物、孔洞及影响使用的划伤；

3　径向刚度和抗渗漏性能应符合现行行业标准《预应力混凝土桥梁用塑料波纹管》JT/T 529 和《预应力混凝土用金属波纹管》JG 225 的规定。

检查数量：外观应全数检查；径向刚度和抗渗漏性能的检查数量应按进场的批次和产品的抽样检验方法确定。

检验方法：观察，检查质量证明文件和抽样检验报告。

（3）验收说明

1）施工依据：《混凝土结构工程施工规范》GB 50666—2011，相应的专业技术规范，施工工艺标准，并制订专项施工方案、技术交底资料。

2）验收依据：《混凝土结构施工质量验收规范》GB 50204—2015，相应的现场质量验收检查原始记录。

3）注意事项

① 主控项目的质量经抽样检验均应合格；

② 一般项目的质量经抽样检验合格。当采用计数抽样时，合格点率应符合有关专业验收规范的规定，且不得存在严重缺陷；

③ 具有完整的施工操作依据、质量验收记录；

④ 本检验批的主控项目、一般项目已列入推荐表中，有关具体内容及检查方法见一般规定及（2）条文摘录；

⑤ 黑体字的条文为强制性条文必须严格执行，制订控制措施。

10. 预应力制作与安装检验批质量验收记录

（1）推荐表格

预应力制作与安装检验批质量验收记录

单位(子单位) 工程名称			分部(子分部) 工程名称		分项工程名称		
施工单位			项目负责人		检验批容量		
分包单位			分包单位项目 负责人		检验批部位		
施工依据			验收依据		《混凝土结构工程施工质量验收 规范》(2010 版)GB 50204—2015		
验收项目			设计要求及 规范规定	最小/实际 抽样数量	检查记录	检查结果	
主控 项目	1	预应力筋品种、级别、规格和数量	第6.3.1条	/			
	2	预应力筋安装位置符合设计要求	第6.3.2条	/			
一般 项目	1	预应力筋端部锚具制作质量	第6.3.3条				
	2	预应力筋或成孔管道安装质量	第6.3.4条				
	3	起点与固定 点最小长度 (mm)	张拉控制力 $N(kN)$,$N \leqslant 1500$	400	/		
			张拉控制力 $1500 < N \leqslant 6000$	500	/		
			张拉控制力 $N > 6000$	600	/		
		预应力筋或 孔道定位控 制点竖向 偏差(mm)	$h \leqslant 300$	±5	/		
			$300 < h \leqslant 1500$	±10	/		
			$h > 1500$	±15	/		
施工单位 检查结果				专业工长: 项目专业质量检查员: 　　　　　年　月　日			
监理单位 验收结论				专业监理工程师: 　　　　　年　月　日			

(2) 验收内容及检查方法条文摘录

一般规定

6.1.1 浇筑混凝土之前,应进行预应力隐蔽工程验收。隐蔽工程验收应包括主要内容:

1 预应力筋的品种、规格、级别、数量和位置;

2 成孔管道的规格、数量、位置、形状、连接以及灌浆孔、排气兼泌水孔;

3 局部加强钢筋的牌号、规格、数量和位置;

4 预应力筋锚具和连接器及锚垫板的品种、规格、数量和位置；

6.1.2 预应力筋、锚具、夹具、连接器、成孔管道的进场检验，当满足下列条件之一时，其检验批容量可扩大一倍：

1 获得认证的产品；

2 同一厂家、同一品种、同一规格的产品，连续三批均一次检验合格。

6.1.3 预应力筋张拉机具设备及压力表应定期维护和标定。张拉设备和压力表应配套标定和使用，标定期限不应超过半年。

主 控 项 目

6.3.1 预应力筋安装时，其品种、规格、级别和数量必须符合设计要求。

检查数量：全数检查。

检验方法：观察，尺量。

6.3.2 预应力的安装位置应符合设计要求。

检查数量：全数检查。

检验方法：观察，尺量。

一 般 项 目

6.3.3 预应力筋端部锚具的制作质量应符合下列要求：

1 钢绞线挤压锚具挤压完成后，预应力筋外端露出挤压套筒的长度不应小于1mm；

2 钢绞线压花锚具的梨形头尺寸和直线锚固段长度不应小于设计值；

3 钢丝镦头不应出现横向裂纹，镦头的强度不得低于钢丝强度标准值的98%。

检查数量：对挤压锚，每工作班抽查5%，且不应少于5件；对压花锚，每工作班抽查3件；对钢丝镦头强度，每批钢丝检查6个镦头试件。

检验方法：观察，尺量，检查镦头强度试验报告。

6.3.4 预应力筋或成孔管道的安装质量应符合下列规定：

1 成孔管道的连接应密封；

2 预应力筋或孔管道应平顺，并应与定位支撑钢筋绑扎牢固；

3 锚垫板的承压面应与预应力筋或孔道曲线末端垂直，预应力筋或孔道曲线末端直线段长度应符合表6.3.4规定；

4 当后张有粘结预应力筋曲线孔道波峰和波谷的高差大于300mm，且采用普通灌浆工艺时，应在孔道波峰设置排气孔。

表6.3.4 预应力筋曲线起始点与张拉锚固点之间直线段最小长度

预应力筋张拉控制力 N(kN)	$N{\leqslant}1500$	$1500{<}N{\leqslant}6000$	$N{>}6000$
直线段最小长度(mm)	400	500	600

检查数量：全数检查。

检查方法：观察，尺量。

6.3.5 预应力筋或孔管道定位控制点的竖向位置允许偏差应符合表6.3.5的规定，其合格点率应达到90%及以上，且不得有超过表中数值1.5倍的尺寸偏差。

表 6.3.5 预应力筋或孔管道定位控制点的竖向位置偏差

截面高(厚)度(mm)	$h \leqslant 300$	$300 < h \leqslant 1500$	$h > 1500$
允许偏差(mm)	± 5	± 10	± 15

检查数量：在同一检验批内，应抽查各类型构件总数的 10%，且不应少于 3 个构件，每个构件不应少于 5 处。

检验方法：尺量。

(3) 验收说明

1) 施工依据：《混凝土结构工程施工规范》GB 50666—2011，相应的专业技术规范、施工工艺标准，并制订专项施工方案、技术交底资料。

2) 验收依据：《混凝土结构施工质量验收规范》GB 50204—2015，相应的现场质量验收检查原始记录。

3) 注意事项

① 主控项目的质量经抽样检验均应合格；

② 一般项目的质量经抽样检验合格。当采用计数抽样时，合格点率应符合有关专业验收规范的规定，且不得存在严重缺陷；

③ 具有完整的施工操作依据、质量验收记录；

④ 本检验批的主控项目、一般项目已列入推荐表中，有关具体内容及检查方法见一般规定及（2）条文摘录；

⑤ 黑体字的条文为强制性条文必须严格执行，制订控制措施。

11. 预应力张拉与放张检验批质量验收记录

(1) 推荐表格

预应力张拉与放张检验批质量验收记录

02010403 ____

单位(子单位)工程名称		分部(子分部)工程名称		分项工程名称	
施工单位		项目负责人		检验批容量	
分包单位		分包单位项目负责人		检验批部位	
施工依据			验收依据	《混凝土结构工程施工质量验收规范》(2010 版)GB 50204—2015	

		验收项目	设计要求及规范规定	最小/实际抽样数量	检查记录	检查结果
主控项目	1	张拉或放张时的混凝土强度	第 6.4.1 条	/		
	2	预应力筋断裂或滑脱	第 6.4.2 条	/		
	3	先张法预应力筋张拉锚固后的预应力偏差±5%	第 6.4.3 条	/		

验收项目			设计要求及规范规定	最小/实际抽样数量	检查记录	检查结果
一般项目	1	预应力筋张拉质量	第6.4.4条	/		
	2	先张法预应力筋张拉后的位置偏差	第6.4.5条	/		

施工单位检查结果	专业工长： 项目专业质量检查员： 年 月 日
监理单位验收结论	专业监理工程师： 年 月 日

（2）验收内容及检查方法条文摘录

一 般 规 定

6.1.1 浇筑混凝土之前，应进行预应力隐蔽工程验收。隐蔽工程验收应包括主要内容：

1 预应力筋的品种、规格、级别、数量和位置；

2 成孔管道的规格、数量、位置、形状、连接以及灌浆孔、排气兼泌水孔；

3 局部加强钢筋的牌号、规格、数量和位置；

4 预应力筋锚具和连接器及锚垫板的品种、规格、数量和位置。

6.1.2 预应力筋、锚具、夹具、连接器、成孔管道的进场检验，当满足下列条件之一时，其检验批容量可扩大一倍：

1 获得认证的产品；

2 同一厂家、同一品种、同一规格的产品，连续三批均一次检验合格。

6.1.3 预应力筋张拉机具设备及压力表应定期维护和标定。张拉设备和压力表应配套标定和使用，标定期限不应超过半年。

主 控 项 目

6.4.1 预应力筋张拉或放张前，应对构件混凝土强度进行检验。同条件养护的混凝土立方体试件抗压强度应符合设计要求，当设计无要求时应符合下列规定：

1 应符合配套锚固产品技术要求的混凝土最低强度且不应低于设计混凝土强度等级值的75%。

2　对采用消除应力钢丝或钢绞线作为预应力筋的先张法构件，不应低于 30MPa。

检查数量：全数检查。

检验方法：检查同条件养护试件试验报告。

6.4.2　对后张法预应力结构构件，钢绞线出现断裂或滑脱的数量不应超过同一截面钢绞线总根数的 3%，且每根断裂的钢绞线断丝不得超过一丝；对多跨双向连续板，其同一截面应按每跨计算。

检查数量：全数检查。

检验方法：观察，检查张拉记录。

6.4.3　先张法预应力筋张拉锚固后，实际建立的预应力值与工程设计规定检验值的相对允许偏差为±5%。

检查数量：每工作班抽查预应力筋总数的 1%，且不应少于 3 根；

检验方法：检查预应力筋应力检测记录。

一 般 项 目

6.4.4　预应力筋张拉质量应符合下列规定：

1　采用应力控制方法张拉时，张拉力下预应力筋的实测伸长值与计算伸长值的相对允许偏差为±6%；

2　最大张拉应力不应大于现行国家标准《混凝土结构工程施工规范》GB 50666 的规定。

检查数量：全数检查。

检验方法：检查张拉记录。

6.4.5　先张法预应力构件，应检查预应力筋张拉后的位置偏差，张拉后预应力筋的位置与设计位置的偏差不得大于 5mm，且不得大于构件截面短边边长的 4%。

检查数量：每工作班抽查预应力筋总数的 3%，且不少于 3 束。

检验方法：尺量。

(3) 验收说明

1）施工依据：《混凝土结构工程施工规范》GB 50666—2011，相应的专业技术规范，施工工艺标准，并制订专项施工方案、技术交底资料。

2）验收依据：《混凝土结构施工质量验收规范》GB 50204—2015，相应的现场质量验收检查原始记录。

3）注意事项

①　主控项目的质量经抽样检验均应合格；

②　一般项目的质量经抽样检验合格。当采用计数抽样时，合格点率应符合有关专业验收规范的规定，且不得存在严重缺陷；

③　具有完整的施工操作依据、质量验收记录；

④　本检验批的主控项目、一般项目已列入推荐表中，有关具体内容及检查方法见一般规定及（2）条文摘录；

⑤　黑体字的条文为强制性条文必须严格执行，制订控制措施。

12. 预应力灌浆及封锚检验批质量验收记录

(1) 推荐表格

单位(子单位)工程名称			分部(子分部)工程名称		分项工程名称	
施工单位			项目负责人		检验批容量	
分包单位			分包单位项目负责人		检验批部位	
施工依据			验收依据	《混凝土结构工程施工质量验收规范》(2010版)GB 50204—2015		
验收项目			设计要求及规范规定	最小/实际抽样数量	检查记录	检查结果
主控项目	1	孔道灌浆密实、饱满	第6.5.1条	/		
	2	现场拌水泥浆性能质量	第6.5.2条	/		
	3	孔道灌浆料试块强度(MPa)	≥30	/		
	4	锚具的封闭保护措施	第6.5.4条	/		
一般项目	1	后张法预应力锚固锚具外的外露长度	第6.5.5条	/		
施工单位检查结果		专业工长: 项目专业质量检查员: 年 月 日				
监理单位验收结论		专业监理工程师: 年 月 日				

(2) 验收内容及检查方法条文摘录

一 般 规 定

6.1.1 浇筑混凝土之前,应进行预应力隐蔽工程验收。隐蔽工程验收应包括主要内容:

1 预应力筋的品种、规格、级别、数量和位置;

2 成孔管道的规格、数量、位置、形状、连接以及灌浆孔、排气兼泌水孔;

3 局部加强钢筋的牌号、规格、数量和位置;

4 预应力筋锚具和连接器及锚垫板的品种、规格、数量和位置。

6.1.2 预应力筋、锚具、夹具、连接器、成孔管道的进场检验,当满足下列条件之一时,其检验批容量可扩大一倍:

1 获得认证的产品;

2 同一厂家、同一品种、同一规格的产品,连续三批均一次检验合格。

6.1.3 预应力筋张拉机具设备及压力表应定期维护和标定。张拉设备和压力表应配套标定和使用,标定期限不应超过半年。

主 控 项 目

6.5.1 预留孔道灌浆后，孔道内水泥浆应饱满、密实。

检查数量：全数检查。

检验方法：观察，检查灌浆记录。

6.5.2 现场搅拌的灌浆用水泥浆的性能应符合下列规定：

1 3h自由泌水率宜为0，且不应大于1%，泌水应在24h内全部被水泥浆吸收；

2 水泥浆中氯离子含量不应超过水泥重量的0.06%；

3 当采用普通灌浆工艺时，24h自由膨胀率不应大于6%；当采用真空灌浆工艺时，24h自由膨胀率不应大于3%。

检查数量：同一配合比检查一次。

检验方法：检查水泥浆配合比性能试验报告。

6.5.3 现场留置的孔道灌浆料试件的抗压强度不低于30MPa。

试件抗压强度检验应符合下列规定：

1 每组应留取6个边长为70.7mm的立方体试件，并应标准养护28d；

2 试件抗压强度应取6个试件的平均值；当一组试件中抗压强度最大值或最小值与平均值相差20%时，应取中间4个试件强度的平均值。

检查数量：每工作班留置一组。

检验方法：检查试件强度试验报告。

6.5.4 锚具的封闭保护措施应符合设计要求。当设计无要求时，外露锚具和预应力筋的混凝土保护层厚度不应小于：一类环境时20mm，二a、二b类环境时50mm，三a、三b类环境时80mm。

检查数量：在同一检验批内，抽查预应力筋总数的5%，且不应少于5处。

检验方法：观察，尺量。

一 般 项 目

6.5.5 后张法预应力筋锚固后的锚具外的外露长度不应小于预应力筋直径的1.5倍，且不应小于30mm。

检查数量：在同一检验批内，抽查预应力筋总数的3%，且不应少于5束。

检验方法：观察，尺量。

(3) 验收说明

1）施工依据：《混凝土结构工程施工规范》GB 50666—2011，相应的专业技术规范，施工工艺标准，并制订专项施工方案、技术交底资料。

2）验收依据：《混凝土结构施工质量验收规范》GB 50204—2015，相应的现场质量验收检查原始记录。

3）注意事项

① 主控项目的质量经抽样检验均应合格；

② 一般项目的质量经抽样检验合格。当采用计数抽样时，合格点率应符合有关专业验收规范的规定，且不得存在严重缺陷；

③ 具有完整的施工操作依据、质量验收记录；

④ 本检验批的主控项目、一般项目已列入推荐表中，有关具体内容及检查方法见一

般规定及（2）条文摘录。

13. 现浇结构外观质量检验批质量验收记录

（1）推荐表格

现浇结构外观质量检验批质量验收记录

单位(子单位) 工程名称		分部(子分部) 工程名称		分项工程名称	
施工单位		项目负责人		检验批容量	
分包单位		分包单位项目 负责人		检验批部位	
施工依据		验收依据		《混凝土结构工程施工质量验收 规范》(2010 版)GB 50204—2015	

验收项目			设计要求及 规范规定	最小/实际 抽样数量	检查记录	检查结果
主控 项目	1	外观质量不应有严重缺陷	第8.2.1条	/		
一般 项目	1	现浇结构外观质量不 应有一般缺陷	第8.2.2条	/		

施工单位 检查结果	专业工长： 项目专业质量检查员： 　　　　　　　　年　月　日
监理单位 验收结论	专业监理工程师： 　　　　　　　　年　月　日

（2）验收内容及检查方法条文摘录

一般规定

8.1.1 现浇结构质量验收应符合下列规定：

1 现浇结构质量验收应在拆模后、混凝土表面未作修整和装饰前进行，并应作出记录；

2 已经隐蔽的不可直接观察和测量的内容，可检查隐蔽工程验收记录；

3 修整或返工的结构构件或部位应有实施前后的文字及图像记录。

8.1.2 现浇结构的外观质量缺陷，应由监理（建设）单位、施工单位等各方根据其对结构性和使用功能影响的严重程度，按表8.1.2的规定。

表 8.1.2 现浇结构外观质量缺陷

名称	现象	严重缺陷	一般缺陷
露筋	构件内钢筋未被混凝土包裹而外露	纵向受力钢筋有露筋	其他钢筋有少量露筋
蜂窝	混凝土表面缺少水泥砂浆而形成石子外露	构件主要受力部位有蜂窝	其他部位有少量蜂窝
孔洞	混凝土中孔穴深度和长度均超过保护层厚度	构件主要受力部位有孔洞	其他部位有少量孔洞
夹渣	混凝土中夹有杂物且深度超过保护层厚度	构件主要受力部位有夹渣	其他部位有少量夹渣
疏松	混凝土中局部不密实	构件主要受力部位有疏松	其他部位有少量疏松
裂缝	缝隙从混凝土表面延伸至混凝土内部	构件主要受力部位有影响结构性能或使用功能的裂缝	其他部位有少量不影响结构性能或使用功能的裂缝
连接部位缺陷	构件连接处混凝土缺陷及连接钢筋连接件松动	连接部位有影响结构传力性能的缺陷	连接部位有基本不影响结构传力性能的缺陷
外形缺陷	缺棱掉角、棱角不直、翘曲不平、飞边凸肋等	清水混凝土构件有影响使用功能或装饰效果的外形缺陷	其他混凝土构件有不影响使用功能的外形缺陷
外表缺陷	构件表面麻面、掉皮、起砂、沾污等	具有重要装饰效果的清水混凝土构件有外表缺陷	其他混凝土构件有不影响使用功能的外表缺陷

8.1.3 装配式结构现浇部分的外观质量、位置偏差、尺寸偏差验收应符合本章要求；预制构件与现浇结构之间的结合面应符合设计要求。

主 控 项 目

8.2.1 现浇结构的外观质量不应有严重缺陷。

对已经出现的严重缺陷，应由施工单位提出技术处理方案，并经监理单位认可后进行处理；对裂缝、连接部位出现的严重缺陷及其他影响结构安全的严重缺陷，技术处理方案尚应经设计单位认可。对经处理的部位应重新检查验收。

检查数量：全数检查。

检验方法：观察，检查处理记录。

一 般 项 目

8.2.2 现浇结构的外观质量不宜有一般缺陷。

对已经出现的一般缺陷，应由施工单位按技术处理方案进行处理。对经处理的部位应重新验收。

检查数量：全数检查。

检验方法：观察，检查处理记录。

（3）验收说明

1）施工依据：《混凝土结构工程施工规范》GB 50666—2011，相应的专业技术规范，施工工艺标准，并制订专项施工方案、技术交底资料。

2）验收依据：《混凝土结构施工质量验收规范》GB 50204—2015，相应的现场质量验收检查原始记录。

3）注意事项

① 主控项目的质量经抽样检验均应合格；

② 一般项目的质量经抽样检验合格。当采用计数抽样时，合格点率应符合有关专业验收规范的规定，且不得存在严重缺陷；

③ 具有完整的施工操作依据、质量验收记录；

④ 本检验批的主控项目、一般项目已列入推荐表中，有关具体内容及检查方法见一般规定及（2）条文摘录；

⑤ 本推荐表还可供"钢筋混凝土扩展基础"01020209 及"筏形与箱形基础"01020309 检验批验收使用。

14. 现浇结构位置及尺寸偏差检验批质量验收记录

（1）推荐表格

01020210 ____
01020310 ____

现浇结构位置及尺寸偏差检验批质量验收记录 02010502 ____

单位（子单位）工程名称				分部（子分部）工程名称			分项工程名称		
施工单位			项目负责人				检验批容量		
分包单位			分包单位项目负责人				检验批部位		
施工依据				验收依据		《混凝土结构工程施工质量验收规范》(2010 版)GB 50204—2015			
验收项目				设计要求及规范规定	最小/实际抽样数量		检查记录	检查结果	
主控项目	1	不应有影响设备基础性能和安装的尺寸偏差		第 8.3.1 条	/				
一般项目	位置、尺寸偏差 8.3.2 条	轴线位置（mm）	整体基础	15	/				
			独立基础	10	/				
			墙、柱、梁	8	/				
			剪力墙	5	/				
		垂直度（mm）	柱墙层高 ≤6m	10	/				
			柱墙层高 >6m	12	/				
		标高（mm）	层高	±10	/				
			全高	±30					

验收项目			设计要求及规范规定	最小/实际抽样数量	检查记录	检查结果
一般项目	位置、尺寸偏差8.3.2条	截面尺寸 基础	+15，−10	/		
		截面尺寸 柱、梁、板、墙	+10，−5	/		
		截面尺寸 楼梯相邻踏步高差	±6	/		
		电梯井洞（mm） 中心位置	10	/		
		电梯井洞（mm） 长宽尺寸	+25，0	/		
		表面平整度（mm）	8	/		
		预埋件中心线位置（mm） 预埋板	10	/		
		预埋件中心线位置（mm） 预埋螺栓	5	/		
		预埋件中心线位置（mm） 预埋管	5	/		
		预埋件中心线位置（mm） 其他	10	/		
		预留孔洞中心线位置 mm	15	/		
施工单位检查结果				专业工长： 项目专业质量检查员： 年　月　日		
监理单位验收结论				专业监理工程师： 年　月　日		

注：现浇设备基础时，将表8.3.2换成表8.3.3的内容即可。

（2）验收内容及检查方法条文摘录

主控项目

8.3.1　现浇结构不应有影响结构性能和使用功能的尺寸偏差；混凝土设备基础不应有影响结构性能和设备安装的尺寸偏差。

对超过尺寸允许偏差且影响结构性能和安装、使用功能的部位，应由施工单位提出技术处理方案，经监理、设计单位认可后进行处理。对经处理的部位应重新验收。

检查数量：全数检查。

检验方法：量测，检查处理记录。

一 般 项 目

8.3.2　现浇结构的位置、尺寸偏差及检验方法应符合表8.3.2的规定。

检查数量：按楼层、结构缝或施工段划分检验批。在同一检验批内，对梁、柱和独立基础，应抽查构件数量的10%，且不应少于3件；对墙和板，应按有代表性的自然间抽查10%，且不少应于3间；对大空间结构，墙可按相邻轴线高度5m左右划分检查面，板

272

可按纵、横轴线划分检查面，抽查10%，且均不应少于3面；对电梯井，应全数检查。

表8.3.2　现浇结构尺寸偏差和检验方法

项　　目			允许偏差(mm)	检验方法
轴线位置	整体基础		15	经纬仪及尺量
	独立基础		10	经纬仪及尺量
	墙、柱、梁		8	尺量
垂直度	柱、墙层高	≤6m	10	经纬仪或吊线、尺量
		>6m	12	经纬仪或吊线、尺量
	全高(H)≤300m		$H/30000+20$	经纬仪、尺量
	全高(H)>300m		$H/10000$且≤80	经纬仪、尺量
标高	层高		±10	水准仪或拉线、尺量
	全高		±30	水准仪或拉线、尺量
截面尺寸	基础		+15，−10	尺量
	柱、梁、板、墙		+10，−5	尺量
	楼梯相邻踏步高差		±6	尺量
电梯井洞	中心位置		10	尺量
	长、宽尺寸		+25，0	尺量
表面平整度			8	2m靠尺和塞尺量测
预埋件中心位置	预埋板		10	尺量
	预埋螺栓		5	尺量
	预埋管		5	尺量
	其他		10	尺量
预留洞中心线位置			15	尺量

注：1　检查轴线、中心线位置时，沿纵、横两个方向量测，并取其中偏大的较大值。
　　2　H为全高，单位为mm。

8.3.3　现浇设备基础的位置和尺寸应符合设计和设备安装的要求。其位置和尺寸偏差及检验方法应符合表8.3.3的规定。

检查数量：全数检查。

表8.3.3　现浇设备基础的位置和尺寸偏差及检验方法

项　　目	允许偏差(mm)	检验方法
坐标位置(mm)	20	经纬仪及尺量
不同平面的标高(mm)	0，−20	水准仪或拉线、尺量
平面外形尺寸(mm)	±20	尺量
凸台上平面外形尺寸(mm)	0，−20	尺量
凹穴尺寸(mm)	+20，0	尺量

续表 8.3.3

项　目		允许偏差(mm)	检验方法
平面水平度	每米	5	水平尺、塞尺量测
	全长	10	水准仪或拉线、尺量
垂直度	每米	5	经纬仪或吊线、尺量
	全高	10	经纬仪或吊线、尺量
预埋地脚螺栓	中心位置	2	尺量
	顶标高(顶部)	+20,0	水准仪或拉线、尺量
	中心距	±2	尺量
	垂直度	5	吊线、尺量
预埋地脚螺栓孔	中心线位置	10	尺量
	截面尺寸	+20,0	尺量
	深度	+20,0	尺量
	垂直度	$h/100$,且≤10	吊线、尺量
预埋活动地脚螺栓锚板	标高	+20,0	尺量
	中心线位置	5	水准仪或拉线、尺量
	带槽锚板平整度	5	直尺、塞尺量测
	带螺纹孔锚板平整度	2	直尺、塞尺量测

注：1　检查坐标、中心线位置时，应沿纵、横两个方向测量，并取其中偏差的较大值。

　　2　h 为预埋地脚螺栓孔孔深，单位为 mm。

(3) 验收说明

1) 施工依据：《混凝土结构工程施工规范》GB 50666—2011，相应的专业技术规范，施工工艺标准，并制订专项施工方案、技术交底资料。

2) 验收依据：《混凝土结构施工质量验收规范》GB 50204—2015，相应的现场质量验收检查原始记录。

3) 注意事项：

① 主控项目的质量经抽样检验均应合格；

② 一般项目的质量经抽样检验合格。当采用计数抽样时，合格点率应符合有关专业验收规范的规定，且不得存在严重缺陷；

③ 具有完整的施工操作依据、质量验收记录；

④ 本检验批的主控项目、一般项目已列入推荐表中，有关具体内容及检查方法见一般规定及（2）条文摘录；

⑤ 本推荐表还可供"钢筋混凝土扩展基础"01020210 及"筏形与箱形基础"01020310 检验批验收使用。

15. 装配式结构预制构件检验批质量验收记录

(1) 推荐表格

单位(子单位) 工程名称			分部(子分部) 工程名称			分项工程名称	
施工单位			项目负责人			检验批容量	
分包单位			分包单位项目 负责人			检验批部位	
施工依据			验收依据		《混凝土结构工程施工质量验收 规范》(2010 版)GB 50204—2015		

验收项目				设计要求及 规范规定	最小/实际 抽样数量	检查记录	检查结果
主控 项目	1	现场预制构件质量		第 9.2.1 条	/		
	2	预制生产预制构件进场检验		第 9.2.2 条	/		
	3	预制构件外观不应有严重缺陷		第 9.2.3 条	/		
	4	预制构件上的预埋件、 插筋、管线、孔洞等		第 9.2.4 条	/		
一般 项目	1	预制构件标识		第 9.2.5 条			
	2	预制构件外观不应有一般缺陷		第 9.2.6 条			
	3 允许 偏差 (mm)	长度	楼板、 梁、柱、 桁架	<12m	±5	/	
				≥12m, 且<18m	±10	/	
				≥18m	±20	/	
			墙板	±4	/	/	
		宽、高 (厚)度	楼板、梁、柱、桁架	±5	/		
			墙板	±4	/		
		表面平 整度	楼板、梁、柱、 墙板内表面	5	/		
			墙板外表面	3	/		
		侧向 弯曲	楼板、梁、柱	L/750 且≤20	/		
			墙板、桁架	L/1000 且≤20	/		
		翘曲	楼板	L/750	/		
			墙板	L/1000	/		
		对角线	楼板	10	/		
			墙板	5	/		
		预留孔	中心线位置	5			
			孔尺寸	±5	/		
		预留洞	中心线位置	10	/		
			洞口尺寸、深度	±10	/		

	验收项目			设计要求及规范规定	最小/实际抽样数量	检查记录	检查结果
一般项目	3 允许偏差（mm）	预埋件	预埋件中心线位置	5	/		
			预埋板与混凝土面平面高度	0，−5	/		
			预埋螺栓	2			
			预埋螺栓外露长度	＋10，−5	/		
			预埋套筒螺母中心线位置	2			
			预埋套筒、螺母与混凝土面平面高度	±5	/		
		预留插筋	中心线位置	5	/		
			外露长度	＋10，−5	/		
		键槽	中心线位置	5			
			长度、宽度	±5	/		
			深度	±10	/		
施工单位检查结果				专业工长： 项目专业质量检查员： 年 月 日			
监理单位验收结论				专业监理工程师： 年 月 日			

（2）验收内容及检查方法条文摘录

一 般 规 定

9.1.1　装配式结构连接点及叠合构件浇筑混凝土之前，应进行隐蔽工程验收。隐蔽工程验收应包括下列主要内容：

1　混凝土粗糙面的质量，键槽的尺寸、数量、位置；

2　钢筋的牌号、规格、数量、位置、间距，箍筋弯钩的弯折角度及平直段长度；

3　钢筋的连接方式、接头位置、街头数量、接头面积百分率、搭接长度、锚固方式及锚固长度；

4　预埋件、预留管线的规格、数量、位置。

9.1.2　装配式结构的接缝施工质量及防水性能应符合设计要求和国家现行相关标准的要求。

主 控 项 目

9.2.1　预制构件的质量应符合本规范、国家现行相关标准的规定和设计的要求。

检查数量：全数检查。

检查方法：检查质量证明文件或质量验收记录。

9.2.2 混凝土预制构件专业企业生产的预制构件进场时，预制构件结构性能检验符合下列规定：

1 梁板类简支受弯预制构件进场时应进行结构性能检验，并应符合下列规定：

1）结构性能检验应符合国家现行相关标准的有关规定及设计的要求，检验要求和试验方法应符合本规范附录 B 的规定。

2）钢筋混凝土构件和允许出现裂缝的预应力混凝土构件应进行承载力、挠度和裂缝宽度检验；不允许出现裂缝的预应力混凝土构件应进行承载力、挠度和抗裂检验。

3）对大型构件及有可靠应用经验的构件，可只进行裂缝宽度、抗裂和挠度检验。

4）对使用数量较少的构件，当能提供可靠依据时，可不进行结构性能检验。

2 对其他预制构件，除设计有专门要求外，进场时可不做结构性能检验。

3 对进场时不做结构性能检验的预制构件，应采取下列措施：

1）施工单位或监理单位代表应驻厂监督制作过程；

2）当无驻厂监督时，预制构件进场时应对预制构件主要受力钢筋数量、规格、间距及混凝土强度等进行实体检验。

检验数量：每批进场不超过 1000 个同类型预制构件为一批，在每批中应随机抽取一个构件进行检验。

检验方法：检查结构性能检验报告或实体检验报告。

注："同类型"是指同一钢种、同一混凝土强度等级、同一生产工艺和同一结构形式。抽取预制构件时，宜从设计荷载最大、受力最不利或生产数量最多的预制构件中抽取。

9.2.3 预制构件的外观质量不应有严重缺陷，且不应有影响结构性能和安装、使用功能的尺寸偏差。.

检查数量：全数检查。

检验方法：观察，尺量；检查处理记录。

9.2.4 预制构件上的预埋件、预留插筋、预埋管线等的材料质量、规格和数量以及预留孔、预留洞的数量应符合设计要求。

检查数量：全数检查。

检验方法：观察。

一 般 项 目

9.2.5 预制构件应有标识。

检查数量：全数检查

检验方法：观察。

9.2.6 预制构件的外观质量不应有一般缺陷。

检查数量：全数检查。

检验方法：观察，检查处理记录。

9.2.7 预制构件的尺寸偏差及检验方法应符合表 9.2.7 的规定；设计有专门规定时，尚应符合设计要求。施工过程中临时使用的预埋件，其中心线位置允许偏差可取表 9.2.7 中规定数值的 2 倍。

检查数量：同一类型的构件，不超过100件为一批，每批应抽查构件数量的5%，且不应少于3件。

表 9.2.7 预制构件尺寸的允许偏差及检验方法

项　　目			允许偏差(mm)	检 验 方 法
长度	楼板、梁、柱、桁架	＜12m	±5	尺量
		≥12m，且＜18m	±10	
		≥18m	±20	
	墙板		±4	
宽、高(厚)度	楼板、梁、柱、桁架		±5	尺量一端及中部，取其中偏差绝对值较大处
	墙板		±4	
表面平整度	楼板、梁、柱、墙板内表面		5	2m靠尺和塞尺量测
	墙板外表面		3	
侧向弯曲	楼板、梁、柱		$L/750$ 且≤20	拉线、直尺量测最大侧向弯曲处
	墙板、桁架		$L/1000$ 且≤20	
翘曲	楼板		$L/750$	调平尺在两端量测
	墙板		$L/1000$	
对角线	楼板		10	尺量两个对角线
	墙板		5	
预留孔	中心线位置		5	尺量
	孔尺寸		±5	
预留洞	中心线位置		10	尺量
	洞口尺寸、深度		±10	
预埋件	预埋件中心线位置		5	尺量
	预埋板与混凝土面平面高度		0，−5	
	预埋螺栓		2	
	预埋螺栓外露长度		＋10，−5	
	预埋套筒螺母中心线位置		2	
	预埋套筒、螺母与混凝土面平面高度		±5	
预留插筋	中心线位置		5	尺量
	外露长度		＋10，−5	
键槽	中心线位置		5	尺量
	长度、宽度		±5	
	深度		±10	

注：1 L 为构件长度，mm；

　　2 检查中心线、螺栓和孔道位置偏差时，沿纵、横两个方向量测，并取其中偏差较大值。

9.2.8 预制构件的粗糙面的质量及键槽的数量应符合设计要求。

检查数量：全数检查。

检验方法：观察。

(3) 验收说明

1) 施工依据：《混凝土结构工程施工规范》GB 50666—2011，相应的专业技术规范、施工工艺标准，并制订专项施工方案、技术交底资料。

2) 验收依据：《混凝土结构工程施工质量验收规范》GB 50204—2015 版，相应的现场质量验收检查原始记录。

3) 注意事项：

① 主控项目的质量经抽样检验均应合格；

② 一般项目的质量经抽样检验合格。当采用计数抽样时，合格点率应符合有关专业验收规范的规定，且不得存在严重缺陷；

③ 具有完整的施工操作依据、质量验收记录；

④ 本检验批的主控项目、一般项目已列入推荐表中，有关具体内容及检查方法见一般规定及（2）条文摘录。

附录 B　受弯预制构件结构性能检验

B.1　检验要求

B.1.1　预制构件的承载力检验应符合下列规定：

1　当按现行国家标准《混凝土结构设计规范》GB 50010 的规定进行检验时，应符合下列公式的要求：

$$\gamma_u^0 \geqslant \gamma_0 [\gamma_u] \qquad (B.1.1-1)$$

式中：γ_u^0——构件的承载力检验系数实测值，即试件的荷载实测值与荷载设计值（均包括自重）的比值；

γ_0——结构重要性系数，按设计要求的结构等级确定，当无专门要求时取 1.0；

$[\gamma_u]$——构件的承载力检验系数允许值，按表 B.1.1 取用。

2　当按构件实配钢筋进行承载力检验时，应符合下式的要求：

$$\gamma_u^0 \geqslant \gamma_0 \eta [\gamma_u] \qquad (B.1.1-2)$$

式中：η——构件承载力检验修正系数，根据现行国家标准《混凝土结构设计规范》GB 50010 按实配钢筋的承载力计算确定。

承载力检验的荷载设计值是指承载能力极限状态下，根据构建设计控制截面上的内力设计值与构件检验的加载方式，经换算后确定的荷载值（包括自重）。

表 B.1.1　构件的承载力检验系数允许值

受力情况	达到承载能力极限状态的检验标志		$[\gamma_u]$
受弯	受拉主筋处的最大裂缝宽度达到 1.5mm；或挠度达到跨度的 1/50	有屈服点热轧钢筋	1.20
		（无屈服点、钢筋钢丝、钢绞线、冷加工钢筋、无屈服点热轧钢筋）	1.35
	受压区混凝土破坏	有屈服点热轧钢筋	1.30
		无屈服点钢筋（钢丝、钢绞线、冷加工钢筋、无屈服点钢筋）	1.45
	受拉主筋拉断		1.50

续表 B. 1. 1

受力情况	达到承载能力极限状态的检验标志	$[\gamma_{u}]$
受弯构件的受剪	腹部斜裂缝达到 1.5mm,或斜裂缝末端受压混凝土剪压破坏	1.40
	沿斜截面混凝土斜压、斜拉破坏;受拉主筋在端部滑脱或其他锚固破坏	1.55
	叠合构件叠合面、接槎处	1.45

B. 1. 2 预制构件的挠度应按下列规定进行检验:

1 当按现行国家标准《混凝土结构设计规范》GB 50010 规定的挠度允许值进行检验时,应符合下列公式的要求:

$$a_{s}^{0} \leqslant [a_{s}] \qquad (B. 1. 2-1)$$

式中:a_{s}^{0}——在检验用荷载标准组合值或荷载准永久组合值作用下的构件挠度实测值;

$[a_{s}]$——挠度检验允许值,按本规范第 B. 1. 3 条的有关规定计算。

2 当按构件实配钢筋进行挠度检验或仅检验构件的挠度、抗裂或裂缝宽度时,应符合下列公式的要求:

$$a_{s}^{0} \leqslant 1. 2 a_{s}^{c} \qquad (B. 1. 2-2)$$

a_{s}^{0} 应同时满足公式 (B. 1. 2-1) 的要求。

式中:a_{s}^{c}——在检验用荷载标准值组合值和荷载准永久组合值作用下,按实配钢筋确定的构件短期挠度计算值,按现行国家标准《混凝土结构设计规范》GB 50010确定。

B. 1. 3 挠度检验允许值 $[a_{s}]$ 应按下列公式进行计算:
按荷载准永久组合值计算钢筋混凝土受弯构件

$$[a_{s}] = [a_{f}] / \theta \qquad (B. 1. 3-1)$$

按荷载标准组合值计算预应力混凝土受弯构件

$$[a_{s}] = \frac{M_{k}}{M_{q}(\theta-1) + M_{k}} [a_{f}] \qquad (B. 1. 3-2)$$

式中:M_{k}——按荷载标准组合计算的弯矩值;

M_{q}——按荷载准永久组合计算的弯矩值;

θ——考虑荷载长期作用对挠度增加的影响系数,按现行国家标准《混凝土结构设计规范》GB 50010确定。

$[a_{f}]$——受弯构件的挠度限值,按现行国家标准《混凝土结构设计规范》GB 50010确实;

B. 1. 4 预制构件的抗裂检验应满足公式 (B. 1. 4-1) 的要求:

$$\gamma_{cr}^{0} \geqslant [\gamma_{cr}] \qquad (B. 1. 4-1)$$

$$[\gamma_{cr}] = 0. 95 \frac{\sigma_{pc} + \gamma f_{tk}}{\sigma_{ck}} \qquad (B. 1. 4-2)$$

式中:γ_{cr}^{0}——构件的抗裂检验系数实测值,即试件的开裂荷载实测值与荷载标准值(均包括自重)的比值;

$[\gamma_{cr}]$——构件的抗裂检验系数允许值;

σ_{pc}——由预加力产生的构件的抗拉边缘混凝土法向应力值,按现行国家标准《混凝土结构设计规范》GB 50010 确定；

γ——混凝土构建截面抵抗矩塑形影响系数，按现行国家标准《混凝土结构设计规范》GB 50010 计算确定；

f_{tk}——混凝土抗拉强度标准值；

σ_{ck}——由荷载标准值产生的构件抗拉边缘混凝土法向应力值，按现行国家标准《混凝土结构设计规范》GB 50010 确定。

B.1.5 预制构件的裂缝宽度检验应符合下列公式的要求：

$$w^0_{s,max} \leqslant [w_{max}] \qquad (B.1.5)$$

式中：$w^0_{s,max}$——在检验用荷载标准组合值或荷载永久组合值作用下，受拉主筋处的最大裂缝宽度实测值；

$[w_{max}]$——构件检验的最大裂缝宽度允许值，按表 B.1.5 取用。

表 B.1.5　构件检验的最大裂缝宽度允许值（mm）

设计要求的最大裂缝宽度限值	0.1	0.2	0.3	0.4
$[w_{max}]$	0.07	0.15	0.20	0.25

B.1.6 预制构件结构性能检验的合格判定应符合下列规定：

1 当预制构件结构性能的全部检验结果均满足本标准第 B.1.1～B.1.5 条的检验要求时，该批构件可判为合格；

2 当预制构件的检验结果不满足第 1 款的要求，但又能满足第二次检验指标要求时，可再抽两个预制构件进行二次检验。第二次检验指标，对承载力及抗裂检验系数的允许值应取本规范第 B.1.1 条和第 B.1.4 条规定的允许值减 0.05；对挠度的允许值应取本规范第 B.1.3 条规定允许值的 1.10 倍；

3 当进行二次检验时，如第一个检验的预制构件的全部检验结果均满足本规范第 B.1.1～B.1.5 条的要求，该批构件可判为合格；如两个预制构件的全部检验结果均满足第二次检验指标的要求，该批构件也可判为合格。

B.2　检验方法

B.2.1　进行结构性能检验时的试验条件应符合下列规定：

1 试验场地的温度应在 0℃ 以上；

2 蒸汽养护后的构件应在冷却至常温后进行试验；

3 预制构件的混凝土强度应达到设计强度的 100% 以上；

4 构件在试验前应量测其实际尺寸，并检查构件表面，所有的缺陷和裂缝应在构件上标出；

5 试验用的加荷设备及量测仪表应预先进行标定或校准。

B.2.2　试验预制构件的支承方式应符合下列规定：

1 对板、梁和桁架等简支构件，试验时应一端采用铰支承，另一端采用滚动支承。铰支承可采用角钢、半圆型钢或焊于钢板上的圆钢，滚动支承可采用圆钢；

2 对四边简支或四角简支的双向板，其支承方式应保证支承处构件能自由转动，支承面可相对水平移动；

3 当试验的构件承受较大集中力或支座反力时，应对支承部分进行局部受压承载力验算；

  4 构件与支承面应紧密接触；钢垫板与构件、钢垫板与支墩间，宜铺砂浆垫平；

  5 构件支承的中心线位置应符合设计的要求。

  B.2.3 试验荷载布置应符合设计的要求。当荷载布置不能完全与设计的要求相符时，应按荷载效应等效的原则换算，并应计入荷载布置改变后对构件其它部位的不利影响。

  B.2.4 加载方式应根据设计加载要求、构件类型及设备等条件选择。当按不同形式荷载组合进行加载试验时，各种荷载应按比例增加，并应符合下列规定：

  1 荷重块加载可用于均布加载试验。荷重块应按区格成垛堆放，垛与垛之间的间隙不宜小于 100mm，荷重块的最大边长不宜大于 500mm；

  2 千斤顶加载可用于集中加载试验。集中加载可采用分配梁系统实现多点加载。千斤顶的加载值宜采用荷载传感器量测，也可采用油压表量测；

  3 梁或桁架可采用水平对顶加荷方法，此时构件应垫平且不应妨碍构件在水平方向的位移。梁也可采用竖直对顶的加荷方法；

  4 当屋架仅作挠度、抗裂或裂缝宽度检验时，可将两榀屋架并列，安放屋面板后进行加载试验。

  B.2.5 加载过程应符合下列规定：

  1 预制构件应分级加载。当荷载小于标准荷载时，每级荷载不应大于标准荷载值的 20%；当荷载大于标准荷载时，每级荷载不应大于标准荷载值的 10%；当荷载接近抗裂检验荷载值时，每级荷载不应大于标准荷载值的 5%；当荷载接近承载力检验荷载值时，每级荷载不应大于荷载设计值的 5%；

  2 试验设备重量及预制构件自重应作为第一次加载的一部分；

  3 试验前宜对预制构件进行预压，以检查试验装置的工作是否正常，但应防止构件因预压而开裂；

  4 对仅作挠度、抗裂或裂缝宽度检验的构件应分级卸载。

  B.2.6 每级加载完成后，应持续 10min～15min；在标准荷载作用下，应持续 30min。在持续时间内，应观察裂缝的出现和开展，以及钢筋有无的滑移等；在持续时间结束时，应观察并记录各项读数。

  B.2.7 进行承载力检验时，应加载至预制构件出现本规范表 B.1.1 所列承载能力极限状态的检验标志之一后结束试验。当在规定的荷载持续时间内出现上述检验标志之一时，应取本级荷载值与前一级荷载值的平均值作为其承载力检验荷载实测值；当在规定的荷载持续时间结束后出现上述检验标志之一时，应取本级荷载值作为其承载力检验荷载实测值。

  B.2.8 挠度量测应符合下列规定：

  1 挠度可采用百分表、位移传感器、水平仪等进行观测。接近破坏阶段的挠度，可采用水平仪或拉线、直尺等测量；

  2 试验时，应量测构件跨中位移和支座沉陷。对宽度较大的构件，应在每一量测截面的两边或两肋布置测点，并取其量测结果的平均值作为该处的位移；

  3 当试验荷载竖直向下作用时，对水平放置的试件，在各级荷载下的跨中挠度实测值应按下列公式计算：

$$a_t^0 = a_q^0 + a_g^0 \tag{B.2.8-1}$$

$$a_q^0 = v_m^0 - \frac{1}{2}(v_l^0 + v_r^0) \tag{B.2.8-2}$$

$$a_g^0 = \frac{M_g}{M_b} a_b^0 \tag{B.2.8-3}$$

式中：a_t^0——全部荷载作用下构件跨中的挠度实测值，mm；

a_q^0——外加试验荷载作用下构件跨中的挠度实测值，mm；

a_g^0——构件自重及加荷设备重产生的跨中挠度值，mm；

v_m^0——外加试验荷载作用下构件跨中的位移实测值，mm；

v_l^0，v_r^0——外加试验荷载作用下构件左、右端支座沉陷的实测值，mm；

M_g——构件自重和加荷设备重产生的跨中弯矩值，kN·m；

M_b——从外加试验荷载开始至构件出现裂缝的前一级荷载为止的外加荷载产生的跨中弯矩值，kN·m；

a_b^0——从外加试验荷载开始至构件出现裂缝的前一级荷载为止的外加荷载产生的跨中挠度实测值，mm。

4 当采用等效集中力加载模拟均布荷载进行试验时，挠度实测值应乘以修正系数 ψ。当采用三分点加载时 ψ 可取 0.98；当采用其他形式集中力加载时，ψ 应经计算确定。

B.2.9 裂缝观测应符合下列规定：

1 观察裂缝出现可采用放大镜。试验中未能及时观察到正截面裂缝的出现时，可取荷载-挠度曲线上第一弯转段两端点切线的交点的荷载值作为构件的开裂荷载实测值；

2 在对构件进行抗裂检验时，当在规定的荷载持续时间内出现裂缝时，应取本级荷载值与前一级荷载值的平均值作为其开裂荷载实测值；当在规定的荷载持续时间结束后出现裂缝时，应取本级荷载值作为其开裂荷载实测值；

3 裂缝宽度宜采用精度为 0.05mm 的刻度放大镜等仪器进行观测，也可采用满足精度要求的裂缝检验卡进行观测；

4 对正截面裂缝，应量测受拉主筋处的最大裂缝宽度；对斜截面裂缝，应量测腹部斜裂缝的最大裂缝宽度。当确定受弯构件受拉主筋处的裂缝宽度时，应在构件侧面量测。

B.2.10 试件时应采用安全防护措施，并应符合下列规定：

1 试验的加荷设备、支架、支墩等，应有足够的承载力安全储备；

2 试验屋架等大型构建时，应根据设计要求设置侧向支撑；侧向支撑应不妨碍构件在其平面内的位移；

3 试验过程中采取安全措施保护试验人员和试验设备安全。

B.2.11 试验报告应符合下列规定：

1 试验报告内容应包括试验背景、试验方案、试验记录、检验结论等，不得有漏项缺检；

2 试验报告中的原始数据和观察记录应真实、准确，不得任意涂抹篡改；

3 试验报告宜在试验现场完成，并应及时审核、签字、盖章、等级归档。

16. 装配式结构安装与连接检验批质量验收记录

（1）推荐表格

装配式结构安装与连接检验批质量验收记录

02010602____

单位(子单位)工程名称			分部(子分部)工程名称			分项工程名称		
施工单位			项目负责人			检验批容量		
分包单位			分包单位项目负责人			检验批部位		
施工依据			验收依据		《混凝土结构工程施工质量验收规范》GB 50204—2015			

验收项目				设计要求及规范规定	最小/实际抽样数量	检查记录	检查结果
主控项目	1	预制构件临时固定		第9.3.1条	/		
	2	灌浆应饱满、密实		第9.3.2条			
	3	套筒、锚固连接接头质量		第9.3.2条	/		
	4	焊接接头质量		第9.3.3条			
	5	机械连接接头质量		第9.3.4条	/		
	6	焊接、螺栓连接，其材质及施工质量		第9.3.5条			
	7	采用现浇混凝土连接混凝土强度		第9.3.6条			
	8	外观不应有严重缺陷		第9.3.7条			
一般项目	1	外观不应有一般缺陷		第9.3.8条			
	2 允许偏差(mm)	构件轴线位置	竖向柱、墙板、桁架	8			
			水平构件、梁、楼板	5			
		标高	梁、柱、墙板、楼板底、顶面	±5			
		构件垂直度 柱、墙板安装后高度	≤6m	5	/		
			>6m	10	/		
		构件倾斜度	梁、桁架	5	/		
		相邻构件平整度 梁、板底面	外露	3	/		
			不外露	5	/		
		相邻构件平整度 柱、墙板	外露	5	/		
			不外露	8	/		
		构件搁置长度	梁、板	±10			
		支座中心位置	板、梁、柱、墙板、桁架	10	/		
		墙板接缝宽度		±5	/		

施工单位检查结果	专业工长： 项目专业质量检查员： 年 月 日
监理单位验收结论	专业监理工程师： 年 月 日

284

（2）验收内容及检查方法条文摘录

主 控 项 目

9.3.1 预制构件临时固定措施的安装质量应符合施工方案的要求。

检查数量：全数检查。

检验方法：观察。

9.3.2 钢筋采用套筒灌浆连接时，灌浆应饱满、密实，其材料及连接质量应符合国家现行行业标准《钢筋套筒灌浆连接应用技术规程》JGJ 355 的规定。

检查数量：按国家现行行业标准《钢筋套筒灌浆连接应用技术规程》JGJ 355 的规定确定。

检验方法：检查质量证明文件、灌浆记录及相关检验报告。

9.3.3 钢筋采用焊接连接时，其接头质量应符合现行行业标准《钢筋焊接及验收规程》JGJ 18 的规定。

检查数量：按现行行业标准《钢筋焊接及验收规程》JGJ 18 的有关规定确定。

检查方法：检查质量证明文件及平行加工试件的检验报告。

9.3.4 钢筋采用机械连接时，其接头质量应符合现行行业标准《钢筋机械连接技术规程》JGJ 107 的规定。

检查数量：按现行行业标准《钢筋机械连接技术规程》JGJ 107 的规定确定。

检查方法：检查质量证明文件、施工记录及平行加工试件的检验报告。

9.3.5 预制构件采用焊接、螺栓连接等连接方式时，其材料性能及施工质量应符合国家现行标准《钢结构工程施工质量验收规范》GB 50205 和《钢筋焊接及验收规程》JGJ 18 的相关规定。

检查数量：按国家现行标准《钢结构工程施工质量验收规范》GB 50205 和《钢筋焊接及验收规程》JGJ 18 的规定确定。

检验方法：检查施工记录及平行加工试件的检验报告。

9.3.6 装配式结构采用现浇混凝土连接构件时，构件连接处后浇混凝土强度应符合设计要求。

检查数量：按本规范第 7.4.1 条的规定确定。

检验方法：检查混凝土强度试验报告。

9.3.7 装配式结构施工后，其外观质量不应有严重缺陷，且不应有影响结构性能和安装、使用功能的尺寸偏差。

检查数量：全数检查。

检验方法：观察，量测；检查处理记录。

一 般 项 目

9.3.8 装配式结构施工后，其外观质量不应有一般缺陷。

检查数量：全数检查。

检验方法：观察，检查处理记录。

9.3.9 装配式结构施工后，预制构件位置、尺寸偏差及检验方法应符合设计要求；当设计无具体要求时，应符合表 9.3.9 的规定。预制构件与现浇结构连接部位的表面平整度应符合表 9.3.10 的规定。

检查数量：按楼层、结构缝或施工段划分检验批。在同一检验批内，对梁、柱和独立基础，应抽查构件数量的 10%，且不应少于 3 件；对墙和板，应按有代表性的自然间抽查 10%，且不应少于 3 间；对大空间结构，墙可按相邻轴线间高度 5m 左右划分检查面，板可按纵、横线划分检查面，抽查 10%，且均不应少于 3 面。

表 9.3.9　装配式结构构建位置、尺寸允许偏差及检验方法

项　　目		允许偏差(mm)	检验方法
构件轴线位置	竖向柱、墙板、桁架	8	经纬仪及尺量
	水平、梁、楼板	5	
标高	梁、柱、墙板、楼板、底、顶面	±5	水准仪或拉线、尺量
构件垂直度	柱、墙板安后高度 ≤6m	5	经纬仪或吊线、尺量
	>6m	10	
构件倾斜度	梁、桁架	5	经纬仪或吊线、尺量
相邻构件平整度	梁、板底面 外露	5	2m靠尺和塞尺量测
	不外露	3	
	柱、墙板 外露	5	
	不外露	8	
构件搁置长度	梁、板	±10	尺量
支座中心位置	板、梁、柱、墙板、桁架	10	尺量
墙板接缝宽度		±5	尺量

(3) 验收说明

1) 施工依据：《混凝土结构工程施工规范》GB 50666—2011，相应的专业技术规范、施工工艺标准，并制订专项施工方案、技术交底资料。

2) 验收依据：《混凝土结构工程施工质量验收规范》GB 50204—2015 版，相应的现场质量验收检查原始记录。

3) 注意事项：

① 主控项目的质量经抽样检验均应合格；

② 一般项目的质量经抽样检验合格。当采用计数抽样时，合格点率应符合有关专业验收规范的规定，且不得存在严重缺陷；

③ 具有完整的施工操作依据、质量验收记录；

④ 本检验批的主控项目、一般项目已列入推荐表中，有关具体内容及检查方法见一般规定及（2）条文摘录。

第三节　砌体结构子分部工程检验批质量验收记录

一、砌体结构质量验收的基本规定（《砌体结构工程施工质量验收规范》GB 50203—2011）

1. 砌体结构子分部工程质量验收的基本规定

3.0.1　砌体结构工程所用的材料应有产品的合格证书、产品性能型式检测报告，质量应符合国家现行有关标准的要求。块体、水泥、钢筋、外加剂尚应有材料主要性能的进场复验报告，并应符合设计要求。严禁使用国家明令淘汰的材料。

3.0.2 砌体结构工程施工前，应编制砌体结构工程施工方案。

3.0.3 砌体结构的标高、轴线，应引自基准控制点。

3.0.4 砌筑基础前，应校核放线尺寸，允许偏差应符合表 3.0.4 的规定。

表 3.0.4 放线尺寸的允许偏差

长度 L、宽度 B(m)	允许偏差(mm)	长度 L、宽度 B(m)	允许偏差(mm)
L(或 B)≤30	±5	60<L(或 B)≤90	±15
30<L(或 B)≤60	±10	L(或 B)>90	±20

3.0.5 伸缩缝、沉降缝、防震缝中的模板应拆除干净，不得夹有砂浆、块体及碎渣等杂物。

3.0.6 砌筑顺序应符合下列规定：

1 基底标高不同时，应从低处砌起，并应由高处向低处搭砌。当设计无要求时，搭接长度 L 不应小于基础底的高差 H，搭接长度范围内下层基础应扩大砌筑。

2 砌体的转角处和交接处应同时砌筑。当不能同时砌筑时，应按规定留搓、接搓。

3.0.7 砌筑墙体应设置皮数杆。

3.0.8 在墙上留置临时施工洞口，其侧边离交接处墙面不应小于 500mm，洞口净宽度不应超过 1m。抗震设防烈度为 9 度的地区建筑物的临时施工洞口位置，应会同设计单位确定。临时施工洞口应做好补砌。

3.0.9 不得在下列墙体或部位设置脚手眼：

1 120mm 厚墙、清水墙、料石墙、独立柱和附墙柱；

2 过梁上与过梁成 60°角的三角形范围及过梁净跨度 1/2 的高度范围内；

3 宽度小于 1m 的窗间墙；

4 门窗洞口两侧石砌体 300mm，其他砌体 200mm 范围内；转角处石砌体 600mm，其他砌体 450mm 范围内；

5 梁或梁垫下及其左右 500mm 范围内；

6 设计不允许设置脚手眼的部位；

7 轻质墙体；

8 夹心复合墙外叶墙。

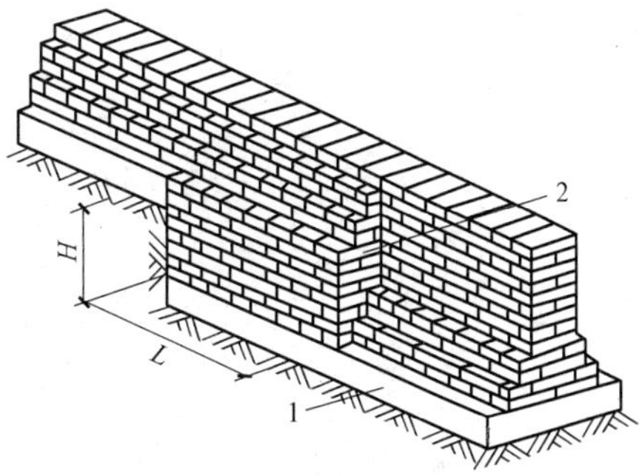

图 3.0.6 基底标高不同时的
搭砌示意图（条形基础）
1—混凝土垫层；2—基础扩大部分

3.0.10 脚手眼补砌时，应清除脚手眼内掉落的砂浆、灰尘；脚手眼处砖及填塞用砖应湿润，并应填实砂浆。

3.0.11 设计要求的洞口、管道、沟槽应于砌筑时正确留出或预埋，未经设计同意，不得打凿墙体和在墙体上开凿水平沟槽。宽度超过 300mm 的洞口上部，应设置钢筋混凝土过梁。不应在截面长边小于 500mm 的承重墙体、独立柱内埋设管线。

3.0.12 尚未施工楼板或屋面的墙或柱，其抗风允许自由高度不得超过表 3.0.12 的规定。如超过表中限值时，必须采用临时支撑等有效措施。

表 3.0.12 墙和柱的允许自由高度 (m)

墙(柱) 厚(mm)	砌体密度>1600(kg/m³)			砌体密度 1300～1600(kg/m³)		
	风载(kN/m²)			风载(kN/m²)		
	0.3 (约7级风)	0.4 (约8级风)	0.5 (约9级风)	0.3 (约7级风)	0.4 (约8级风)	0.5 (约9级风)
190	—	—	—	1.4	1.1	0.7
240	2.8	2.1	1.4	2.2	1.7	1.1
370	5.2	3.9	2.6	4.2	3.2	2.1
490	8.6	6.5	4.3	7.0	5.2	3.5
620	14.0	10.5	7.0	11.4	8.6	5.7

注: 1 本表适用于施工处相对标高 H 在 10m 范围的情况。如 $10m<H≤15m$，$15m<H≤20m$ 时，表中的允许自由高度应分别乘以 0.9、0.8 的系数；如果 $H>20m$ 时，应通过抗倾覆验算确定其允许自由高度；

    2 当所砌筑的墙有横墙或其他结构与其连接，而且间距小于表中相应墙、柱的允许自由高度的 2 倍时，砌筑高度可不受本表的限制；

    3 当砌体密度小于 1300kg/m³ 时，墙和柱的允许自由高度应另行验算确定。

3.0.13 砌筑完基础或每一楼层后，应校核砌体轴线和标高。在允许范围内，轴线偏差可在基础顶面或楼面上校正，标高偏差宜通过调整上部砌体灰缝厚度校正。

3.0.14 搁置预制梁、板的砌体顶面应平整，标高应一致。

3.0.15 砌体施工质量控制等级分为三级，并应按表 3.0.15 划分。

表 3.0.15 施工质量控制等级

项目	施工质量控制等级		
	A	B	C
现场质量管理	监督检查制度健全，并严格执行；施工方有在岗专业技术管理人员，人员齐全，并持证上岗	监督检查制度基本健全，并能执行；施工方有在岗专业技术管理人员，人员齐全，并持证上岗	有监督检查制度；施工方有在岗专业技术管理人员
砂浆、混凝土强度	试块按规定制作，强度满足验收规定，离散性小	试块按规定制作，强度满足验收规定，离散性较小	试块按规定制作，强度满足验收规定，离散性大
砂浆拌合	机械拌合；配合比计量控制严格	机械拌合；配合比计量控制一般	机械或人工拌合；配合比计量控制较差
砌筑工人	中级工以上，其中，高级工不少于30%	高、中级工不少于70%	初级工以上

注: 1 砂浆、混凝土强度离散性大小根据强度标准差确定；

    2 配筋砌体不得为 C 级施工。

3.0.16 砌体结构中钢筋（包括夹心复合墙内外叶墙间的拉结件或钢筋）的防腐，应符合设计要求。

3.0.17 雨天不宜在露天砌筑墙体，对下雨当日砌筑的墙体应进行遮盖。继续施工时，应复核墙体的垂直度，如果垂直度超过允许偏差，应拆除重新砌筑。

3.0.18 砌体施工时，楼面和屋面堆载不得超过楼板的允许荷载值。当施工层进料口处施工荷载较大时，楼板下宜采取临时支撑措施。

3.0.19 正常施工条件下，砖砌体、小砌块砌体每日砌筑高度宜控制在 1.5m 或一步脚手架高度内；石砌体不宜超过 1.2m。

3.0.20　砌体结构工程检验批的划分应同时符合下列规定：

1　所用材料类型及同类型材料的强度等级相同；

2　不超过 250m³ 砌体；

3　主体结构砌体一个楼层（基础砌体可按一个楼层计），填充墙砌体量少时可多个楼层合并。

3.0.21　砌体结构工程检验批验收时，其主控项目应全部符合本规范的规定；一般项目应有 80% 及以上的抽检处符合本规范的规定；有允许偏差的项目，最大超差值为允许偏差值的 1.5 倍。

3.0.22　砌体结构分项工程中检验批抽检时，各抽检项目的样本最小容量除有特殊要求外，按不小于 5 确定。

3.0.23　在墙体砌筑过程中，当砌筑砂浆初凝后，块体被撞动或需移动时，应将砂浆清除后再铺浆砌筑。

3.0.24　分项工程检验批质量验收可按本规范附录 A 各相应记录表填写。

2. 砌筑砂浆

4.0.1　水泥使用应符合下列规定：

1　水泥进场时应对其品种、等级、包装或散装仓号、出厂日期等进行检查，并应对其强度、安定性进行复验，其质量必须符合现行国家标准《通用硅酸盐水泥》**GB 175** 的有关规定。

2　当在使用中对水泥质量有怀疑或水泥出厂超过三个月（快硬硅酸盐水泥超过一个月）时，应复查试验，并按其复验结果使用。

3　不同品种的水泥，不得混合使用。

抽检数量：按同一生产厂家、同品种、同等级、同批号连续进场的水泥，袋装水泥不超过 200t 为一批，散装水泥不超过 500t 为一批，每批抽样不少于一次。

检验方法：检查产品合格证、出厂检验报告和进场复验报告。

4.0.2　砂浆用砂宜采用过筛中砂，并应满足下列要求：

1　不应混有草根、树叶、树枝、塑料、煤块、炉渣等杂物。

2　砂中含泥量、泥块含量、石粉含量、云母、轻物质、有机物、硫化物、硫酸盐及氯盐含量（配筋砌体砌筑用砂）等应符合现行行业标准《普通混凝土用砂、石质量及检验方法标准》JGJ 52 的有关规定。

3　人工砂、山砂及特细砂，应经试配能满足砌筑砂浆技术条件要求。

4.0.3　拌制水泥混合砂浆的粉煤灰、建筑生石灰、建筑生石灰粉及石灰膏应符合下列规定：

1　粉煤灰、建筑生石灰、建筑生石灰粉的品质指标应符合现行行业标准《粉煤灰在混凝土及砂浆中应用技术规程》JGJ 28、《建筑生石灰》JC/T 479、《建筑生石灰粉》JC/T 480 的有关规定；

2　建筑生石灰、建筑生石灰粉熟化为石灰膏，其熟化时间分别不得少于 7d 和 2d；沉淀池中储存的石灰膏，应防止干燥、冻结和污染，严禁使用脱水硬化的石灰膏；建筑生石灰粉、消石灰粉不得代替石灰膏配制水泥石灰砂浆；

3 石灰膏的用量，应按稠度 120mm±5mm 计量，现场施工中石灰膏不同稠度的换算系数，可按表4.0.3确定。

表4.0.3 石灰膏不同稠度的换算系数

稠度(mm)	120	110	100	90	80	70	60	50	40	30
换算系数	1.00	0.99	0.97	0.95	0.93	0.92	0.90	0.88	0.87	0.86

4.0.4 拌制砂浆用水的水质，应符合现行行业标准《混凝土用水标准》JGJ63 的有关规定。

4.0.5 砌筑砂浆应进行配合比设计。当砌筑砂浆的组成材料有变更时，其配合比应重新确定。砌筑砂浆的稠度宜按表 4.0.5 的规定采用。

表4.0.5 砌筑砂浆的稠度

砌体种类	砂浆稠度（mm）
烧结普通砖砌体 蒸压粉煤灰砖砌体	70～90
混凝土实心砖、混凝土多孔砖砌体 普通混凝土小型空心砌块砌体 蒸压灰砂砖砌体	50～70
烧结多孔砖、空心砖砌体 轻骨料小型空心砌块砌体 蒸压加气混凝土砌块砌体	60～80
石砌体	30～50

注：1 采用薄灰砌筑法砌筑蒸压加气混凝土砌块砌体时，加气混凝土粘结砂浆的加水量按照其产品说明书控制。
  2 当砌筑其他块体时，其砌筑砂浆的稠度可根据块体吸水特性及气候条件确定。

4.0.6 施工中不应采用强度等级小于 M5 水泥砂浆替代同强度等级水泥混合砂浆，如需替代，应将水泥砂浆提高一个强度等级。

4.0.7 在砂浆中掺入的砌筑砂浆增塑剂、早强剂、缓凝剂、防冻剂、防水剂等砂浆外加剂，其品种和用量应经有资质的检测单位检验和试配确定。所用外加剂的技术性能应符合国家现行有关标准《砌筑砂浆增塑剂》JG/T 164、《混凝土外加剂》GB 8076、《砂浆、混凝土防水剂》JC 474 的质量要求。

4.0.8 配制砌筑砂浆时，各组分材料应采用质量计量，水泥及各种外加剂配料的允许偏差为±2%；砂、粉煤灰、石灰膏等配料的允许偏差为±5%。

4.0.9 砌筑砂浆应采用机械搅拌，搅拌时间自投料完算起应符合下列规定：

1 水泥砂浆和水泥混合砂浆不得少于 120s；

2 水泥粉煤灰砂浆和掺用外加剂的砂浆不得少于 180s；

3 掺增塑剂的砂浆，其搅拌方式、搅拌时间应符合现行行业标准《砌筑砂浆增塑剂》JG/T 164 的有关规定；

4 干混砂浆及加气混凝土砌块专用砂浆宜按掺用外加剂的砂浆确定搅拌时间或按产品说明书采用。

4.0.10 现场拌制的砂浆应随拌随用，拌制的砂浆应 3h 内使用完毕；当施工期间最高气温超过 30℃时，应在 2h 内使用完毕。预拌砂浆及蒸压加气混凝土砌块专用砌筑砂浆的使用时间应按照厂方提供的说明书确定。

4.0.11 砌体结构工程使用的湿拌砂浆，除直接使用外必须储存在不吸水的专用容器内，并根据气候条件采取遮阳、保温、防雨雪等措施，砂浆在储存过程中严禁随意加水。

4.0.12 砌筑砂浆试块强度验收时其强度合格标准应符合下列规定：

1 同一验收批砂浆试块强度平均值应大于或等于设计强度等级值的1.10倍；

2 同一验收批砂浆试块抗压强度的最小一组平均值应大于或等于设计强度等级值的85%。

注：1 砌筑砂浆的验收批，同一类型、强度等级的砂浆试块应不少于3组；同一验收批砂浆只有一组或二组试块时，每组试块抗压强度的平均值应大于或等于设计强度等级值的1.1倍；对于建筑结构的安全等级为一级或设计使用年限为50年及以上的房屋，同一验收批砂浆试块的数量不得少于3组。

2 砂浆强度应以标准养护，28d龄期的试块抗压强度为准。

3 制作砂浆试块的砂浆稠度应与配合比设计一致。

抽检数量：每一检验批且不超过250m³ 砌体的各类、各强度等级的普通砌筑砂浆，每台搅拌机应至少抽检一次。验收批的预拌砂浆、蒸压加气混凝土砌块专用砂浆，抽检可为3组。

检验方法：在砂浆搅拌机出料口或在湿拌砂浆的储存容器出料口随机取样制作砂浆试块（现场拌制的砂浆，同盘砂浆只应制作一组试块），试块标养28d后作强度试验。预拌砂浆中的湿拌砂浆稠度应在进场时取样检验。

4.0.13 当施工中或验收时出现下列情况，可采用现场检验方法对砂浆或砌体强度进行实体检测，并判定其强度：

1 砂浆试块缺乏代表性或试块数量不足；

2 对砂浆试块的试验结果有怀疑或有争议；

3 砂浆试块的试验结果，不能满足设计要求；

4 发生工程事故，需要进一步分析事故原因。

3. 冬期施工

10.0.1 当室外日平均气温连续5d稳定低于5℃时，砌体工程应采取冬期施工措施。

注：1 气温根据当地气象资料确定。

2 冬期施工期限以外，当日最低气温低于0℃时，也应按本章的规定执行。

10.0.2 冬期施工的砌体工程质量验收除应符合本章要求外，尚应符合现行行业标准《建筑工程冬期施工规程》JGJ/T 104 的有关规定。

10.0.3 砌体工程冬期施工应有完整的冬期施工方案。

10.0.4 冬期施工所用材料应符合下列规定：

1 石灰膏、电石膏等应防止受冻，如遭冻结，应经融化后使用；

2 拌制砂浆用砂，不得含有冰块和大于 10mm 的冻结块；

3 砌体用块体不得遭水浸冻。

10.0.5 冬期施工砂浆试块的留置，除应按常温规定要求外，尚应增加1组与砌体同条件养护的试块，用于检验转入常温28d的强度。如有特殊需要，可另外增加相应龄期的同条件养护的试块。

10.0.6 地基土有冻胀性时，应在未冻的地基上砌筑，并应防止在施工期间和回填土地基受冻。

10.0.7 冬期施工中砖、小砌块浇（喷）水湿润应符合下列规定：

1 烧结普通砖、烧结多孔砖、蒸压灰砂砖、蒸压粉煤灰砖、烧结空心砖、吸水率较大的轻骨料混凝土小型空心砌块在气温高于 0℃条件下砌筑时，应浇水湿润；在气温低于、等于 0℃ 条件下砌筑时，可不浇水，但必须增大砂浆稠度；

2 普通混凝土小型空心砌块、混凝土多孔砖、混凝土实心砖及采用薄灰砌筑法的蒸压加气混凝土砌块施工时，不应对其浇（喷）水湿润；

3 抗震设防烈度为 9 度的建筑物，当烧结普通砖、烧结多孔砖、蒸压粉煤灰砖、烧结空心砖无法浇水湿润时，如无特殊措施，不得砌筑。

10.0.8 拌合砂浆时水的温度不得超过 80℃，砂的温度不得超过 40℃。

10.0.9 采用砂浆掺外加剂法、暖棚法施工时，砂浆使用温度不应低于 5℃。

10.0.10 采用暖棚法施工，块材在砌筑时的温度不应低于 5℃，距离所砌的结构底面 0.5m 处的棚内温度也不应低于 5℃。

10.0.11 在暖棚内的砌体养护时间，应根据暖棚内温度，按表 10.0.11 确定。

表 10.0.11 暖棚法砌体的养护时间

暖棚的温度（℃）	5	10	15	20
养护时间（d）	≥6	≥5	≥4	≥3

10.0.12 采用外加剂法配制的砌筑砂浆，当设计无要求，且最低气温等于或低于 −15℃ 时，砂浆强度等级应较常温施工提高一级。

10.0.13 配筋砌体不得采用掺氯盐的砂浆施工。

4. 子分部工程质量验收

11.0.1 砌体工程验收前，应提供下列文件和记录：

1 设计变更文件；

2 施工执行的技术标准；

3 原材料出厂合格证书、产品性能检测报告和进场复验报告；

4 混凝土及砂浆配合比通知单；

5 混凝土及砂浆试件抗压强度试验报告单；

6 砌体工程施工记录；

7 隐蔽工程验收记录；

8 分项工程检验批的主控项目、一般项目验收记录；

9 填充墙砌体植筋锚固力检测记录；

10 重大技术问题的处理方案和验收记录；

11 其他必要的文件和记录。

11.0.2 砌体子分部工程验收时，应对砌体工程的观感质量作出总体评价。

11.0.3 当砌体工程质量不符合要求时，应按现行国家标准《建筑工程施工质量统一验收标准》GB 50300 有关规定执行。

11.0.4 有裂缝的砌体应按下列情况进行验收：

1 对不影响结构安全性的砌体裂缝，应予以验收，对明显影响使用功能和观感质量的裂缝，应进行处理。

2 对有可能影响结构安全性的砌体裂缝，应由有资质的检测单位检测鉴定，需返修或加固处理的，待返修或加固处理满足使用要求后进行二次验收。

二、砌体子分部工程检验批质量验收记录

1. 砖砌体检验批质量验收记录

（1）推荐表格

砖砌体检验批质量验收记录

单位(子单位)工程名称			分部(子分部)工程名称		分项工程名称	
施工单位			项目负责人		检验批容量	
分包单位			分包单位项目负责人		检验批部位	
施工依据			验收依据	《砌体结构工程施工质量验收规范》GB 50203—2011		
验收项目			设计要求及规范规定	最小/实际抽样数量	检查记录	检查结果
主控项目	1	砖强度等级、砂浆强度等级	设计要求	/		
	2	砂浆饱满度 墙水平灰缝	≥80%	/		
		砂浆饱满度 柱水平及竖向灰缝	≥90%	/		
	3	转角、交接处斜槎留置	5.2.3条			
	4	直槎拉结钢筋及接槎处理	5.2.4条			
一般项目	1	组砌方法	5.3.1条			
	2	水平灰缝、竖向灰缝要求	8～12mm	/		
	3	允许偏差 轴线位移	10mm	/		
		允许偏差 基础、墙、柱顶面标高	±15mm	/		
		允许偏差 每层墙面垂直度	5mm	/		
		允许偏差 表面平整度 清水墙、柱	5mm	/		
		允许偏差 表面平整度 混水墙、柱	8mm	/		
		允许偏差 水平灰缝平直度 清水墙	7mm	/		
		允许偏差 水平灰缝平直度 混水墙	10mm	/		
		允许偏差 门窗洞口高、宽(后塞口)	±10mm	/		
		允许偏差 外墙上下窗口偏移	20mm	/		
		允许偏差 清水墙游丁走缝	20mm	/		
施工单位检查结果		专业工长：项目专业质量检查员：年　月　日				
监理单位验收结论		专业监理工程师：年　月　日				

（2）验收内容及检查方法条文摘录

一 般 规 定

5.1.1　本章适用于烧结普通砖、烧结多孔砖、混凝土多孔砖、混凝土实心砖、蒸压灰砂砖、蒸压粉煤灰砖等砌体工程。

5.1.2　用于清水墙、柱表面的砖，应边角整齐，色泽均匀。

5.1.3　砌体砌筑时，混凝土多孔砖、混凝土实心砖、蒸压灰砂砖、蒸压粉煤灰砖等块体的产品龄期不应小于 28d。

5.1.4　有冻胀环境和条件的地区，地面以下或防潮层以下的砌体，不应采用多孔砖。

5.1.5　不同品种的砖不得在同一楼层混砌。

5.1.6　砌筑烧结普通砖、烧结多孔砖、蒸压灰砂砖、蒸压粉煤灰砖砌体时，砖应提前 1d～2d 适度湿润，严禁采用干砖或处于吸水饱和状态的砖砌筑，块体湿润程度宜符合下列规定：

1　烧结类块体的相对含水率 60%～70%；

2　混凝土多孔砖及混凝土实心砖不需要浇水湿润，但在气候干燥炎热的情况下，宜在砌筑前对其喷水湿润。其他非烧结类块体的相对含水率 40%～50%。

5.1.7　采用铺浆法砌筑砌体，铺浆长度不得超过 750mm；当施工期间气温超过 30℃时，铺浆长度不得超过 500mm。

5.1.8　240mm 厚承重墙的每层墙的最上一皮砖，砖砌体的阶台水平面上及挑出层的外皮砖，应整砖丁砌。

5.1.9　弧拱式及平拱式过梁的灰缝应砌成楔形缝，拱底灰缝宽度不宜小于 5mm；拱顶灰缝宽度不应大于 15mm，拱体的纵向及横向灰缝应填实砂浆；平拱式过梁拱脚下面应伸入墙内不小于 20mm；砖砌平拱过梁底应有 1% 的起拱。

5.1.10　砖过梁底部的模板及其支架拆除时，灰缝砂浆强度不应低于设计强度的 75%。

5.1.11　多孔砖的孔洞应垂直于受压面砌筑。半盲孔多孔砖的封底面应朝上砌筑。

5.1.12　竖向灰缝不应出现透明缝、瞎缝和假缝。

5.1.13　砖砌体施工临时间断处补砌时，必须将接槎处表面清理干净，洒水湿润，并填实砂浆，保持灰缝平直。

5.1.14　夹心复合墙的砌筑应符合下列规定：

1　墙体砌筑时，应采取措施防止空腔内掉落砂浆和杂物；

2　拉结件设置应符合设计要求，拉结件在叶墙上的搁置长度不应小于叶墙厚度的 2/3，并不应小于 60mm；

3　保温材料品种及性能应符合设计要求。保温材料的浇注压力不应对砌体强度、变形及外观质量产生不良影响。

主 控 项 目

5.2.1　砖和砂浆的强度等级必须符合设计要求。

抽检数量：每一生产厂家，烧结普通砖、混凝土实心砖每 15 万块，烧结多孔砖、混凝土多孔砖、蒸压灰砂砖及蒸压粉煤灰砖每 10 万块各为一验收批，不足上述数量时按 1 批计，抽检数量为 1 组。砂浆试块的抽检数量执行本规范第 4.0.12 条的有关规定。

检验方法：查砖和砂浆试块试验报告。

5.2.2　砌体灰缝砂浆应密实饱满，砖墙水平灰缝的砂浆饱满度不得低于 80%；砖柱水平灰缝和竖向灰缝饱满度不得低于 90%。

抽检数量：每检验批抽查不应少于 5 处。

检验方法：用百格网检查砖底面与砂浆的粘结痕迹面积。每处检测 3 块砖，取其平均值。

5.2.3　砖砌体的转角处和交接处应同时砌筑，严禁无可靠措施的内外墙分砌施工。在抗震设防烈度为 8 度及 8 度以上的地区，对不能同时砌筑而又必须留置的临时间断处应砌成斜槎，普通砖砌体斜槎水平投影长度不应小于高度的 2/3。多孔砖砌体的斜槎长高比不应小于 1/2。斜槎高度不得超过一步脚手架的高度。

抽检数量：每检验批抽查不应少于 5 处。

检验方法：观察检查。

5.2.4　非抗震设防及抗震设防烈度为 6 度、7 度地区的临时间断处，当不能留斜槎时，除转角处外，可留直槎，但直槎必须做成凸槎，且应加设拉结钢筋，拉结钢筋应符合下列规定：

1　每 120mm 墙厚放置 1φ6 拉结钢筋（120mm 厚墙应放置 2φ6 拉结钢筋）；

2　间距沿墙高不应超过 500mm；且竖向间距偏差不应超过 100mm；

3　埋入长度从留槎处算起每边均不应小于 500mm，对抗震设防烈度 6 度、7 度的地区，不应小于 1000mm；

4　末端应有 90°弯钩（图 5.2.4）。

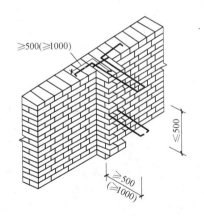

图 5.2.4　直槎处拉结钢筋示意图

抽检数量：每检验批抽查不应少于 5 处。

检验方法：观察和尺量检查。

一 般 项 目

5.3.1　砖砌体组砌方法应正确，内外搭砌，上、下错缝。清水墙、窗间墙无通缝；混水墙中不得有长度大于 300mm 的通缝，长度 200mm～300mm 的通缝每间不超过 3 处，且不得位于同一面墙上。砖柱不得采用包心砌法。

抽检数量：每检验批抽查不应少于 5 处。

检验方法：观察检查。砌体组砌方法抽检每处应为 3m～5m。

5.3.2　砖砌体的灰缝应横平竖直，厚薄均匀。水平灰缝厚度及竖向灰缝宽度宜为 10mm，但不应小于 8mm，也不应大于 12mm。

抽检数量：每检验批抽查不应少于 5 处。

检验方法：水平灰缝厚度用尺量 10 皮砖砌体高度折算。竖向灰缝宽度用尺量 2m 砌体长度折算。

5.3.3 砖砌体尺寸、位置的允许偏差及检验应符合表 5.3.3 的规定：

表 5.3.3 砖砌体尺寸、位置的允许偏差及检验

项	项 目			允许偏差（mm）	检 验 方 法	抽 检 数 量
1	轴线位移			10	用经纬仪和尺或用其他测量仪器检查	承重墙、柱全数检查
2	基础、墙、柱顶面标高			±15	用水准仪和尺检查	不应小于 5 处
3	墙面垂直度	每层		5	用 2m 托线板检查	不应小于 5 处
		全高	10m	10	用经纬仪、吊线和尺或其他测量仪器检查	外墙全部阳角
			10m	20		
4	表面平整度	清水墙、柱		5	用 2m 靠尺和楔形塞尺检查	不应小于 5 处
		混水墙、柱		8		
5	水平灰缝平直度	清水墙		7	拉 5m 线和尺检查	不应小于 5 处
		混水墙		10		
6	门窗洞口高、宽(后塞口)			±10	用尺检查	不应小于 5 处
7	外墙下下窗口偏移			20	以底层窗口为准,用经纬仪或吊线检查	不应小于 5 处
8	清水墙游丁走缝			20	以每层第一皮砖为准,用吊线和尺检查	不应小于 5 处

说明：检验批不能进行砌体全高垂直度检查。当墙体砌到全高时，分项工程验收时，应检查全高垂直度值。记录在分项工程验收记录中。

(3) 验收说明

1) 施工依据：《砌体结构工程施工规范》GB 50924—2014，相应的专业技术规范，施工工艺标准，并制订专项施工方案、技术交底资料。

2) 验收依据：《砌体结构工程施工质量验收规范》GB 50203—2011，相应的现场质量验收检查原始记录。

3) 注意事项：

① 主控项目的质量经抽样检验均应合格；

② 一般项目的质量经抽样检验合格。当采用计数抽样时，合格点率应符合有关专业验收规范的规定，且不得存在严重缺陷；

③ 具有完整的施工操作依据、质量验收记录；

④ 本检验批的主控项目、一般项目已列入推荐表中，有关具体内容及检查方法见一般规定及（2）条文摘录；

⑤ 黑体字的条文为强制性条文，必须严格执行，制订控制措施；

⑥ 检验批验收时，全高垂直度检查不到，分项工程检查时，注意检查；

⑦ 本推荐表还可供无筋扩展基础砖砌体 01020101 检验批质量验收使用。

296

2. 混凝土小型空心砌块砌体检验批质量验收记录

（1）推荐表格

混凝土小型空心砌块砌体检验批质量验收记录

单位(子单位) 工程名称			分部(子分部). 工程名称		分项工程名称		
施工单位			项目负责人		检验批容量		
分包单位			分包单位项目 负责人		检验批部位		
施工依据			验收依据		《砌体结构工程施工质量验收规范》 GB 50203—2011		
验收项目				设计要求及 规范规定	最小/实际 抽样数量	检查记录	检查结果
主控项目	1	小砌块、芯柱混凝土、砂浆强度等级		设计要求	/		
	2	水平灰缝、竖向灰缝砂浆饱满度		≥90％	/		
	3	墙体转角处、纵横交接处斜槎留置		6.2.3 条	/		
		施工洞孔直槎留置及砌筑		6.2.3 条	/		
	4	芯柱贯通楼盖		6.2.4 条	/		
一般项目	1	水平灰缝、竖向灰缝宽度		8～12mm	/		
	2	允许偏差	轴线位移	10mm	/		
			基础、墙、柱顶面标高	±15mm	/		
			每层墙面垂直度	5mm	/		
			表面平整度　清水墙柱	5mm	/		
			表面平整度　混水墙柱	8mm	/		
			水平灰缝 平直度　清水墙	7mm	/		
			水平灰缝 平直度　混水墙	10mm	/		
			门窗洞口高、宽(后塞口)	±10mm	/		
			外墙上下窗口偏移	20mm	/		
			清水墙游丁走缝	20mm	/		
施工单位 检查结果		专业工长： 项目专业质量检查员： 年　月　日					
监理单位 验收结论		 专业监理工程师： 年　月　日					

（2）验收内容及检查方法条文摘录

一 般 规 定

6.1.1 本章适用于普通混凝土小型空心砌块和轻骨料混凝土小型空心砌块（以下简称小砌块）等砌体工程。

6.1.2 施工前，应按房屋设计图编绘小砌块平、立面排列图，施工中应按排块图施工。

6.1.3 施工采用的小砌块的产品龄期不应小于 28d。

6.1.4 砌筑小砌块时，应清除表面污物、剔除外观质量不合格的小砌块。

6.1.5 砌筑小砌块砌体，宜选用专用小砌块砌筑砂浆。

6.1.6 底层室内地面以下或防潮层以下的砌体，应采用强度等级不低于 C20（或 Cb20）的混凝土灌实小砌块的孔洞。

6.1.7 砌筑普通混凝土小型空心砌块砌体时，不需要对小砌块浇水湿润，如遇天气干燥炎热，宜在砌筑前对其喷水湿润；对轻骨料混凝土小砌块，应提前浇水湿润，块体的相对含水率宜为 40%～50%。雨天及小砌块表面有浮水时，不得施工。

6.1.8 承重墙体使用的小砌块应完整、无缺损、无裂缝。

6.1.9 小砌块墙体应孔对孔、肋对肋错缝搭砌。单排孔小砌块的搭接长度应为块体长度的 1/2；多排孔小砌块的搭接长度可适当调整，但不宜小于砌块长度的 1/3，且不应小于 90mm。墙体的个别部位不能满足上述要求时，应在灰缝中设置拉结钢筋或钢筋网片，但竖向通缝仍不得超过两皮小砌块。

6.1.10 小砌块应将生产时的底面朝上反砌于墙上。

6.1.11 小砌块墙体宜逐块坐（铺）浆砌筑。

6.1.12 在散热器、厨房、卫生间等设备的卡具安装处砌筑的小砌块，宜在施工前用强度等级不低于 C20（或 Cb20）的混凝土将其孔洞灌实。

6.1.13 每步架墙（柱）砌筑完后，应随即刮平墙体灰缝。

6.1.14 芯柱处水上砌块墙体砌筑应符合下列规定：

1 每一楼层芯柱处第一皮砌体应采用开口水上砌块；

2 砌筑时应随砌随清除小砌块孔内的毛边，并将灰缝中挤出的砂浆刮净。

6.1.15 芯柱混凝土宜选用专用小砌块灌孔混凝土。浇筑芯柱混凝土应符合下列规定：

1 每次连续浇筑的高度宜为半个楼层，但不应大于 1.8m；

2 浇筑芯柱混凝土时，砌筑砂浆强度应大于 1MPa；

3 清除孔内掉落的砂浆等杂物，并用水冲淋孔壁；

4 浇筑芯柱混凝土前，应先注入适量与芯柱混凝土相同的去石砂浆；

5 每浇筑 400mm～500mm 高度捣实一次，或边浇筑边捣实。

6.1.16 小砌块复合夹心墙的砌筑应符合本规范第 5.1.14 条的规定。

主 控 项 目

6.2.1 小砌块和芯柱混凝土、砌筑砂浆的强度等级必须符合设计要求。

抽检数量：每一生产厂家，每 1 万块小砌块为一验收批，不足 1 万块按一批计，抽检数量为一组。用于多层以上建筑的基础和底层的小砌块抽检数量不应少于 2 组。砂浆试块的抽检数量应执行本规范第 4.0.12 条的有关规定。

检验方法：检查小砌块和芯柱混凝土、砌筑砂浆试块试验报告。

6.2.2 砌体水平灰缝和竖向灰缝的砂浆饱满度，按净面积计算不得低于 90%。

抽检数量：每检验批抽查不应少于 5 处。

检验方法：用专用百格网检测小砌块与砂浆粘结痕迹，每处检测 3 块小砌块，取其平均值。

6.2.3 墙体转角处和纵横墙交接处应同时砌筑。临时间断处应砌成斜槎，斜槎水平投影长度不应小于斜槎高度。施工洞口可预留直槎，但在洞口砌筑和补砌时，应在直槎上下搭砌的小砌块孔洞内用强度等级不低于 C20（或 Cb20）的混凝土灌实。

抽检数量：每检验批抽查不应少于 5 处。

检验方法：观察检查。

6.2.4 小砌块砌体的芯柱在楼盖处应贯通，不得削弱芯柱截面尺寸；芯柱混凝土不得漏灌。

抽检数量：每检验批抽查不应少于 5 处。

检验方法：观察检查。

一 般 项 目

6.3.1 砌体的水平灰缝厚度和竖向灰缝宽度宜为 10mm，但不应大于 12mm，也不应小于 8mm。

抽检数量：每检验批抽查不应少于 5 处。

抽检方法：水平灰缝用尺量 5 皮小砌块的高度折算；竖向灰缝宽度用尺量 2m 砌体长度折算。

6.3.2 小砌块砌体尺寸、位置的允许偏差应按本规范第 5.3.3 条的规定执行。

（3）验收说明

1）施工依据：《砌体结构工程施工规范》GB 50924—2014，相应的专业技术规范，施工工艺标准，并制订专项施工方案、技术交底资料。

2）验收依据：《砌体结构工程施工质量验收规范》GB 50203—2011，相应的现场质量验收检查原始记录。

3）注意事项：

① 主控项目的质量经抽样检验均应合格；

② 一般项目的质量经抽样检验合格。当采用计数抽样时，合格点率应符合有关专业验收规范的规定，且不得存在严重缺陷；

③ 具有完整的施工操作依据、质量验收记录；

④ 本检验批的主控项目、一般项目已列入推荐表中，有关具体内容及检查方法见一般规定及（2）条文摘录；

⑤ 黑体字的条文为强制性条文，必须严格执行，制订控制措施；

⑥ 检验批验收时，全高垂直度检查不到，分项工程检查时，注意检查；

⑦ 本推荐表还可供无筋扩展基础 01020102 检验批质量验收使用。

3. 石砌块检验批质量验收记录

01020103 ____
02020301 ____

石砌体检验批质量验收记录

单位(子单位) 工程名称				分部(子分部) 工程名称			分项工程名称		
施工单位				项目负责人			检验批容量		
分包单位				分包单位项目 负责人			检验批部位		
施工依据				验收依据			《砌体结构工程施工质量验收规范》 GB 50203—2011		
验收项目						设计要求及 规范规定	最小/实际 抽样数量	检查记录	检查结果
主控 项目	1	石材及砂浆强度				设计要求			
	2	灰缝砂浆饱满度				≥80%			
一般 项目	1	组砌形式				第7.3.2条			
	2	允许偏差	轴线位置	毛石、 毛料石	基础	20			
					墙	15			
				粗料基础		15			
				粗料石墙,细料石墙、柱		10			
			顶面标高	毛石、 毛粗石	基础	±25			
					墙	±15			
				粗料石基础、墙		±15			
				细料石墙、柱		±10			
			砌体厚度	毛石、 毛料石	基础	±30			
					墙	+20,−10			
				粗料石基础		+15			
				粗料石墙、细料石墙、柱		+10,−5			
			墙面垂直度	毛石、毛料石墙(层)		20			
				粗料石墙		10			
				细料石墙、柱		7			
			表面平整度	清水	毛料石墙	20			
					粗料石墙	10			
					细料石墙、柱	5			
				混水	毛料石墙	20			
					粗料石墙	15			
			清水墙水平灰缝平直度	粗料石墙		10			
				细料石墙、柱		5			
施工单位 检查结果						专业工长： 项目专业质量检查员： 年　月　日			
监理单位 验收结论						专业监理工程师： 年　月　日			

（2）验收内容及检查方法条文摘录

一 般 规 定

7.1.1 本章适用于毛石、毛料石、粗料石、细料石等砌体工程。

7.1.2 石砌体采用的石材应质地坚实，无裂纹和无明显风化剥落；用于清水墙、柱表面的石材，尚应色泽均匀；石材的放射性应经检验，其安全性应符合现行国家标准《建筑材料放射性核素限量》GB 6566 的有关规定。

7.1.3 石材表面的泥垢、水锈等杂质，砌筑前应清除干净。

7.1.4 砌筑毛石基础的第一皮石块应座浆，并将大面向下；砌筑料石基础的第一皮石块应用丁砌层座浆砌筑。

7.1.5 毛石砌体的第一皮及转角处、交接处和洞口处，应用较大的平毛石砌筑。每个楼层（包括基础）砌体的最上一皮，宜选用较大的毛石砌筑。

7.1.6 毛石砌筑时，对石块间存在的较大的缝隙，应先向缝内填灌砂浆并捣实，然后用小石块嵌填，不得先填小石块后填灌砂浆，石块间不得出现无砂浆相互接触现象。

7.1.7 砌筑毛石挡土墙应按分层高度砌筑，并应符合下列规定：

1 每砌 3～4 皮为一个分层高度，每个分层高度应将顶层石块砌平；

2 两个分层高度间分层处的错缝不得小于 80mm。

7.1.8 料石挡土墙，当中间部分用毛石砌时，丁砌料石伸入毛石部分的长度不应小于 200mm。

7.1.9 毛石、毛料石、粗料石、细料石砌体灰缝厚度应均匀，灰缝厚度应符合下列规定：

1 毛石砌体外露面的灰缝厚度不宜大于 40mm；

2 毛料石和粗料石的灰缝厚度不宜大于 20mm；

3 细料石的灰缝厚度不宜大于 5mm。

7.1.10 挡土墙的泄水孔当设计无规定时，施工应符合下列规定：

1 泄水孔应均匀设置，在每米高度上间隔 2m 左右设置一个泄水孔；

2 泄水孔与土体间铺设长宽各为 300mm 、厚 200mm 的卵石或碎石作疏水层。

7.1.11 挡土墙内侧回填土必须分层夯填，分层松土厚宜为 300mm。墙顶土面应有适当坡度使流水流向挡土墙外侧面。

7.1.12 在毛石和实心砖的组合墙中，毛石砌体与砖砌体应同时砌筑，并每隔 4 皮～6 皮砖用 2 皮～3 皮丁砖与毛石砌体拉结砌合；两种砌体间的空隙应填实砂浆。

7.1.13 毛石墙和砖墙相接的转角处和交接处应同时砌筑。转角处、交接处应自纵墙（或横墙）每隔 4 皮～6 皮砖高度引出不小于 120mm 与横墙（或纵墙）相接。

主 控 项 目

7.2.1 石材及砂浆强度等级必须符合设计要求。

抽检数量：同一产地的同类石材抽检不应小于一组。砂浆试块的抽检数量执行本规范第 4.0.12 条的有关规定。

检验方法：料石检查产品质量证明书，石材、砂浆检查试块试验报告。

7.2.2 砌体灰缝的砂浆饱满度不应小于 80%。

抽检数量：每检验批抽查不应少于 5 处。

检验方法：观察检查。

7.3.1 石砌体尺寸、位置的允许偏差及检验方法应符合表7.3.1的规定：

表7.3.1 石砌体尺寸、位置的允许偏差及检验方法：

项次	项 目		允许偏差（mm）							检验方法
			毛石砌体		料石砌体					
					毛料石		粗料石		细料石	
			基础	墙	基础	墙	基础	墙	墙、柱	
1	轴线位置		20	15	20	15	15	10	10	用经纬仪和尺检查，或用其他测量仪器检查
2	基础和墙砌体顶面标高		±25	±15	±25	±15	±15	±15	±10	用水准仪和尺检查
3	砌体厚度		+30	+20 −10	+30	+20 −10	+15	+10 −5	+10 −5	用尺检查
4	墙面垂直度	每层	—	20	—	20	—	10	7	用经纬仪、吊线和尺检查，或用其他测量仪器检查
		全高	—	30	—	30	—	25	10	
5	表面平整度	清水墙、柱	—	—	—	20	—	10	5	细料石用2m靠尺和楔形塞尺检查，其他用两直尺垂直于灰缝拉2m线和尺检查
		混水墙、柱	—	—	—	30	—	15		
6	清水墙水平灰缝平直度		—	—	—	—	—	10	5	拉10m线和尺检查

抽检数量：每检验批抽查不应少于5处。

7.3.2 石砌体的组砌形式应符合下列规定：

1 内外搭砌，上下错缝，拉结石、丁砌石交错设置；

2 毛石墙拉结石每0.7m² 墙面不应少于1块。

检查数量：每检验批抽查不应少于5处。

检验方法：观察检查。

（3）验收说明

1）施工依据：《砌体结构工程施工规范》GB 50924—2014，相应的专业技术规范，施工工艺标准，并制订专项施工方案、技术交底资料。

2）验收依据：《砌体结构工程施工质量验收规范》GB 50203—2011，相应的现场质量验收检查原始记录。

3）注意事项：

① 主控项目的质量经抽样检验均应合格；

② 一般项目的质量经抽样检验合格。当采用计数抽样时，合格点率应符合有关专业验收规范的规定，且不得存在严重缺陷；

③ 具有完整的施工操作依据、质量验收记录；

④ 本检验批的主控项目、一般项目已列入推荐表中，有关具体内容及检查方法见一般规定及（2）条文摘录；

⑤ 黑体字的条文为强制性条文，必须严格执行，制订控制措施；

⑥ 全高垂直在检验批检查不到，分项工程检查时，注意检查；

⑦ 本推荐表还可供无筋扩展基础01020103检验批质量验收使用。

4. 配筋砌体检验批质量验收记录

（1）推荐表格

配筋砌体检验批质量验收记录

单位(子单位) 工程名称			分部(子分部) 工程名称		分项工程名称	
施工单位			项目负责人		检验批容量	
分包单位			分包单位项目 负责人		检验批部位	
施工依据			验收依据		《砌体结构工程施工质量验收规范》 GB 50203—2011	

验收项目			设计要求及 规范规定	最小/实际 抽样数量	检查记录	检查结果
主控项目	1	钢筋品种、规格、数量和设置部位	设计要求	/		
	2	混凝土强度、砂浆强度等级	设计要求	/		
	3	构造柱与砌体的连接	8.2.3条	/		
	4	钢筋连接方式、锚固长度、搭接长度	8.2.4条	/		
一般项目	1	构造柱尺寸 允许偏差 (mm) / 构造柱中心线位置	10mm	/		
		构造柱层间错位	8mm	/		
		每层构造柱垂直度	10mm	/		
	2	灰缝钢筋防腐保护	8.3.2条	/		
	3	网状配筋规格、间距	第8.3.3条	/		
		网状配筋位置	第8.3.3条	/		
	4	受力钢筋 保护层厚度 (mm) / 网状配筋砌体	±10mm	/		
		组合砖砌体	±5mm	/		
		配筋小砌块砌体	±10mm	/		
	5	配筋小砌块砌体墙凹槽中水平钢筋间距	±10mm	/		

施工单位 检查结果	专业工长: 项目专业质量检查员: 年 月 日
监理单位 验收结论	专业监理工程师: 年 月 日

（2）验收内容及检查方法条文摘录

一 般 规 定

8.1.1 配筋砌体工程除应满足本章要求和规定外，尚应符合本规范第5章及第6章的要求和规定。

8.1.2 施工配筋小砌块砌体剪力墙，应采用专用的小砌块砌筑砂浆砌筑，专用小砌块灌孔混凝土浇筑芯柱。

8.1.3 设置在灰缝内的钢筋，应居中置于灰缝内，水平灰缝厚度应大于钢筋直径4mm以上。

主 控 项 目

8.2.1 钢筋的品种、规格、数量和设置部位应符合设计要求。

检验方法：检查钢筋的合格证书、钢筋性能复试试验报告、隐蔽工程记录。

8.2.2 构造柱、芯柱、组合砌体构件、配筋砌体剪力墙构件的混凝土及砂浆的强度等级应符合设计要求。

抽检数量：每检验批砌体，试块不应小于1组，验收批砌体试块不得小于3组。

检验方法：检查混凝土和砂浆试块试验报告。

8.2.3 构造柱与墙体的连接处应符合下列规定：

1 墙体应砌成马牙槎，马牙槎凹凸尺寸不宜小于60mm，高度不应超过300mm，马牙槎应先退后进，对称砌筑；马牙槎尺寸偏差每一构造柱不应超过2处；

2 预留拉结钢筋的规格、尺寸、数量及位置应正确，拉结钢筋应沿墙高每隔500mm设2φ6，伸入墙内不宜小于600mm，钢筋的竖向移位不应超过100mm，且竖向移位每一构造柱不得超过2处；

3 施工中不得任意弯折拉结钢筋。

抽检数量：每检验批抽查不应少于5处。

检验方法：观察检查和尺量检查。

8.2.4 配筋砌体中受力钢筋的连接方式及锚固长度、搭接长度应符合设计要求。

抽检数量：每检验批抽查不应少于5处。

检验方法：观察检查。

一 般 项 目

8.3.1 构造柱一般尺寸允许偏差及检验方法应符合表8.3.1的规定。

表 8.3.1 构造柱一般尺寸允许偏差及检验方法

项次	项 目			允许偏差（mm）	检 验 方 法
1	中心线位置			10	用经纬仪和尺检查或用其他测量仪器检查
2	层间错位			8	用经纬仪和尺检查或用其他测量仪器检查
3	垂直度	每层		10	用2m托线板检查
		全高	≤10m	15	用经纬仪、吊线和尺检查或用其他测量仪器检查
			>10m	20	

抽检数量：每检验批抽查不应少于5处。

8.3.2 设置在砌体灰缝中钢筋的防腐保护应符合本规范第 3.0.16 条的规定，且钢筋保护层完好，不应有肉眼可见裂纹、剥落和擦痕等缺陷。

抽检数量：每检验批抽查不应少于 5 处。

检验方法：观察检查。

8.3.3 网状配筋砖砌体中，钢筋网规格及放置间距应符合设计规定。每一构件钢筋网沿砌体高度位置超过设计规定一皮砖厚不得多于 1 处。

抽检数量：每检验批抽查不应少于 5 处。

检验方法：通过钢筋网成品检查钢筋规格，钢筋网放置间距采用局部剔缝观察，或用探针刺入灰缝内检查，或用钢筋位置测定仪测定。

8.3.4 钢筋安装位置的允许偏差及检验方法应符合表 8.3.4 的规定。

表 8.3.4 钢筋安装位置的允许偏差及检验方法

项 目		允许偏差 （mm）	检 验 方 法
受力钢筋保护层厚度	网状配筋砌体	±10	检查钢筋网成品，钢筋网放置位置局部剔缝观察， 或用探针刺入灰缝内检查， 或用钢筋位置测定仪测定
	组合砖砌体	±5	支模前观察与尺量检查
	配筋小砌块砌体	±10	浇筑灌孔混凝土前观察检查与尺量检查
配筋小砌块砌体墙凹槽中水平钢筋间距		±10	钢尺量连续三档，取最大值

抽检数量：每检验批抽查不应少于 5 处。

（3）验收说明

1）验收依据：《砌体结构工程施工规范》GB 50924—2014，相应的专业技术规范，施工工艺标准，并制订专项施工方案、技术交底资料。

2）施工依据：《砌体结构工程施工质量验收规范》GB 50203—2011，相应的现场质量验收检查原始记录。

3）注意事项：

① 主控项目的质量经抽样检验均应合格；

② 一般项目的质量经抽样检验合格。当采用计数抽样时，合格点率应符合有关专业验收规范的规定，且不得存在严重缺陷；

③ 具有完整的施工操作依据、质量验收记录；

④ 本检验批的主控项目、一般项目已列入推荐表中，有关具体内容及检查方法见一般规定及（2）条文摘录；

⑤ 黑体字的条文为强制性条文，必须严格执行，制订控制措施；

⑥ 全高垂直度检验批检查不到，分项工程验收检查时，注意检查；

⑦ 本推荐表还可供无筋扩展基础 01020104 检验批质量验收使用。

5. 填充墙砌体检验批质量验收记录

（1）推荐表格

填充墙砌体检验批质量验收记录

单位(子单位)工程名称				分部(子分部)工程名称		分项工程名称	
施工单位				项目负责人		检验批容量	
分包单位				分包单位项目负责人		检验批部位	
施工依据				验收依据		《砌体结构工程施工质量验收规范》GB 50203—2011	

		验收项目		设计要求及规范规定	最小/实际抽样数量	检查记录	检查结果
主控项目	1	块体、砂浆强度等级		设计要求	/		
	2	与主体结构连接		9.2.2条	/		
	3	植筋实体检测		9.2.3条	/		
一般项目	1	允许偏差	轴线位移	10mm	/		
			墙面垂直度(每层) ≤3m	5mm	/		
			墙面垂直度(每层) >3m	10mm	/		
			表面平整度	8mm	/		
			门窗洞口高、宽(后塞口)	±10m	/		
			外墙上、下窗口偏移	20mm	/		
	2		空心砖砌体砂浆饱满度 水平	≥80%	/		
			空心砖砌体砂浆饱满度 垂直	不透明	/		
			蒸压加气混凝土砌块、轻骨料混凝土小型空心砌块砌体砂浆饱满度 水平	≥80%	/		
			蒸压加气混凝土砌块、轻骨料混凝土小型空心砌块砌体砂浆饱满度 垂直	≥80%	/		
	3	拉结筋、网片位置、拉结筋、网片埋置长度		9.3.3条	/		
	4	错缝搭砌长度		9.3.4条	/		
	5	水平灰缝厚度、竖向灰缝宽度		9.3.5条	/		

施工单位检查结果	专业工长： 项目专业质量检查员： 年 月 日
监理单位验收结论	专业监理工程师： 年 月 日

（2）验收内容及检查方法条文摘录

一 般 规 定

9.1.1 本章适用于烧结空心砖、蒸压加气混凝土砌块、轻骨料混凝土小型空心砌块等填充墙砌体工程。

9.1.2 砌筑填充墙时，轻骨料混凝土小型空心砌块和蒸压加气混凝土砌块的产品龄期不应小于 28d，蒸压加气混凝土砌块的含水率宜小于 30%。

9.1.3 烧结空心砖、蒸压加气混凝土砌块、轻骨料混凝土小型空心砌块等的运输、装卸过程中，严禁抛掷和倾倒；进场后应按品种、规格堆放整齐，堆置高度不宜超过 2m。蒸压加气混凝土砌块在运输与堆放中应防止雨淋。

9.1.4 吸水率较小的轻骨料混凝土小型空心砌块及采用薄灰砌筑法施工的蒸压加气混凝土砌块，砌筑前不应对其浇（喷）水浸润；在气候干燥炎热的情况下，对吸水率较小的轻骨料混凝土小型空心砌块宜在砌筑前喷水湿润。

9.1.5 采用普通砌筑砂浆砌筑填充墙时，烧结空心砖、吸水率较大的轻骨料混凝土小型空心砌块应提前 1d～2d 浇（喷）水湿润。蒸压加气混凝土砌块采用蒸压加气混凝土砌块砌筑砂浆或普通砌筑砂浆砌筑时，应在砌筑当天对砌块砌筑面喷水湿润。块体湿润程度宜符合下列规定：

1 烧结空心砖的相对含水率 60%～70%；

2 吸水率较大的轻骨料混凝土小型砌块、蒸压加气混凝土砌块的相对含水率 40%～50%。

9.1.6 在厨房、卫生间、浴室等处采用轻骨料混凝土小型空心砌块、蒸压加气混凝土砌块砌筑墙体时，墙底部宜现浇混凝土坎台等，其高度宜为 150mm。

9.1.7 填充墙拉结筋处的下皮小砌块宜采用半盲孔小砌块或用混凝土灌实孔洞的小砌块；薄灰砌筑法施工的蒸压加气混凝土砌块砌体，拉结筋应放置在砌块上表面设置的沟槽内。

9.1.8 蒸压加气混凝土砌块、轻骨料混凝土小型空心砌块不应与其他块体混砌，不同强度等级的同类砌块也不得混砌。

注：窗台处和因安装门窗需要，在门窗洞口处两侧填充墙上、中、下部可采用其他块体局部嵌砌；对与框架柱、梁不脱开方法的填充墙，填塞填充墙顶部与梁之间缝隙可采用其他块体。

9.1.9 填充墙砌体砌筑，应待承重主体结构检验批验收合格后进行。填充墙与承重主体结构间的空（缝）隙部位施工，应在填充墙砌筑 14d 后进行。

主 控 项 目

9.2.1 烧结空心砖、小砌块和砌筑砂浆的强度等级应符合设计要求。

抽检数量：烧结空心砖每 10 万块为一验收批，小砌块每 1 万块为一验收批，不足上述数量时按一批计，抽检数量为一组。砂浆试块的抽检数量执行本规范第 4.0.12 条的有关规定。

检验方法：检查砖、小砌块进场复验报告和砂浆试块试验报告。

9.2.2 填充墙砌体应与主体结构可靠连接，其连接构造应符合设计要求，未经设计同意，不得随意改变连接构造方法。每一填充墙与柱的拉结筋的位置超过一皮块体高度的数量不得多于一处。

抽检数量：每检验批抽查不应少于 5 处。

检验方法：观察检查。

9.2.3 填充墙与承重墙、柱、梁的连接钢筋，当采用化学植筋的连接方式时，应进行实体检测。锚固钢筋拉拔试验的轴向受拉非破坏承载力检验值应为6.0kN。抽检钢筋在检验值作用下应基材无裂缝、钢筋无滑移宏观裂损现象；持荷2min期间荷载值降低不大于5%。检验批验收可按本规范表B.0.1通过正常检验一次、二次抽样判定。填充墙砌体植筋锚固力检测记录可按本规范表C.0.1填写。

抽检数量：按表9.2.3确定

检验方法：原位试验检查。

表9.2.3 检验批抽检锚固钢筋样本最小容量

检验批的容量	样本最小容量	检验批的容量	样本最小容量
≤90	5	281～500	20
91～150	8	501～1200	32
151～280	13	1201～3200	50

一 般 项 目

9.3.1 填充墙砌体尺寸、位置的允许偏差及检验方法应符合表9.3.1的规定。

表9.3.1 填充墙砌体尺寸、位置的允许偏差及检验方法

序	项 目		允许偏差(mm)	检 验 方 法
1	轴线位移		10	用尺检查
2	垂直度（每层）	≤3m	5	用2m托线板或吊线、尺检查
		>3m	10	
3	表面平整度		8	用2m靠尺和楔形尺检查
4	门窗洞口高、宽(后塞口)		±10	用尺检查
5	外墙上、下窗口偏移		20	用经纬仪或吊线检查

抽检数量：每检验批抽查不应少于5处。

9.3.2 填充墙砌体的砂浆饱满度及检验方法应符合表9.3.2的规定。

表9.3.2 填充墙砌体的砂浆饱满度及检验方法

砌体分类	灰缝	饱满度及要求	检验方法
空心砖砌体	水平	≥80%	采用百格网检查块体底面或侧面砂浆的粘结痕迹面积
	垂直	填满砂浆，不得有透明缝、瞎缝、假缝	
蒸压加气混凝土砌块、轻骨料混凝土小型空心砌块砌体	水平	≥80%	
	垂直	≥80%	

抽检数量：每检验批抽查不应少于5处。

9.3.3 填充墙留置的拉结钢筋或网片的位置应与块体皮数相符合。拉结钢筋或网片应置于灰缝中，埋置长度应符合设计要求，竖向位置偏差不应超过一皮高度。

抽检数量：每检验批抽查不应少于5处。

检验方法：观察和用尺量检查。

9.3.4 砌筑填充墙时应错缝搭砌，蒸压加气混凝土砌块搭砌长度不应小于砌块长度的1/3；轻骨料混凝土小型空心砌块搭砌长度不应小于90mm；竖向通缝不应大于2皮。

抽检数量：每检验批抽检不应少于5处。

检查方法：观察和用尺检查。

9.3.5　填充墙的水平灰缝厚度和竖向灰缝宽度应正确。烧结空心砖、轻骨料混凝土小型空心砌块砌体的灰缝应为8mm～12mm。蒸压加气混凝土砌块砌体当采用水泥砂浆、水泥混合砂浆或蒸压加气混凝土砌块砌筑砂浆时，水平灰缝厚度及竖向灰缝宽度不应超过15mm；当蒸压加气混凝土砌块砌体采用蒸压加气混凝土砌块粘结砂浆时，水平灰缝厚度和竖向灰缝宽度宜为3mm～4mm。

抽检数量：每检验批抽查不应少于5处。

检查方法：水平灰缝厚度用尺量5皮小砌块的高度折算；竖向灰缝宽度用尺量2m砌体长度折算。

(3) 验收说明

1) 验收依据：《砌体结构工程施工规范》GB 50924—2014，相应的专业技术规范，施工工艺标准，并制订专项施工方案、技术交底资料。

2) 施工依据：《砌体结构工程施工质量验收规范》GB 50203—2011，相应的现场质量验收检查原始记录。

3) 注意事项：

① 主控项目的质量经抽样检验均应合格；

② 一般项目的质量经抽样检验合格。当采用计数抽样时，合格点率应符合有关专业验收规范的规定，且不得存在严重缺陷；

③ 具有完整的施工操作依据、质量验收记录；

④ 本检验批的主控项目、一般项目已列入推荐表中，有关具体内容及检查方法见一般规定及（2）条文摘录。

第四节　钢结构子分部工程检验批质量验收记录

一、钢结构子分部工程质量验收的基本要求（《钢结构工程施工质量验收规范》GB 50205—2001）

1. 钢结构工程质量验收基本规定

3.0.1　钢结构工程施工单位应具备相应的钢结构工程施工资质，施工现场质量管理应有相应的施工技术标准、质量管理体系、质量控制及检验制度，施工现场应有经项目技术负责人审批的施工组织设计、施工方案等技术文件。

3.0.2　钢结构工程施工质量的验收，必须采用经计量检定、校准合格的计量器具。

3.0.3　钢结构工程应按下列规定进行施工质量控制：

1　采用的原材料及成品应进行进场验收。凡涉及安全、功能的原材料及成品应按本规范规定进行复验，并应经监理工程师（建设单位技术负责人）见证取样、送样；

2　各工序应按施工技术标准进行质量控制，每道工序完成后，应进行检查；

3　相关各专业工种之间，应进行交接检验，并经监理工程师（建设单位负责人）检查认可。

3.0.4　钢结构工程施工质量验收应在施工单位自检基础上，按照检验批、分项工程、分部（子分部）工程进行。钢结构分部（子分部）工程中分项工程划分应按照现行国家标准《建筑工程施工质量验收统一标准》GB 50300 的规定执行。钢结构分项工程应由一个或若干个检验批组成，各分项工程检验批应按本规范的规定进行划分。

3.0.5 分项工程检验批合格质量标准应符合下列规定：

1 主控项目必须符合本规范合格质量标准的要求；

2 一般项目其检验结果应有 80% 及以上的检查点（值）符合本规范合格质量标准的要求，且最大值不应超过其允许偏差值的 1.2 倍；

3 质量检查记录、质量证明文件等资料应完整。

3.0.6 分项工程合格质量标准应符合下列规定：

1 分项工程所含的各检验批均应符合本规范合格质量标准；

2 分项工程所含的各检验批质量验收记录应完整。

3.0.7 当钢结构工程施工质量不符合本规范要求时，应按下列规定进行处理：

1 经返工重做或更换构（配）件的检验批，应重新进行验收；

2 经有资质的检测单位检测鉴定能够达到设计要求的检验批，应予以验收；

3 经有资质的检测单位检测鉴定达不到的设计要求，但经原设计单位核算认可能够满足结构安全和使用功能的检验批，可予以验收；

4 经返修加固处理的分项、分部工程，虽然改变外形尺寸但仍能满足安全使用要求，可按处理技术方案和协商文件进行验收。

3.0.8 通过返修或加固处理仍不能满足安全使用要求的钢结构分部工程，严禁验收。

2. 钢结构工程子分部工程质量验收的规定

15.0.1 根据现行国家标准《建筑工程施工质量验收统一标准》GB 50300 的规定，钢结构作为主体结构之一应按子分部工程竣工验收；当主体结构均为钢结构时应按分部工程竣工验收。大型钢结构工程可划分成若干个子分部工程进行竣工验收。

15.0.2 钢结构分部工程有关安全及功能的检验和见证检测项目见本规范附录 G，检验应在其分项工程验收合格后进行。

15.0.3 钢结构分部工程有关观感质量检验应按本规范附录 H 执行。

15.0.4 钢结构分部工程合格质量标准应符合下列规定：

1 各分项工程质量均应符合合格质量标准；

2 质量控制资料和文件应完整；

3 有关安全及功能的检验和见证检测结果应符合本规范相应合格质量标准的要求；

4 有关观感质量应符合本规范相应合格质量标准的要求。

15.0.5 钢结构分部工程竣工验收时，应提供下列文件和记录：

1 钢结构工程竣工图纸及相关设计文件；

2 施工现场质量管理检查记录；

3 有关安全及功能的检验和见证检测项目检查记录；

4 有关观感质量检验项目检查记录；

5 分部工程所含各分项工程质量验收记录；

6 分项工程所含各检验批质量验收记录；

7 强制性条文检验项目检查记录及证明文件；

8 隐蔽工程检验项目检查验收记录；

9 原材料、成品质量合格证明文件、中文标志及性能检测报告；

10 不合格项的处理记录及验收记录；

11 重大质量、技术问题实施方案及验收记录；

12 其他有关文件和记录。

15.0.6 钢结构工程质量验收记录应符合下列规定：

1 施工现场质量管理检查记录可按现行国家标准《建筑工程施工质量验收统一标准》GB 50300 中附录 A 进行；

2 分项工程检验批验收记录可按本规范附录 J 中表 J.0.1～表 J.0.13 进行；

3 分项工程验收记录可按现行国家标准《建筑工程施工质量验收统一标准》GB 50300 中附录 E 进行；

4 分部（子分部）工程验收记录可按现行国家标准《建筑工程施工质量验收统一标准》GB 50300 中附录 F 进行。

其他材料的质量要求

钢结构的主要材料在个检验批验收时都进行了验收，对其他材料，如钢结构用橡胶垫等其他材料，用时其品种、规格、性能等应符合相应的标准要求。

进场时及使用前检查器合格证及文件、检验报告等。

二、钢结构子分部工程检验批质量验收记录

1. 钢结构焊接检验批质量验收记录

（1）推荐表格

01020401 ____

钢结构焊接检验批质量验收记录

02030101 ____

单位（子单位）工程名称			分部（子分部）工程名称		分项工程名称	
施工单位			项目负责人		检验批容量	
分包单位			分包单位项目负责人		检验批部位	
施工依据			验收依据	《钢结构工程施工质量验收规范》GB 50205—2001		
验收项目			设计要求及规范规定	最小/实际抽样数量	检查记录	检查结果
主控项目	1	焊接材料品种、规格	第4.3.1条	/		
	2	焊接材料复验	第4.3.2条	/		
	3	材料匹配	第5.2.1条	/		
	4	焊工证书	第5.2.2条	/		
	5	焊接工艺评定	第5.2.3条	/		
	6	内部缺陷	第5.2.4条	/		
	7	组合焊缝尺寸	第5.2.5条	/		
	8	焊缝表面缺陷	第5.2.6条	/		

		验收项目	设计要求及规范规定	最小/实际抽样数量	检查记录	检查结果
一般项目	1	焊接材料外观质量	第4.3.4条	/		
	2	预热和后热处理	第5.2.7条	/		
	3	焊缝外观质量	第5.2.8条	/		
	4	焊缝尺寸偏差	第5.2.9条	/		
	5	凹形角焊缝	第5.2.10条	/		
	6	焊缝感观	第5.2.11条	/		
施工单位检查结果				专业工长： 项目专业质量检查员： 年 月 日		
监理单位验收结论				专业监理工程师： 年 月 日		

（2）验收内容及检查方法条文摘录

一 般 规 定

5.1.1 本章适用于钢结构制作和安装中的钢构件焊接和焊钉焊接的工程质量验收。

5.1.2 钢结构焊接工程可按相应的钢结构制作或安装工程检验批的划分原则划分为一个或若干个检验批。

5.1.3 碳素结构钢应在焊缝冷却到环境温度、低合金结构钢应在完成焊接24h以后，进行焊缝探伤检验。

5.1.4 焊缝施焊后应在工艺规定的焊缝及部位打上焊工钢印。

钢构件焊缝材料及焊接工程验收内容

主 控 项 目

4.3.1 焊接材料的品种、规格、性能等应符合现行国家产品标准和设计要求。

检查数量：全数检查。

检验方法：检查焊接材料的质量合格证明文件、中文标志及检验报告等。

4.3.2 重要钢结构采用的焊接材料应进行抽样复验，复验结果应符合现行国家产品标准和设计要求。

检查数量：全数检查。

检验方法：检查复验报告。

5.2.1 焊条、焊丝、焊剂、电渣焊熔嘴等焊接材料与母材的匹配应符合设计要求及国家现行行业标准《建筑钢结构焊接技术规程》JGJ 81的规定。焊条、焊剂、药芯焊丝、熔嘴等在使用前，应按其产品说明书及焊接工艺文件的规定进行烘焙和存放。

检查数量：全数检查。

检验方法：检查质量证明书和烘焙记录。

注：《建筑钢结构焊接技术规程》JGJ 81已被《钢结构焊接规范》GB 50661取代，可参照其规定。

5.2.2 焊工必须经考试合格并取得合格证书。持证焊工必须在其考试合格项目及其认可范围内施焊。

检查数量：全数检查。

检验方法：检查焊工合格证及其认可范围、有效期。

5.2.3 施工单位对其首次采用的钢材、焊接材料、焊接方法、焊后热处理等，应进行焊接工艺评定，并应根据评定报告确定焊接工艺。

检查数量：全数检查。

检验方法：检查焊接工艺评定报告。

5.2.4 设计要求全焊透的一、二级焊缝应采用超声波探伤进行内部缺陷的检验，超声波探伤不能对缺陷作出判断时，应采用射线探伤，其内部缺陷分级及探伤方法应符合现行国家标准《钢焊缝手工超声波探伤方法和探伤结果分级》GB 11345 或《钢熔化焊对接接头射线照相和质量分级》GB 3323 的规定。

焊接球节点网架焊缝、螺栓球节点网架焊缝及圆管 T、K、Y 形节点相贯线焊缝，其内部缺陷分级及探伤方法应分别符合国家现行标准《焊接球节点钢网架焊缝超声波探伤方法及质量分级法》JG/T 3034.1、《螺栓球节点钢网架焊缝超声波探伤方法及质量分级法》JG/T 3034.2、《建筑钢结构焊接技术规程》JGJ 81 的规定。

一级、二级焊缝的质量等级及缺陷分级应符合表 5.2.4 的规定。

检查数量：全数检查。

检验方法：检查超声波或射线探伤记录。

表 5.2.4 一、二级焊缝质量等级及缺陷分级

焊缝质量等级		一级	二级
内部缺陷超声波探伤	评定等级	Ⅱ	Ⅲ
	检验等级	B 级	B 级
	探伤比例	100%	20%
内部缺陷射线探伤	评定等级	Ⅱ	Ⅲ
	检验等级	AB 级	AB 级
	探伤比例	100%	20%

注：探伤比例的计数方法应按以下原则确定：
(1) 耐工厂制作焊缝，应按每条焊缝计焊缝进行探伤；
(2) 对现场安装焊缝，应按同一类型、同一施焊条件的焊缝条数计算百分比，探伤长度应不小于 200mm，并应不少于 1 条焊缝。

5.2.5 T 形接头、十字接头、角接接头等要求熔透的对接和角对接组合焊缝，其焊脚尺寸不应小于 $t/4$［图 5.2.5(a)、(b)、(c)］；设计有疲劳验算要求的吊车梁或类似构件的腹板与上翼缘连接焊缝的焊脚尺寸为 $t/2$（图 5.2.5d），且不应大于 10mm。焊脚尺寸的允许偏差为 0～4mm。

检查数量：资料全数检查；同类焊缝抽查 10%，且不应少于 3 条。

检验方法：观察检查，用焊缝量规抽查测量。

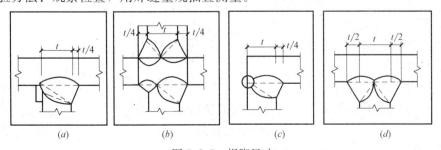

(a)　　　　　　(b)　　　　　　(c)　　　　　　(d)

图 5.2.5 焊脚尺寸

5.2.6 焊缝表面不得有裂纹、焊瘤等缺陷。一级、二级焊缝不得有表面气孔、夹渣、弧坑裂纹、电弧擦伤等缺陷。且一级焊缝不得有咬边、未焊满、根部收缩等缺陷。

检查数量：每批同类构件抽查10%，且不应少于3件；被抽查构件中，每一类型焊缝按条数抽查5%，且不应少于1条；每条检查1处，总抽查数不应少于10处。

检验方法：观察检查或使用放大镜、焊缝量规和钢尺检查，当存在疑义时，采用渗透或磁粉探伤检查。

一 般 项 目

4.3.4 焊条外观不应有药皮脱落、焊芯生锈等缺陷；焊剂不应受潮结块。

检查数量：按量抽查1%，且不应少于10包。

检验方法：观察检查。

5.2.7 对于需要进行焊前预热或焊后热处理的焊缝，其预热温度或后热温度应符合国家现行有关标准的规定或通过工艺试验确定。预热区在焊道两侧，每侧宽度均应大于焊件厚度的1.5倍以上，且不应小于100mm；后热处理应在焊后立即进行，保温时间应根据板厚按每25mm板厚1h确定。

检查数量：全数检查。

检验方法：检查预、后热施工记录和工艺试验报告。

5.2.8 二级、三级焊缝外观质量标准应符合本规范附录A中表A.0.1的规定。三级对接焊缝应按二级焊缝标准进行外观质量检验。

检查数量：每批同类构件抽查10%，且不应少于3件；被抽查构件中，每一类型焊缝按条数抽查5%，且不应少于1条；每条检查1处，总抽查数不应少于10处。

检验方法：观察检查或使用放大镜、焊缝量规和钢尺检查。

5.2.9 焊缝尺寸允许偏差应符合本规范附录A中表A.0.2的规定。

检查数量：每批同类构件抽查10%，且不应少于3件；被抽查构件中，每种焊缝按条数各抽查5%，但不应少于1条；每条检查1处，总抽查数不应少于10处。

检验方法：用焊缝量规检查。

5.2.10 焊成凹形的角焊缝，焊缝金属与母材间应平缓过渡；加工成凹形的角焊缝，不得在其表面留下切痕。

检查数量：每批同类构件抽查10%，且不应少于3件。

检验方法：观察检查。

5.2.11 焊缝感观应达到：外形均匀、成型较好，焊道与焊道、焊道与基本金属间过渡较平滑，焊渣和飞溅物基本清除干净。

检查数量：每批同类构件抽查10%，且不应少于3件；被抽查构件中，每种焊缝按数量各抽查5%，总抽查处不应少于5处。

检验方法：观察检查。

(3) 验收说明

1) 施工依据：《钢结构工程施工规范》GB 50755—2012，相应的专业技术规范，施工工艺标准，并制订专项施工方案、技术交底资料。

2) 验收依据：《钢结构工程施工质量验收规范》GB 50205—2001，相应的现场质量验收检查原始记录。

3）注意事项：

① 主控项目的质量经抽样检验均应合格；

② 一般项目的质量经抽样检验合格。当采用计数抽样时，合格点率应符合有关专业验收规范的规定，且不得存在严重缺陷；

③ 具有完整的施工操作依据、质量验收记录；

④ 本检验批的主控项目、一般项目已列入推荐表中，有关具体内容及检查方法见一般规定及（2）条文摘录；

⑤ 黑体字的条文为强制性条文，必须严格执行，制订控制措施；

⑥ 本推荐表还可供钢结构基础 01020401 检验批质量验收使用。

2. 焊钉（栓钉）焊接工程检验批质量验收记录

（1）推荐表格

01020402 ____

<h3 align="center">焊钉（栓钉）焊接工程检验批质量验收记录 02030102 ____</h3>

单位(子单位) 工程名称			分部(子分部) 工程名称		分项工程名称		
施工单位			项目负责人		检验批容量		
分包单位			分包单位项目 负责人		检验批部位		
施工依据				验收依据	《钢结构工程施工质量验收规范》 GB 50205—2001		
验收项目				设计要求及 规范规定	最小/实际 抽样数量	检查记录	检查结果
主控 项目	1	焊接材料品种、规格、性能		第4.3.1条	/		
	2	焊接材料复验		第4.3.2条	/		
	3	焊接工艺评定		第5.3.1条	/		
	4	焊后弯曲试验		第5.3.2条	/		
一般 项目	1	焊钉和瓷环尺寸		第4.3.3条	/		
	2	焊缝外观质量		第4.3.4条	/		
	3	焊条外观质量		第5.3.3条	/		
施工单位 检查结果		专业工长： 项目专业质量检查员： 年　月　日					
监理单位 验收结论		专业监理工程师： 年　月　日					

（2）验收内容及检查方法条文摘录

焊钉（栓钉）焊接材料及焊接工程验收内容

<h3 align="center">主 控 项 目</h3>

4.3.1 焊接材料的品种、规格、性能等应符合国家现行有关产品标准和设计要求。

检查数量：全数检查。

检验方法：检查焊接材料的质量合格证明文件、标识及检验报告等。

4.3.2　重要铝合金结构采用的焊接材料应进行抽样复验，复验结果应符合国家现行有关产品标准和设计要求。

检查数量：全数检查。

检验方法：检查复验报告。

5.3.1　施工单位对其采用的焊钉和钢材焊接应进行焊接工艺评定，其结果应符合设计要求和国家现行有关标准的规定。瓷环应按其产品说明书进行烘焙。

检查数量：全数检查。

检验方法：检查焊接工艺评定报告和烘焙记录。

5.3.2　焊钉焊接后应进行弯曲试验检查，其焊缝和热影响区不应有肉眼可见的裂纹。

检查数量：每批同类构件抽查 10%，且不应少于 10 件；被抽查构件中，每件检查焊钉数量的 1%，但不应少于 1 个。

检验方法：焊钉弯曲 30°后用角尺检查和观察检查。

一 般 项 目

4.3.3　焊条外观不应有药皮脱落、焊芯生锈等缺陷，焊剂不应受潮结块。

检查数量：按量抽查不少于 1%，且不应少于 10 包。

检验方法：观察检查。

4.3.4　焊条外观不应有药皮脱落、焊芯生锈等缺陷，焊剂不应受潮结块。

检查数量：按量抽查不少于 1%，且不应少于 10 包。

检验方法：观察检查。

5.3.3　焊钉根部焊脚应均匀，焊脚立面的局部未熔合或不足 360°的焊脚应进行修补。

检查数量：按总焊钉数量抽查 1%，且不应少于 10 个。

检验方法：观察检查。

（3）验收说明

1）施工依据：《钢结构工程施工规范》GB 50755—2012，相应的专业技术规范，施工工艺标准，并制订专项施工方案、技术交底资料。

2）验收依据：《钢结构工程施工质量验收规范》GB 50205—2001，相应的现场质量验收检查原始记录。

3）注意事项：

①　主控项目的质量经抽样检验均应合格；

②　一般项目的质量经抽样检验合格。当采用计数抽样时，合格点率应符合有关专业验收规范的规定，且不得存在严重缺陷；

③　具有完整的施工操作依据、质量验收记录；

④　本检验批的主控项目、一般项目已列入推荐表中，有关具体内容及检查方法见一般规定及（2）条文摘录；

⑤　黑体字的条文为强制性条文，必须严格执行，制订控制措施；

⑥　本推荐表还可供钢结构基础 01020402 检验批质量验收使用。

3. 普通紧固件连接检验批质量验收记录

（1）推荐表格

普通紧固件连接检验批质量验收记录

单位(子单位) 工程名称		分部(子分部) 工程名称		分项工程名称	
施工单位		项目负责人		检验批容量	
分包单位		分包单位项目 负责人		检验批部位	
施工依据		验收依据		《钢结构工程施工质量验收规范》 GB 50205—2001	

验收项目			设计要求及 规范规定	最小/实际 抽样数量	检查记录	检查结果
主控 项目	1	紧固件质量	第4.4.1条	/		
	2	螺栓实物复验	第6.2.1条	/		
	3	匹配及间距	第6.2.2条	/		
一般 项目	1	螺栓紧固	第6.2.3条	/		
	2	螺钉、铆钉外观质量	第6.2.4条	/		
施工单位 检查结果		专业工长： 项目专业质量检查员： 年 月 日
监理单位 验收结论		专业监理工程师： 年 月 日

(2) 验收内容及检查方法条文摘录

一 般 规 定

6.1.1 本章适用于钢结构制作和安装中的普通螺栓、扭剪型高强度螺栓、高强度大六角头螺栓、钢网架螺栓球节点用高强度螺栓及射击钉、自攻钉、拉铆钉等连接工程的质量验收。

6.1.2 坚固件连接工程可按相应的钢结构制作或安装工程检验批的划分原则划分为一个或若干个检验批。

主 控 项 目

4.4.1 钢结构连接用高强度大六角头螺栓连接副、扭剪型高强度螺栓连接副、钢网

架用高强度螺栓、普通螺栓、铆钉、自攻钉、拉铆钉、射钉、锚栓（机械型和化学试剂型）、地脚锚栓等紧固标准件及螺母、垫圈等标准配件，某品种、规格、性能等应符合现行国家产品标准和设计要求。高强度大六角头螺栓连接副和扭剪型高强度螺栓连接副出厂时应分别随箱带有扭矩系数和紧固轴力（预拉力）的检验报告。

检查数量：全数检查。

检验方法：检查产品的质量合格证明文件、中文标志及检验报告等。

6.2.1 普通螺栓作为永久性连接螺栓时，当设计有要求或对其质量有疑义时，应进行螺栓实物最小拉力载荷复验，试验方法见本规范附录 B，其结果应符合现行国家标准《紧固件机机械性能螺栓、螺钉和螺柱》GB 3098 的规定。

检查数量：每一规格螺栓抽查 8 个。

检验方法：检查螺栓实物复验报告。

6.2.2 连接薄钢板采用的自攻螺、拉铆钉、射钉等其规格尺寸应与连接钢板相匹配，其间距、边距等应符合设计要求。

检查数量：按连接节点数抽查 1％，且不应少于 3 个。

检验方法：观察和尺量检查。

一 般 项 目

6.2.3 永久普通螺栓紧固应牢固、可靠、外露丝扣不应少于 2 扣。

检查数量：按连接节点数抽查 10％，且不应少于 3 个。

检验方法：观察和用小锤敲击检查。

6.2.4 自攻螺栓、钢拉铆钉、射钉等与连接钢板应紧固密贴，外观排列整齐。

检查数量：按连接节点数抽查 10％，且不应少于 3 个。

检验方法：观察或用小锤敲击检查。

(3) 验收说明

1) 施工依据：《钢结构工程施工规范》GB 50755—2012，相应的专业技术规范，施工工艺标准，并制订专项施工方案、技术交底资料。

2) 验收依据：《钢结构工程施工质量验收规范》GB 50205—2001，相应的现场质量验收检查原始记录。

3) 注意事项：

① 主控项目的质量经抽样检验均应合格；

② 一般项目的质量经抽样检验合格。当采用计数抽样时，合格点率应符合有关专业验收规范的规定，且不得存在严重缺陷；

③ 具有完整的施工操作依据、质量验收记录；

④ 本检验批的主控项目、一般项目已列入推荐表中，有关具体内容及检查方法见一般规定及（2）条文摘录；

⑤ 黑体字的条文为强制性条文，必须严格执行，制订控制措施；

⑥ 本推荐表还可供钢结构基础 01020403 检验批质量验收使用。

4. 高强度螺栓连接检验批质量验收记录

(1) 推荐表格

高强度螺栓连接检验批质量验收记录

单位(子单位) 工程名称		分部(子分部) 工程名称		分项工程名称	
施工单位		项目负责人		检验批容量	
分包单位		分包单位项目 负责人		检验批部位	
施工依据		验收依据	《钢结构工程施工质量验收规范》 GB 50205—2001		

		验收项目	设计要求及 规范规定	最小/实际 抽样数量	检查记录	检查结果
主控 项目	1	紧固件质量	第4.4.1条	/		
	2	扭矩系数或预拉力复验	第4.2.2条 第4.4.3条	/		
	3	抗滑移系数试验	第6.3.1条	/		
	4	终拧扭矩	第6.3.2条 第6.3.3条	/		
一般 项目	1	成品进场检验	第4.4.4条	/		
	2	表面硬度试验	第4.4.5条	/		
	3	施拧顺序和初拧、复拧扭矩	第6.3.4条	/		
	4	连接外观质量	第6.3.5条	/		
	5	摩擦面外观	第6.3.6条	/		
	6	扩孔	第6.3.7条	/		
施工单位 检查结果		专业工长： 项目专业质量检查员： 　　　　　年　月　日				
监理单位 验收结论		专业监理工程师： 　　　　　年　月　日				

（2）验收内容及检查方法条文摘录

一般规定

6.1.1 本章适用于钢结构制作和安装中的普通螺栓、扭剪型高强度螺栓、高强度大六角头螺栓、钢网架螺栓球节点用高强度螺栓及射击钉、自攻钉、拉铆钉等连接工程的质量验收。

6.1.2 坚固件连接工程可按相应的钢结构制作或安装工程检验批的划分原划分为一个或若干个检验批。

主控项目

4.4.1 钢结构连接用高强度大六角头螺栓连接副、扭剪型高强度螺栓连接副、钢网架用高强度螺栓、普通螺栓、铆钉、自攻钉、拉铆钉、射钉、锚栓（机械型和化学试剂型）、地脚锚栓等紧固标准件及螺母、垫圈等标准配件，某品种、规格、性能等应符合现行国家产品标准和设计要求。高强度大六角头螺栓连接副和扭剪型高强度螺栓连接副出厂时应分别随箱带有扭矩系数和紧固轴力（预拉力）的检验报告。

检查数量：全数检查。

检验方法：检查产品的质量合格证明文件、中文标志及检验报告等。

4.4.2 高强度大六角头螺栓连接副应按本规范附录 B 的规定检验其扭矩系数，其检验结果应符合本规范附录 B 的规定。

检查数量：见本规范附录 B。

检验方法：检查复验报告。

4.4.3 扭剪型高强度螺栓连接副应按本规范附录 B 的规定检验预拉力，其检验结果应符合本规范附录 B 的规定。

检查数量：见本规范附录 B。

检验方法：检查复验报告。

6.3.1 钢结构制作和安装单位应按本规范附录 B 的规定分别进行高强度螺栓连接摩擦面的抗滑移系数试验和复验，现场处理的构件摩擦应单独进行摩擦面抗滑移系数试验，其结果应符合设计要求。

检查数量：见本规范附录 B。

检验方法：检查磨擦面抗滑移系数试验报告和复验报告。

6.3.2 高强度大六角头螺栓连接副终拧完成 1h 后、48h 内应进行终拧扭矩检查，检查结果应符合本规范附录 B 的规定。

检查数量：按节点数检查 10％，且不应少于 10 个；每个被抽查节点按螺栓数抽查 10％，且不应少于 2 个。

检验方法：见本规范附录 B。

6.3.3 扭剪型高强度螺栓连接副终拧后，除因构造原因无法使用专用扳手终拧掉梅花头者外，未在终拧中拧掉梅花头的螺栓数不应大于该节点螺栓数的 5％。对所有梅花头未拧掉的扭剪型高强度螺栓连接副应采用扭矩法或转角头进行终拧掉的扭剪型高强度螺栓连接副应采用扭矩法或转角法进行终拧并用标记，且按本规范第 6.3.2 条的规定进行拧扭矩检查。

检查数量：按节点数抽查 10％，但不应少于 10 节点，被抽查节点中梅花头未拧掉的扭剪型高强度螺栓连接副全数进行终拧扭矩检查。

检验方法：观察检查及本规范附录 B。

一 般 项 目

4.4.4 高强度螺栓连接副，应按包装箱配套供货，包装箱上应标明批号、规格、数量及生产日期。螺栓、螺母、垫圈外观表面应涂油保护，不应出现生锈和沾染赃物，螺纹不应损伤。

检查数量：按包装箱数抽查 5％，且不应少于 3 箱。

检验方法：观察检查。

4.4.5 对建筑结构安全等级为一级，跨度 40m 及以上的螺栓球节点钢网架结构，其连接高强度螺栓应进行表面硬度试验，对 8.8 级的高强度螺栓其硬度应为 HRC21-29；10.9 级高强度螺栓其硬度应为 HRC32-36，且不得有裂纹或损伤。

检查数量：按规格抽查 8 只。

检验方法：硬度计、10 倍放大镜或磁粉探伤。

6.3.4 高强度螺栓连接副的施拧顺序和初拧、复拧扭矩应符合设计要求和国家现行行业标准《钢结构高强度螺栓连接的设计施工及验收规程》JGJ 82 的规定。

检查数量：全数检查资料。

检验方法：检查扭矩扳手标定记录和螺栓施工记录。

6.3.5 高强度螺栓连接副拧后，螺栓丝扣外露应为 2-3 扣，其中允许有 10％的螺栓丝扣外露 1 扣或 4 扣。

检查数量：按节点数抽查 5％，且不应少于 10 个。

检验方法：观察检查。

6.3.6 高强度螺栓连接摩擦面应保持干燥、整洁，不应有飞边、毛刺、焊接飞溅物、焊疤、氧气铁皮、污垢等，除设计要求外摩擦面不应涂漆。

检查数量：全数检查。

检验方法：观察检查。

6.3.7 高强度螺栓应自由穿入螺栓孔。高强度螺栓孔不应采用气割扩孔，扩孔数量应征得设计同意，扩孔后的孔径不应超过 1.2d（d 为螺栓直径）。

检查数量：被扩螺栓孔全数检查。

检验方法：观察检查及用卡尺检查。

(3) 验收说明

1）验收依据：《钢结构工程施工规范》GB 50755—2012，相应的专业技术规范，施工工艺标准，并制订专项施工方案、技术交底资料。

2）施工依据：《钢结构工程施工质量验收规范》GB 50205—2001，相应的现场质量验收检查原始记录。

3）注意事项：

① 主控项目的质量经抽样检验均应合格；

② 一般项目的质量经抽样检验合格。当采用计数抽样时，合格点率应符合有关专业验收规范的规定，且不得存在严重缺陷；

③ 具有完整的施工操作依据、质量验收记录；

④ 本检验批的主控项目、一般项目已列入推荐表中，有关具体内容及检查方法见一般规定及（2）条文摘录；

⑤ 黑体字的条文为强制性条文，必须严格执行，制订控制措施；

⑥ 本推荐表还可供钢结构基础 01020404 检验批质量验收使用。

附录 B　紧固件连接工程检验项目

B.0.1 螺栓实物最小载荷检验。

目的：测定螺栓实物的抗拉强度是否满足现行国家标准《紧固件机械性能螺栓、螺钉和螺柱》GB 3098.1 的要求。

检验方法：用专用卡具将螺栓实物置于拉力试验机上进行拉力试验，为避免试件承受横向载荷，试验机的夹具应能自动调正中心，试验时夹头张拉的移动速度不超过 25mm/min。

螺栓实物和抗接强度应根据螺纹应力截面积（As）计算确定，其取值应按现行国家标准《紧固件机械性能螺栓、螺钉和螺柱》GB 3098.1 的规定取值。

进行试验时，承受拉力载荷的末旋合的螺纹长度应为 6 位以上螺距；当试验拉力达到现行国家标准《紧固件机械性能螺栓、螺钉和螺柱》GB 3098.1 中规定的最小拉力载荷（As·σ_b）时不得断裂。当超过最小拉力载荷直至拉断时，断裂应发生在杆部或螺纹部分，而不应发生在螺头与杆部的交接处。

B.0.2 扭剪型高强度螺栓应在施工现场待安装的螺栓批中随机抽取，每批应抽取 8 套连接副进行复验。

连接副预拉力可采用经计量检定、校准合格的轴力计进行测试。

试验用的电测轴力计、油压轴力计、电阻应变仪、扭矩扳手等计量器具，应在试验前进行标定，其误差不得超过 2%。

采用轴力计方法复验连接副预拉力时，应将螺栓直接插入轴力计。紧固螺栓分初拧、终拧两次进行，初拧应采用手动扭矩扳手或专用定扭电动扳手；初拧值应为预拉力标准值 50% 左右。终拧应采用专用电动扳手，至尾部梅头拧掉，读出预拉力值。

每套连接副只应做一次试验，不得重复使用。在紧固中垫圈发生转动时，应更换连接副，重新试验。

复验螺栓连接副的预拉力平均值和标准偏差应符合表 B.0.2 的规定。

表 B.0.2 扭剪型高强度螺栓紧固预拉力和标准偏差（kN）

螺栓直径(mm)	16	20	(22)	24
紧固预拉力的平均值 $\overline{P}$	99～120	154～186	191～231	222～270
标准偏差 σ_p	10.1	15.7	19.5	22.7

B.0.3 高强度螺栓连接副施工扭矩检验。

高强度螺栓连接副扭矩检验含初拧、复拧、终拧扭矩的现场无损检验。检验所用的扭矩扳手其扭矩精度误差应该不大于 3%。

高强度螺栓连接副扭矩检验分扭矩法检验和转角法检验两种，原则上检验法与施工法应相同。扭矩检验应在施拧 1h 后，48h 内完成。

1 扭矩法检验

检验方法：在螺尾端头和螺母相对位置划线，将螺母退回 60° 左右，用扭矩扳手测定拧回至原来位置时的扭矩值。该扭矩值与施工扭矩值的偏差在 10% 以内为合格。

高强度螺栓连接副终拧扭矩值按下式计算：

$$T_c = K \cdot P_c \cdot d \qquad (B.0.3-1)$$

式中：T_c——终拧扭矩值（N·m）；

$\quad P_c$——施工预拉力值标准值（kN），见表 B.0.3；

$\quad d$——螺栓公称直径（mm）；

$\quad K$——扭矩系数，按附录 B.0.4 的规定试验确定。

高强度大六角头螺栓连接副初拧扭矩值 T_o 可按 0.5 取值。

扭剪型高强度螺栓连接副初拧扭矩值 T_o 可按下式计算：

$$T_o = 0.065 P_c \cdot d \qquad (B.0.3-2)$$

式中：T_o——初拧扭矩值（N·m）；

$\quad P_c$——施工预拉力值标准值（kN），见表 B.0.3；

$\quad d$——螺栓公称直径（mm）。

2 转角法检验

检验方法：1）检查初拧后在螺母与相对位置所画的终拧起始线和终止线所夹的角度是否达规定值。2）在螺尾端头和螺母相对位置画线，然后全部卸松螺母，在按规定的初拧扭矩和终拧角度重新拧紧螺栓，观察与原画线是否重合。终拧转角偏差在10°以内为合格。

终拧转角与螺栓在直径、长度等因素有关，应由试验确定。

3 扭剪型高强度螺栓施工扭矩检验

检验方法：观察尾部梅花头拧掉情况。尾部梅花头被拧掉者视同其终拧扭矩达到合格质量标准；尾部梅花头未被拧掉者应按上述扭矩法或转角法检验。

表 B.0.3 高强度螺栓连接副施工预拉力标准值（kN）

螺栓的性能等级	螺栓公称直径(mm)					
	M16	M20	M22	M24	M27	M30
8.8s	75	120	150	170	225	275
10.9s	110	170	210	250	320	390

B.0.4 高强度大六角头螺栓连接副扭矩系数复验

复验用螺栓应在施工现场待安装的螺栓批中随机抽取，每批应抽取8套连接副进行复验。

连接副扭矩系数复验用的计量器具应在试验前进行标定，误差不得超过2%。

每套连接副只应做一次试验，不得重复使用。在紧固中垫圈发生转动时，应更换连接副，重新试验。

连接副扭矩系数的复验应将螺栓穿入轴力计，在测出螺栓预拉力 P 的同时，应测出施加工螺母上的施扭矩值 T，并应按下式计算扭矩系数 K。

$$K = \frac{T}{P \cdot d} \tag{B.0.4}$$

式中：T——施拧扭矩（N·m）；

d——高强度螺栓公称直径（mm）；

P——螺栓预拉力（kN）。

进行连接副扭矩系数试验时，螺栓预拉力值应符合表 B.0.4 的规定。

表 B.0.4 螺栓预拉力值范围（kN）

螺栓规格(mm)		M16	M20	M22	M24	M27	M30
预拉力值 P	10.9s	93～113	142～177	175～215	206～250	265～324	325～390
	8.8s	62～78	100～120	125～150	140～170	185～225	230～275

每组8套连接副扭矩系数的平均值应为0.110～0.150，标准偏差小于或等于0.010。

扭剪型高强度螺栓连接副采用扭矩法施工时，其扭矩系数亦按本附录的规定确定。

B.0.5 高强度螺栓连接摩擦面的抗滑移系数检验。

1 基本要求

制造厂和安装单位应分别以钢结构制造批为单位进行抗滑移系数检验。制造批可按分部（子分部）工程划分规定的工程量每2000t为一批，不足2000t的可视为一批。选用两种及两种以上表面处理工艺时，每种处理工艺应单独检验。每批三组试件。

抗滑移系数检验应采用双摩擦面的二栓拼接的拉力试件（图 B.0.5）。

抗滑移系数检验用的试件应由制造厂加工，试件与所代表的钢结构构件应为同一材质、同批制作、采用同一摩擦面处理工艺和具有相同的表面状态，并应用同批同一性能等级的高强度螺栓连接副，在同一环境条件下存放。

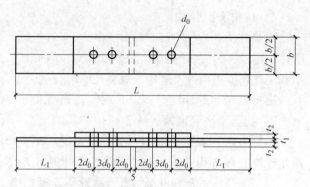

试件钢板的厚度 t_1、t_2 应根据钢结构工程中有代表性的板材厚度来确定，同时应考虑在摩擦面滑移之前，试件钢板的净载面始终处于弹性状态；宽度 b 可参照表 B.0.5 规定取值。L_1 应根据试验机夹具的要求确定。

图 B.0.5 抗滑移系数拼接试件的形式和尺寸

表 B.0.5 试件板的宽度（mm）

螺栓直径 d	16	20	22	24	27	30
板宽 b	100	100	105	110	120	120

试件板面应平整，无油污，孔和板的边缘无飞边、毛刺。

2 试验方法

试验用的试验机误差应在 1% 以内。

试验用的贴有电阻片的高强度螺栓、压力传感器和电阻应变仪应在试验前用试验机进行标定，其误差应在 2% 以内。

试件的组装顺序应符合下列规定：

先将冲钉打入试件孔定位，然后逐个换成装有压力传感器或贴有电阻片的高强度螺栓，或换成同批经预拉力复验的扭剪型高强度螺栓。

紧固高强度螺栓应分初拧、终拧。初拧应达到螺栓预拉力标准值的 50% 左右。终拧后，螺栓预拉力应符合下列规定：

1）对装有压力传感器或贴有电的高强度螺栓，采用电阻应变仪实测控制试件每个螺栓的预拉力值在 $0.95P \sim 1.05 P$（P 为高强度螺栓设计预拉力值）之间；

2）不进行实测时，扭剪型高强度螺栓的预拉力（紧固轴力）可按同批复验预拉力的平均值取用。

试件应在其侧面画出观察滑移的直线。

将组装好的试件置于拉力试验机上，试件的轴线应与试验机夹具中心严格对中。

加荷时，应先加 10% 的抗滑移设计荷载值，停 1min 后，再平稳加荷，加荷速度为 $3 \sim 5kN/s$。直拉至滑移破坏，测得滑移荷载。

在试验中当发生以下情况之一时，所对应的荷载可定为件的滑移荷载：

1）试验机发生回针现象；

2）试件侧面画线发生错动；

3）X-Y 记录仪上变形曲线发生突变；

4）试件突然发生"嘣"的响声。

抗滑移系数，应根据试验所测得的滑移荷载 N_v 和螺栓预拉力 P 的实测值，按下式计算，宜取小数点二位有效数字。

$$u = \frac{N_v}{n_f \cdot \sum_{i=1}^{m} P_i} \qquad (B.0.5)$$

式中：N_v——由试验测得的滑移荷载（kN）；

n_f——摩擦面面数，取 $n_f=2$；

$\sum\limits_{i=1}^{m} P_i$——试件滑移一侧高强度螺栓预拉力实测值（或同批螺栓连接副的预拉力平均值）之和（取三位有效数字）（kN）；

m——试件一侧螺栓数量，取 $m=2$。

5. 钢零部件加工检验批质量验收记录

（1）推荐表格

01020405 ___

钢零部构件加工检验批质量验收记录

02030301 ___

单位(子单位)工程名称			分部(子分部)工程名称		分项工程名称	
施工单位			项目负责人		检验批容量	
分包单位			分包单位项目负责人		检验批部位	
施工依据			验收依据	《钢结构工程施工质量验收规范》GB 50205—2001		
验收项目			设计要求及规范规定	最小/实际抽样数量	检查记录	检查结果
主控项目	1	材料品种、规格	第4.2.1条	/		
	2	钢材复验	第4.2.2条			
	3	切面质量	第7.2.1条	/		
	4	矫正和成型	第7.3.1条 第7.3.2条			
	5	边缘加工	第7.4.1条			
	6	制孔	第7.6.1条			
一般项目	1	材料规格尺寸	第4.2.3条 第4.2.4条	/		
	2	钢材表面质量	第4.2.5条			
	3	气割、切割精度	第7.2.2条 第7.2.3条			
	4	矫正表面、冷矫冷弯矢高、矫正允许偏差质量	第7.3.3条 第7.3.4条 第7.3.5条	/		
	5	边缘加工精度	第7.4.2条	/		
	6	制孔孔距偏差及补救	第7.6.2条 第7.6.3条			
施工单位检查结果	专业工长： 项目专业质量检查员： 年 月 日					
监理单位验收结论	专业监理工程师： 年 月 日					

（2）验收内容及检查方法条文摘录

一 般 规 定

7.1.1 本章适用于钢结构制作及安装中钢零件及钢部件加工的质量验收。

7.1.2 钢零件及钢部件加工工程，可按相应的钢结构制作工程或钢结构安装工程检验批的划分原则划分为一个或若干个检验批。

主 控 项 目

4.2.1 钢材、钢铸件的品种、规格、性能等应符合现行国家产品标准和设计要求。进口钢材产品的质量应符合设计和合同规定标准的要求。

检查数量：全数检查。

检验方法：检查质量合格证明文件、中文标志及检验报告等。

4.2.2 对属于下列情况之一的钢材，应进行抽样复验，其复验结果应符合现行国家产品标准和设计要求。

1 国外进口钢材；

2 钢材混批；

3 板厚等于或大于 40mm，且设计有 Z 向性能要求的厚板；

4 建筑结构安全等级为一级，大跨度钢结构中主要受力构件所采用的钢材；

5 设计有复验要求的钢材；

6 对质量有疑义的钢材。

检查数量：全数检查。

检验方法：检查复验报告。

7.2.1 钢材切割面或剪切面应无裂纹、夹渣、分层和大于 1mm 的缺棱。

检查数量：全数检查。

检验方法：观察或用放大镜及百分尺检查，有疑义时作渗透、磁粉或超声波探伤检查。

7.3.1 碳素结构钢在环境温度低于－16℃、低合金结构钢在环境温度低于－12℃时，不应进行冷矫正和冷弯曲。碳素结构钢和低合金结构在加热矫正时，加热温度不应超过 900℃。低合金结构钢在加热矫正后应自然冷却。

检查数量：全数检查。

检验方法：检查制作工艺报告和施工记录。

7.3.2 当零件采用热加工成型时，加热温度应控制在 900～1000℃；碳素结构钢和低合金结构钢在温度分别下降到 700℃和 800℃之前，应结束加工；低合金结构钢应在自然冷却。

检查数量：全数检查。

检验方法：检查制作工艺报告和施工记录。

7.4.1 气割或机械剪切的零件，需要进行边缘加工时，其刨削量不应小于 2.0mm。

检查数量：全数检查。

检验方法：检查工艺报告和施工记录。

7.6.1 A、B 级螺栓孔（Ⅰ类孔）应具有 H12 的精度，孔壁表面粗糙度不应该大于 12.5um。其孔径不允许偏差应符合表 7.6.1-1 的规定。C 级螺栓孔（Ⅱ类孔），孔壁表面粗糙度不应大于 25um，其允许偏差应符合表 7.6.1-2 的规定。

检查数量：按钢构件数量抽查10％，且不应少于3件。

检验方法：用游标卡尺或孔径量规检查。

表7.6.1-1　A、B级螺栓孔径的允许偏差（mm）

序号	螺栓公称直径、螺栓孔直径	螺径公称直径允许偏差	螺栓孔直径允许偏差
1	10～18	0.00～0.18	+0.18 0.00
2	18～30	0.00～0.21	+0.21 0.00
3	30～50	0.00～0.25	+0.25 0.00

表7.6.1-2　C级螺栓孔的允许偏差（mm）

项　　目	允许偏差
直径	+1.0 0.0
圆度	2.0
垂直度	$0.03t$，且不应大于2.0

一 般 项 目

4.2.3　钢板厚度及允许偏差应符合其产品标准的要求。

检查数量：每一品种、规格的钢板抽查5处。

检验方法：用游标卡尺量测。

4.2.4　型钢的规格尺寸及允许偏差应符合其产品标准的要求。

检查数量：每一品种、规格的型钢抽查5处。

检验方法：用钢尺和游标卡尺量测。

4.2.5　钢材的表面外观质量除应符合国家现有关标准的规定外，尚应符合下列规定：

1　当钢材的表面有锈蚀、麻点或划痕等缺陷时，其深度不得大于该钢材厚度负允许偏差值的1/2；

2　钢材表面的锈蚀等级应符合现有国家标准《涂装前钢材表面锈蚀等级和除锈等级》GB 8923规定的C级及C级以上；

3　钢材端边或断口处不应有分层、夹渣等缺陷。

检查数量：全数检查。

检验方法：观察检查。

7.2.2　气割的允许偏差应符合表7.2.2的规定。

检查数量：按切割面数抽查10％，且不应少于3个。

检验方法：观察检查或用钢尺、塞尺检查。

表 7.2.2　气割的允许偏差（mm）

项　目	允许偏差
零件宽度、长度	±3.0
切割面平面度	0.05t,且不应大于 2.0
割纹深度	0.3
局部缺口深度	1.0

注：t 为切割面厚度。

7.2.3　机械剪切的允许偏差应符合表 7.2.3 的规定。

检查数量：按切割面数抽查 10%,且不应少于 3 个。

检验方法：观察检查或用钢尺、塞尺检查。

表 7.2.3　机械剪切的允许偏差（mm）

项　目	允许偏差
零件宽度、长度	±3.0
边缘缺棱	1.0
型钢端部垂直度	2.0

7.3.3　矫正后的钢材表面，不应有明显的凹面或损伤，划痕深度不得大于 0.5mm,且不应大于该钢材厚度负允许偏差的 1/2。

检查数量：全数检查。

检验方法：观察检查和实测检查。

7.3.4　冷矫正和冷弯曲的最小曲率半径和最大弯曲矢高应符合表 7.3.4（略）的规定。

检查数量：按冷矫正和冷弯曲的件数抽查 10%,且不应少于 3 个。

检验方法：观察检查和实测检查。

7.3.5　钢材矫正后的允许偏差，应符合表 7.3.5（略）的规定。

检查数量：按矫正件数抽查 10%,且不应少于 3 件。

检验方法：观察检查和实测检查。

7.4.2　边缘加工允许偏差应符合表 7.4.2 的规定。

检查数量：按加工面数抽查 10%,且不应少于 3 件。

检验方法：观察检查和实测检查。

表 7.4.2　边缘加工的允许偏差（mm）

项　目	允许偏差
零件宽度、长度	±1.0
加工边直线度	l/3000,且不应大于 2.0mm
相邻两边夹角	±6′
加工面垂直度	0.025t,且不应大于 0.5
加工面表面粗糙度	$\overset{50}{\bigtriangledown}$

7.6.2　螺栓孔孔距的允许偏差应符合表 7.6.2 的规定。

检查数量：按钢构件数量抽查 10%,且不应少于 3 件。

检验方法：用钢尺检查。

表 7.6.2　螺栓孔孔距允许偏差

螺栓孔孔距范围	≤500	501～1200	1201～3000	＞3000
同一组内任一两孔间距离	±1.0	±1.5	—	—
相邻两组的端孔间距离	±1.5	±2.0	±2.5	±3.0

注：1　在节点中连接板与一根杆件相连的所有螺栓孔为一组；

2　对接接头在拼接板一侧的螺栓孔为一组；

3　在两相邻节点或接头间的螺栓孔为一组，但不包括上述两款所规定的螺栓孔；

4　受弯构件翼缘上的连接螺栓孔，每米长度范围内的螺栓孔为一组。

7.6.3　螺栓孔孔距的允许偏差超过表 7.6.2 规定的允许偏差时，应采用与母材材质相匹配的焊条补焊后重新制孔。

检查数量：全数检查。

检验方法：观察检查。

（3）验收说明

1）施工依据：《钢结构工程施工规范》GB 50755—2012，相应的专业技术规范，施工工艺标准，并制订专项施工方案、技术交底资料。

2）验收依据：《钢结构工程施工质量验收规范》GB 50205—2001，相应的现场质量验收检查原始记录。

3）注意事项：

① 主控项目的质量经抽样检验均应合格；

② 一般项目的质量经抽样检验合格。当采用计数抽样时，合格点率应符合有关专业验收规范的规定，且不得存在严重缺陷；

③ 具有完整的施工操作依据、质量验收记录；

④ 本检验批的主控项目、一般项目已列入推荐表中，有关具体内容及检查方法见一般规定及（2）条文摘录；

⑤ 本推荐表还可供钢结构基础 01020405 检验批质量验收使用。

6. 钢构件组装检验批质量验收记录

（1）推荐表格

01020406 ____

钢构件组装检验批质量验收记录

02030401 ____

单位（子单位）工程名称			分部（子分部）工程名称			分项工程名称		
施工单位			项目负责人			检验批容量		
分包单位			分包单位项目负责人			检验批部位		
施工依据			验收依据		《钢结构工程施工质量验收规范》GB 50205—2001			
验收项目			设计要求及规范规定	最小/实际抽样数量	检查记录	检查结果		
主控项目	1	吊装梁、吊车桁架组装质量	第8.3.1条	/				
	2	端部铣平精度	第8.4.1条	/				
	3	钢构件外形尺寸	第8.5.1条	/				

329

		验收项目	设计要求及规范规定	最小/实际抽样数量	检查记录	检查结果
一般项目	1	焊接 H 型钢拼接缝	第8.2.1条	/		
	2	焊接 H 型钢精度	第8.2.2条	/		
	3	焊接组装精度	第8.3.2条	/		
	4	顶紧接触面	第8.3.3条	/		
	5	杆件轴线交点错位	第8.3.4条	/		
	6	焊缝坡口精度	第8.4.2条	/		
	7	外露铣平面防锈保护	第8.4.3条	/		
	8	构件外形尺寸允许偏差	第8.5.2条	/		
施工单位检查结果			专业工长： 项目专业质量检查员： 年　月　日			
监理单位验收结论			专业监理工程师： 年　月　日			

（2）验收内容及检查方法条文摘录

一般规定

8.1.1　本章适用于钢结构制作中构件组装的质量验收。

8.1.2　钢构件组装工程可按钢结构制作工程检验批的划分原则划分为一个或若干个检验批。

主控项目

8.3.1　吊车梁和吊车桁架不应下挠。

检查数量：全数检查。

检验方法：构件直立，在两端支承后，用水准仪和钢尺检查。

8.4.1　端部铣平的允许偏差应符合表8.4.1的规定。

检查数量：按铣平面数量抽查10%，且不应少于3个。

检验方法：用钢尺、角尺、塞尺等检查。

表 8.4.1　端部铣平的允许偏差（mm）

项　目	允许偏差
两端铣平时构件长度	±2.0
两端铣平时零件长度	±0.5
铣平面的平面度	0.3
铣平面对轴线的垂直度	$L/1500$

8.5.1　钢构件外形尺寸主控项目的允许偏差应符合表8.5.1的规定。

检查数量：全数检查。

检验方法：用钢尺检查。

表 8.5.1 钢构件外形尺寸主控项目的允许偏差（mm）

项　　目	允许偏差
单层柱、梁、桁架受力支托(支承面)表面至第一个安装孔距离	±1.0
多节柱铣平而至第一个安装孔距离	±1.0
实腹梁两端最外侧安装孔距离	±3.0
构件连接处的截面几何尺寸	±3.0
柱、梁连接处的腹板中心线偏移	2.0
受压构件(杆件)弯曲矢高	$L/1000$，且不应大于 10.0

一 般 项 目

8.2.1 焊接 H 型钢的翼缘板拼接缝和腹板拼接缝的间距不应小于 200mm。翼缘板拼接长度不应小于 2 倍板宽；腹板拼接宽度不应小于 300mm，长度不应小于 600mm。

检查数量：全数检查。

检验方法：观察和用钢尺检查。

8.2.2 焊接 H 型钢的允许偏差应符合附录 C 中表 C.0.1 的规定。

检查数量：按钢构件数抽查 10%，宜不应少于 3 件。

检验方法：用钢尺、角尺、塞尺等检查。

8.3.2 焊接连接组装的允许偏差应符合附录 4 中表 4.0.2 的规定。

检查数量：按构件数抽查 10%，且不应少于 3 个。

检验方法：用钢尺检验。

8.3.3 顶紧接触面应有 75% 以上的面积紧贴。

检查数量：按接触面的数量抽查 10%，且不应少于 10 个。

检验方法：用 0.3mm 塞尺检查，其塞入面积应小于 25%，边缘间隙不应大于 0.8mm。

8.3.4 桁架结构杆件轴线交点错位的允许偏差不得大于 3.0mm。

检查数量：按构件数抽查 10%，且不应少于 3 个，每个抽查构件按节点数抽查 10%，且不应少于 3 个节点。

检验方法：尺量检查。

8.4.2 安装焊缝坡口的允许偏差应符合表 8.4.2 的规定。

检查数量：按坡口数量抽查 10%，且不应少于 3 条。

检验方法：用焊缝量规检查。

表 8.4.2 安装焊缝坡口的允许偏差

项　　目	允许偏差
坡口角度	±5°
钝边	±1.0mm

8.4.3 外露铣平面应防锈保护。

检查数量：全数检查。

检验方法：观察检查。

8.5.2 钢构件外形尺寸一般项目的允许偏差应符合附录 C 中表 C. 0. 3～表 C. 0. 9 的规定。

检查数量：按构件数量抽查 10%，且不应少于 3 件。

检验方法：见附录 4 中 C. 0. 3～表 C. 0. 9。

(3) 验收说明

1）施工依据：《钢结构工程施工规范》GB 50755—2012，相应的专业技术规范，施工工艺标准，并制订专项施工方案、技术交底资料。

2）验收依据：《钢结构工程施工质量验收规范》GB 50205—2001，相应的现场质量验收检查原始记录。

3）注意事项：

① 主控项目的质量经抽样检验均应合格；

② 一般项目的质量经抽样检验合格。当采用计数抽样时，合格点率应符合有关专业验收规范的规定，且不得存在严重缺陷；

③ 具有完整的施工操作依据、质量验收记录；

④ 本检验批的主控项目、一般项目已列入推荐表中，有关具体内容及检查方法见一般规定及（2）条文摘录；

⑤ 黑体字的条文为强制性条文，必须严格执行，制订控制措施；

⑥ 本推荐表还可供钢结构基础 01020406 检验批质量验收使用。

7. 钢构件预拼装检验批质量验收记录

(1) 推荐表格

01020407 ____

钢构件预拼装检验批质量验收记录　　02030402 ____

单位（子单位） 工程名称			分部（子分部） 工程名称			分项工程名称		
施工单位			项目负责人			检验批容量		
分包单位			分包单位项目 负责人			检验批部位		
施工依据			验收依据		《钢结构工程施工质量验收规范》 GB 50205—2001			
验收项目				设计要求及 规范规定	最小/实际 抽样数量	检查记录	检查结果	
主控 项目	1	多层板叠螺栓孔		第 9.2.1 条	/			
一般 项目	1	预拼装精度		第 9.2.2 条	/			
施工单位 检查结果					专业工长： 项目专业质量检查员： 　　　　　　　年　月　日			
监理单位 验收结论					专业监理工程师： 　　　　　　　年　月　日			

（2）验收内容及检查方法条文摘录

<h3 style="text-align:center">一 般 规 定</h3>

9.1.1 本章适用于钢结构预拼装工程的质量验收。

9.1.2 钢构件预拼装工程可按钢结构制作工程检验批的划分原则划分为一个或若干个检验批。

9.1.3 预拼装所用的支撑凳或平台应测量找平，检查时应拆除全部临时固定和拉紧装置。

9.1.4 进行预拼装的钢构件，其质量应符合设计要求和本规范合格质量标准的规定。

<h3 style="text-align:center">主 控 项 目</h3>

9.2.1 高强度螺栓和普通螺栓连接的多层板叠，应采用试孔器进行检查，并应符合下列规定：

1 当采用比孔公称直径小 1.0mm 的试孔器检查时，每组孔的通过率不应小于 85%；

2 当采用比螺栓公称直径大 0.3mm 的试孔器检查时，通过率应为 100%。

检查数量：按预拼装单元全数检查。

检验方法：采用试孔器检查。

<h3 style="text-align:center">一 般 项 目</h3>

9.2.2 预拼装的允许偏差应符合附录 D 表 D 的规定。

检查数量：按预拼装单元全数检查。

检验方法：见附录 D 表 D。

<h3 style="text-align:center">表 D 钢构件预拼装的允许偏差 （mm）</h3>

构件类型	项目		允许偏差	检验方法
多节柱	预拼装单元总长		±5.0	用钢尺检查
	预拼装单元弯曲矢高		$l/1500$，且不应大于 10.0	用拉线和钢尺检查
	接口错边		2.0	用焊缝量规检查
	预拼装单元柱身扭曲		$h/200$，且不应大于 5.0	用拉线、吊线和钢尺检查
	顶紧面至任一牛脚距离		±2.0	
梁、桁架	跨度最外两端安装孔或两端支承面最外侧距离		+5.0 −10.0	用钢尺检查
	接口截面错位		2.0	用焊缝量规检查
	拱度	设计要求起拱	±L/1500	用拉线和钢尺检查
		设计未要求起拱	$l/2000$ 0	
	节点处杆件轴线错位		4.0	划节后用钢尺检查
管构件	预拼装单元总长		±5.0	用钢尺检查
	预拼装单元弯曲矢高		$l/1500$，且不应大于 10.0	用拉线和钢尺检查
	对口错边		$t/10$，且不应大于 3.0	用焊缝量规检查
	坡口间隙		+2.0 −1.0	

构件类型	项目	允许偏差	检验方法
构件平面总体预拼装	各楼层柱距	±4.0	用钢尺检查
	相邻楼层梁与梁之间距离	±3.0	
	各层间框架两对角线之差	$H/2000$，且不应大于 5.0	
	任意两对角线之差	$\Sigma H/2000$，且不应大于 8.0	

（3）验收说明

1）验收依据：《钢结构工程施工规范》GB 50755—2012，相应的专业技术规范，施工工艺标准，并制订专项施工方案、技术交底资料。

2）验收依据：《钢结构工程施工质量验收规范》GB 50205—2001，相应的现场质量验收检查原始记录。

3）注意事项：

① 主控项目的质量经抽样检验均应合格；

② 一般项目的质量经抽样检验合格。当采用计数抽样时，合格点率应符合有关专业验收规范的规定，且不得存在严重缺陷；

③ 具有完整的施工操作依据、质量验收记录；

④ 本检验批的主控项目、一般项目已列入推荐表中，有关具体内容及检查方法见一般规定及（2）条文摘录；

⑤ 与本推荐表还可供钢结构基础 01020407 检验批质量验收使用。

8. 单层钢结构安装检验批质量验收记录

（1）推荐表格

01020408 ____

单层钢结构安装检验批质量验收记录

02030501 ____

单位(子单位)工程名称			分部(子分部)工程名称		分项工程名称		
施工单位			项目负责人		检验批容量		
分包单位			分包单位项目负责人		检验批部位		
施工依据			验收依据		《钢结构工程施工质量验收规范》GB 50205—2001		
验收项目				设计要求及规范规定	最小/实际抽样数量	检查记录	检查结果
主控项目	1	基础验收		第 10.2.1、10.2.2、10.2.3、10.2.4 条	/		
	2	构件验收		第 10.3.1 条	/		
	3	顶紧接触面质量		第 10.3.2 条	/		
	4	构件垂直度和侧弯曲		第 10.3.3 条	/		
	5	单层主体结构、整体垂直度和整体平面弯曲		第 10.3.4 条	/		

	验收项目		设计要求及规范规定	最小/实际抽样数量	检查记录	检查结果
一般项目	1	地脚螺栓尺寸偏差	第10.2.5条	/		
	2	标记	第10.3.5条	/		
	3	桁架、梁安装偏差	第10.3.6条	/		
	4	钢柱安装允许偏差	第10.3.7条	/		
	5	吊车梁安装允许偏差	第10.3.8条	/		
	6	檩条等安装允许偏差	第10.3.9条	/		
	7	平台栏杆等安装允许偏差	第10.3.10条	/		
	8	现场焊缝组对允许偏差	第10.3.11条	/		
	9	结构表面	第10.3.12条	/		
施工单位检查结果			专业工长： 项目专业质量检查员： 年 月 日			
监理单位验收结论			专业监理工程师： 年 月 日			

(2) 验收内容及检查方法条文摘录

一般规定

10.1.1 本章适用于单层钢结构的主体结构、地下钢结构、檩条及墙架等次要构件、钢平台、钢梯、防护栏杆等安装工程的质量验收。

10.1.2 单层钢结构安装工程可按变形缝或空间刚度单元等划分成一个或若干个检验批。地下钢结构可按不同地下层划分检验批。

10.1.3 钢结构安装检验批应在进场验收和焊接连接、紧固件连接、制作等分项工程验收合格的基础上进行验收。

10.1.4 安装的测量校正、高强度螺栓安装、负温度下施工及焊接工艺等，应在安装前进行工艺试验或评定，并应在此基础上制定相应的施工工艺或方案。

10.1.5 安装偏差的检测，应在结构形成空间刚度单元并连接固定后进行。

10.1.6 安装时，必须控制屋面、楼面、平台等的施工荷载，施工荷载和冰雪荷载等严禁超过梁、桁架、楼面板、屋面板、平台辅板等的承载能力。

10.1.7 在形成空间刚度单元后，应及时对柱底板和基础顶面的空隙进行细石混凝土、灌浆料等二次浇灌。

10.1.8 吊车梁或直接承受动力荷载的梁其受拉翼缘、吊车桁架或直接承受动力荷载的桁架其受拉弦杆上不得焊接悬挂物和卡具等。

主控项目

10.2.1 建筑物的定位轴线、基础轴线和标高、地脚螺栓的规格及其紧固应符合设计要求。

检查数量：按柱基数抽查10%，且不应少于3个。

检验方法：用经纬仪、水准仪、全站仪、和钢尺现场实测。

10.2.2 基础顶面直接作为柱的支承面和基础顶面预埋钢板或支座作为柱的支承面

时，其支承面、地脚螺栓（锚栓）位置的允许偏差应符合表10.2.2的规定。

检查数量：按柱基数抽查10%，且不应少于3个。

检验方法：用经纬仪、水准仪、全站仪、水平尺和钢尺实测。

表 10.2.2　支承面、地脚螺栓（锚栓）位置的允许偏差（mm）

项　　目		允许偏差
支承面	标高	±3.0
	水平度	$l/1000$
地脚螺栓（锚栓）	螺栓中心偏移	5.0
预留孔中心偏移		10.0

10.2.3　采用座浆垫板时，座浆垫板的允许偏差应符合表10.2.3的规定。

检查数量：资料全数检查。按柱基数抽查10%，且不应少于3个。

检验方法：用水准仪、全站仪、水平尺和钢尺现场实测。

表 10.2.3　座浆垫板的允许偏差（mm）

项　　目	允许偏差
顶面标高	0.0，−3.0
水平度	$l/1000$
位置	20.0

10.2.4　采用杯口基础时，杯口尺寸的允许偏差应符合表10.2.4的规定。

检查数量：按基础数抽查10%，且不应少于4处。

检验方法：观察及尺量检查。

表 10.2.4　杯口尺寸的允许偏差（mm）

项　　目	允许偏差
底面标高	0.0，−5.0
杯口深度 H	±5.0
杯口垂直度	$H/1000$，且不应大于10.0
位置	10.0

10.3.1　钢构件应符合设计要求和本规范的规定。运输、堆放和吊装等造成钢构件变形及涂层脱落，应进行矫正和修补。

检查数量：按构件数抽查10%，且不应少于3个。

检验方法：用拉线、钢尺现场实测或观察。

10.3.2　设计要求顶紧的节点，接触面不应少于70%紧贴，且边缘最大间隙不应大于0.8mm。检查数量：按节点数抽查10%，且不应少于3个。

检验方法：用钢尺及0.3mm和0.8mm厚的塞尺现场实测。

10.3.3　钢屋（托）架、桁架、梁及受压杆件的垂直度和侧向弯曲矢高的允许偏差应符合表10.3.3的规定。

检查数量：按同类构件数抽查10%，且不少于3个。

检验方法：用吊线、拉线、经纬仪和钢尺现场实测。

表 10.3.3 钢屋（托）架、桁架、梁及受压杆件的垂直度和侧向弯曲矢高的允许偏差（mm）

项目		允许偏差	图例
跨中的垂直度		$h/250$，且不应大于 15.0	
侧向弯曲矢高 f	$l \leqslant 30\text{m}$	$l/1000$，且不应大于 10.0	
	$30\text{m} < l \leqslant 60\text{m}$	$l/1000$，且不应大于 30.0	
	$l > 60\text{m}$	$l/1000$，且不应大于 50.0	

10.3.4 单层钢结构主体结构的整体垂直度和整体平面弯曲的允许偏差符合表10.3.4的规定。

检查数量：对主要立面全部检查。对每个所检查的立面，除两列角柱外，尚应至少选取一列中间柱。

检验方法：采用经纬仪、全站仪等测量。

表 10.3.4 整体垂直度和整体平面弯曲的允许偏差（mm）

项 目	允许偏差	图 例
主体结构的整体垂直度	$H/1000$，且不应大于 25.0	
主体结构的整体平面弯曲	$L/1500$，且不应大于 25.0	

一 般 项 目

10.2.5 地脚螺栓（锚栓）尺寸的偏差应符合表10.2.5的规定。

地脚螺栓（锚栓）的螺纹应受到保护。

检查数量：按柱基数抽查10%，且不应少于3个。

检验方法：用钢尺现场实测。

表 10.2.5 地脚螺栓 (锚栓) 尺寸的允许偏差 (mm)

项　　目	允许偏差
螺栓(锚栓)露出长度	+30.0 0.0
螺纹长度	+30.0 0.0

10.3.5 钢柱等主要构件的中心线及标高基准点等标记应齐全。

检查数量：按同类构件数抽查 10%，且不应少于 3 件。

检验方法：观察检查。

10.3.6 当钢桁架 (或梁) 安装在混凝土柱上时，其支座中心对定位轴线的偏差不应大于 10mm；当采用大型混凝土屋面板时，钢桁架 (或梁) 间距的偏差不应大于 10mm。

检查数量：按同类构件数抽查 10%，且不应少于 3 榀。

检验方法：用拉线和钢尺现场实测。

10.3.7 钢柱安装的允许偏差应符合附录 E 中表 E.0.1 的规定。

检查数量：按钢柱数抽查 10%，且不应少于 3 件。

检验方法：见附录 E 中表 E.0.1。

10.3.8 钢吊车梁或直接承受动力荷载的类似构件，其安装的允许偏差应符合附录 E 中表 E.0.2 的规定。

检查数量：按钢吊车梁数抽查 10%，且不应少于 3 榀。

检验方法：见附录 E 中表 E.0.2。

10.3.9 檩条、墙架等次要构件安装的允许偏差应符合附录 E 中表 E.0.3 的规定。

检查数量：按同类构件数抽查 10%，且不应少于 3 件。

检验方法：见附录 E 中表 E.0.3。

10.3.10 钢平台、钢梯、栏杆安装应符合现行国家标准《固定式钢直梯》GB 4053.1、《固定式钢斜梯》GB 4053.2、《固定式防护栏杆》GB 4053.3 和《固定式钢平台》GB 4053.4 的规定。钢平台、钢梯和防护栏杆安装的允许偏差应符合附录 E 中表 E.0.4 的规定。

检查数量：按钢平台总数抽查 10%，栏杆、钢梯按总长度各抽查 10%，但钢平台不应少于 1 个，栏杆不应少于 5m，钢梯不应少于 1 跑。

检验方法：见附录 E 中表 E.0.4。

10.3.11 现场焊缝组对间隙的允许偏差应符合表 10.3.11 的规定。

表 10.3.11 现场焊缝组对间隙的允许偏差 (mm)

项　　目	允许偏差
无垫板间隙	+3.0 0.0
有垫板间隙	+3.0 0.0

检查数量：按同类节点数抽查 10%，且不应少于 3 个。

检验方法：尺量检查。

10.3.12 钢结构表面应干净，结构主要表面不应有疤痕、泥沙等污垢。

检查数量：按同类构件数抽查10%，且不应少于3件。

检验方法：观察检查。

(3) 验收说明

1) 施工依据：《钢结构工程施工规范》GB 50755—2012，相应的专业技术规范，施工工艺标准，并制订专项施工方案、技术交底资料。

2) 验收依据：《钢结构工程施工质量验收规范》GB 50205—2001，相应的现场质量验收检查原始记录。

3) 注意事项：

① 主控项目的质量经抽样检验均应合格；

② 一般项目的质量经抽样检验合格。当采用计数抽样时，合格点率应符合有关专业验收规范的规定，且不得存在严重缺陷；

③ 具有完整的施工操作依据、质量验收记录；

④ 本检验批的主控项目、一般项目已列入推荐表中，有关具体内容及检查方法见一般规定及（2）条文摘录；

⑤ 黑体字的条文为强制性条文，必须严格执行，制订控制措施；

⑥ 本推荐表还可供钢结构基础01020408检验批质量验收使用。

9. 多层及高层钢结构安装检验批质量验收记录

(1) 推荐表格

01020409 ＿＿＿

多层及高层钢结构安装检验批质量验收记录 02030601 ＿＿＿

单位(子单位)工程名称			分部(子分部)工程名称		分项工程名称	
施工单位			项目负责人		检验批容量	
分包单位			分包单位项目负责人		检验批部位	
施工依据			验收依据		《钢结构工程施工质量验收规范》GB 50205—2001	
验收项目			设计要求及规范规定	最小/实际抽样数量	检查记录	检查结果
主控项目	1	基础验收	第11.2.1、11.2.2、11.2.3、11.2.4条	/		
	2	构件验收	第11.3.1条	/		
	3	钢柱安装允许偏差	第11.3.2条	/		
	4	顶紧接触面质量	第11.3.3条	/		
	5	梁、压杆垂直度和侧弯曲矢高偏差	第11.3.4条	/		
	6	多、高层主体结构整体垂直度和平面弯曲	第11.3.5条	/		

	验收项目		设计要求及规范规定	最小/实际抽样数量	检查记录	检查结果
一般项目	1	地脚螺栓允许偏差	第11.2.5条	/		
	2	标高基准点标记	第11.3.7条	/		
	3	构件安装允许偏差	第11.3.8,11.3.10条	/		
	4	主体结构总高度允许偏差	第11.3.9条	/		
	5	吊车梁安装允许偏差	第11.3.11条	/		
	6	檩条、墙架等安装允许偏差	第11.3.12条	/		
	7	平台栏杆等安装允许偏差	第11.3.13条	/		
	8	现场焊缝组对允许偏差	第11.3.14条	/		
	9	结构表面质量	第11.3.6条	/		
施工单位检查结果			专业工长： 项目专业质量检查员： 年　月　日			
监理单位验收结论			专业监理工程师： 年　月　日			

（2）验收内容及检查方法条文摘录

一 般 规 定

11.1.1　本章适用于多层及高层钢结构的主体结构、地下钢结构、檩条及墙架等次要构件、钢平台、钢梯、防护栏杆等安装工程的质量验收。

11.1.2　多层及高层钢结构安装工程可按楼层或施工段等划分为一个或若干个检验批。地下钢结构可按不同地下层划分检验批。

11.1.3　柱、梁、支撑等构件的长度尺寸应包括焊接收缩余量等变形值。

11.1.4　安装柱时，每节柱的定位轴线应从地面控制轴线直接引上，不得从下层柱的轴线引上。

11.1.5　结构的楼层标高可按相对标高或设计标高进行控制。

11.1.6　钢结构安装检验批应在进场验收和焊接连接、紧固件连接、制作等分项工程验收合格的基础上进行验收。

11.1.7　多层及高层结构安装应遵照本规范第 10.1.4、10.1.5、10.1.6、10.1.7、10.1.8 条的规定。

10.1.4　安装的测量校正、高强度螺栓安装、负温度下施工及焊接工艺等，应在安装前进行工艺试验或评定，并应在此基础上制定相应的施工工艺或方案。

10.1.5　安装偏差的检测，应在结构形成空间刚度单元并连接固定后进行。

10.1.6　安装时，必须控制屋面、楼面、平台等的施工荷载，施工荷载和冰雪荷载等严禁超过梁、桁架、楼面板、屋面板、平台铺板等的承载能力。

10.1.7　在形成空间刚度单元后，应及时对柱底板和基础顶面的空隙进行细石混凝土、灌浆料等二次浇灌。

10.1.8 吊车梁或直接承受动力荷载的梁其受拉翼缘、吊车桁架或直接承受动力荷载的桁架其受拉弦杆上不得焊接悬挂物和卡具等。

主 控 项 目

11.2.1 建筑物的定位轴线、基础上柱的定位轴线和标高、地脚螺栓（锚栓）的规格和位置、地脚螺栓（锚栓）紧固应符合设计要求。当设计无要求时，应符合表11.2.1的规定。

检查数量：按柱基数抽查10%，且不应少于3个。

检验方法：采用经纬仪、水准仪、全站仪和钢尺实测。

表11.2.1 建筑物定位轴线、基础上柱的定位轴线和标高、地脚螺栓
（锚栓）的允许偏差（mm）

项目	允许偏差	图例
建筑物定位轴线	$L/20000$,且不应大于3.0	
基础上柱的定位轴线	1.0	
基础上柱底标高	±2.0	基准点
地脚螺栓(锚栓)位移	2.0	

11.2.2 多层建筑以基础顶面直接作为柱的支承面，或以基础顶面预埋钢板或支座作为柱的支承面时，其支承面、地脚螺栓（锚栓）位置的允许偏差应符合本规范表10.2.2的规定。

检查数量：按柱基数抽查10%，且不应少于3个。

检验方法：用经纬仪、水准仪、全站仪、水平尺和钢尺实测。

11.2.3 多层建筑采用座浆垫板时，座浆垫板的允许偏差应符合本规范表10.2.3的规定。

检查数量：资料全数检查。按柱基数抽查10%，且不应少于3个。

检验方法：用水准仪、全站仪、水平尺和钢尺实测。

11.2.4 当采用杯口基础时，杯口尺寸的允许偏差应符合本规范表10.2.4的规定。

检查数量：按基础数抽查10%，且不应少于4处。

检验方法：观察及尺量检查。

11.3.1 钢构件应符合设计要求和规范。运输、堆放和吊装等造成的钢构件变形及涂层脱落，应进行矫正和修补。

检查数量：按构件数检查10%，且不应少于3个。

检验方法：用拉线、钢尺现场实测或观察。

11.3.2 柱子安装的允许偏差应符合表11.3.2的规定。

检查数量：标准柱全部检查；非标准柱抽查10%，且不应少于3根。

检验方法：用全部仪或激光经纬仪和钢尺实测。

表 11.3.2　柱子安装的允许偏差（mm）

项　　目	允许偏差	图　　例
底层柱柱底轴线对定位轴线偏移	3.0	
柱子定位轴线	1.0	
单节柱的垂直度	$h/1000$，且不应大于10.0	

11.3.3 设计要求顶紧的节点，接触面不应少于70%紧贴，且边缘最大间隙不应大于0.8mm。

检查数量：按节点数抽查10%，且不应少于3个。

检验方法：用钢尺及0.3mm和0.8mm厚的塞尺现场实测。

11.3.4 钢主梁、次梁及受压杆件的垂直度和侧向弯曲矢高的允许偏差应符合表

10.3.3 中有关钢屋（托）架允许偏差的规定。

检查数量：按同类构件数抽查 10%，且不应少于 3 个。

检验方法：用吊线、拉线、经纬仪和钢尺现场实测。

11.3.5 多层及高层钢结构主体结构的整体垂直度和整体平面弯曲的允许偏差应符合表 **11.3.5** 的规定。

检查数量：对主要立面全部检查。对每个所检查的立面，除两列角柱外，尚应至少选取一列中间柱。

检验方法：对于整体垂直度，可采用激光经纬仪、全站仪测量，也可根据各节柱的垂直度允许偏差累计（代数和）计算。对于整体平面弯曲，可按产生的允许偏差累计（代数和）计算。

表 11.3.5　整体垂直度和整体平面弯曲的允许偏差（mm）

项　　目	允许偏差	图　　例
主体结构的整体垂直度	$(H/2500+10.0)$，且不应大于 50.0	
主体结构的整体平面弯曲	$L/1500$，且不应大于 25.0	

一般项目

11.2.5　地脚螺栓（锚栓）尺寸的允许偏差应符合本规范 10.2.5 的规定。地脚螺栓（锚栓）的螺纹应受保护。

检查数量：按柱基数抽查 10%，且不应少于 3 个。

检验方法：用钢尺现场实测。

11.3.7　钢柱等主要构件的中心线及标高基准点等标记应齐全。

检查数量：按同类构件数抽查 10%，且不应少于 3 件。

检验方法：观察检查。

11.3.8　钢构件安装的允许偏差应符合附录 E 中表 E.0.5 的规定。

检查数量：按同类构件或节点数抽查 10%。其中柱和梁各不应少于 3 件，主梁与次梁连接节点不应少于 3 个，支承压型金属板的钢梁长度不应少于 5m。

检验方法：见附录 E 中表 E.0.5。

11.3.9　主体结构总高度的允许偏差应符合附录 E 中表 E.0.6 的规定。

检查数量：按标准柱列数抽查 10%，且不应少于 4 列。

检验方法：采用全站仪、水准仪和钢尺实测。

11.3.10 当钢构件安装在混凝土柱上时，其支座中心对定位轴线的偏差不应大于10mm；当采用大型混凝土屋面板时，钢梁（或桁架）间距的偏差不应大于10mm。

检查数量：按同类构件数抽查10%，且不应少于3榀。

检验方法：用拉线和钢尺现场实测。

11.3.11 多层及高层钢结构中钢吊车梁或直接承受动力荷载的类似构件，其安装的允许偏差应符合本规范附录E.0.2的规定。

检查数量：按钢吊车梁数抽查10%，且不应少于3榀。

检验方法：见本规范附录表E.0.2。

11.3.12 多层及高层钢结构中檩条、墙架等次要构件安装的允许偏差应符合本规范附录E.0.3的规定。

检查数量：按同类构件数抽查10%，且不应少于3件。

检验方法：见附录E中表E.0.3。

11.3.13 多层及高层钢结构中钢平台、钢梯、栏杆安装应符合现行国家标准《固定式钢直梯》GB 4053.1、《固定式钢斜梯》GB 4053.2、《固定式防护栏杆》GB 4053.3和《固定式钢平台》GB 4053.4的规定。钢平台、钢梯和防护栏杆安装的允许偏差应符合附录6中表6.0.4的规定。

检查数量：按钢平台总数抽查10%，栏杆、钢梯按总长度各抽查10%，但钢平台不应少于1个，栏杆不应少于5m，钢梯不应少于1跑。

检验方法：见附录E中表E.0.4。

11.3.14 多层及高层钢结构中现场焊缝组对间隙的允许偏差应符合表10.3.11的规定。

检查数量：按同类节点数抽查10%，且不应少于3个。

检验方法：尺量检查。

11.3.6 钢结构表面应干净，结构主要表面不应有疤痕、泥沙等污垢。

检查数量：按同类构件数抽查10%，且不应少于3件。

检验方法：观察检查。

（3）验收说明

1）施工依据：《钢结构工程施工规范》GB 50755—2012，相应的专业技术规范，施工工艺标准，并制订专项施工方案、技术交底资料。

2）验收依据：《钢结构工程施工质量验收规范》GB 50205—2001，相应的现场质量验收检查原始记录。

3）注意事项

① 主控项目的质量经抽样检验均应合格；

② 一般项目的质量经抽样检验合格。当采用计数抽样时，合格点率应符合有关专业验收规范的规定，且不得存在严重缺陷；

③ 具有完整的施工操作依据、质量验收记录；

④ 本检验批的主控项目、一般项目已列入推荐表中，有关具体内容及检查方法见一般规定及（2）条文摘录；

⑤ 黑体字的条文为强制性条文，必须严格执行，制订控制措施；

⑥ 本推荐表还可供钢结构基础 01020409 检验批质量验收使用。

10. 钢网架制作检验批质量验收记录

（1）推荐表格

钢网架制作检验批质量验收记录

02030701 ____

单位（子单位）工程名称			分部（子分部）工程名称		分项工程名称	
施工单位			项目负责人		检验批容量	
分包单位			分包单位项目负责人		检验批部位	
施工依据			验收依据		《钢结构工程施工质量验收规范》GB 50205—2001	

验收项目			设计要求及规范规定	最小/实际抽样数量	检查记录	检查结果
主控项目	1	焊接球、螺栓球及其他材料品种、规格	第4.5.1、4.6.1、4.7.1条	/		
	2	螺栓球加工质量	第7.5.1条、第4.6.2条	/		
	3	焊接球加工质量	第7.5.2条、第4.5.2条	/		
	4	封板、锥头套筒质量	第4.7.2条	/		
	5	制孔精度	第7.6.1条	/		
一般项目	1	钢板、型钢材料规格尺寸	第4.2.3条、第4.2.4条	/		
	2	螺栓球加工精度	第7.5.3、4.6.3、4.6.4条	/		
	3	焊接球加工精度	第7.5.4、4.5.3、4.5.4条	/		
	4	管件加工精度	第7.5.5条	/		

施工单位检查结果	专业工长： 项目专业质量检查员： 年 月 日
监理单位验收结论	专业监理工程师： 年 月 日

（2）验收内容及检查方法条文摘录

钢网架结构安装工程应检查验收钢网架制作质量，这里提供了一个钢网架制作检验批质量验收记录。

12.1.2　钢网架结构安装工程可按变形缝、施工段或空间刚度单元划分成一个或若干检验批。

主 控 项 目

4.5.1　焊接球及制造焊接球所采用的原材料，其品种、规格、性能等应符合现行国家产品标准和设计要求。

检查数量：全数检查。

检验方法：检查产品的质量合格证明文件、中文标志及检验报告等。

4.6.1　螺栓球及制造螺栓球节点所采用的原材料，其品种、规格、性能等应符合现行国家产品标志和设计要求。

检查数量：全数检查。

检验方法：检查产品的质量合格证明文件、中文标志及检验报告等。

4.7.1　封板、锥头和套筒及制造封板、锥头和套筒所采用的原材料，其品种、规格、性能等应符合现行国家产品标准和设计要求。

检查数量：全数检查。

检验方法：检查产品的质量合格证明文件、中文标志及检验报告等。

7.5.1　螺栓球成型后，不应有裂纹、褶皱、过烧。

检查数量：每种规格抽查10％，且不应少于5个。

检验方法：10倍放大镜观察检查或表面探伤。

4.6.2　螺栓球不得不过烧、裂纹及褶皱。

检查数量：每种规格抽查5％，且不应少于5只。

检验方法：用10倍放大镜观察和表面探伤。

7.5.2　钢板压成半圆球后，表面不应有裂纹、褶皱；焊接球其对接坡口应采用机械加工，对接焊缝表面应打磨平整。

检查数量：每种规格抽查10％，且不应少于5个。

检验方法：10倍放大镜观察检查或表面探伤。

4.5.2　焊接球焊缝应进行无损检验，其质量应符合设计要求，当设计无要求时应符合本规范中规定的二级质量标准。

检查数量：每一规格按数量抽查5％，且不应少于3个。

检验方法：超声波探伤或检查检验报告。

4.7.2　封板、锥头、套筒外观不得有裂纹、过烧及氧化皮。

检查数量：每种规格抽查5％，且不应少于10只。

检验方法：用放大镜观察检查和表面探伤。

7.6.1　A、B级螺栓孔（Ⅰ类孔）应具有H12的精度，孔壁表面粗糙度Ra不应大于12.5μm。其孔径的允许偏差应符合表7.6.1-1的规定。C级螺栓孔（Ⅱ类孔），孔壁表面粗糙度Ra不应大于25μm，其允许偏差应符合表7.6.1-2的规定。

检查数量：按钢构件数量抽查10％，且不应少于3件。

检验方法：用游标卡尺或孔径量规检查。

表 7.6.1-1 A、B 级螺栓孔径的允许偏差 (mm)

序号	螺栓公称直径、螺栓孔直径	螺栓公称直径、允许偏差	螺栓孔直径、允许偏差
1	10～18	0.00～0.18	+0.18 0.00
2	18～30	0.00～0.21	+0.21 0.00
3	30～50	0.00～0.25	+0.25 0.00

表 7.6.1-2 C 级螺栓孔的允许偏差 (mm)

项　目	允许偏差
直径	+1.0 0.0
圆度	2.0
垂直度	$0.03t$，且不应大于 2.0

一 般 项 目

4.2.3 钢板厚度及允许偏差应符合其产品标准的要求。

检查数量：每一品种、规格的钢板抽查 5 处。

检验方法：用游标卡尺量测。

4.2.4 型钢的规格尺寸及允许偏差应符合其产品标准的要求。

检查数量：每一品种、规格的型钢抽查 5 处。

检验方法：用钢尺和游标卡尺量测。

7.5.3 螺栓球加工的允许偏差应符合表 7.5.3 的规定。

检查数量：每种规格抽查 10%，且不应少于 5 个。

检验方法：见表 7.5.3。

表 7.5.3 螺栓球加工的允许偏差 (mm)

项　目		允许偏差	检验方法
圆度	$d≤120$	1.5	用卡尺和游标卡尺检查
	$d>120$	2.5	
同一轴线上两铣平面平行度	$d≤120$	0.2	用百分表 V 形块检查
	$d>120$	0.3	
铣平面距球中心距离		±0.2	用游标卡尺检查
相邻两螺栓孔中心线夹角		±30′	用分度头检查
两铣平面与螺栓孔轴线垂直度		$0.005r$	用百分表检查
球毛坯直径	$d≤120$	+2.0 −1.0	用卡尺和游标卡尺检查
	$d>120$	+3.0 −1.5	

4.6.3 螺栓球螺纹尺寸应符合现行国家标准《普通螺纹基本尺寸》GB 196 中粗牙螺纹的规定，螺纹公差必须符合现行国家标准《普通螺纹公差与配合》GB 197 中 6H 级精度的规定。

检查数量：每种规格抽查 5%，且不应少于 5 只。

检验方法：用标准螺纹规。

4.6.4 螺栓球直径、圆度、相邻两螺栓孔中心线夹角等尺寸及允许偏差应符合本规范的规定。

检查数量：每种规格抽查 5%，且不应少于 3 只。

检验方法：用卡尺和分度头仪检查。

7.5.4 焊接球加工的允许偏差应符合表 7.5.4 的规定。

检查数量：每种规格抽查 10%，且不应少于 5 个。

检验方法：见表 7.5.4。

表 7.5.4 焊接球加工的允许偏差（mm）

项　　目	允许偏差	检验方法
直径	±0.005d ±2.5	用卡尺和游标卡尺检查
圆度	2.5	用卡尺和游标卡尺检查
壁厚减薄量	0.13t，且不应大于 1.5	用卡尺和测厚仪检查
两半球对口错边	1.0	用套模和游标卡尺检查

4.5.3 焊接球直径、圆度、壁厚减薄量等尺寸及允许偏差应符合本规范的规定。

检查数量：每一规格按数量抽查 5%，且不应少于 3 个。

检验方法：用卡尺和测厚仪检查。

4.5.4 焊接球表面应无明显波纹及局部凹凸不平不大于 1.5mm。

检查数量：每一规格按数量抽查 5%，且不应少于 3 个。

检验方法：用弧形套模、卡尺和观察检查。

7.5.5 钢网架（桁架）用钢管杆件加工的允许偏差应符合表 7.5.5 的规定。

表 7.5.5 钢网架（桁架）用钢管杆件加工的允许偏差（mm）

项　　目	允许偏差	检验方法
长度	±1.0	用钢尺和百分表检查
端面对管轴的垂直度	0.005r	用百分表 V 形块检查
管口曲线	1.0	用套模和游标卡尺检查

(3) 验收说明

1) 施工依据：《钢结构工程施工规范》GB 50755—2012，相应的专业技术规范，施工工艺标准，并制订专项施工方案、技术交底资料。

2) 验收依据：《钢结构工程施工质量验收规范》GB 50205—2001，相应的现场质量验收检查原始记录。

3) 注意事项：

① 主控项目的质量经抽样检验均应合格；

② 一般项目的质量经抽样检验合格。当采用计数抽样时，合格点率应符合有关专业验收规范的规定，且不得存在严重缺陷；

③ 具有完整的施工操作依据、质量验收记录；

④ 本检验批的主控项目、一般项目已列入推荐表中，有关具体内容及检查方法见一般规定及（2）条文摘录。

11. 钢网架安装检验批质量验收记录

（1）推荐表格

钢网架安装检验批质量验收记录

02030702 ___

单位(子单位) 工程名称			分部(子分部) 工程名称		分项工程名称		
施工单位			项目负责人		检验批容量		
分包单位			分包单位项目 负责人		检验批部位		
施工依据			验收依据	《钢结构工程施工质量验收规范》 GB 50205—2001			
验收项目			设计要求及 规范规定	最小/实际 抽样数量	检查记录	检查结果	
主控项目	1	基础验收	第12.2.1、 12.2.2条	/			
	2	支座	第12.2.3、 12.2.4条	/			
	3	橡胶垫	第4.10.1条	/			
	4	拼装允许偏差	第12.3.1、 12.3.2条	/			
	5	节点承载力试验	第12.3.3条	/			
	6	结构挠度	第12.3.4条	/			
一般项目	1	支座锚栓允许偏差	第12.2.5条	/			
	2	结构表面质量	第12.3.5条	/			
	3	钢网架安装允许偏差	第12.3.6条	/			
	4	高强度螺栓紧固	第6.3.8条	/			
施工单位 检查结果		专业工长： 项目专业质量检查员： 年　月　日					
监理单位 验收结论		专业监理工程师： 年　月　日					

（2）验收内容及检查方法条文摘录

一 般 规 定

12.1.1 本章适用于建筑工程中的平板型钢网格结构（简称钢网架结构）安装工程的质量验收。

12.1.2 钢网架结构安装工程可按变形缝、施工段或空间刚度单元划分成一个或若干检验批。

12.1.3 钢网架结构安装检验批应在进场验收和焊接连接、紧固件连接、制作等分项工程验收合格的基础上进行验收。

12.1.4 钢网架结构安装应遵照本规范第 10.1.4、10.1.5、10.1.6 条的规定。

10.1.4 安装的测量校正、高强度螺栓安装、负温度下施工及焊接工艺等，应在安装前进行工艺试验或评定，并应在此基础上制定相应的施工工艺或方案。

10.1.5 安装偏差的检测，应在结构形成空间刚度单元并连接固定后进行。

10.1.6 安装时，必须控制屋面、楼面、平台等的施工荷载，施工荷载和冰雪荷载等严禁超过梁、桁架、楼面板、屋面板、平台辅板等的承载能力。

主 控 项 目

12.2.1 钢网架结构支座定位轴线的位置、支座锚栓的规格应符合设计要求。

检查数量：按支座数抽查 10%，且不应少于 4 处。

检验方法：用经纬仪和钢尺实测。

12.2.2 支承面顶板的位置、标高、水平度以及支座锚栓位置的允许偏差应符合表12.2.2 的规定。

表 12.2.2 支承面顶板、支座锚栓位置的允许偏差 （mm）

项 目		允许偏差
支承面顶板	位置	15.0
	顶面标高	0 −3.0
	顶面水平度	$l/1000$
支座锚栓	中心偏移	±5.0

检查数量：按支座数抽查 10%，且不应少于 4 处。

检验方法：用经纬仪、水准仪、水平尺和钢尺实测。

12.2.3 支承垫块的种类、规格、摆放位置和朝向，必须符合设计要求和国家现行有关标准的规定。橡胶垫块与刚性垫块之间或不同类型刚性垫块之间不得互换使用。

检查数量：按支座数抽查 10%，且不应少于 4 处。

检验方法：观察和用钢尺实测。

12.2.4 网架支座锚栓的紧固应符合设计要求。

检查数量：按支座数抽查 10%，且不应少于 4 处。

检验方法：观察检查。

4.10.1 钢结构用橡胶垫的品种、规格、性能等应符合现行国家产品标准和设计要求。

检查数量：全数检查。

检验方法：检查产品的质量合格证明文件、中文标志及检验报告等。

12.3.1 小拼单元的允许偏差应符合表12.3.1的规定。

检查数量：按单元数抽查5%，且不应少于5个。

检验方法：用钢尺和拉线等辅助量具实测。

表 12.3.1 小拼单元的允许偏差（mm）

项 目		允许偏差
节点中心偏移		2.0
焊接球节点与钢管中心的偏移		1.0
杆件轴线的弯曲		$l/1000$,且不应大于5.0
锥体型小拼单元	弦杆长度	±2.0
	锥体高度	±2.0
	上弦杆对角线长度	±3.0
平面桁架型小拼单元	跨长 ≤24mm	+3.0 −7.0
	跨长 >24mm	+5.0 −10.0
	跨中高度	±3.0
	跨中拱度 设计要求起拱	±L/5000
	跨中拱度 设计未要求起拱	+10.0

注：1 L_1 为杆件长度；
　　2 L 为跨长。

12.3.2 中拼单元的允许偏差应符合表12.3.2的规定。

检查数量：全数检查。

检验方法：用钢尺和辅助量具实测。

表 12.3.2 中拼单元的允许偏差（mm）

项 目		允许偏差
单元长度≤20m,拼接长度	单跨	±10.0
	多跨连续	±5.0
单元长度>20m,拼接长度	单跨	±20.0
	多跨连续	±10.0

12.3.3 对建筑结构安全等级为一级，跨度40m及以上的公共建筑钢网架结构，且设计有要求时，应按下列项目进行节点承载力试验，其结果应符合以下规定：

1 焊接球节点应按设计指定规格的球及其匹配的钢管焊接成试件，进行轴心拉、压承载力试验，其试验破坏荷载值大于或等于1.6倍设计承载力为合格。

2 螺栓球节点应按设计指定规格的球最大螺栓孔螺纹进行抗拉强度保证荷载试验，当达到螺栓的设计承载力时，螺孔、螺纹及封板仍完好无损为合格。

检查数量：每项试验做3个试件。

检验方法：在万能试验机上进行检验，检查试验报告。

12.3.4 钢网架结构总拼完成后及屋面工程完成应分别测量其挠度值，且所测的挠度值不应超过相应设计值的 1.15 倍。

检查数量：跨度 24m 及以下钢网架结构测量下弦中央一点；跨度 24m 以上钢网架结构测量下弦中央一点及各向下弦跨度的四等分点。

检验方法：用钢尺和水准仪实测。

一般项目

12.2.5 支座锚栓尺寸的允许偏差应符合 12.3.1 的规定。支座锚栓的螺纹应受到保护。

检查数量：按支座数抽查 10%，且不应少于 4 处。

检验方法：用钢尺实测。

12.3.5 钢网架结构安装完成后，其节点及杆件表面应干净，不应有明显的疤痕、泥沙和污垢。螺栓球节点应将所有接缝用油腻子填嵌严密，并应将多余螺孔封口。

检查数量：按节点及杆件数抽查 5%，且不应少于 10 个节点。

检验方法：观察检查。

12.3.6 钢网架结构安装完成后，其安装的允许偏差应符合表 12.3.6 的规定。

检查数量：全数检查。

检验方法：见表 12.3.6。

表 12.3.6 钢网架结构安装的允许偏差 (mm)

项 目	允许偏差	检验方法
纵向、横向长度	$L/2000$，且不应大于 30.0 $L/2000$，且不应小于 -30.0	用钢尺实测
支座中心偏移	$L/3000$，且不应大于 30.0	用钢尺和经纬仪实测
周边支承网架相邻支座高差	$L/400$，且不应大于 15.0	用钢尺和水准仪实测
支座最大高差	30.0	
多点支承网架相邻支座高差	$L_1/800$，且不应大于 30.0	

注：1 L 为纵向、横向长度；
    2 L_1 为相邻支座间距。

6.3.8 螺栓球节点网架总拼完成后，高强度螺栓与球节点应紧固连接，高强度螺栓拧入螺栓球内的螺纹长度不应小于 $1.0d$（d 为螺栓直径），连接处不应出现有间隙、松动等未拧紧情况。

检查数量：按节点数抽查 5%，且不应少于 10 个。

检验方法：普通扳手及尺量检查。

(3) 验收说明

1) 施工依据：《钢结构工程施工规范》GB 50755—2012，相应的专业技术规范，施工工艺标准，并制订专项施工方案、技术交底资料。

2) 验收依据：《钢结构工程施工质量验收规范》GB 50205—2001，相应的现场质量验收检查原始记录。

3) 注意事项：

① 主控项目的质量经抽样检验均应合格；

② 一般项目的质量经抽样检验合格。当采用计数抽样时，合格点率应符合有关专业验收规范的规定，且不得存在严重缺陷；

③ 具有完整的施工操作依据、质量验收记录；

④ 本检验批的主控项目、一般项目已列入推荐表中，有关具体内容及检查方法见一般规定及（2）条文摘录；

⑤ 黑体字的条文为强制性条文，必须严格执行，制订控制措施。

12. 压型金属板检验批质量验收记录

（1）推荐表格

01020410____

压型金属板检验批质量验收记录

02030901____

单位(子单位) 工程名称			分部(子分部) 工程名称		分项工程名称	
施工单位			项目负责人		检验批容量	
分包单位			分包单位项目 负责人		检验批部位	
施工依据			验收依据		《钢结构工程施工质量验收规范》 GB 50205—2001	

		验收项目	设计要求及 规范规定	最小/实际 抽样数量	检查记录	检查结果
主控项目	1	压型金属板及其原材料	第 4.8.1， 条 4.8.2 条	/		
	2	基板裂纹、涂层缺陷	第 13.2.1， 13.2.2 条	/		
	3	压型板现场安装	第 13.3.1 条	/		
	4	板搭接长度	第 13.3.2 条	/		
	5	压型板与结构锚固	第 13.3.3 条	/		
一般项目	1	压型金属板质量	第 4.8.3 条	/		
	2	金属板轧制质量	第 13.2.3 条 第 13.2.5 条	/		
	3	金属板表面质量	第 13.2.4 条	/		
	4	金属板安装质量	第 13.3.4 条	/		
	5	金属板安装允许偏差	第 13.3.5 条	/		
施工单位 检查结果		专业工长： 项目专业质量检查员： 年　月　日				
监理单位 验收结论		专业监理工程师： 年　月　日				

353

(2) 验收内容及检查方法条文摘录

一 般 规 定

13.1.1 本章适用于压型金属板的施工现场制作和安装工程质量验收。

13.1.2 压型金属板的制作和安装工程可按变形缝、楼层、施工段或屋面、墙面、楼面等划分为一个或若干个检验批。

13.1.3 压型金属板安装应在钢结构安装工程检验批质量合格后进行。

主 控 项 目

4.8.1 金属压型板及制造金属压型板所采用的原材料，其品种、规格、性能等应符合现行国家产品标准和设计要求。

检查数量：全数检查。

检验方法：检查产品的质量合格证明文件、中文标志及检验报告等。

4.8.2 压型金属泛水板、包角板和零配件的品种、规格以及防水密封材料的性能应符合现行国家产品标准和设计要求。

检查数量：全数检查。

检验方法：检查产品的质量合格证明文件、中文标志及检验报告等。

13.2.1 压型金属板成型后，其基板不应有裂纹。

检查数量：按计件数抽查 5%，且不应少于 10 件。

检验方法：观察和用 10 倍放大镜检查。

13.2.2 有涂层、镀层压型金属板成型后，涂、镀层不应有肉眼可见的裂纹、剥落和擦痕等缺陷。

检查数量：按计件数抽查 5%，且不应少于 10 件。

检验方法：观察检查。

13.3.1 压型金属板、泛水板和包角板等应固定可靠、牢固，防腐涂料涂刷和密封材料敷设应完好，连接件数量、间距应符合设计要求和国家现行有关标准规定。

检查数量：全数检查。

检验方法：观察检查及尺量。

13.3.2 压型金属板应在支承构件上可靠搭接，搭接长度应符合设计要求，且不应小于表 13.3.2 所规定的数值。

检查数量：按搭接部位总长度抽查 10%，且不应少于 10m。

检验方法：观察和用钢尺检查。

表 13.3.2 压型金属板在支承构件上的搭接长度 (mm)

项 目		搭接长度
截面高度＞70		375
截面高度≤70	屋面坡度＜1/10	250
	屋面坡度≥1/10	200
墙面		120

13.3.3 组合楼板中压型钢板与主体结构（梁）的锚固支承长度应符合设计要求，且不应小于50mm，端部锚固件连接应可靠，设置位置应符合设计要求。

检查数量：沿连接纵向长度抽查10%，且不应少于10m。

一般项目

4.8.3 压型金属板的规格尺寸及允许偏差、表面质量、涂层质量等应符合设计要求和本规范的规定。

检查数量：每种规格抽查5%，且不应少于3件。

检验方法：观察和用10倍放大镜检查及尺量。

13.2.3 压型金属板的尺寸允许偏差应符合表13.2.3的规定。

检查数量：按计件数抽查5%，且不应少于10件。

检验方法：用拉线和钢尺检查。

表13.2.3 压型金属板的尺寸允许偏差（mm）

项 目			允许偏差
波距			±2.0
波高	压型钢板	截面高度≤70	±1.5
		截面高度＞70	±2.0
侧向弯曲	在测量长度l_1的范围内		20.0

注：l_1为测量长度，指板长扣除两端各0.5m后的实际长度（小于10m）或扣除后任选的10m长度。

13.2.5 压型金属板施工现场制作的允许偏差应符合表13.2.5的规定。

检查数量：按计件数抽查5%，且不应少于10件。

检验方法：用钢尺、角尺检查。

表13.2.5 压型金属板施工现场制作的允许偏差（mm）

项 目		允许偏差
压型金属板的覆盖宽度	截面高度≤70	+10.0，−2.0
	截面高度＞70	+6.0，−2.0
板长		±9.0
横向剪切偏差		6.0
泛水板、包角板尺寸	板长	±6.0
	折弯面宽度	±3.0
	折弯面夹角	2°

13.2.4 压型金属板成型后，表面应干净，不应有明显凹凸和皱褶。

检查数量：按计件数抽查5%，且不应少于10件。

检验方法：观察检查。

13.3.4 压型金属板安装应平整、顺直，板面不应有施工残留物污物。檐口和墙面下端应呈直线，不应有未经处理的错钻孔洞。

检查数量：按面积抽查10%，且不应少于10m²。

检验方法：观察检查。

13.3.5 压型金属板安装的允许偏差应符合表13.3.5的规定。

检查数量：檐口与屋脊的平行度：按长度抽查10%，且不应少于10m。其他项目：每20m长度应抽查1处，不应少于2处。

检验方法：用拉线、吊线和钢尺检查。

表 13.3.5 压型金属板安装的允许偏差 (mm)

项 目		允许偏差
屋面	檐口与屋脊的平行度	12.0
	压型金属板波纹线对屋脊的垂直度	$L/800$，且不应大于25.0
	檐口相邻两块压型金属板端部错位	6.0
	压型金属板卷边板件最大波浪高	4.0
墙面	墙板波纹线的垂直度	$H/800$，且不应大于25.0
	墙板包角板的垂直度	$H/800$，且不应大于25.0
	相邻两块压型金属板的下端错位	6.0

注：1 L 为屋面半坡或单坡长度；

  2 H 为墙面高度。

(3) 验收说明

1) 施工依据：《钢结构工程施工规范》GB 50755—2012，相应的专业技术规范，施工工艺标准，并制订专项施工方案、技术交底资料。

2) 验收依据：《钢结构工程施工质量验收规范》GB 50205—2001，相应的现场质量验收检查原始记录。

3) 注意事项：

① 主控项目的质量经抽样检验均应合格；

② 一般项目的质量经抽样检验合格。当采用计数抽样时，合格点率应符合有关专业验收规范的规定，且不得存在严重缺陷；

③ 具有完整的施工操作依据、质量验收记录；

④ 本检验批的主控项目、一般项目已列入推荐表中，有关具体内容及检查方法见一般规定及（2）条文摘录；

⑤ 本推荐表还可供钢结构基础01020410检验批质量验收使用。

13. 防腐涂料涂装检验批质量验收记录

(1) 推荐表格

防腐涂料涂装检验批质量验收记录

单位(子单位)工程名称			分部(子分部)工程名称		分项工程名称	
施工单位			项目负责人		检验批容量	
分包单位			分包单位项目负责人		检验批部位	
施工依据			验收依据		《钢结构工程施工质量验收规范》GB 50205—2001	

验收项目			设计要求及规范规定	最小/实际抽样数量	检查记录	检查结果
主控项目	1	涂料性能	第4.9.1条	/		
	2	涂装基层验收	第14.2.1条	/		
	3	涂层厚度	第14.2.2条	/		
一般项目	1	涂料质量	第4.9.3条	/		
	2	表面质量	第14.2.3条	/		
	3	附着力测试	第14.2.4条	/		
	4	标志	第14.2.5条	/		
施工单位检查结果			专业工长：项目专业质量检查员：年 月 日			
监理单位验收结论			专业监理工程师：年 月 日			

（2）验收内容及检查方法条文摘录

一 般 规 定

14.1.1 本章适用于钢结构的防腐涂料（油漆类）涂装和防火涂料涂装工程的施工质量验收。

14.1.2 钢结构涂装工程可按钢结构制作或钢结构安装工程检验批的划分原则划分成一个或若干个检验批。

14.1.3 钢结构普通涂料涂装工程应在钢结构构件组装、预拼装或钢结构安装工程检验的施工质量验收合格后进行。钢结构防火涂料涂装工程应在钢结构安装工程检验批和钢结构普通涂料涂装检验批的施工质量验收合格后进行。

14.1.4 漆装时的环境温度和相对湿度应符合涂料产品说明书的要求，当产品说明书无要求时，环境温度宜在5~38℃之间，相对湿度不应大于85％。漆装时构件表面不应有结露；漆装后4h内应保护免受雨淋。

主 控 项 目

4.9.1 钢结构防腐涂料、稀释剂和固化剂等材料的品种、规格、性能等符合现行国家产品标准和设计要求。

检查数量：全数检查。

检验方法：检查产品的质量合格证明文件、中文标志及检验报告等。

14.2.1 涂装前钢材表面除锈应符合设计要求和国家现行有关标准的规定。处理后的钢材表面不应有焊渣、焊疤、灰尘、油污、水和毛刺等。当设计无要求时，钢材表面除锈等级应符合表 14.2.1 的规定。

检查数量：按构件数抽查 10%，且同类构件不应少于 3 件。

检验方法：用铲刀检查和用现行国家标准《涂装前钢材表面锈蚀等级和除锈等级》GB 8923 规定的图片对照观察检查。

表 14.2.1 各种底漆或防锈漆要求最低的除锈等级

涂料品种	除锈等级
油性酚醛、醇酸等底漆或防锈漆	St2
高氯化聚乙烯、氯化橡胶、氯磺化聚乙烯、环氧树脂、聚氨酯等底漆或防锈漆	Sa2
无机富锌、有机硅、过氯乙烯等底漆	12

14.2.2 涂料、涂装遍数、涂层厚度均应符合设计要求。当设计对涂层厚度无要求时，涂层干漆膜总厚度：室外应为 150μm，室内应为 125μm，其允许偏差为 −25μm。每遍涂层干漆膜厚度的允许偏差为 −5μm。

检查数量：按构件数抽查 10%，且同类构件不应少于 3 件。

检验方法：用干漆膜测厚仪检查。每个构件检测 5 处，每处的数值为 3 个相距 50mm 测点涂层干漆膜厚度的平均值。

一 般 项 目

4.9.3 防腐涂料和防火涂料的型号、名称、颜色及有效期应与其质量证明文件相符。开启后，不应存在结皮、结块、凝胶等现象。

检查数量：每种规格抽查 5%，且不应少于 3 桶。

检验方法：观察检查。

14.2.3 构件表面不应误涂、漏涂，涂层不应脱皮和返锈等。涂层应均匀、无明显皱皮、流坠、针眼和气泡等。

检查数量：全数检查。

检验方法：观察检查。

14.2.4 当钢结构处在有腐蚀介质环境或外露且设计有要求时，应进行涂层附着力测试，在检测处范围内，当涂层完整程度达到 70% 以上时，涂层附着力达到合格质量标准的要求。

检查数量：按构件数抽查 1%，且不应少于 3 件，每件测 3 处。

检验方法：按照现行国家标准《漆膜附着力测定法》GB 1720 或《色漆和清漆、漆膜的划格试验》GB 9286 执行。

14.2.5 涂装完成后，构件的标志、标记和编号应清晰完整。

检查数量：全数检查。

检验方法：观察检查。

(3) 验收说明

1）施工依据：《钢结构工程施工规范》GB 50755—2012，相应的专业技术规范，施工工艺标准，并制订专项施工方案、技术交底资料。

2）验收依据：《钢结构工程施工质量验收规范》GB 50205—2001，相应的现场质量验收检查原始记录。

3）注意事项：

① 主控项目的质量经抽样检验均应合格；

② 一般项目的质量经抽样检验合格。当采用计数抽样时，合格点率应符合有关专业验收规范的规定，且不得存在严重缺陷；

③ 具有完整的施工操作依据、质量验收记录；

④ 本检验批的主控项目、一般项目已列入推荐表中，有关具体内容及检查方法见一般规定及（2）条文摘录；

⑤ 黑体字的条文为强制性条文，必须严格执行，制订控制措施；

⑥ 本推荐表还可供钢结构基础 01020411 检验批质量验收使用。

14. 防火涂料涂装检验批质量验收记录

（1）推荐表格

01020412____

防火涂料涂装检验批质量验收记录

02031101____

单位(子单位) 工程名称			分部(子分部) 工程名称		分项工程名称		
施工单位			项目负责人		检验批容量		
分包单位			分包单位项目 负责人		检验批部位		
施工依据			验收依据		《钢结构工程施工质量验收规范》 GB 50205—2001		

验收项目			设计要求及 规范规定	最小/实际 抽样数量	检查记录	检查结果
主控 项目	1	涂料性能	第 4.9.2 条	/		
	2	涂装基层验收	第 14.3.1 条	/		
	3	强度试验	第 14.3.2 条	/		
	4	涂层厚度	第 14.3.3 条	/		
	5	表面裂纹	第 14.3.4 条	/		
一般 项目	1	涂料质量	第 4.9.3 条	/		
	2	基层表面	第 14.3.5 条	/		
	3	涂层表面质量	第 14.3.6 条	/		
施工单位 检查结果			专业工长： 项目专业质量检查员： 年 月 日			
监理单位 验收结论			专业监理工程师： 年 月 日			

（2）验收内容及检查方法条文摘录

一 般 规 定

14.1.1　本章适用于钢结构的防腐涂料（油漆类）涂装和防火涂料涂装工程的施工质量验收。

14.1.2　钢结构涂装工程可按钢结构制作或钢结构安装工程检验批的划分原则划分成一个或若干个检验批。

14.1.3　钢结构普通涂料涂装工程应在钢结构构件组装、预拼装或钢结构安装工程检验的施工质量验收合格后进行。钢结构防火涂料涂装工程应在钢结构安装工程检验批和钢结构普通涂料涂装检验批的施工质量验收合格后进行。

14.1.4　漆装时的环境温度和相对湿度应符合涂料产品说明书的要求，当产品说明书无要求时，环境温度宜在5～38℃之间，相对湿度不应大于85%。漆装时构件表面不应有结露；漆装后4h内应保护免受雨淋。

主 控 项 目

4.9.2　钢结构防火涂料的品种和技术性能应符合设计要求，并应经过具有资质的检测机构检测符合国家现行有关标准的规定。

检查数量：全数检查。

检验方法：检查产品的质量合格证明文件、中文标志及检验报告等。

14.3.1　防火涂料涂装前钢材表面除锈及防锈底漆涂装应符合设计要求和国家现行有关标准的规定。

检查数量：按构件数抽查10%，且同类构件不应少于3件。

检验方法：表面除锈用铲刀检查和用现行国家标准《涂装前钢材表面锈蚀等级和除锈等级》GB 8923规定的图片对照观察检查。底漆涂装用干漆膜测厚仪检查，每个构件检测5处，每处的数值为3个相距50mm测点涂层干漆膜厚度的平均值。

14.3.2　钢结构防火涂料的粘结强度、抗压强度应符合国家现行标准《钢结构防火涂料应用技术规程》CECS 24的规定。检验方法应符合现行国家标准《建筑构件防火喷涂材料性能试验方法》GB 9978的规定。

检查数量：每使用100t或不足100t薄涂型防火涂料应抽检一次粘结强度；每使用500t或不足500t厚涂型防火涂料应抽检一次粘结强度和抗压强度。

检验方法：检查复检报告。

14.3.3　薄涂型防火涂料的涂层厚度应符合有关耐火极限的设计要求。厚涂型防火涂料涂层的厚度，80%及以上面积应符合有关耐火极限的设计要求，且最薄处厚度不应低于设计要求的85%。

检查数量：按同类构件数抽查10%，且均不应少于3件。

检验方法：用涂层厚度测量仪、测针和钢尺检查。测量方法应符合国家现行标准《钢结构防火涂料应用技术规程》CECS 24：90的规定及本规范中附录F。

14.3.4　薄涂型防火涂料涂层表面裂纹宽度不应大于0.5mm；厚涂型防火涂料涂层表面裂纹宽度不应大于1mm。

一 般 项 目

4.9.3　防腐涂料和防火涂料的型号、名称、颜色及有效期应与其质量证明文件相符。

开启后，不应存在结皮、结块、凝胶等现象。

检查数量：每种规格抽查 5%，且不应少于 3 桶。

检验方法：观察检查。

14.3.5 防火涂料涂装基层不应有油污、灰尘和泥砂等污垢。

检查数量：全数检查。

检验方法：观察检查。

14.3.6 防火涂料不应有误涂、漏涂，涂层应闭合无脱层、空鼓、明显凹陷、粉化松散和浮浆等外观缺陷，乳突已剔除。

检查数量：全数检查。

检验方法：观察检查。

（3）验收说明

1) 施工依据：《钢结构工程施工规范》GB 50755—2012，相应的专业技术规范，施工工艺标准，并制订专项施工方案、技术交底资料。

2) 验收依据：《钢结构工程施工质量验收规范》GB 50205—2001，相应的现场质量验收检查原始记录。

3) 注意事项

① 主控项目的质量经抽样检验均应合格；

② 一般项目的质量经抽样检验合格。当采用计数抽样时，合格点率应符合有关专业验收规范的规定，且不得存在严重缺陷；

③ 具有完整的施工操作依据、质量验收记录；

④ 本检验批的主控项目、一般项目已列入推荐表中，有关具体内容及检查方法见一般规定及（2）条文摘录；

⑤ 黑体字的条文为强制性条文，必须严格执行，制订控制措施；

⑥ 本推荐表还可供钢结构基础 01020412 检验批质量验收使用。

15. 预应力钢索和膜结构检验批质量验收记录（暂无表格）

第五节　钢管混凝土子分部工程检验批质量验收记录

一、钢管混凝土工程子分部工程质量验收的基本规定

1. 钢管混凝土质量验收的基本规定《钢管混凝土工程施工质量验收规范》GB 50628—2010

3.0.1 钢管混凝土工程的施工应由具备相应资质的企业承担。钢管混凝土工程施工质量检测应由具备工程结构检测资质的机构承担。

3.0.2 钢管混凝土施工图设计文件应经具体施工图设计审查许可证的机构审查通过。施工单位的深化设计文件应经原设计单位确认。

3.0.3 钢管混凝土工程施工前，施工单位应编制专项施工方案，并经监理（建设）单位确认。当冬期、雨期、高温施工时，应制定季节性施工技术措施。

3.0.4 钢管、钢板、钢筋、连接材料、焊接材料及钢管混凝土的材料应符合设计要求和国家现行有关标准的规定。

3.0.5 钢管构件的制作应符合现行国家标准《钢结构工程施工质量验收规范》GB

50205 的有关规定。构件出厂应按规定进行验收检验，并形成出厂验收记录。要求预拼装的应进行预拼装，并形成记录。

3.0.6 焊工必须经考试合格并取得合格证书，持证焊工必须在其考试合格项目及合格证规定的范围内施焊。

3.0.7 设计要求全焊透的一、二级焊缝应采用超声波探伤进行焊缝内部缺陷检验，超声波探伤不能对缺陷做出判断时，应采用射线探伤检验。其内部缺陷分级及探伤应符合现行国家标准《钢焊缝手工超声波探伤方法和探伤结果分级》GB 11345、《金属熔化焊焊接接头涉嫌照相》GB/T 3323 的有关规定。一、二级焊缝的质量等级及缺陷分级应符合表 **3.0.7** 的规定。

表 3.0.7　一、二级焊缝的质量等级及缺陷分级

焊缝质量等级		一级	二级
内部缺陷超声波探伤	评定等级	Ⅱ	Ⅲ
	检验等级	B级	B级
	探伤比例	100%	20%
内部缺陷射线探伤	评定等级	Ⅱ	Ⅲ
	检验等级	AB级	AB级
	探伤比例	100%	20%

注：探伤比例的计数方法应按以下原则：(1) 对工厂制作焊缝，应按每条焊缝计算百分比，且探伤长度不应小于 200mm，当焊缝长度不足 200mm 时，应对整条焊缝进行探伤；(2) 对现场安装焊缝，应按同一类型、同一施焊条件的焊缝条数计算百分比，探伤长度不应小于 200mm，并不应少于 1 条焊缝。

3.0.8 钢管混凝土构件吊装与钢管混凝土浇筑顺序应满足结构强度和稳定性的要求。

3.0.9 钢管内混凝土施工前应进行配合比设计，并宜进行浇筑工艺试验；浇筑方法应与结构形式相适应。

3.0.10 钢管构件安装完成后应按设计要求进行防腐、防火涂装。其质量要求和检验方法应符合现行国家标准《钢结构工程施工质量验收规范》GB 50205 的有关规定。

3.0.11 钢管混凝土工程施工质量验收，应在施工单位自行检验评定合格的基础上，由监理（建设）单位验收。其程序应按现行国家标准《建筑工程施工质量统一标准》GB 50300 的规定进行验收。钢管混凝土子分部应按表 3.0.11 的规定划分分项工程。

表 3.0.11　钢管混凝土子分部工程所含分项工程表

子分部工程	分项工程
钢管混凝土	钢管构件进场验收、钢管混凝土构件现场拼装、钢管混凝土柱柱脚锚固、钢管混凝土构件安装、钢管混凝土柱与钢管混凝土梁连接、钢管内钢筋骨架、钢管内混凝土浇筑

2. 钢管混凝土子分部质量验收规定

5.0.1 钢管混凝土子分部工程质量验收应按检验批、分项工程和子分部工程的程序进行验收。

5.0.2 检验批质量验收合格应符合下列规定：

1 主控项目和一般项目的质量经抽样检验合格；

2　具有完整的施工操作依据、质量检查记录。

5.0.3　分项工程质量验收合格应符合下列规定：

1　分项工程所含的检验批均应符合合格质量的规定；

2　分项工程所含检验批的质量验收记录应完整。

5.0.4　钢管混凝土子分部工程质量验收合格应符合下列规定：

1　子分部工程所含分项工程的质量均应验收合格；

2　质量控制资料应完整；

3　钢管混凝土子分部工程结构检验和抽样检测结果应符合有关规定；

4　钢管混凝土子分部工程观感质量验收应符合要求。

5.0.5　钢管混凝土子分部工程质量验收记录应符合下列规定：

1　检验批质量验收记录可按本规范表 A.0.1～表 A.0.7 的规定进行；

2　分项工程质量验收记录可按本规范表 B 进行；

3　子分部工程质量验收记录可按本规范表 C.0.1～表 C.0.4 的规定进行。

表 C.0.1 为子分部工程质量验收表，用统表（略）。

表 C.0.2　钢管混凝土子分部工程质量控制资料核查记录表

工程名称		施工单位			
序号	资料名称		份数	核查意见	核查人
1	图纸会审、设计变更、洽商记录及施工图设计文件审查报告				
2	工程定位测量、放线记录				
3	专项施工技术方案和制作工艺文件				
4	施工缝留置及处理的施工方案,施工缝处理记录				
5	钢管、钢材、钢筋及主要焊接材料的出厂合格证、进场验收记录、复试检测报告				
6	钢筋连接试验报告				
7	焊工合格证、焊接工艺评定报告				
8	一、二级焊缝内部质量超声波探伤、射线探伤记录				
9	钢管涂装质量检测报告				
10	混凝土配合比报告(预拌混凝土合格证)、坍落度测定记录、混凝土强度评定报告				
11	隐蔽工程验收记录				
12	工程质量事故及事故调查处理资料				
13	设计要求的其他资料				
14					
结论： 　　施工单位项目经理：　　　　　　　　　　　　年　月　日 　　总监理工程师：　　　　　　　　　　　　　　年　月　日 （建设单位项目负责人）					

表 C. 0. 3　钢管混凝土子分部工程结构安全检测记录表

工程名称		施工单位				
序号	安全和功能检查项目		份数	核查意见	抽查结果	核查人
1	钢管混凝土构件现场拼装和安装焊缝内部质量检测					
2	钢管涂装厚度检测					
3	钢管柱垂直度检测					
4	设计要求的检测项目					
5						
6						

结论：

　　　　　施工单位项目经理：　　　　　　　　　　　　　年　月　日

　　　　　总监理工程师：　　　　　　　　　　　　　　　年　月　日

（建设单位项目负责人）

表 C. 0. 4　钢管混凝土子分部工程观感质量验收记录表

工程名称		施工单位			
序号	项目	抽查质量状况	质量评定		
			好	一般	差
1	钢管混凝土柱脚锚固情况				
2	钢管混凝土构件安装焊缝外观质量				
3	钢管混凝土结构外观质量				
4	涂装质量				
5					
6					
7					

结论：

　　　　　施工单位项目经理：　　　　　　　　　　　　　年　月　日

　　　　　总监理工程师：　　　　　　　　　　　　　　　年　月　日

（建设单位项目负责人）

　　注：质量评价为差时，应进行返修。

　　二、钢管混凝土子分部工程检验批质量验收记录

　　1. 钢管构件进场验收检验批质量验收记录

　　（1）推荐表格

钢管构件进场验收检验批质量验收记录

单位(子单位)工程名称			分部(子分部)工程名称			分项工程名称		
施工单位			项目负责人			检验批容量		
分包单位			分包单位项目负责人			检验批部位		
施工依据			验收依据		《钢管混凝土工程施工质量验收规范》GB 50628—2010			

		验收项目			设计要求及规范规定	最小/实际抽样数量	检查记录	检查结果
主控项目	1	钢管构件加工质量			第4.1.1条	/		
	2	核查构配件数量			第4.1.2条	/		
	3	钢管构件上翘片、肋板、栓钉及开孔规格、数量			第5.1.3条	/		
一般项目	1	不应有运输、堆放造成的变形脱漆			第4.1.4条	/		
	2 第4.1.5条允许偏差(mm)	直径(D)			$\pm D/500$且不应大于± 5.0	/		
		构件长度(L)			± 3.0	/		
		管口圆度			$\pm D/500$且不应大于± 5.0	/		
		弯曲矢高			$L/1500$且不应大于5.0mm	/		
		钢筋贯穿管柱孔(d钢筋直径)	钢筋孔径偏差	中间	$1.2d \sim 1.5d$	/		
				外侧	$1.2d \sim 1.5d$	/		
				长圆孔宽	$1.2d \sim 1.5d$	/		
			钢筋孔距	任意	± 1.5	/		
				两端	± 2.0	/		
			钢筋轴线偏差		1.5mm	/		

施工单位检查结果	专业工长： 项目专业质量检查员： 年 月 日
监理单位验收结论	专业监理工程师： 年 月 日

(2) 验收内容及检查方法条文摘录

主 控 项 目

4.1.1 钢管构件进场应进行验收，其加工制作质量应符合设计要求和合同约定。

检查数量：全数检查。

检验方法：检查出厂验收记录。

4.1.2 钢管构件进场应按安装工序配套核查构件、配件的数量。

检查数量：全数检查。

检验方法：按照安装工序清单清点构件、配件数量。

4.1.3 钢管构件上的钢板翅片、加劲肋板、栓钉及管壁开孔的规格和数量应符合设计要求。

检查数量：同批构件抽查10%，且不少于3件。

检验方法：尺量检查、观察检查及检查出厂验收记录。

一 般 项 目

4.1.4 钢管构件不应有运输、堆放造成的变形、脱漆等现象。

检查数量：同批构件抽查10%，且不少于3件。

检验方法：观察检查。

4.1.5 钢管构件进场应抽查构件的尺寸偏差，其允许偏差应符合表4.1.5的规定。

检查数量：同批构件抽查10%，且不少于3件。

检验方法：见表4.1.5。

表 4.1.5 钢管构件进场抽查尺寸允许偏差 (mm)

项目		允许偏差	检验方法
直径 D		$\pm D/500$ 且不应大于 ± 5.0	尺量检查
构件长度 L		± 3.0	
管口圆度		$D/500$ 且不应大于 5.0	
弯曲矢高		$L/1500$ 且不应大于 5.0	拉线、吊线和尺量检查
钢筋贯穿管柱孔（d 钢筋直径）	孔径偏差范围	中间 $1.2d \sim 1.5d$ 外侧 $1.5d \sim 2.0d$ 长圆孔宽 $1.2d \sim 1.5d$	尺量检查
	轴线偏差	1.5	
	孔距	任意两孔距离 ± 1.5 两端孔距离 ± 2.0	

(3) 验收说明

1）施工依据：参照《混凝土结构工程施工规范》GB 50666—2011、《钢结构工程施工规范》GB 50755—2012，相应的专业技术规范，施工工艺标准，并制订专项施工方案、技术交底资料。

2）验收依据：《钢管混凝土工程施工质量验收规范》GB 50628—2010，相应的现场质量验收检查原始记录。

3）注意事项：

① 主控项目的质量经抽样检验均应合格；

② 一般项目的质量经抽样检验合格。当采用计数抽样时，合格点率应符合有关专业验收规范的规定，且不得存在严重缺陷；

③ 具有完整的施工操作依据、质量验收记录；

④ 本检验批的主控项目、一般项目已列入推荐表中，有关具体内容及检查方法见一般规定及（2）条文摘录；

⑤ 黑体字的条文为强制性条文，必须严格执行，制订控制措施；

⑥ 本推荐表还可供钢管混凝土基础 01020501 检验批质量验收使用。

2. 钢管混凝土现场拼装检验批质量验收记录

（1）推荐表格

01020502 ____

钢管混凝土现场拼装检验批质量验收记录

02040102 ____

单位(子单位)工程名称		分部(子分部)工程名称		分项工程名称		
施工单位		项目负责人		检验批容量		
分包单位		分包单位项目负责人		检验批部位		
施工依据		验收依据	《钢管混凝土工程施工质量验收规范》GB 50628—2010			

验收项目			设计要求及规范规定	最小/实际抽样数量	检查记录	检查结果
主控项目	1	构件上级件数量、位置	第4.2.1条	/		
	2	拼装的方式、程序、方法	第4.2.2条	/		
	3	焊接材料	第4.2.3条	/		
	4	焊缝质量(一、二级)	第4.2.4条			
一般项目	1	拼装场地条件	第4.2.5条	/		
	2 第4.2.6条 二、三级焊缝外观允许偏差(mm)	未满焊	二级≤1.0;三级≤3.0	/		
		根部收缩	二级≤1.0;三级≤2.0	/		
		咬边	二级≤0.5;三级≤1.0	/		
		弧坑裂纹	二级 0;三级≤1.0	/		
		电弧擦伤	二级 0;三级≤1.0	/		
		接头不良	二级≤0.5;三级≤1.0	/		
		表面夹渣	二级≤0;三级≤2.0	/		
		表面气孔	二级 0;三级 2 个	/		
	3 第4.2.7条 一、二、三级焊缝允许偏差(mm)	对接焊缝余高 c	一、二级： $B<20$ 时，c 为 0～3.0 $B≥20$ 时，c 为 0～4.0	/		
			三级： $B<20$ 时，c 为 0～4.0 $B≥20$ 时，c 为 0～5.0	/		
		对接焊缝错边 d	一、二级 $d<0.15t$ 且≤2.0	/		
			三级 $d<0.15t$ 且≤3.0	/		

验收项目			设计要求及规范规定	最小/实际抽样数量	检查记录	检查结果
一般项目	3 第4.2.7条 一、二、 三级焊缝 允许偏差 （mm）	角焊缝余高 c	$h5 \leqslant 6$ 时，c 为 $0 \sim 1.5$; $h5 > 6$ 时，c 为 $0 \sim 3.0$	/		
	4 第4.2.8条 拼装 允许偏差 （mm）	一节柱高度	单层柱　±5.0	/		
			多层柱　±3.0	/		
		对口错边	单层柱　$t/10$ 且≤3.0	/		
			多层柱　2.0	/		
		柱身弯曲矢高	单层　$H/1500$， 且≤10.0	/		
			多层柱　$H/1500$， 且≤5.0	/		
		牛腿处的柱身扭曲	单层柱　3.00	/		
			多层柱　$d/250$ 且≤5.0	/		
		牛腿面的翘曲	单层柱　2.0	/		
			多层柱　$L3 \leqslant 1000$　2.0 $L3 \leqslant 1000$　3.0	/		
		L 的偏差	单层柱±$L/1500$， 且≤±15.0	/		
		L_1 的偏差	多层柱　±2.0	/		
		L_2 的偏差	±8.0	/		
		L_3 的偏差	±3.0			
		管肢组合偏差	$\sigma_1/h \leqslant 1/1000$， $\sigma_2/b \leqslant 1/1000$	/		
		缀件组合偏差	$\sigma_1/h_1 \leqslant 1/1000$， $\sigma_2/h_2 \leqslant 1/1000$	/		
		缀件节点偏差	$d_1 \geqslant 50$，$\sigma \leqslant d/4$	/		
施工单位 检查结果				专业工长： 项目专业质量检查员： 　　　　年　月　日		
监理单位 验收结论				专业监理工程师： 　　　　年　月　日		

（2）验收内容及检查方法条文摘录

主控项目

4.2.1　钢管混凝土构件现场拼装时，钢管混凝土构件各种缀件的规格、位置和数量应符合设计要求。

检查数量：全数检查。

检验方法：观察检查、尺量检查。

4.2.2 钢管混凝土构件拼装的方式、程序、施焊方法应符合设计及专项施工方案要求。

检查数量：全数检查。

检验方法：观察检查、检查施工记录。

4.2.3 钢管混凝土构件焊接的焊接材料应与母材相匹配，并应符合设计要求和现行国家标准《钢结构工程施工质量验收规范》GB 50205 的有关规定。

检查数量：全数检查。

检验方法：检查施工记录。

4.2.4 钢管混凝土构件拼装焊接焊缝质量应符合设计要求和现行国家标准《钢结构工程施工质量验收规范》GB 50205 的有关规定。设计要求的一、二级焊缝应符合本规范第 3.0.7 条的规定。

检查数量：全数检查。

检验方法：检查施工记录及焊缝检测报告。

一 般 项 目

4.2.5 钢管混凝土构件拼装场地的平整度、控制线等控制措施应符合专项施工方案的要求。

检查数量：全数检查。

检验方法：观感检查、尺量检查。

4.2.6 钢管混凝土构件现场拼装焊接二、三级焊缝外观质量应符合表 4.2.6 的规定。

检查数量：同批构件抽查 10%，且不少于 3 件。

检验方法：观察检查、尺量检查。

表 4.2.6 二、三级焊缝外观质量标准

项目	允许偏差(mm)	
缺陷类型	二级	三级
未焊满(指不足设计要求)	≤0.2+0.02t，且不应大于1.0	≤0.2+0.04t，且不应大于2.0
	每100.0焊缝内缺陷总长不应大于25.0	
根部收缩	≤0.2+0.02t，且不应大于1.0	≤0.2+0.04t，且不应大于2.0
	长度不限	
咬边	≤0.05t，且不应大于0.5；连续长度≤100.0，且焊缝两侧咬边总长不应大于10%焊缝全长	≤0.1t，且不应大于1.0，长度不限
弧坑裂纹	—	允许存在个别长度≤5.0的弧裂抗纹
电弧擦伤	—	允许存在个别电弧擦伤
接头不良	缺口深度0.05t，且不应大于0.5	缺口深度0.1t，且不应大于1.0
	每1000.0焊缝不应超过1处	
表面夹杂	—	深≤0.2t 长≤0.5t，且不应大于2.0
表面气孔	—	每50.0焊缝长度内允许直径≤0.4t，且不应大于3.0的气孔2个，孔距≥6倍孔径

注：表内 t 为连接处较薄的板厚。

4.2.7 钢管混凝土构件对接焊缝和角焊缝余高及错边允许偏差应符合表 4.2.7 的规定。

检查数量：同批构件抽查 10%，且不少于 3 件。

检验方法：焊缝量规检查。

表 4.2.7 焊缝余高及错边允许偏差

序号	内容	图例	允许偏差(mm)	
			一、二级	三级
1	对接焊缝余高 C		$B<20$ 时，C 为 $0\sim3.0$ $B\geq20$ 时，C 为 $0\sim4.0$	$B<20$ 时，C 为 $0\sim4.0$ $B\geq20$ 时，C 为 $0\sim5.0$
2	对接焊缝错边 d		$d<0.15t$，且不应大于 2.0	$d<0.15t$，且不应大于 3.0
3	角焊缝余高 C		$h_f\leq6$ 时，C 为 $0\sim1.5$；$h_f>6$ 时，C 为 $0\sim3.0$	

注：$h_f>8.0\text{mm}$ 的角焊缝其局部焊脚尺寸允许低于设计要求值 1.0mm，但总长度不得超过焊缝长度 10%。

4.2.8 钢管混凝土构件现场拼装允许偏差应符合表 4.2.8 的规定。

检查数量：同批构件抽查 10%，且不少于 3 件。

检验方法：见表 4.2.8。

表 4.2.8 钢管混凝土构件现场拼装允许偏差（mm）

项目	允许偏差		检验方法	图例
	单层柱	多层柱		
一节柱高度	$+5.0$	±3.0	尺量检查	
对口错边	$t/10$，且不应大于 3.0	2.0	焊缝量规检查	
柱身弯曲矢高	$H/1500$，且不应大于 10.0	$H/1500$，且不应大于 5.0	拉线、直角尺和尺量检查	
牛腿处的柱身扭曲	3.0	$d/250$，且不应大于 5.0	拉线、吊线和尺量检查	
牛腿面的翘曲 $\triangle$	2.0	$L_3\leq1000,2.0$；$L_3>1000,3.0$	拉线、直角尺和尺量检查	
柱底面到柱端与梁连接的最上一个安装孔距离 L	$\pm L/1500$，且不应超过 ±15.0		尺量检查	
柱两端最外侧安装孔、穿钢筋空距离 L_1	—	±2.0		
柱底面到牛腿支承面距离 L_2	$\pm L_2/2000$，且不应超过 ±8.0	—	尺量检查	
牛腿端孔到柱轴线距离 L_3	±3.0	±3.0	尺量检查	

项目	允许偏差		检验方法	图例
	单层柱	多层柱		
管肢组合尺寸偏差 h：长方向尺寸 σ_1：长方向偏差 b：宽方向尺寸 σ_2：宽方向偏差	$\sigma_1/h_1 \leqslant 1/1000$； $\sigma_2/b \leqslant 1/1000$		尺量检查	
缀件尺寸偏差 h：两管肢间距 σ_1：管肢间缀件偏差 b：两缀件间距离 σ_2：两缀件间偏差	$\sigma_1/h_1 \leqslant 1/1000$； $\sigma_2/h_2 \leqslant 1/1000$		尺量检查	
缀件节点偏差 d：钢管柱直径 d_1：缀件直径 σ：缀件节点偏差	d_1 不宜小于 50； σ 不应大于 $d/4$（宜交于中心）		尺量检查	

注：t 为刚刚壁厚度；H 为柱身高；d 为钢管直径；矩形管长边尺寸。

（3）验收说明

1）施工依据：参照《混凝土结构工程施工规范》GB 50666—2011、《钢结构工程施工规范》GB 50755—2012，相应的专业技术规范，施工工艺标准，并制订专项施工方案、技术交底资料。

2）验收依据：《钢管混凝土工程施工质量验收规范》GB 50628—2010，相应的现场质量验收检查原始记录。

3）注意事项：

① 主控项目的质量经抽样检验均应合格；

② 一般项目的质量经抽样检验合格。当采用计数抽样时，合格点率应符合有关专业验收规范的规定，且不得存在严重缺陷；

③ 具有完整的施工操作依据、质量验收记录；

④ 本检验批的主控项目、一般项目已列入推荐表中，有关具体内容及检查方法见一般规定及（2）条文摘录；

⑤ 黑体字的条文为强制性条文，必须严格执行，制订控制措施；

⑥ 本推荐表还可供钢管混凝土基础 01020502 检验批质量验收使用。

3. 钢管混凝土柱柱脚锚固检验批质量验收记录

（1）推荐表格

钢管混凝土柱柱脚锚固检验批质量验收记录

单位(子单位) 工程名称		分部(子分部) 工程名称		分项工程名称	
施工单位		项目负责人		检验批容量	
分包单位		分包单位项目 负责人		检验批部位	
施工依据		验收依据		《钢管混凝土工程施工质量验收 规范》GB 50628—2010	

		验收项目	设计要求及 规范规定	最小/实际 抽样数量	检查记录	检查结果
主控 项目	1	埋入式柱脚构造	第4.3.1条	/		
	2	端承式柱脚构造	第4.3.2条	/		
一般 项目	1	埋入式柱脚锚固	第4.3.3条	/		
	2	端承式柱脚锚固	第4.3.4条	/		
	3 第4.3.5条允许偏差(mm)	埋入式 柱轴线位移	5	/		
		柱标高	±5.0	/		
		端承式 支承面标高	±3.0	/		
		支承面水平度	$L/1000, \leqslant 5.0$	/		
		螺栓中心线偏移	4.0	/		
		螺栓之间中心距	±2.0	/		
		螺栓露出长度	0～+30	/		
		螺纹露出长度	0～+30	/		

施工单位 检查结果	专业工长: 项目专业质量检查员: 年　月　日
监理单位 验收结论	专业监理工程师: 年　月　日

(2) 验收内容及检查方法条文摘录

主 控 项 目

4.3.1 埋入式钢管混凝土柱柱脚的构造、埋置深度和混凝土强度应符合设计要求。

检查数量:全数检查。

检验方法:观察检查、尺量检查、检查混凝土试件强度报告。

4.3.2 端承式钢管混凝土柱柱脚的构造及连接锚固件的品种、规格、数量、位置应符合设计要求。柱脚螺栓连接与焊接的质量应符合设计要求和现行国家标准《钢结构工程施工质量验收规范》GB 50205 的有关规定。

检查数量：全数检查。

检验方法：观察检查，检查柱脚预埋钢板验收记录。

一 般 项 目

4.3.3 埋入式钢管混凝土柱柱脚有管内锚固钢筋时，其锚固筋的长度、弯钩应符合设计要求。

检查数量：全数检查。

检验方法：检查施工记录、隐蔽工程验收记录。

4.3.4 端承式钢管混凝土柱柱脚安装就位及锚固螺栓拧紧后，端板下应按设计要求及时进行灌浆。

检查数量：全数检查。

检验方法：观察检查，检查施工记录。

4.3.5 钢管混凝土柱柱脚安装允许偏差应符合表 4.3.5 的规定。

检查数量：同批构件抽查 10%，且不少于 3 处。

检验方法：尺量检查。

表 4.3.5 钢管混凝土柱柱脚安装允许偏差（mm）

项　　　　目		允许偏差
埋入式柱脚	柱轴线位移	5
	柱标高	±5.0
端承式柱脚	支承面标高	±3.0
	支承面水平度	L/1000，且不应大于 5.0
	地脚螺栓中心线偏移	4.0
	地脚螺栓之间中心距	±2.0
	地脚螺栓露出长度地脚螺栓	0，+30.0
	露出螺纹长度	0，+30.0

（3）验收说明

1）施工依据：参照《混凝土结构工程施工规范》GB 50666—2011、《钢结构工程施工规范》GB 50755—2012，相应的专业技术规范，施工工艺标准，并制订专项施工方案、技术交底资料。

2）验收依据：《钢管混凝土工程施工质量验收规范》GB 50628—2010，相应的现场质量验收检查原始记录。

3）注意事项：

① 主控项目的质量经抽样检验均应合格；

② 一般项目的质量经抽样检验合格。当采用计数抽样时，合格点率应符合有关专业验收规范的规定，且不得存在严重缺陷；

③ 具有完整的施工操作依据、质量验收记录；

④ 本检验批的主控项目、一般项目已列入推荐表中，有关具体内容及检查方法见一般规定及（2）条文摘录；

⑤ 黑体字的条文为强制性条文，必须严格执行，制订控制措施；

⑥ 本推荐表还可供钢管混凝土基础 01020503 检验批质量验收使用。

4. 钢管混凝土构件安装检验批质量验收记录

（1）推荐表格

钢管混凝土构件安装检验批质量验收记录

单位（子单位）工程名称			分部（子分部）工程名称		分项工程名称	
施工单位			项目负责人		检验批容量	
分包单位			分包单位项目负责人		检验批部位	
施工依据			验收依据	《钢管混凝土工程施工质量验收规范》GB 50628—2010		

验收项目				设计要求及规范规定	最小/实际抽样数量	检查记录	检查结果
主控项目	1	构件吊装与混凝土浇筑顺序		第 4.4.1 条	/		
	2	基座及下层管内混凝土强度		第 4.4.2 条			
	3	构件标点线、吊点、支撑点		第 4.4.3 条	/		
	4	构件就位后校正固定		第 4.4.4 条			
	5	焊接材料		第 4.4.5 条			
	6 第 4.4.6 条	单层钢管垂直度		$h/1000,10.0$			
		多层钢管整体垂直度		$H/2500,\leqslant30.0$			
一般项目 第 4.4.8 条 安装允许偏差（mm）	1	构件管内清理封口		第 4.4.7 条	/		
	2	单层	轴线偏移	5.0	/		
			单层构件弯曲矢高	$h/1500,\leqslant10.0$	/		
		多层及高层	上下连接错口	3.0			
			同一层构件顶高度差	5.0			
			结构总高度差	$\pm H/1000,\leqslant30.0$	/		

施工单位检查结果	专业工长： 项目专业质量检查员： 年 月 日
监理单位验收结论	专业监理工程师： 年 月 日

374

（2）验收内容及检查方法条文摘录

主 控 项 目

4.4.1　钢管混凝土构件吊装与混凝土浇筑顺序应符合设计和专项施工方案要求。

检查数量：全数检查。

检验方法：观察检查，检查施工记录。

4.4.2　钢管混凝土构件吊装前，基座混凝土强度应符合设计要求。多层结构上节钢管混凝土构件吊装应在下节钢管内混凝土达到设计要求后进行。

检查数量：全数检查。

检验方法：检查同条件养护试块报告。

4.4.3　钢管混凝土构件吊装前，钢管混凝土构件的中心线、标高基准点等标记应齐全；吊点与临时支撑点的设置应符合设计及专项施工方案要求。

检查数量：全数检查。

检验方法：观察检查。

4.4.4　钢管混凝土构件吊装就位后，应及时校正和固定牢固。

检查数量：全数检查。

检验方法：观察检查。

4.4.5　钢管混凝土构件焊接与紧固件连接的质量应符合设计要求和现行国家标准《钢结构工程施工质量验收规范》GB 50205 的有关规定。

检查数量：全数检查。

检验方法：尺量检查，检查高强度螺栓终拧扭矩记录、施工记录及焊缝检测报告。

4.4.6　钢管混凝土构件垂直度允许偏差应符合表 4.4.6 的规定。

检查数量：同批构件抽查 10%，且不少于 3 件。

表 4.4.6　钢管混凝土构件安装垂直度允许偏差（mm）

项　　目		允许偏差	检验方法
单纯	单层钢管混凝土构件的垂直度	$h/1000$，且不应大于 10.0	经纬仪、全站仪检查
多层及高层	主体结构钢管混凝土构件的整体垂直度	$H/2500$，且不应大于 30.0	经纬仪、全站仪检查

注：h 为单层钢管混凝土构件的高度，H 为多层及高层钢管混凝土构件全高。

一 般 项 目

4.4.7　钢管混凝土构件吊装前，应清除钢管内的杂物，钢管口应包封严密。

检查数量：全数检查。

检验方法：观察检查。

4.4.8　钢管混凝土构件安装允许偏差应符合表 4.4.8 的规定。

检查数量：同批构件抽查 10%，且不少于 3 件。

检验方法：见表 4.4.8。

表 4.4.8　钢管混凝土构件安装允许偏差（mm）

项　　目		允许偏差	检验方法
单层	柱脚底座中心线对定位轴线的偏移	5.0	吊线和尺量检查
	单层钢管混凝土构件弯曲矢高	$h/1500$，且不应大于 10.0	经纬仪、全站仪检查

项　　目		允许偏差	检验方法
多层及高层	上下构件连接处错口		尺量检查
	同一层构件各构件顶高度差	5.0	水准仪检查
	主体结构钢管混凝土构件高度差	$\pm H/1000$，且不应大于 30.0	水准仪和尺量检查

注：h 为单层钢管构件高度，H 为构件全高。

(3) 验收说明

1）施工依据：参照《混凝土结构工程施工规范》GB 50666—2011、《钢结构工程施工规范》GB 50755—2012，相应的专业技术规范，施工工艺标准，并制订专项施工方案、技术交底资料。

2）验收依据：《钢管混凝土工程施工质量验收规范》GB 50628—2010，相应的现场质量验收检查原始记录。

3）注意事项：

① 主控项目的质量经抽样检验均应合格；

② 一般项目的质量经抽样检验合格。当采用计数抽样时，合格点率应符合有关专业验收规范的规定，且不得存在严重缺陷；

③ 具有完整的施工操作依据、质量验收记录；

④ 本检验批的主控项目、一般项目已列入推荐表中，有关具体内容及检查方法见一般规定及（2）条文摘录；

⑤ 黑体字的条文为强制性条文，必须严格执行，制订控制措施；

⑥ 本推荐表还可供钢管混凝土基础 01020504 检验批质量验收使用。

5. 钢管混凝土柱与钢筋混凝土梁贯通型连接检验批质量验收记录

6. 钢管混凝土柱与钢筋混凝土梁非贯通型连接检验批质量验收记录

(1) 推荐表格

01020505 ____

01020506 ____

02040301 ____

钢管混凝土柱与钢筋混凝土梁贯通型非贯通型连接检验批质量验收记录 02040401 ____

单位（子单位）工程名称			分部（子分部）工程名称		分项工程名称		
施工单位			项目负责人		检验批容量		
分包单位			分包单位项目负责人		检验批部位		
施工依据			验收依据	《钢管混凝土工程施工质量验收规范》GB 50628—2010			
验收项目				设计要求及规范规定	最小/实际抽样数量	检查记录	检查结果
主控项目	1	柱梁连接点核心区构造		第 4.5.1 条	/		
	2	柱梁连接贯通型节点		第 4.5.2 条			
	3	主梁连接非贯通型节点		第 4.5.3 条	/		

验收项目			设计要求及规范规定	最小/实际抽样数量	检查记录	检查结果
一般项目	1	梁纵筋通过核心区要求	第4.5.4条	/		
	2	梁纵筋间距	第4.5.5条	/		
	3	允许偏差（mm）	梁柱中心线偏移5.0	5.0	/	
			梁标高±10.0	±10.0	/	

施工单位检查结果	专业工长： 项目专业质量检查员： 年 月 日
监理单位验收结论	专业监理工程师： 年 月 日

（2）验收内容及检查方法条文摘录

主控项目

4.5.1 钢管混凝土柱与钢筋混凝土梁连接节点核心区的构造及钢筋的规格、位置、数量应符合设计要求。

检查数量：全数检查。

检验方法：观察检查，检查施工记录和隐蔽工程验收记录。

4.5.2 钢管混凝土柱与钢筋混凝土梁采用钢管贯通型节点连接时，在核心区内的钢管外壁处理应符合设计要求，设计无要求时，钢管外壁应焊接不少于两道闭合的钢筋环箍，环箍钢筋直径、位置及焊接质量应符合专项施工方案要求。

检查数量：全数检查。

检验方法：观察检查，检查施工记录。

4.5.3 钢管混凝土柱与钢筋混凝土梁连接采用钢管柱非贯通型节点连接时，钢板翅片、厚壁连接钢管及加劲肋板的规格、数量、位置与焊接质量应符合设计要求。

检查数量：全数检查。

检验方法：观察检查、尽量检查和检查施工记录。

一般项目

4.5.4 梁纵向钢筋通过钢管混凝土柱核心区应符合下列规定：

1 梁的级向钢筋位置、间距应符合设计要求；

2 边跨梁的纵向钢筋的锚固长度应符合设计要求；

3 梁的纵向钢筋宜直接贯通核心区，且连接接头不宜设置在核心区。

检查数量：全数检查。

检验方法：观察检查、尺量检查和检查隐蔽工程验收记录。

4.5.5 通过梁柱节点核心区的梁纵向钢筋的净距不应小于40mm，且不小于混凝土骨料粒径的1.5倍。绕过钢管布置的纵向钢筋的弯折度应满足设计要求。

检查数量：全数检查。

检验方法：观察检查、尺量检查。

4.5.6 钢管混凝土柱与钢筋混凝土梁连接允许偏差应符合表4.5.6的规定。

检查数量：全数检查。

检验方法：见表4.5.6。

表 4.5.6 钢管混凝土柱与钢筋混凝土梁连接允许偏差（mm）

项目	允许偏差	检验方法
梁中心线对柱中心线偏移	5	经纬仪、吊线和尺量检查
梁标高	±10	水准仪、尺量检查

(3) 验收说明

1) 施工依据：参照《混凝土结构工程施工规范》GB 50666—2011、《钢结构工程施工规范》GB 50755—2012，相应的专业技术规范，施工工艺标准，并制订专项施工方案、技术交底资料。

2) 验收依据：《钢管混凝土工程施工质量验收规范》GB 50628—2010，相应的现场质量验收检查原始记录。

3) 注意事项：

① 主控项目的质量经抽样检验均应合格；

② 一般项目的质量经抽样检验合格。当采用计数抽样时，合格点率应符合有关专业验收规范的规定，且不得存在严重缺陷；

③ 有完整的施工操作依据、质量验收记录；

④ 本检验批的主控项目、一般项目已列入推荐表中，有关具体内容及检查方法见一般规定及（2）条文摘录；

⑤ 黑体字的条文为强制性条文，必须严格执行，制订控制措施；

⑥ 本推荐表还可供钢管混凝土基础 01020505 检验批质量验收使用。

7. 钢管内钢筋骨架检验批质量验收记录

(1) 推荐表格

01020507 ____

钢管内钢筋骨架检验批质量验收记录　　02040501 ____

单位（子单位）工程名称		分部（子分部）工程名称			分项工程名称		
施工单位		项目负责人			检验批容量		
分包单位		分包单位项目负责人			检验批部位		
施工依据		验收依据			《钢管混凝土工程施工质量验收规范》GB 50628—2010		
		验收项目		设计要求及规范规定	最小/实际抽样数量	检查记录	检查结果
主控项目	1	构件吊装与混凝土浇筑顺序		第4.6.1条	/		
	2	基座及下层管内混凝土强度		第4.6.2条			
	3	构件标点线、吊点、支撑点		第4.6.3条	/		
一般项目	1允许偏差（mm）第4.6.4条	骨架长度		±10.0	/		
		骨架截面圆形直径		±5.0	/		
		骨架截面矩形边长		±5.0	/		
		骨架安装中心位置		5.0	/		

	验收项目		设计要求及规范规定	最小/实际抽样数量	检查记录	检查结果
一般项目	1 允许偏差（mm）第4.6.4条	受力钢筋间距	±10.0	/		
		受力钢筋保护层厚度	±5.0	/		
		箍筋、横筋间距	±20.0	/		
		钢筋骨架与钢筋间距	+5.0，−10.0	/		
施工单位检查结果			专业工长： 项目专业质量检查员： 年　月　日			
监理单位验收结论			专业监理工程师： 年　月　日			

（2）验收内容及检查方法条文摘录

主 控 项 目

4.6.1　钢管内钢筋骨架的钢筋品种、规格、数量应符合设计要求。

检查数量：全数检查。

检验方法：观察检查、卡尺测量、检查产品出厂合格证和检查进场复测报告。

4.6.2　钢筋加工、钢筋骨架成形和安装质量应符合《混凝土结构工程施工质量验收规范》GB 50204 的规定。

检查数量：按每一工作班同一类加工形式的钢筋抽查不少于3件。

检验方法：观察检查、尺量检查。

4.6.3　受力钢筋的位置、锚固长度及与管壁之间的间距应符合设计要求。

检查数量：全数检查。

检验方法：观察检查、尺量检查。

一 般 项 目

4.6.4　钢筋骨架尺寸和安装允许偏差应符合表4.6.4的规定。

检查数量：同批构件抽查10%，且不少于3件。

检验方法：见表4.6.4。

表4.6.4　钢筋骨架尺寸和安装允许偏差（mm）

项次	检验项目			允许偏差	检验方法
1	钢筋骨架	长度		±10	尺量检查
		截面	圆形直径	±5	尺量检查
			矩形边长	±5	尺量检查
		钢筋骨架安装中心位置		5	尺量检查
2	受力钢筋	间距		±10	尺量检查，测量两端、中间各一点，取最大值
		保护层厚度		±5	尺量检查
3	箍筋、横筋间距			±20	尺量检查，连续三档，取最大值
4	钢筋骨架与钢管间距			+5，−10	尺量检查

（3）验收说明

1）施工依据：参照《混凝土结构工程施工规范》GB 50666—2011、《钢结构工程施工规范》GB 50755—2012，相应的专业技术规范，施工工艺标准，并制订专项施工方案、技术交底资料。

2）验收依据：《钢管混凝土工程施工质量验收规范》GB 50628—2010，相应的现场质量验收检查原始记录。

3）注意事项：

① 主控项目的质量经抽样检验均应合格；

② 一般项目的质量经抽样检验合格。当采用计数抽样时，合格点率应符合有关专业验收规范的规定，且不得存在严重缺陷；

③ 具有完整的施工操作依据、质量验收记录；

④ 本检验批的主控项目、一般项目已列入推荐表中，有关具体内容及检查方法见一般规定及（2）条文摘录；

⑤ 黑体字的条文为强制性条文，必须严格执行，制订控制措施；

⑥ 本推荐表还可供钢管混凝土基础 01020506 检验批质量验收使用。

8. 钢管内混凝土浇筑检验批质量验收记录

（1）推荐表格

01020508 ____

钢管内混凝土浇筑检验批质量验收记录

02040601 ____

单位(子单位)工程名称			分部(子分部)工程名称		分项工程名称		
施工单位			项目负责人		检验批容量		
分包单位			分包单位项目负责人		检验批部位		
施工依据				验收依据	《钢管混凝土工程施工质量验收规范》GB 50628—2010		
		验收项目	设计要求及规范规定	最小/实际抽样数量	检查记录	检查结果	
主控项目	1	管内混凝土强度	第4.7.1条	/			
	2	管内混凝土工作性能	第4.7.2条				
	3	混凝土浇筑初凝时间控制	第4.7.3条	/			
	4	浇筑密实度	第4.7.4条				
一般项目	1	管内施工缝留置	第4.7.5条	/			
	2	浇筑方法及开孔	第4.7.6条				
	3	管内清理	第4.7.7条	/			
	4	管内混凝土养护	第4.7.8条	/			
	5	孔的封堵及表面处理	第4.7.9条	/			
施工单位检查结果				专业工长： 项目专业质量检查员： 年 月 日			
监理单位验收结论				专业监理工程师： 年 月 日			

（2）验收内容及检查方法条文摘录

主 控 项 目

4.7.1 钢管内混凝土的强度等级应符合设计要求。

检查数量：全数检查。

检验方法：检查试件强度试验报告。

4.7.2 钢管内混凝土的工作性能和收缩性应符合设计要求和国家现行有关标准的规定。

检查数量：全数检查。

检验方法：检查施工记录。

4.7.3 钢管内混凝土运输、浇筑及间歇的全部时间不应超过混凝土的初凝时间，同一施工段钢管内混凝土应连续浇筑。当需要留置施工缝时应按专项施工方案留置。

检查数量：全数检查。

检验方法：观察检查、检查施工记录。

4.7.4 钢管内混凝土浇筑应密实。

检查数量：全数检查。

检验方法：检查钢管内混凝土浇筑工艺试验报告和混凝土浇筑施工记录。

一 般 项 目

4.7.5 钢管内混凝土施工缝的设置应符合设计要求，当设计无要求时，应在专项施工方案中作出规定，且钢管柱对接焊口的钢管应高出混凝土浇筑施工缝面 500mm 以上，以防钢管焊接时高温影响混凝土质量。施工缝处理应按专项施工方案进行。

检查数量：全数检查。

检验方法：观察检查、检查施工记录。

4.7.6 钢管内的混凝土浇筑方法及浇灌孔、顶升孔、排气孔的留置应符合专项施工方案要求。

检查数量：全数检查。

检验方法：观察检查、检查施工记录。

4.7.7 钢管内混凝土浇筑前，应对钢管安装质量检查确认，并应清理钢管内壁污物；混凝土浇筑后应对管口进行临时封闭。

检查数量：全数检查。

检验方法：观察检查、检查施工记录。

4.7.8 钢管内混凝土灌筑后的养护方法和养护时间应符合专项施工方案要求。

检查数量：全数检查。

检验方法：检查施工记录。

4.7.9 钢管内混凝土浇筑后，浇灌孔、顶升孔、排气孔应按设计要求封堵，表面应平整，并进行表面清理和防腐处理。

检查数量：全数检查。

检验方法：观察检查。

（3）验收说明

1）施工依据：参照《混凝土结构工程施工规范》GB 50666—2011、《钢结构工程施

《工规范》GB 50755—2012，相应的专业技术规范，施工工艺标准，并制订专项施工方案、技术交底资料。

2）验收依据：《钢管混凝土工程施工质量验收规范》GB 50628—2010，相应的现场质量验收检查原始记录。

3）注意事项：

① 主控项目的质量经抽样检验均应合格；

② 一般项目的质量经抽样检验合格。当采用计数抽样时，合格点率应符合有关专业验收规范的规定，且不得存在严重缺陷；

③ 具有完整的施工操作依据、质量验收记录；

④ 本检验批的主控项目、一般项目已列入推荐表中，有关具体内容及检查方法见一般规定及（2）条文摘录；

⑤ 黑体字的条文为强制性条文，必须严格执行，制订控制措施；

⑥ 本推荐表还可供钢管混凝土基础 01020507 检验批质量验收使用。

第六节　型钢混凝土结构子分部工程检验批质量验收记录
（各检验批暂无表格）

第七节　铝合金结构子分部工程检验批质量验收记录

一、铝合金结构工程质量验收的基本规定

1. 铝合金结构工程质量验收基本规定《铝合金结构工程施工质量验收规范》（GB 50576—2010）

3.0.1　铝合金结构工程施工前，应根据设计文件、施工详图的要求以及制作单位或施工现场的条件，编制制作安装工艺或施工方案。

3.0.2　铝合金结构工程施工质量的验收，必须采用经计量检定、校准合格的计量器具。

3.0.3　铝合金结构工程应按下列规定进行施工质量控制：

1　采用的原材料及成品应进场验收。凡涉及安全、功能的原材料及成品应按本规范进行复验，并应经监理工程师（建设单位技术负责人）见证取样、送样；

2　各工序应按施工技术标准进行质量控制，每道工序完成后，应进行检查；

3　相关各专业工种之间，应进行交接检验，并经监理工程师（建设单位技术负责人）检查认可。

3.0.4　铝合金结构工程施工质量验收应在施工单位自检基础上，按检验批、分项工程、分部（子分部）工程进行。铝合金结构分部（子分部）工程中分项工程划分宜按现行国家标准《建筑工程施工质量验收统一标准》GB 50300 的有关规定执行。铝合金结构分项工程应由一个或若干个检验批组成，各分项工程检验批应按本规范的规定进行划分。

3.0.5　分项工程检验批合格质量标准应符合下列规定：

1 主控项目必须符合本规范合格质量标准的要求；

2 一般项目其检验结果应有80%及以上的检查点（值）符合本规范合格质量标准的要求，且最大值不应超过其允许偏差值的1.2倍；

3 质量检查记录、质量证明文件等资料应完整。

3.0.6 分项工程合格质量标准应符合下列规定：

1 分项工程所含的各检验批均应符合本规范合格质量标准；

2 分项工程所含的各检验批质量验收记录应完整。

2. 铝合金结构分部（子分部）工程竣工验收

15.0.1 铝合金结构作为主体结构之一应按子分部工程竣工验收；当主体结构均为铝合金结构时应按分部工程竣工验收。

15.0.2 铝合金结构分部（子分部）工程有关安全及功能的检验和见证检测项目应符合本规范附录F的规定，检验应在其分项工程验收合格后进行。

15.0.3 铝合金结构分部（子分部）工程有关观感质量检验应按本规范附录G执行。

15.0.4 铝合金结构分部（子分部）工程合格质量标准应符合下列规定：

1 各分项工程质量均应符合合格质量标准；

2 质量控制资料和文件应完整；

3 有关安全及功能的检验和见证检测结果应符合本规范相应合格质量标准的要求；

4 有关观感质量应符合本规范相应合格质量标准的要求。

15.0.5 铝合金结构工程竣工验收时，应提供下列文件和记录：

1 铝合金结构工程竣工图纸及相关设计文件；

2 施工现场质量管理检查记录；

3 有关安全及功能的检验和见证检测项目检查记录；

4 有关观感质量检验项目检查记录；

5 分部工程所含各分项工程质量验收记录；

6 分项工程所含各检验批质量验收记录；

7 强制性条文检验项目检查记录及证明文件；

8 隐蔽工程检验项目检查验收记录；

9 原材料、成品质量合格证明文件、标识及性能检测报告；

10 不合格项的处理记录及验收记录；

11 重大质量、技术问题实施方案及验收记录；

12 其他有关文件和记录。

15.0.6 铝合金结构工程质量验收记录应符合下列规定：

1 施工现场质量管理检查记录可按现行国家标准《建筑工程施工质量验收统一标准》GB 50300的有关规定执行。

2 分项工程检验批验收记录可按本规范表H.0.1～表H.0.10进行。

3 分项工程验收记录可按现行国家标准《建筑工程施工质量验收统一标准》GB 50300的有关规定执行。

4 分部（子分部）工程验收记录可按现行国家标准《建筑工程施工质量验收统一标

准》GB 50300 的有关规定执行。

15.0.7 当铝合金结构工程施工质量不符合本规范要求时，应按下列规定进行处理：

1 经返工重做或更换构（配）件的检验批，应重新进行验收；

2 经有资质的检测单位检测鉴定能够达到设计要求的检验批，应予以验收；

3 经有资质的检测单位检测鉴定达不到设计要求，但经原设计单位核算认可能够满足结构安全和使用功能的检验批，应予以验收；

4 经返修或加固处理的分项、分部工程，虽然改变外形尺寸但仍能满足安全使用要求时，应按处理技术方案和协商文件进行验收。

15.0.8 通过返修或加固处理仍不能满足安全使用要求的铝合金结构分部（子分部）工程，严禁验收。

表 F　铝合金结构分部（子分部）工程有关安全及功能的检验和见证检测项目

项次	项目	抽检数量及检验方法	合格质量标准
1	见证取样送样试验项目 铝材及焊接材料复验 高强度螺栓预拉力、扭矩系数复验 摩擦面抗滑移系数复验	本规范第 4.2.2 条 本规范第 4.4.1 条 本规范第 6.3.1 条	—
2	焊缝质量 内部缺陷 外观缺陷 焊缝尺寸	全数检查	—
3	高强度螺栓施工质量 终拧扭矩 梅花头检查 网架螺栓球节点	随机抽查 3 个轴线间压型金属板表面	本规范第 6.3.3 条的要求
4	柱脚及网架支座 锚栓紧固 垫板、垫块 二次灌浆	按柱脚及网架支座数随机抽检 10%，且不应少于 3 个，采用观察和尺量等方法进行检验	符合设计要求和本规范的规定
5	主要构件变形 铝合金桁架、铝合金梁等垂直度和侧向弯曲 铝合金柱垂直度	随机抽查	连接牢固，无明显外观缺陷

表 G　铝合金结构分部（子分部）工程观感质量检查项目

项次	项目	抽检数量	合格质量标准
1	铝合金构件涂层表面	随机抽查 3 个轴线结构构件	本规范第 4.2.5 和 12.2.2 条的要求
2	铝合金面板表面	随机抽查 3 个轴线间压型板表面	本规范第 12.3.8 条的要求
3	铝合金平台、铝合金梯、铝合金栏杆	随机抽查 10%	连接牢固，无明显外观缺陷

二、铝合金结构子分部检验批质量验收记录

1. 铝合金焊接材料检验批质量验收记录

（1）推荐表格

铝合金焊接材料检验批质量验收记录

02060101 ___

单位(子单位) 工程名称			分部(子分部) 工程名称			分项工程名称	
施工单位			项目负责人			检验批容量	
分包单位			分包单位项 目负责人			检验批部位	
施工依据				验收依据	《铝合金结构工程施工质量验收规范》 GB 50576—2010		
验收项目			设计要求及 规范规定	最小/实际 抽样数量	检查记录		检查结果
主控 项目	1	焊接材料的品种、规格、性能	第4.3.1条	/			
	2	重要铝合金结构采用焊接 材料进行抽样复验	第4.3.2条	/			
一般 项目	1	焊条外观不应有药皮脱落、焊芯 生锈等缺陷,焊剂不应受潮结块	第4.3.3条	/			
施工单位 检查结果			专业工长: 项目专业质量检查员: 年 月 日				
监理单位 验收结论			专业监理工程师: 年 月 日				

（2）验收内容及检查方法条文摘录

一般规定

4.1.1 本章适用于进入铝合金结构各分项工程实施现场的主要材料、零（部）件、标准件等产品的进场验收。

4.1.2 进场验收的检验批应与各分项工程检验批一致，也可根据进料实际情况划分检验批。

主控项目

4.3.1 焊接材料的品种、规格、性能等应符合国家现行有关产品标准和设计要求。

检查数量：全数检查。

检验方法：检查焊接材料的质量合格证明文件、标识及检验报告等。

4.3.2 重要铝合金结构采用的焊接材料应进行抽样复验，复验结果应符合国家现行有关产品标准和设计要求。

检查数量：全数检查。

检验方法：检查复验报告。

一般项目

4.3.3 焊条外观不应有药皮脱落、焊芯生锈等缺陷，焊剂不应受潮结块。

检查数量：按量抽查不少于1％，且不应少于10包。

检验方法：观察检查。

（3）验收说明

1）施工依据：《铝合金结构工程施工规范》JGJ/T 216—2010，相应的专业技术规范，施工工艺标准，并制订专项施工方案、技术交底资料。

2）验收依据：《铝合金结构工程施工质量验收规范》GB 50576—2010，相应的现场质量验收检查原始记录。

3）注意事项：

① 主控项目的质量经抽样检验均应合格；

② 一般项目的质量经抽样检验合格。当采用计数抽样时，合格点率应符合有关专业验收规范的规定，且不得存在严重缺陷；

③ 具有完整的施工操作依据、质量验收记录；

④ 本检验批的主控项目、一般项目已列入推荐表中，有关具体内容及检查方法见（2）条文摘录。

2. 铝合金构件焊接检验批质量验收记录

（1）推荐表格

铝合金构件焊接检验批质量验收记录　　　02060102____

单位（子单位）工程名称			分部（子分部）工程名称			分项工程名称		
施工单位			项目负责人			检验批容量		
分包单位			分包单位项目负责人			检验批部位		
施工依据				验收依据		《铝合金结构工程施工质量验收规范》GB 50576—2010		
		验收项目		设计要求及规范规定	最小/实际抽样数量	检查记录	检查结果	
主控项目	1	焊材品种、规格、性能		第4.3.1条	/			
	2	重要结构焊材应复试		第4.3.2条	/			
	3	焊条、焊丝、焊剂等焊接材料与母材的匹配，焊条、焊剂、药芯焊丝等在使用前烘焙和存放		第5.2.1条	/			
	4	焊工必须经考试合格并取得合格证书		第5.2.2条	/			
	5	施工单位对首次采用的铝合金材料、焊接材料、焊接方法等进行焊接工艺评定		第5.2.3条	/			
	6	设计要求全焊透的对接焊缝，其内部缺陷检验		第5.2.4条	/			
	7	角焊缝焊脚高度、T形接头、十字接头、角接接头焊脚尺寸		第5.2.5条	/			
	8	焊缝表面质量		第5.2.6条	/			

		验收项目		设计要求及规范规定	最小/实际抽样数量	检查记录	检查结果
一般项目	1	焊条、焊芯、焊剂外观质量		第4.3.3条	/		
	2	对于需要进行焊前预热或焊后热处理的焊缝,其预热温度或后热温度		第5.2.7条	/		
	3	焊缝外观质量(A.0.1的规定)		第5.2.8条	/		
	4	焊缝尺寸允许偏差	对接焊缝余高 C(t 为母材厚度)	$t \leqslant 10mm$ 时,$\leqslant 3.0mm$,$t > 10mm$ 时,$\leqslant t/3$,且$\leqslant 5mm$	/		
			角焊缝余高 C	$h_t \leqslant 6$ 时,$\leqslant 1.5mm$ $h_t > 6$ 时,$\leqslant 3.0mm$	/		
			表面凹陷 d	除仰焊位置单面焊焊缝内表面深度 $d \leqslant 0.2t$,且$\leqslant 2mm$ 其他所有位置的焊缝表面应不低于基本金属	/		
			错边量 d	母材 $t \leqslant 5mm$ 时,$\leqslant 0.5mm$ 母材 $t > 5mm$ 时,$\leqslant 0.1t$ 且$\leqslant 2mm$	/		
	5	焊成凹形的焊缝,焊缝金属与母材间应平缓过渡		第5.2.10条	/		
	6	焊缝感观质量		第5.2.11条	/		
施工单位检查结果			专业工长: 项目专业质量检查员: 年 月 日				
监理单位验收结论			专业监理工程师: 年 月 日				

(2) 验收内容及检查方法条文摘录

一 般 规 定

5.1.1 本章适用于铝合金结构制作和安装中的铝合金构件焊接的工程质量验收。

5.1.2 铝合金结构焊接工程应按相应的铝合金结构制作或安装工程检验批的划分原则划分为一个或若干个检验批。

5.1.3 对于需要进行焊缝探伤检验的铝合金结构,宜在完成焊接24h后,进行焊缝探伤检验。

5.1.4 焊缝施焊后应在工艺规定的焊缝及部位打上焊工钢印。

主 控 项 目

4.3.1 焊接材料的品种、规格、性能等应符合国家现行有关产品标准和设计要求。

检查数量：全数检查。

检验方法：检查焊接材料的质量合格证明文件、标识及检验报告等。

4.3.2 重要铝合金结构采用的焊接材料应进行抽样复验，复验结果应符合国家现行有关产品标准和设计要求。

检查数量：全数检查。

检验方法：检查复验报告。

5.2.1 焊条、焊丝、焊剂等焊接材料与母材的匹配应符合设计要求及现行国家标准《铝及铝合金焊条》GB/T 3669 和《铝及铝合金焊丝》GB/T 10858 的有关规定。焊条、焊剂、药芯焊丝等在使用前，应按其产品说明书及焊接工艺文件的规定进行烘焙和存放。

检查数量：全数检查。

检验方法：检查质量证明书和烘焙记录。

5.2.2 焊工必须经考试合格并取得合格证书。

检查数量：全数检查。

检验方法：检查焊工合格证及有效期。

5.2.3 施工单位对首次采用的铝合金材料、焊接材料、焊接方法等，应进行焊接工艺评定，根据评定报告确定焊接工艺，并编制焊接作业指导书。

检查数量：全数检查。

检验方法：检查焊接工艺评定报告及焊接作业指导书。

5.2.4 设计要求全焊透的对接焊缝，其内部缺陷检验应符合下列要求：

1 设计明确要求做内部缺陷探伤检验的部位，应采用超声波探伤进行检验，超声波探伤不能对缺陷进行判断时，应采用射线探伤，其内部缺陷分级及探伤方法应符合现行国家标准《现场设备、工业管道焊接施工及验收规范》GB 50236 和《金属熔化焊焊接接头射线照相》GB/T 3323 的有关规定。

2 设计无明确要求做内部缺陷探伤检验的部位，可不进行无损检测。

检查数量：全数检查。

检验方法：检查超声波或射线探伤记录。

5.2.5 角焊缝的焊角高度应等于或大于两焊件中较薄焊件母材厚度的70%，且不应小于3mm。T形接头、十字接头、角接接头等要求熔透的对接和角对接组合焊缝，其焊脚尺寸不应小于板厚度的1/4（图5.2.5）。

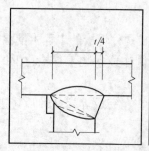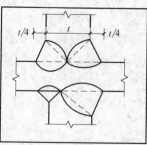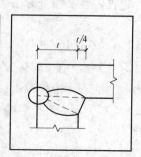

图 5.2.5 焊脚尺寸

注：t—板的厚度

检查数量：资料全数检查；同类焊缝抽查 10%，且不应少于 3 条。

检验方法：观察检查，用焊缝量规抽查测量

5.2.6 焊缝应与母材表面圆滑过渡，其表面不得有裂纹、焊瘤、弧坑裂纹、电弧擦伤等缺陷。

检查数量：每批同类构件抽查 10%，且不应少于 3 件；被抽查构件中，每一类型焊缝按条数抽查 5%，且不应少于 1 条；每条检查 1 处，总抽查数不应少于 10 处。

检验方法：观察检查或使用放大镜、焊缝量规和钢尺检查，当存在疑义时，采用渗透探伤检查。

一 般 项 目

4.3.3 焊条外观不应有药皮脱落、焊芯生锈等缺陷，焊剂不应受潮结块。

检查数量：按量抽查不少于 1%，且不应少于 10 包。

检验方法：观察检查。

5.2.7 对于需要进行焊前预热或焊后热处理的焊缝，其预热温度或后热温度应符合国家现行有关标准的规定或通过工艺试验确定。

检查数量：全数检查。

检验方法：检查预、后热施工记录和工艺实验报告。

5.2.8 铝合金焊缝外观质量标准应符合本规范表 A.0.1 的规定。

检查数量：每批同类构件抽查 10%，且不应少于 3 件；被抽查构件中，每一类焊缝按条数抽查 5%，且不应少于 1 条；每条检查 1 处，总抽查数不应少于 10 处。

检验方法：观察检查或使用放大镜、焊缝量规和钢尺检查。

5.2.9 焊缝尺寸允许偏差应符合本规范表 A.0.2 的规定。

检查数量：每批同类构件抽查 10%，且不应少于 3 件；被抽查构件中，每一类焊缝按条数抽查 5%，但不应少于 1 条；每条检查 1 处，总抽查数不应少于 10 处。

检验方法：用焊缝量规检查。

5.2.10 焊成凹形的焊缝，焊缝金属与母材间应平缓过渡。

检查数量：每批同类构件抽查 10%，且不应少于 3 件。

检验方法：观察检查。

5.2.11 焊缝感观应符合下列规定：

1 外形均匀、成型较好；

2 焊道与焊缝、焊道与基本金属间过渡较平滑；

3 焊渣和飞溅物基本清除干净。

检查数量：每批同类构件抽查 10%，且不应少于 3 件；被抽查构件中，每一类焊缝数量各抽查 5%，总抽查处不应少于 5 处。

检验方法：观察检查。

表 A.0.1 焊缝外观质量标准应符合表 A.0.1 的规定。

表 A.0.1 焊缝外观质量标准

项目	允许偏差
未焊满(指不足设计要求)	$\leqslant 0.2 + 0.02t$，且$\leqslant 1.0mm$，每 100mm 焊缝内缺陷总长$\leqslant 25mm$

项目	允许偏差
根部收缩	≤0.2+0.02t，且≤1.0mm
咬边深度	母材 t≤10mm 时，≤0.5mm；母材 t>10mm 时，≤0.8mm。连续长度≤100mm
焊缝两侧咬边总长度	板材不得超过焊缝总长度的 10%；管材不得超过焊缝总长度的 20%
裂纹	不允许
弧坑裂纹	不允许
电弧擦伤	不允许
焊缝接头不良	缺口深度≤0.05t，且≤0.5mm，每 100mm 焊缝不应超过 1 处
焊瘤	不允许
未焊透	不加衬垫单面焊容许值≤0.15t，且≤1.5mm，每 100mm 焊缝内缺陷总长≤25mm
表面夹渣	不允许
表面气孔	不允许

表 A.0.2 焊缝尺寸允许偏差应符合表 A.0.2 的规定。

表 A.0.2 焊缝尺寸允许偏差

序号	项目	图例	允许偏差
1	对接焊缝余高 C		母材 t≤10mm 时，≤3.0mm；母材 t>10mm 时，≤t/3 且≤5mm
2	角焊缝余高 C		h_t≤6 时，≤1.5mm h_t>6 时，≤3.0mm
3	表面凹陷 d		除仰焊位置单面焊焊缝内表面深度 d≤0.2t，且≤2mm 其他所有位置的焊缝表面应不低于基本金属
4	错边量 d		母材 t≤5mm 时，≤0.5mm 母材 t>5mm 时，≤0.1t 且≤2mm

注：1 h_f>8.0mm 的角焊缝其局部焊脚尺寸允许低于设计要求值 1.0mm，但总长度不得超过焊缝长度 10%。
2 表中数值均为正值。

1) 施工依据：《铝合金结构工程施工规范》JGJ/T 216—2010，相应的专业技术规范，施工工艺标准，并制订专项施工方案、技术交底资料。

2) 验收依据：《铝合金结构工程施工质量验收规范》GB 50576—2010，相应的现场质量验收检查原始记录。

3) 注意事项：

① 主控项目的质量经抽样检验均应合格；

② 一般项目的质量经抽样检验合格。当采用计数抽样时，合格点率应符合有关专业验收规范的规定，且不得存在严重缺陷；

③ 具有完整的施工操作依据、质量验收记录；

④ 本检验批的主控项目、一般项目已列入推荐表中，有关具体内容及检查方法见一般规定及（2）条文摘录。

3. 标准紧固件检验批质量验收记录

（1）推荐表格

标准紧固件检验批质量验收记录　　　　　　02060201 ___

单位(子单位)工程名称			分部(子分部)工程名称		分项工程名称	
施工单位			项目负责人		检验批容量	
分包单位			分包单位项目负责人		检验批部位	
施工依据				验收依据	《铝合金结构工程施工质量验收规范》GB 50576—2010	
		验收项目	设计要求及规范规定	最小/实际抽样数量	检查记录	检查结果
主控项目	1	标准紧固件品种、规格、性能	第4.4.1条	/		
	2	高强度大六角头螺栓连接副应检验扭矩系数	第4.4.2条	/		
	3	扭剪型高强度连接副检验预拉力	第4.4.3条	/		
一般项目	1	高强度螺栓连接副包装和外观质量	第4.4.4条	/		
	2	螺栓球节点铝合金网架结构，其连接高强度螺栓外观质量和表面硬度试验	第4.4.5条	/		
施工单位检查结果		专业工长： 项目专业质量检查员： 　　　　　　年　月　日				
监理单位验收结论		专业监理工程师： 　　　　　　年　月　日				

(2) 验收内容及检查方法条文摘录

一 般 规 定

4.1.1　本章适用于进入铝合金结构各分项工程实施现场的主要材料、零（部）件、标准件等产品的进场验收。

4.1.2　进场验收的检验批应与各分项工程检验批一致，也可根据进料实际情况划分检验批。

主 控 项 目

4.4.1　铝合金结构连接用高强度大六角头螺栓连接副、扭剪型高强度螺栓连接副、高强度螺栓、普通螺栓、铆钉、自攻螺钉、拉铆钉、锚栓（机械型和化学试剂型）、地脚锚栓等紧固标准件及螺母、垫圈等标准配件，其品种、规格、性能等应符合国家现行有关产品标准和设计要求。高强度大六角头螺栓连接副、扭剪型高强度螺栓连接副出厂时应分别随箱带有扭矩系数和紧固轴力（预拉力）的检验报告。

检查数量：全数检查。

检验方法：检查产品的质量合格证明文件、标识及检验报告等。

4.4.2　高强度大六角头螺栓连接副应按本规范附录B的规定检验其扭矩系数，其检验结果应符合本规范附录B的规定。

检查数量：见本规范附录B。

检验方法：检查复验报告。

4.4.3　扭剪型高强度螺栓连接副应按本规范附录B的规定检验预拉力，其检验结果应符合本规范附录B的规定。

检查数量：见本规范附录B。

检验方法：检查复验报告。

一 般 项 目

4.4.4　高强度螺栓连接副，应按包装箱配套供货，包装箱上应标明批号、规格、数量及生产日期。螺栓、螺母、垫圈外观表面应涂油保护，不应出现生锈和沾染赃物，螺纹不应有损伤。

检查数量：按包装箱数抽查5％，且不应少于3箱。

检验方法：观察检查。

4.4.5　对建筑结构安全等级为一级，跨度40m及以上的螺栓球节点铝合金网架结构，其连接高强度螺栓不得有裂缝或损伤，并应进行表面硬度试验，8.8级的高强度螺栓的硬度应为HRC21～HRC29；10.9级高强度螺栓的硬度应HRC32～HRC36。

检查数量：按规格抽查8只。

检验方法：硬度计、10倍放大镜或磁粉探伤。

(3) 验收说明

1) 施工依据：《铝合金结构工程施工规范》JGJ/T 216—2010，相应的专业技术规范，施工工艺标准，并制订专项施工方案、技术交底资料。

2) 验收依据：《铝合金结构工程施工质量验收规范》GB 50576—2010，相应的现场质量验收检查原始记录。

3) 注意事项：

① 主控项目的质量经抽样检验均应合格；

② 一般项目的质量经抽样检验合格。当采用计数抽样时，合格点率应符合有关专业验收规范的规定，且不得存在严重缺陷；

③ 具有完整的施工操作依据、质量验收记录；

④ 本检验批的主控项目、一般项目已列入推荐表中，有关具体内容及检查方法见一般规定及（2）条文摘录。

4. 普通紧固件连接检验批质量验收记录

（1）推荐表格

普通紧固件连接检验批质量验收记录 02060202 ____

单位(子单位)工程名称			分部(子分部)工程名称		分项工程名称	
施工单位			项目负责人		检验批容量	
分包单位			分包单位项目负责人		检验批部位	
施工依据				验收依据	《铝合金结构工程施工质量验收规范》GB 50576—2010	
验收项目			设计要求及规范规定	最小/实际抽样数量	检查记录	检查结果
主控项目	1	材料、品种、规格、性能	第4.4.1条	/		
	2	普通螺栓实物最小拉力载荷复验	第6.2.1条	/		
	3	连接铝合金薄板采用的自攻螺钉、铆钉、拉铆钉规格尺寸及其间距、边距、材料、配件相匹配	第6.2.2条	/		
一般项目	1	永久性普通螺栓紧固质量	第6.2.3条	/		
	2	自攻螺钉、铆钉、拉铆钉等与连接铝合金板紧固，外观排列整齐。	第6.2.4条	/		
施工单位检查结果			专业工长：项目专业质量检查员： 年 月 日			
监理单位验收结论			专业监理工程师： 年 月 日			

（2）验收内容及检查方法条文摘录

一 般 规 定

6.1.1 本章适用于铝合金结构制作和安装中的普通螺栓、扭剪型高强度螺栓、高强度大六角头螺栓、铆钉、自攻螺钉、拉铆钉等连接工程的质量验收。

6.1.2 紧固连接工程应按相应的铝合金结构制作或安装检验批的划分原则划分为一个或若干个检验批。

主 控 项 目

4.4.1 铝合金结构连接用高强度大六角头螺栓连接副、扭剪型高强度螺栓连接副、高强度螺栓、普通螺栓、铆钉、自攻螺钉、拉铆钉、锚栓（机械型和化学试剂型）、地脚锚栓等紧固标准件及螺母、垫圈等标准配件，其品种、规格、性能等应符合国家现行有关产品标准和设计要求。高强度大六角头螺栓连接副、扭剪型高强度螺栓连接副出厂时应分别随箱带有扭矩系数和紧固轴力（预拉力）的检验报告。

检查数量：全数检查。

检验方法：检查产品的质量合格证明文件、标识及检验报告等。

6.2.1 普通螺栓作为永久性连接螺栓时，当设计有要求或对其质量有疑义时，应进行螺栓实物最小拉力载荷复验，试验方法应符合本规范附录 B 的规定，试验结果应符合现行国家标准《紧固件机械性能》GB/T 3098 的有关规定。

检查数量：每一规格螺栓抽查 8 个。

检验方法：检查螺栓实物复验报告。

6.2.2 连接铝合金薄板采用的自攻螺钉、铆钉、拉铆钉等其规格尺寸应与被连接铝合金板相匹配，其间距、边距等应符合设计要求。

检查数量：按连接节点数抽查 3％，且不应少于 5 个。

检验方法：观察和尺量检查。

一 般 项 目

6.2.3 永久性普通螺栓紧固应牢固、可靠，外露丝扣不应少于 2 扣。

检查数量：按连接节点数抽查 3％，且不应少于 5 个。

检验方法：观察和用小锤敲击检查。

6.2.4 自攻螺钉、铆钉、拉铆钉等与连接铝合金板应紧固密贴，外观排列应整齐。

检查数量：按连接节点数抽查 10％，且不应少于 3 个。

检验方法：观察或用小锤敲击检查。

(3) 验收说明

1) 施工依据：《铝合金结构工程施工规范》JGJ/T 216—2010，相应的专业技术规范，施工工艺标准，并制订专项施工方案、技术交底资料。

2) 验收依据：《铝合金结构工程施工质量验收规范》GB 50576—2010，相应的现场质量验收检查原始记录。

3) 注意事项：

① 主控项目的质量经抽样检验均应合格；

② 一般项目的质量经抽样检验合格。当采用计数抽样时，合格点率应符合有关专业验收规范的规定，且不得存在严重缺陷；

③ 具有完整的施工操作依据、质量验收记录；

④ 本检验批的主控项目、一般项目已列入推荐表中，有关具体内容及检查方法见一般规定及（2）条文摘录。

5. 高强度螺栓连接检验批质量验收记录

（1）推荐表格

高强度螺栓连接检验批质量验收记录

02060203____

单位(子单位) 工程名称			分部(子分部) 工程名称		分项工程名称	
施工单位			项目负责人		检验批容量	
分包单位			分包单位项 目负责人		检验批部位	
施工依据				验收依据	《铝合金结构工程施工质量验收规范》 GB 50576—2010	

		验收项目	设计要求及 规范规定	最小/实际 抽样数量	检查记录	检查结果
主控 项目	1	材料、品种、规格、性能	第4.4.1条	/		
	2	大六角螺栓拧矩系数检验	第4.4.2条	/		
	3	扭剪型螺栓预拉力检验	第4.4.3条	/		
	4	高强度螺栓连接摩擦面的抗滑移系数试验和复验、现场处理的构件摩擦面应单独进行摩擦面抗滑移系数试验	第6.3.1条	/		
	5	高强度大六角头螺栓连接副终拧矩检查	第6.3.2条	/		
	6	扭剪型高强度螺栓连接副，未在终拧中拧掉梅花头螺栓数，且进行终拧扭矩检查	第6.3.3条	/		
一般 项目	1	材料进场检查	第4.4.4条	/		
	2	螺栓球裂缝表面硬度测验	第4.4.5条	/		
	3	高强度螺栓连接副的施拧顺序和初拧、复拧扭矩	第6.3.4条	/		
	4	高强度螺栓连接副终拧后，螺栓丝扣外露规定	第6.3.5条	/		
	5	高强度螺栓连接摩擦面表面质量	第6.3.6条	/		
	6	螺栓扩孔的要求	第6.3.7条	/		
施工单位 检查结果		专业工长： 项目专业质量检查员： 年　月　日				
监理单位 验收结论		专业监理工程师： 年　月　日				

（2）验收内容及检查方法条文摘录

一 般 规 定

6.1.1 本章适用于铝合金结构制作和安装中的普通螺栓、扭剪型高强度螺栓、高强度大六角头螺栓、铆钉、自攻螺钉、拉铆钉等连接工程的质量验收。

6.1.2 紧固连接工程应按相应的铝合金结构制作或安装检验批的划分原则划分为一个或若干个检验批。

4.1.1 本章适用于进入铝合金结构各分项工程实施现场的主要材料、零（部）件、成品件、标准件等产品的进场验收。

4.1.2 进场验收的检验批应与各分项工程检验批一致，也可根据进料实际情况划分检验批。

主 控 项 目

4.4.1 铝合金结构连接用高强度大六角头螺栓连接副、扭剪型高强度螺栓连接副、高强度螺栓、普通螺栓、铆钉、自攻螺钉、拉铆钉、锚栓（机械型和化学试剂型）、地脚锚栓等紧固标准件及螺母、垫圈等标准配件，其品种、规格、性能等应符合国家现行有关产品标准和设计要求。高强度大六角头螺栓连接副、扭剪型高强度螺栓连接副出厂时应分别随箱带有扭矩系数和紧固轴力（预拉力）的检验报告。

检查数量：全数检查。

检验方法：检查产品的质量合格证明文件、标识及检验报告等。

4.4.2 高强度大六角头螺栓连接副应按本规范附录 B 的规定检验其扭矩系数，其检验结果应符合本规范附录 B 的规定。

检查数量：见本规范附录 B。

检验方法：检查复验报告。

4.4.3 扭剪型高强度螺栓连接副应按本规范附录 B 的规定检验预拉力，其检验结果应符合本规范附录 B 的规定。

检查数量：见本规范附录 B。

检验方法：检查复验报告。

6.3.1 铝合金结构制作和安装单位应按本规范附录 B 的规定分别进行高强度螺栓连接摩擦面的抗滑移系数试验和复验，现场处理的构件摩擦面应单独进行摩擦面抗滑移系数试验，试验结果应符合设计要求。

检查数量：见本规范附录 B。

检验方法：检查摩擦面抗滑移系数试验报告和复验报告。

6.3.2 高强度大六角头螺栓连接副终拧完成后、48h 内应进行终拧矩检查，检查结果应符合本规范附录 B 的规定。

检查数量：按节点数抽查 10%，且不应少于 10 个；每个被抽查节点按螺栓数抽查 10%，且不应少于 2 个。

检验方法：见本规范附录 B。

6.3.3 扭剪型高强度螺栓连接副终拧后，除因构造原因无法使用专用扳手终拧掉梅花头者外，未在终拧中拧掉梅花头的螺栓数不应大于该节点螺栓数的 5%。对所有梅花头未拧掉的扭剪型高强度螺栓连接副应采用扭矩法或转角法进行终拧并作标记，且按本规范第 6.3.2 条的规定进行终拧扭矩检查。

检查数量：按节点数抽查 10%，且不应少于 10 个节点；被抽检节点中梅花头未拧掉的扭剪型高强螺栓连接副全数进行终拧扭矩检查。

检验方法：观察检查及本规范附录 B。

一 般 项 目

4.4.4 高强度螺栓连接副，应按包装箱配套供货，包装箱上应标明批号、规格、数量及生产日期。螺栓、螺母、垫圈外观表面应涂油保护，不应出现生锈和沾染脏物，螺纹不应有损伤。

检查数量：按包装箱数抽查 5%，且不应少于 3 箱。

检验方法：观察检查。

4.4.5 对建筑结构安全等级为一级，跨度 40m 及以上的螺栓球节点铝合金网架结构，其连接高强度螺栓不得有裂缝或损伤，并应进行表面硬度试验，8.8 级的高强度螺栓的硬度应为 HRC21～HRC29；10.9 级高强度螺栓的硬度应 HRC32～HRC36。

检查数量：按规格抽查 8 只。

检验方法：硬度计、10 倍放大镜或磁粉探伤。

6.3.4 高强度螺栓连接副的施拧顺序和初拧、复拧扭矩应符合设计要求和国家现行有关标准的规定。

检查数量：全数检查资料。

检查方法：检查扭矩扳手标定记录和螺栓施工记录。

6.3.5 高强度螺栓连接副终拧后，螺栓丝扣外露应为 2 扣～3 扣，其中可允许有 10% 的螺栓丝扣外露 1 扣或 4 扣。

检查数量：按节点数抽查 5%，且不应少于 10 个。

检验方法：观察检查。

6.3.6 高强度螺栓连接摩擦面应保持干燥、整洁，不应有飞边、毛刺、焊接飞溅物、焊疤、污垢等缺陷，除设计要求外摩擦面不应涂漆。

检查数量：全数检查。

检验方法：观察检查。

6.3.7 高强度螺栓应自由穿入螺栓孔。高强度螺栓孔不应采用气割扩孔，扩孔数量应征得设计同意，扩孔后的孔径不应超过螺栓直径的 1.2 倍。

检查数量：被扩螺栓孔全数检查。

检验方法：观察检查及用卡尺检查。

附录 B 紧固件连接工程检验项目

B.0.1 螺栓实物最小载荷检验，应测定螺栓实物的抗拉强度是否满足现行国家标准《紧固件机械性能螺栓、螺钉和螺柱》GB/T 3098.1 的规定。

检验方法：用专用卡具将螺栓实物置于拉力试验机上进行拉力试验，试验机的夹具应能自动调正中心，试验时夹头张拉的移动速度不超过 25mm/min。

螺栓实物和抗接强度应根据螺纹应力截面积计算确定，应按现行国家标准《紧固件机械性能螺栓、螺钉和螺柱》GB/T 3098.1 的有关规定取值。

进行试验时，承受拉力载荷的未旋合的螺纹长度应为螺距的 6 倍以上，当试验拉力达到现行国家标准《紧固件机械性能螺栓、螺钉和螺柱》GB/T 3098.1 中规定的最小拉力载荷时不得断裂。当超过最小拉力载荷直至拉断时，断裂应发生在杆部或螺纹部分，而不应发生在螺头与杆部的交接处。

B.0.2　复验用的螺栓应在施工现场待安装的螺栓批中随机抽取，每批应抽取 8 套连接副进行复验。

连接副预拉力可采用经计量检定、校准合格的轴力计进行测试。

试验用的电测轴力计、油压轴力计、电阻应变仪、扭矩扳手等计量器具，应在试验前进行标定，其误差不得超过 2%。

采用轴力计方法复验连接副预拉力时，应将螺栓直接插入轴力计。紧固螺栓应分初拧和终拧，初拧应采用手动扭矩扳手或专用定扭电动扳手；初拧值应为预拉力标准值的50%。终拧应采用专用电动扳手，至尾部梅花头拧掉，并读出预拉力值。

每套连接副只应做一次试验，不得重复使用。在紧固中垫圈发生转动时，应更换连接副，并重新试验。

复验螺栓连接副的预拉力平均值和标准偏差应符合表 B.0.2 的规定。

表 B.0.2　复验螺栓连接副的预拉力和标准偏差（kN）

螺栓直径(mm)	16	20	24
紧固预拉力的平均值	99～120	154～186	222～270
标准偏差	10.1	15.7	22.7

B.0.3　高强度螺栓连接副扭矩检验应含初拧、复拧、终拧扭矩的现场无损检验。检验所用的扭矩扳手其扭矩精度误差不应大于 3%。

高强度螺栓连接副扭矩检验应分扭矩法检验、转角法检验和扭剪型扭矩检验，检验法与施工法应相同。扭矩检验应在施拧 1h 后，48h 内完成。

1　扭矩法检验方法：在螺尾端头和螺母相对位置划线，将螺母退回 60℃左右，用扭矩扳手测定拧回至原来位置时的扭矩值。该扭矩值与施工扭矩值的偏差在 10% 以内为合格。

高强度螺栓连接副终拧扭矩值应按下式计算：

$$T_c = K \cdot P_c \cdot D \qquad (B.0.3-1)$$

式中：T_c——终拧扭矩值（N·m）；

　　　P_c——施工预拉力值标准值（kN），见表 B.0.3；

　　　D——螺栓公称直径（mm）；

　　　K——扭矩系数，按附录 B.0.4 的规定确定。

高强度大六角头螺栓连接副初拧扭矩值可按 $0.5T_c$ 取值。

扭剪型高强度螺栓连接副初拧扭矩值可按下式计算：

$$T_o = 0.065 P_c \cdot d \qquad (B.0.3-2)$$

式中：T_o——初拧扭矩值（N·m）；

　　　P_c——施工预拉力值标准值（kN），见表 B.0.3；

　　　d——螺栓公称直径（mm）。

2　转角法检验方法：

1）检查初拧后在螺母与相对位置所画的终拧起始线和终止线所夹的角度是否达到规定值。

2）在螺尾端头和螺母相对位置画线，然后全部卸松螺母，在按规定的初拧扭矩和终拧角度重新拧紧螺栓，观察与原画线是否重合。终拧转角偏差在10℃以内为合格。

终拧转角与螺栓在直径、长度等因素有关，应由试验确定。

3 扭剪型高强度螺栓施工扭矩检验方法：观察尾部梅花头拧掉情况。尾部梅花头被拧掉者视同其终拧扭矩达到合格质量标准；尾部梅花头未被拧掉者应按本条所述的扭矩法或转角法检验。

表 B.0.3 高强度螺栓连接副施工预拉力标准值（kN）

螺栓的性能等级	螺栓公称直径(mm)		
	M15	M20	M24
8.8s	75	120	170
10.9s	110	170	250

B.0.4 复验用螺栓应在施工现场待安装的螺栓批中随机抽取，每批应抽取8套连接副进行复验。

连接副扭矩系数复验用的计量器具应在试验前进行标定，误差不得超过2%。

每套连接副只应做一次试验，不得重复使用。在紧固中垫圈发生转动时，应更换连接副，并重新试验。

连接副扭矩系数的复验应将螺栓穿入轴力计，在测出螺栓预拉力的同时，应测出施加于螺母上的施扭矩值，并应按下式计算扭矩系数 K：

$$K = T/(P \cdot d) \tag{B.0.4}$$

式中：T——施拧扭矩（N·m）；

d——高强度螺栓公称直径（mm）；

P——螺栓预拉力（kN）。

进行连接副扭矩系数试验时，螺栓预拉力值应符合表 B.0.4 的规定。

每组8套连接副扭矩系数的平均值应为 0.110～0.150，标准偏差小于或等于 0.010。扭剪型高强度螺栓连接副采用扭矩法施工时，其扭矩系数亦按本附录的规定确定。

表 B.0.4 螺栓预拉力值范围（kN）

螺栓的性能等级		M15	M20	M24
预拉力值	10.9s	93～113	142～177	206～250
	8.8s	62～78	100～120	140～170

B.0.5 高强度螺栓连接摩擦面的抗滑移系数检验，应符合下列规定：

1 制造厂和安装单位分别以铝合金结构制造批为单位进行抗滑移系数检验。制造批应按分部（子分部）工程划分规定的工程量每500t为一批，不足500t的应视为一批。选用两种及两种以上表面处理工艺时，每种处理工艺应单独检验，每批三组试件。

抗滑移系数检验应采用双摩擦面的二栓拼接的拉力试件（图 B.0.5）。

抗滑移系数检验用的试件应由制造厂加工，试件与所代表的铝合金结构构件应为同一材质、同批制作、采用同一摩擦面处理工艺和具有相同的表面状态，并应用同批同一性能等级的高强度螺栓连接副，在同一环境条件下存放。

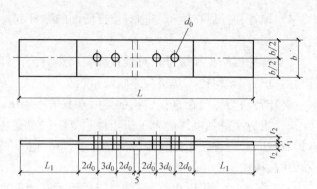

图 B.0.5　抗滑移系数拼接试件的形式和尺寸

注：t_1、t：为板的厚度，L：为板的长度，b 为板的宽度。

试件铝合金板的厚度 t_1、t_2 应根据铝合金结构工程中有代表性的板材厚度来确定，同时在摩擦面滑移之前，试件铝合金板的净载面应始终处于弹性状态；宽度 b 可按照表 B.0.5 规定取值。板心长度 L_1 应根据试验机夹具的要求确定。

表 B.0.5　试件板的宽度（mm）

螺栓直径 d	16	20	24
板宽 b	100	100	110

试件板面应平整，无油污，孔和板的边缘无飞边、毛刺。

2　试验用的试验机误差应在 1% 以内。试验用的贴有电阻片的高强度螺栓、压力传感器和电阻应变仪应在试验前用试验机进行标定，其误差应在 2% 以内。

试件的组装顺序为先将冲钉打入试件孔定位，然后逐个换成装有压力传感器或贴有电阻片的高强度螺栓，或换成同批经预拉力复验的扭剪型高强度螺栓。

紧固高强度螺栓应分初拧、终拧。初拧应达到螺栓预拉力标准值的 50%。终拧后，螺栓预拉力应符合下列规定：

1）对装有压力传感器或贴有电阻片的高强度螺栓，采用电阻应变仪实测控制试件每个螺栓的预拉力值应为高强度螺栓设计预拉力值的 0.95 倍～1.05 倍；

2）不进行实测时，扭剪型高强度螺栓的预拉力（紧固轴力）可按同批复验预拉力的平均值取用。

3　试件应在其侧面画出观察滑移的直线。

将组装好的试件置于拉力试验机上，试件的轴线应与试验机夹具中心严格对中。

加荷时，应先加 10% 的抗滑移设计荷载值，停 1min 后，再平稳加荷，加荷速度应 3kN/s～5kN/s。应拉至滑移破坏，测得滑移荷载。

在试验中当发生下列情况之一时，所对应的荷载可定为试件的滑移荷载：

1）试验机发生回针现象；

2）试件侧面画线发生错动；

3）X—Y 记录仪上变形曲线发生突变；

4）试件突然发生"嘣"的响声。

4　抗滑移系数，应根据试验所测得的滑移荷载和螺栓预拉力的实测值，按式（B.0.5）计算，宜取小数点二位有效数字：

$$\mu = \frac{N_v}{n_f \cdot \sum\limits_{i=1}^{m} P_i} \qquad (B.0.5)$$

式中　N_v——由试验测得的滑移荷载（kN）；

n_f——摩擦面面数，取 $n_f=2$；

$\sum\limits_{i=1}^{m} P_i$——试件滑移一侧高强度螺栓预拉力实测值（或同批螺栓连接副的预拉力平均值）之和取三位有效数字（kN）；

m——试件一侧螺栓数量，取 $m=2$。

(3) 验收说明

1) 施工依据：《铝合金结构工程施工规范》JGJ/T 216—2010，相应的专业技术规范，施工工艺标准，并制订专项施工方案、技术交底资料。

2) 验收依据：《铝合金结构工程施工质量验收规范》GB 50576—2010，相应的现场质量验收检查原始记录。

3) 注意事项：

① 主控项目的质量经抽样检验均应合格；

② 一般项目的质量经抽样检验合格。当采用计数抽样时，合格点率应符合有关专业验收规范的规定，且不得存在严重缺陷；

③ 具有完整的施工操作依据、质量验收记录；

④ 本检验批的主控项目、一般项目已列入推荐表中，有关具体内容及检查方法见一般规定及（2）条文摘录。

6. 铝合金材料检验批质量验收记录

(1) 推荐表格

铝合金材料检验批质量验收记录 　　02060301____

单位(子单位)工程名称			分部(子分部)工程名称		分项工程名称		
施工单位			项目负责人		检验批容量		
分包单位			分包单位项目负责人		检验批部位		
施工依据				验收依据	《铝合金结构工程施工质量验收规范》GB 50576—2010		
验收项目			设计要求及规范规定	最小/实际抽样数量	检查记录	检查结果	
主控项目	1	材料的品种、规格、性能	第4.2.1条	/			
	2	材料抽样复验	第4.2.2条	/			
一般项目	1	铝合金厚度及允许偏差应符合产品标准	第4.2.3条	/			
	2	铝合金型材规格尺寸及允许偏差应符合产品标准	第4.2.4条	/			
	3	铝合金材料的表面质量	第4.2.5条	/			
施工单位检查结果		专业工长：项目专业质量检查员：　　　　年　月　日					
监理单位验收结论		专业监理工程师：　　　　年　月　日					

（2）验收内容及检查方法条文摘录

一 般 规 定

4.1.1　本章适用于进入铝合金结构各分项工程实施现场的主要材料、零（部）件、标准件等产品的进场验收。

4.1.2　进场验收的检验批应与各分项工程检验批一致，也可根据进料实际情况划分检验批。

主 控 项 目

4.2.1　铝合金材料的品种、规格、性能等应符合国家现行有关标准和设计要求。

检查数量：全数检查。

检验方法：检查质量合格证明文件、标识及检验报告等。

4.2.2　对属于下列情况之一的铝合金材料，应进行抽样复验，其复验结果应符合国家现行有关产品标准和设计要求：

1　建筑结构安全等级为一级，铝合金主体结构中主要受力构件所采用的铝合金材料；

2　设计有复验要求的铝合金材料；

3　对质量有疑义的铝合金材料。

检查数量：全数检查。

检验方法：检查复验报告。

一 般 项 目

4.2.3　铝合金板厚度及允许偏差应符合其产品标准的要求。

检查数量：每一品种、规格的铝合金板抽查 5 处。

检验方法：用游标卡尺量测。

4.2.4　铝合金型材的规格尺寸及允许偏差应符合其产品标准的要求。

检查数量：每一品种、规格的铝合金型材抽查 5 处。

检验方法：用钢尺和游标卡尺量测。

4.2.5　铝合金材料的表面外观质量应符合现行国家标准《铝合金建筑型材第 1 部分：基材》GB 5237.1 和《铝合金建筑型材第 2 部分：阳极氧化、着色型材》GB 5237.2 等规定外，尚应符合下列规定：

1　铝合金材料表面不应有皱纹、裂纹、起皮、腐蚀斑点、气泡、电灼伤、流痕、发粘以及膜（涂）层脱落等缺陷存在；

2　铝合金材料端边或断口处不应有分层、夹渣等缺陷。

检查数量：全数检查。

检验方法：观察检查。

（3）验收说明

1）施工依据：《铝合金结构工程施工规范》JGJ/T 216—2010，相应的专业技术规范，施工工艺标准，并制订专项施工方案、技术交底资料。

2）验收依据：《铝合金结构工程施工质量验收规范》GB 50576—2010，相应的现场质量验收检查原始记录。

3）注意事项：

① 主控项目的质量经抽样检验均应合格；

② 一般项目的质量经抽样检验合格。当采用计数抽样时，合格点率应符合有关专业验收规范的规定，且不得存在严重缺陷；

③ 具有完整的施工操作依据、质量验收记录；

④ 本检验批的主控项目、一般项目已列入推荐表中，有关具体内容及检查方法见一般规定及（2）条文摘录。

7. 铝合金零部件切割加工检验批质量验收记录

（1）推荐表格

铝合金零部件切割加工材料检验批质量验收记录   02060302 ____

单位（子单位）工程名称			分部（子分部）工程名称		分项工程名称	
施工单位			项目负责人		检验批容量	
分包单位			分包单位项目负责人		检验批部位	
施工依据			验收依据	《铝合金结构工程施工质量验收规范》GB 50576—2010		
验收项目			设计要求及规范规定	最小/实际抽样数量	检查记录	检查结果
主控项目	1	铝合金零部件切割面或剪切面质量	应无裂纹、夹渣和大于0.5mm的缺棱	/		
一般项目	1 允许偏差（mm）	零部件的宽度，长度	±1.0mm	/		
		切割平面度	−30′且不大于0.3mm	/		
		割纹深度	0.3mm	/		
		局部缺口深度	0.5mm	/		
施工单位检查结果		专业工长： 项目专业质量检查员： 年 月 日				
监理单位验收结论		专业监理工程师： 年 月 日				

（2）验收内容及检查方法条文摘录

一 般 规 定

7.1.1 本章适用于铝合金结构制作及安装中铝合金零件及部件加工的质量验收。

7.1.2 铝合金零件及部件加工工程，可按相应的铝合金结构制作工程或铝合金结构安装工程检验批的划分原则及进料实际情况划分为一个或若干个检验批。

7.2.1 铝合金零部件切割面或剪切面应无裂纹、夹渣和大于 0.5mm 的缺棱。

检查数量：全数检查。

检验方法：观察或用放大镜及百分尺检查。

7.2.2 铝合金零部件切割允许偏差应符合表 7.2.2 的规定。

表 7.2.2 切割的允许偏差

检查项目	允许偏差	检查项目	允许偏差
零部件的宽度、长度	±1.0mm	割纹深度	0.3mm
切割平面度	−30′ 且不大于 0.3mm	局部缺口深度	0.5mm

检查数量：按切割面数检查 10%，且不应小于 3 个。

检查方法：卷尺、游标卡尺、分度头检查。

(3) 验收说明

1）施工依据：《铝合金结构工程施工规范》JGJ/T 216—2010，相应的专业技术规范，施工工艺标准，并制订专项施工方案、技术交底资料。

2）验收依据：《铝合金结构工程施工质量验收规范》GB 50576—2010，相应的现场质量验收检查原始记录。

3）注意事项：

① 主控项目的质量经抽样检验均应合格；

② 一般项目的质量经抽样检验合格。当采用计数抽样时，合格点率应符合有关专业验收规范的规定，且不得存在严重缺陷；

③ 具有完整的施工操作依据、质量验收记录；

④ 本检验批的主控项目、一般项目已列入推荐表中，有关具体内容及检查方法见一般规定及（2）条文摘录。

8. 铝合金零部件边缘加工检验批质量验收记录

(1) 推荐表格

铝合金零部件边缘加工检验批质量验收记录 02060303 ____

单位(子单位)工程名称			分部(子分部)工程名称			分项工程名称	
施工单位			项目负责人			检验批容量	
分包单位			分包单位项目负责人			检验批部位	
施工依据				验收依据		《铝合金结构工程施工质量验收规范》GB 50576—2010	
验收项目			设计要求及规范规定		最小/实际抽样数量	检查记录	检查结果
主控项目	1	铝合金零部件，按设计要求需要进行边缘加工	刨削量不应小于 1.0mm		/		

验收项目			设计要求及规范规定	最小/实际抽样数量	检查记录	检查结果
一般项目	1	边缘加工允许偏差（mm）	零部件的宽度、长度	±1.0	/		
			加工边直线度	L/3000，且不大于2.0（L＝__mm）	/		
			相邻两边夹角	±6′	/		
			加工面表面粗糙度	$\overset{12.5}{\triangledown}$	/		
施工单位检查结果			专业工长： 项目专业质量检查员： 年　月　日			
监理单位验收结论			专业监理工程师： 年　月　日			

（2）验收内容及检查方法条文摘录

一般规定

7.1.1 本章适用于铝合金结构制作及安装中铝合金零件及部件加工的质量验收。

7.1.2 铝合金零件及部件加工工程，可按相应的铝合金结构制作工程或铝合金结构安装工程检验批的划分原则及进料实际情况划分为一个或若干个检验批。

主控项目

7.3.1 铝合金零部件，按设计要求需要进行边缘加工时，其刨削量不应小于1.0mm。

检查数量：全数检查。

检验方法：检查工艺报告和施工记录。

一般项目

7.3.2 边缘加工允许偏差应符合表7.3.2的规定。

检查数量：按加工面数抽查10%，且不应少于3件。

检验方法：观察检查和实测检查。

表7.3.2　边缘加工的允许偏差

检查项目	允许偏差	检查项目	允许偏差
零部件的宽度、长度	±1.0mm	相邻两边夹角	±6′
加工边直线度	L/3000，且不大于2.0mm	加工面表面粗糙度	$\overset{12.5}{\triangledown}$

注：L为加工边边长。

（3）验收说明

1）施工依据：《铝合金结构工程施工规范》JGJ/T 216—2010，相应的专业技术规范，施工工艺标准，并制订专项施工方案、技术交底资料。

2）验收依据：《铝合金结构工程施工质量验收规范》GB 50576—2010，相应的现场质量验收检查原始记录。

3）注意事项：

① 主控项目的质量经抽样检验均应合格；

② 一般项目的质量经抽样检验合格。当采用计数抽样时，合格点率应符合有关专业验收规范的规定，且不得存在严重缺陷；

③ 具有完整的施工操作依据、质量验收记录；

④ 本检验批的主控项目、一般项目已列入推荐表中，有关具体内容及检查方法见一般规定及（2）条文摘录。

9. 球、毂加工检验批质量验收记录

（1）推荐表格

球、毂加工检验批质量验收记录　　　　　　　　02060304 ___

单位(子单位) 工程名称			分部(子分部) 工程名称		分项工程名称		
施工单位			项目负责人		检验批容量		
分包单位			分包单位项目负责人		检验批部位		
施工依据			验收依据		《铝合金结构工程施工质量验收规范》 GB 50576—2010		
验收项目				设计要求及规范规定	最小/实际抽样数量	检查记录	检查结果
主控项目	1	螺栓球及节点材料		第4.5.1条	/		
	2	螺栓球质量		第4.5.2条	/		
	3	螺栓球、毂成型后质量		不应有裂纹、褶皱、过烧等缺陷	/		
		压制成半圆球后质量		不应有裂纹、褶皱等缺陷	/		
		焊接球其对应坡口应采用机械加工,对接焊缝表面外观质量		应打磨平整	/		
一般项目	1	螺栓球螺纹尺寸		第4.5.3条	/		
	2	螺栓球直径、圆度、相邻孔中心夹角等尺寸		第4.5.4条	/		
	3	7.4.3条螺栓球加工允许偏差(mm)	圆度	$d \leqslant 120mm$	1.0	/	
				$d > 120mm$	1.5	/	
			同一轴线上两铣平面的平行度	$d \leqslant 120mm$	0.1	/	
				$d > 120mm$	0.2	/	

验收项目			设计要求及规范规定	最小/实际抽样数量	检查记录	检查结果
一般项目	3	7.4.3条螺栓球加工允许偏差(mm)	铣平面距球中心距离	±0.1	/		
			相邻螺栓孔中心线夹角	±30′	/		
			两铣平面与螺栓孔轴线垂直度	0.005r($r=$ mm)	/		
			球、毂毛坯直径 $d \leqslant 120mm$	+2.0 −0.5	/		
			球、毂毛坯直径 $d > 120mm$	+3.0 −1.0	/		
	4	7.4.4条管杆件加工允许偏差(mm)	长度	±0.5	/		
			端面对管轴垂直度	0.005r($r=$__ mm)	/		
			管口曲线	0.5	/		
	5	7.4.5条毂加工允许偏差(mm)	毂的圆度	±0.05d,±0.1($d=$ mm)	/		
			嵌入圆孔对分部圆中心线的平行度	0.3	/		
			分部圆直径	±0.3	/		
			直槽对圆孔平行度	0.2	/		
			嵌入槽夹角	±0.3°	/		
			端面跳动	0.3	/		
			端面平行度	0.5	/		
施工单位检查结果		专业工长： 项目专业质量检查员： 年 月 日					
监理单位验收结论		专业监理工程师： 年 月 日					

(2) 验收内容及检查方法条文摘录

一般规定

7.1.1　本章适用于铝合金结构制作及安装中铝合金零件及部件加工的质量验收。

7.1.2　铝合金零件及部件加工工程，可按相应的铝合金结构制作工程或铝合金结构安装工程检验批的划分原则及进料实际情况划分为一个或若干个检验批。

主 控 项 目

4.5.1　螺栓球及制造螺栓球节点所采用的原材料，其品种、规格、性能等应符合国家现行产品标准和设计要求。

检查数量：全数检查。

检验方法：检查产品的质量合格证明文件、标识及检验报告等。

4.5.2 螺栓球不得有裂纹、褶皱、过烧等缺陷。

检查数量：每种规格抽查5%，且不应少于5只。

检验方法：用10倍放大镜观察和表面探伤。

7.4.1 螺栓球、毂成型后，不应有裂纹、褶皱、过烧等缺陷。

检查数量：每种规格抽查10%，且不应少于5个。

检验方法：10倍放大镜观察或表面探伤。

7.4.2 铝合金板压制成半圆球后，表面不应有裂纹、褶皱等缺陷；焊接球其对应坡口应采用机械加工，对接焊缝表面应打磨平整。

检查数量：每种规格抽查10%，且不应少于5个。

检验方法：10倍放大镜观察检查或表面探伤。

一 般 项 目

4.5.3 螺栓球螺纹尺寸应符合现行国家标准《普通螺纹基本尺寸》GB/T 196 中粗牙螺纹的规定，螺纹公差必须符合现行国家标准《普通螺纹公差与配合》GB/T 197 中6H级精度的规定。

检查数量：每种规格抽查5%，且不应少于5只。

检验方法：用标准螺纹规。

4.5.4 螺栓球直径、圆度、相邻两螺栓孔中心线夹角等尺寸及允许偏差应符合本规范的规定。

检查数量：每一种规格按数量抽查5%，且不应少于3个。

检验方法：用卡尺和分度头仪检查。

7.4.3 螺栓球加工允许偏差应符合表7.4.3的规定。

检查数量：每种规格抽查10%，且不少于5个。

检验方法：见表7.4.3。

表7.4.3　螺栓球加工的允许偏差

检查项目		允许偏差	检验方法
圆度	$d{\leqslant}120\text{mm}$	1.0mm	用卡尺和游标卡尺检查
	$d{>}120\text{mm}$	1.5mm	
同一轴线上两铣平面的平行度	$d{\leqslant}120\text{mm}$	0.1mm	用百分表V形块检查
	$d{>}120\text{mm}$	0.2mm	
铣平面距球中心距离		±0.1mm	用游标卡尺检查
相邻螺栓孔中心线夹角		±30′	用分度头检查
两铣平面与螺栓孔轴线垂直度		$0.005r$	用百分表检查
球，毂毛坯直径	$d{\leqslant}120\text{mm}$	+2.0mm −0.5mm	用卡尺和游标卡尺检查
	$d{>}120\text{mm}$	+3.0mm −1.0mm	

注：d 为螺栓球直径，r 为螺栓球半径。

7.4.4 管杆件加工的允许偏差应符合表 7.4.4 的规定。

检查数量：每种规格抽查 10%，且不少于 5 根。

检验方法：见表 7.4.4。

表 7.4.4 管杆件加工的允许偏差（mm）

检查项目	允许偏差	检验方法
长度	±0.5	用钢尺和百分表检查
端面对管轴的垂直度	0.005r	用百分表 V 形块检查
管口曲线	0.5	用套模和游标卡尺检查

注：r 为管杆半径。

7.4.5 毂加工的允许偏差应符合表 7.4.5 的规定。

检查数量：每种规格抽查 10%，且不应少于 5 个。

检查方法：见表 7.4.5。

表 7.4.5 毂加工的允许偏差

检查项目	允许偏差	检验方法
毂的圆度	±0.005d ±1.0mm	用卡尺和游标卡尺检查
嵌入圆孔对分布圆中心线的平行度	0.3mm	用百分表 V 形块检查
分布圆直径允许偏差	±0.3mm	用卡尺和游标卡尺检查
直槽对圆孔平行度允许偏差	0.2mm	用百分表 V 形块检查
嵌入槽夹角偏差	±0.3°	用分度头检查
端面跳动允许偏差	0.3mm	游标卡尺检查
端面平行度允许偏差	0.5mm	用百分表 V 形块检查

注：d 为直径。

（3）验收说明

1）施工依据：《铝合金结构工程施工规范》JGJ/T 216—2010，相应的专业技术规范，施工工艺标准，并制订专项施工方案、技术交底资料。

2）验收依据：《铝合金结构工程施工质量验收规范》GB 50576—2010，相应的现场质量验收检查原始记录。

3）注意事项：

① 主控项目的质量经抽样检验均应合格；

② 一般项目的质量经抽样检验合格。当采用计数抽样时，合格点率应符合有关专业验收规范的规定，且不得存在严重缺陷；

③ 具有完整的施工操作依据、质量验收记录；

④ 本检验批的主控项目、一般项目已列入推荐表中，有关具体内容及检查方法见一般规定及（2）条文摘录。

10. 铝合金零部件制孔检验批质量验收记录

（1）推荐表格

单位(子单位)工程名称				分部(子分部)工程名称			分项工程名称		
施工单位				项目负责人			检验批容量		
分包单位				分包单位项目负责人			检验批部位		
施工依据				验收依据			《铝合金结构工程施工质量验收规范》GB 50576—2010		
验收项目				设计要求及规范规定	最小/实际抽样数量		检查记录	检查结果	
主控项目	1	A、B级螺栓孔(I类孔)精度和孔壁表面粗糙度		第7.5.1条	/				
		A、B级螺栓孔径的允许偏差（mm）	螺栓公称直径	10～18	0.00，−0.18	/			
				18～30	0.00，−0.21				
				30～50	0.00，−0.25				
			螺栓孔直径	10～18	+0.18，0.00	/			
				18～30	+0.21，0.00				
				30～50	+0.25，0.00	/			
		C级螺栓孔的允许偏差（mm）	直径		+1.0，0.00				
			圆度		1.0				
			垂直度		$0.03t$，且≤1.5（$t=$　mm）				
一般项目	1	螺栓孔位的允许偏差		±0.5mm	/				
		孔距的允许偏差		±0.5mm					
		孔距的累计偏差		±1.0mm					
	2	铆钉通孔尺寸偏差		第7.5.3条	/				
	3	沉头螺钉的沉孔尺寸偏差		第7.5.4条					
	4	圆柱头、螺栓沉孔的尺寸偏差		第7.5.5条					
	5	螺丝孔的尺寸偏差		第7.5.6条					
施工单位检查结果				专业工长：项目专业质量检查员：　　年　月　日					
监理单位验收结论				专业监理工程师：　　年　月　日					

410

（2）验收内容及检查方法条文摘录

一 般 规 定

7.1.1 本章适用于铝合金结构制作及安装中铝合金零件及部件加工的质量验收。

7.1.2 铝合金零件及部件加工工程，可按相应的铝合金结构制作工程或铝合金结构安装工程检验批的划分原则及进料实际情况划分为一个或若干个检验批。

主 控 项 目

7.5.1 A、B 级螺栓孔（Ⅰ类孔）应具有 H12 的精度，孔壁表面粗 R_a 不应大于 12.5μm。A、B 级螺栓孔径的允许偏差应符合表 7.5.1-1 的规定。C 级螺栓孔（Ⅱ类孔），孔壁表面粗糙度 R_a 不应 25.0μm，其允许偏差应符合表 7.5.1-2 的规定。

检查数量：按构件数量抽查 10%，且不应少于 3 件。

检验方法：用游标卡尺或孔径量规、粗糙度仪检查。

表 7.5.1-1　A、B 级螺栓孔径的允许偏差（mm）

序号	螺栓公称直径、螺栓孔直径	螺栓公称直径允许偏差	螺栓孔直径允许偏差
1	10～18	0.00，-0.18	+0.18，0.00
2	18～30	0.00，-0.21	+0.21，0.00
3	30～50	0.00，-0.25	+0.25，0.00

表 7.5.1-2　C 级螺栓孔径的允许偏差（mm）

检查项目	允许偏差
直径	+1.0，0.00
圆度	1.0
垂直度	0.03t，且不大于 1.5

注：t 为厚度。

一 般 项 目

7.5.2 螺栓孔位的允许偏差为 ±0.5mm，孔距的允许偏差为 ±0.5mm，累计偏差为 ±1.0mm。

检查数量：按构件数量抽查 10%，且不应少于 3 件。

检验方法：用钢尺及游标卡尺配合检查。

7.5.3 铆钉通孔尺寸偏差应符合现行国家标准《铆钉用通孔》GB/T 152.1 的有关规定。

检查数量：按构件数量抽查 10%，且不应少于 3 件。

检验方法：用游标卡尺或孔径量规检查。

7.5.4 沉头螺钉的沉孔尺寸偏差应符合现行国家标准《沉头用沉孔》GB/T 152.2 的有关规定。

检查数量：按构件数量抽查 10%，且不应少于 3 件。

检验方法：用游标卡尺或孔径量规检查。

7.5.5 圆柱头、螺栓沉孔的尺寸偏差应符合现行国家标准《圆柱头用沉孔》GB/T 152.3 的有关规定。

检查数量：按构件数量抽查 10%，且不应少于 3 件。

检验方法：用游标卡尺或孔径量规检查。

7.5.6 螺丝孔的尺寸偏差应符合国家现行有关标准的规定及设计要求。

检查数量：按孔数量10％，且不应少于3个。

检查方法：用游标卡尺或孔径量规检查。

(3) 验收说明

1）施工依据：《铝合金结构工程施工规范》JGJ/T 216—2010，相应的专业技术规范，施工工艺标准，并制订专项施工方案、技术交底资料。

2）验收依据：《铝合金结构工程施工质量验收规范》GB 50576—2010，相应的现场质量验收检查原始记录。

3）注意事项：

① 主控项目的质量经抽样检验均应合格；

② 一般项目的质量经抽样检验合格。当采用计数抽样时，合格点率应符合有关专业验收规范的规定，且不得存在严重缺陷；

③ 具有完整的施工操作依据、质量验收记录；

④ 本检验批的主控项目、一般项目已列入推荐表中，有关具体内容及检查方法见一般规定及（2）条文摘录。

11. 铝合金零部件槽、豁、榫加工检验批质量验收记录

(1) 推荐表格

铝合金零部件槽、豁、榫加工检验批质量验收记录 02060306____

单位(子单位)工程名称				分部(子分部)工程名称		分项工程名称		
施工单位				项目负责人		检验批容量		
分包单位				分包单位项目负责人		检验批部位		
施工依据					验收依据	《铝合金结构工程施工质量验收规范》GB 50576—2010		
验收项目				设计要求及规范规定	最小/实际抽样数量	检查记录	检查/结果	
主控项目	1	槽口尺寸的允许偏差(mm)	A	+0.5,0.0	/			
			B	+0.5,0.0	/			
			C	±0.5	/			
	2	豁口尺寸的允许偏差(mm)	A	+0.5,0.0	/			
			B	+0.5,0.0	/			
			C	±0.5	/			
	3	榫头尺寸的允许偏差(mm)	A	0.0,−0.5	/			
			B	0.0,−0.5	/			
			C	±0.5	/			
施工单位检查结果			专业工长： 项目专业质量检查员： 年 月 日					
监理单位验收结论			专业监理工程师： 年 月 日					

（2）验收内容及检查方法条文摘录

一 般 规 定

7.1.1 本章适用于铝合金结构制作及安装中铝合金零件及部件加工的质量验收。

7.1.2 铝合金零件及部件加工工程，可按相应的铝合金结构制作工程或铝合金结构安装工程检验批的划分原则及进料实际情况划分为一个或若干个检验批。

主 控 项 目

7.6.1 铝合金零部件槽口尺寸（图 7.6.1）的允许偏差应符合表 7.6.1 的规定。

检查数量：按槽口数量 10%，且不应小于 3 处。

检查方法：游标卡尺和卡尺。

槽口尺寸的允许偏差（mm） 表 7.6.1

项目	A	B	C
允许偏差	+0.5 0.0	+0.5 0.0	±0.5

7.6.2 铝合金零部件豁口尺寸（图 7.6.2）的允许偏差应符合表 7.6.2 的规定。

检查数量：按豁口数量 10%，且不应小于 3 处。

检查方法：游标卡尺和卡尺。

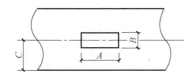

图 7.6.1 铝合金零部件槽口图

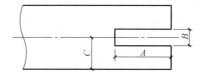

图 7.6.2 铝合金零部件豁口图

豁口尺寸的允许偏差（mm） 表 7.6.2

项目	A	B	C
允许偏差	+0.5 0.0	+0.5 0.0	±0.5

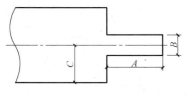

图 7.6.3 铝合金零部件榫头图

7.6.3 铝合金零部件榫头尺寸（图 7.6.3）的允许偏差应符合表 7.6.3 的规定。

检查数量：按榫头数量 10%，且不应小于 3 处。

检查方法：游标卡尺和卡尺。

榫头尺寸的允许偏差（mm） 表 7.6.3

项目	A	B	C
允许偏差	0.0 −0.5	0.0 −0.5	±0.5

（3）验收说明

1）施工依据：《铝合金结构工程施工规范》JGJ/T 216—2010，相应的专业技术规范，施工工艺标准，并制订专项施工方案、技术交底资料。

2）验收依据：《铝合金结构工程施工质量验收规范》GB 50576—2010，相应的现场质量验收检查原始记录。

3）注意事项：

① 主控项目的质量经抽样检验均应合格；

② 一般项目的质量经抽样检验合格。当采用计数抽样时，合格点率应符合有关专业验收规范的规定，且不得存在严重缺陷；

③ 具有完整的施工操作依据、质量验收记录；

④ 本检验批的主控项目、一般项目已列入推荐表中，有关具体内容及检查方法见一般规定及（2）条文摘录。

12. 螺栓球检验批质量验收记录

（1）推荐表格

螺栓球检验批质量验收记录　　　　　02060401 ____

单位(子单位) 工程名称			分部(子分部) 工程名称		分项工程名称		
施工单位			项目负责人		检验批容量		
分包单位			分包单位项 目负责人		检验批部位		
施工依据				验收依据	《铝合金结构工程施工质量验收规范》 GB 50576—2010		
		验收项目		设计要求及 规范规定	最小/实际 抽样数量	检查记录	检查结果
主控 项目	1	螺栓球及制造螺栓球节点所采 用的原材料的品种、规格、性能		第4.5.1条	/		
	2	螺栓球质量		不得有裂纹、 褶皱、过烧 等缺陷	/		
一般 项目	1	螺栓球螺纹尺寸和螺纹公差		第4.5.3条	/		
	2	螺栓球直径、圆度、相邻两螺栓孔 中心线夹角等尺寸及允许偏差		第4.5.4条	/		
施工单位 检查结果			专业工长： 项目专业质量检查员： 　　　　　年　月　日				
监理单位 验收结论			专业监理工程师： 　　　　　年　月　日				

414

(2) 验收内容及检查方法条文摘录

一 般 规 定

7.1.1 本章适用于铝合金结构制作及安装中铝合金零件及部件加工的质量验收。

7.1.2 铝合金零件及部件加工工程，可按相应的铝合金结构制作工程或铝合金结构安装工程检验批的划分原则及进料实际情况划分为一个或若干个检验批。

主 控 项 目

4.5.1 螺栓球及制造螺栓球节点所采用的原材料，其品种、规格、性能等应符合国家现行产品标准和设计要求。

检查数量：全数检查。

检验方法：检查产品的质量合格证明文件、标识及检验报告等。

4.5.2 螺栓球不得有裂纹、褶皱、过烧等缺陷。

检查数量：每种规格抽查5%，且不应少于5只。

检验方法：用10倍放大镜观察和表面探伤。

一 般 项 目

4.5.3 螺栓球螺纹尺寸应符合现行国家标准《普通螺纹基本尺寸》GB/T 196 中粗牙螺纹的规定，螺纹公差必须符合现行国家标准《普通螺纹公差与配合》GB/T 197 中6H级精度的规定。

检查数量：每种规格抽查5%，且不应少于5只。

检验方法：用标准螺纹规。

4.5.4 螺栓球直径、圆度、相邻两螺栓孔中心线夹角等尺寸及允许偏差应符合本规范的规定。

检查数量：每一种规格按数量抽查5%，且不应少于3个。

检验方法：用卡尺和分度头仪检查。

(3) 验收说明

1）施工依据：《铝合金结构工程施工规范》JGJ/T 216—2010，相应的专业技术规范，施工工艺标准，并制订专项施工方案、技术交底资料。

2）验收依据：《铝合金结构工程施工质量验收规范》GB 50576—2010，相应的现场质量验收检查原始记录。

3）注意事项：

① 主控项目的质量经抽样检验均应合格；

② 一般项目的质量经抽样检验合格。当采用计数抽样时，合格点率应符合有关专业验收规范的规定，且不得存在严重缺陷；

③ 具有完整的施工操作依据、质量验收记录；

④ 本检验批的主控项目、一般项目已列入推荐表中，有关具体内容及检查方法见一般规定及（2）条文摘录。

13. 铝合金构件组装检验批质量验收记录

14. 铝合金端部铣平及安装焊缝坡口检验批质量验收记录

(1) 推荐表格

铝合金构件组装检验批质量验收记录

单位(子单位) 工程名称			分部(子分部) 工程名称			分项工程名称	
施工单位			项目负责人			检验批容量	
分包单位			分包单位项 目负责人			检验批部位	
施工依据			验收依据		《铝合金结构工程施工质量验收规范》 GB 50576—2010		

验收项目				设计要求及 规范规定	最小/实际 抽样数量	检查记录	检查结果
主控 项目	1	端部 铣平 (mm)	两端铣平时构件长度	±1.0	/		
			两端铣平时零件长度	±0.5	/		
			铣平面的平面度	0.3	/		
			铣平面对轴线的垂直度	$L/1500$ ($L=$　mm)	/		
一般 项目	1	安装焊 缝坡口	坡口角度	±5°	/		
			钝边	±0.5mm	/		
	2	组装允 许偏差 (mm)	单元构件长 度(mm) ≤2000mm	±1.5	/		
			>2000mm	±2.0	/		
			单元构件宽 度(mm) ≤2000mm	±1.5	/		
			>2000mm	±2.0	/		
			单元构件对 角线长度 (mm) ≤2000mm	≤2.5	/		
			>2000mm	≤3.0	/		
			单元构件平面度	≤1.0	/		
			接缝高低差	≤0.5	/		
			接缝间隙	≤0.5	/		
	3	顶紧接触面应有75% 以上的面积紧贴		第8.2.2条	/		
	4	桁架结构杆件轴线 交点错位允许偏差		≤3.0mm	/		

施工单位 检查结果	专业工长： 项目专业质量检查员： 　　　　　　　　　　年 月 日
监理单位 验收结论	专业监理工程师： 　　　　　　　　　　年 月 日

416

(2) 验收内容及检查方法条文摘录

一般规定

8.1.1 本章适用于铝合金结构制作中构件组装的质量验收。

8.1.2 铝合金结构构件组装工程营按铝合金结构制作工程检验批的划分原则划分为一个或若干个检验批。

主控项目

8.3.1 端部铣平的允许偏差应符合表 8.3.1 的规定。

检查数量：按铣平面数量抽查 10%，且不应少于 3 个。

检验方法：用钢尺、角尺、塞尺等检查。

表 8.3.1 端部铣平的允许偏差（mm）

检查项目	允许偏差
两端铣平时构件长度	±1.0
两端铣平时零件长度	±0.5
铣平面的平面度	0.3
铣平面对轴线的垂直度	$L/1500$

注：L 为铣平面边长。

一般项目

8.3.2 安装焊缝坡口的允许偏差应符合表 8.3.2 的规定。

检查数量：按坡口数量抽查 10%，且不少于 3 条。

检验方法：用焊缝量规检查。

表 8.3.2 安装焊缝坡口的允许偏差

检查项目	允许偏差
坡口角度	±5°
钝边	±0.5mm

8.2.1 单元件组装的允许偏差应符合本规范表 C.0.1 的规定。

检查数量：按单元组件的 10% 抽查，且不应少于 5 个。

检验方法：见本规范表 C.0.1。

8.2.2 顶紧接触面应有 75% 以上的面积紧贴。

检查数量：按接触面的数量抽查 10%，且不应少于 10 个。

检验方法：0.3mm 塞尺检查，其塞入的面积应小于 25%，边缘间隙不应大于 0.8mm。

8.2.3 桁架结构杆件轴线交点错位允许偏差不得大 3.0mm。

检查数量：按构件数抽查 10%，且不应少于 3 个，每个抽查构件按节点数抽查 10%，且不应少于 3 个节点。

检验方法：尺量检查。

C.0.1 铝合金构件组装的允许偏差应符合表 C.0.1～表 C.0.3 的规定。

表 C.0.1 单元构件组装的允许偏差

序号	项目		允许偏差（mm）	检查方法
1	单元构件长度（mm）	≤120mm	±1.5	钢尺
		>120mm	±2.0	
2	单元构件宽度（mm）	≤120mm	±1.5	钢尺
		>120mm	±2.0	
3	单元构件对角线长度（mm）	≤120mm	≤2.5	钢尺
		>120mm	≤3.0	
4	单元构件平面度	—	≤1.0	1m 靠尺
5	接缝高低差	—	≤0.5	游标深度尺
6	接缝间隙	—	≤0.5	塞片

表 C.0.2 明框幕墙组装的允许偏差 （mm）

项目	构件长度	允许偏差
型材槽口尺寸	≤120mm	±2.0
	>120mm	±2.5
组件对边尺寸差	≤120mm	≤2.0
	>120mm	≤3.0
组件对角线尺寸差	≤120mm	≤3.0
	>120mm	≤3.5

表 C.0.3 隐框幕墙组装的允许偏差 （mm）

序号	项目	尺寸范围	允许偏差
1	框长宽尺寸	—	±1.0
2	组件长宽尺寸	—	±2.5
3	框接缝高度差	—	≤0.5
4	框内侧对角线差及组件对角线差	当长边小于等于 2000 时	≤2.5
		当长边大于 2000 时	≤3.5
5	框组装间隙	—	≤0.5
6	胶缝宽度	—	+2.0,0
7	胶缝厚度	—	+0.5,0
8	组件周边玻璃与铝框位置差	—	±1.0
9	结构组件平面度	—	≤3.0
10	组件厚度	—	±1.5

（3）验收说明

1）施工依据：《铝合金结构工程施工规范》JGJ/T 216—2010，相应的专业技术规范，施工工艺标准，并制订专项施工方案、技术交底资料。

2）验收依据：《铝合金结构工程施工质量验收规范》GB 50576—2010，相应的现场质量验收检查原始记录。

3）注意事项：

① 主控项目的质量经抽样检验均应合格；

② 一般项目的质量经抽样检验合格。当采用计数抽样时，合格点率应符合有关专业验收规范的规定，且不得存在严重缺陷；

③ 具有完整的施工操作依据、质量验收记录；

④ 本检验批的主控项目、一般项目已列入推荐表中，有关具体内容及检查方法见一般规定及（2）条文摘录。

15. 铝合金构件预拼装检验批质量验收记录

（1）推荐表格

铝合金构件预拼装检验批质量验收记录　　02060501___

单位（子单位）工程名称			分部（子分部）工程名称		分项工程名称	
施工单位			项目负责人		检验批容量	
分包单位			分包单位项目负责人		检验批部位	
施工依据				验收依据	《铝合金结构工程施工质量验收规范》GB 50576—2010	

验收项目			设计要求及规范规定	最小/实际抽样数量	检查记录	检查结果
主控项目	1	螺栓连接的多层板叠,孔的通过率	当采用比孔公称比孔直径1.0mm的试孔器检查 不应小于85%	/		
			比螺栓公称直径大0.3mm的试孔检验 应为100%	/		
一般项目	1预拼装允许偏差	桁架（mm）	跨度两端最外侧支撑面间距离 +5.0，−10.0	/		
			接口截面错位 2.0	/		
			拱度 设计要求起拱 ±L/5000	/		
			拱度 设计未要求起拱 L/2000	/		
			节点处的杆件轴线错位 4.0	/		
		管构件（mm）	预拼装单元总长 ±5.0	/		
			预拼装单元弯曲矢高 L/1500，且不应大于10.0	/		
			对口错边 t/10，且不应大于3.0	/		
			坡口间隙 +2.0，−1.0	/		

		验收项目		设计要求及规范规定	最小/实际抽样数量	检查记录	检查结果
一般项目	1 预拼装允许偏差	空间单元片(mm)	预拼装单元长、宽、对角线	5.0	/		
			预拼装单元弯曲矢高	$L/1500$,且不应大于 10.0	/		
			接口错边	1.0	/		
			预拼装单元柱身扭曲	$h/200$,且不应大于 5.0	/		
			顶紧面到任一支点距离	±2.0	/		
	2	零件、部件顶紧组装面	顶紧接触面紧贴	>75%	/		
			边缘最大间隙	≤0.8mm	/		
施工单位检查结果				专业工长: 项目专业质量检查员: 年 月 日			
监理单位验收结论				专业监理工程师: 年 月 日			

（2）验收内容及检查方法条文摘录

一 般 规 定

9.1.1 本章适用于铝合金构件预拼装工程的质量验收。

9.1.2 铝合金构件预拼装工程应按铝合金结构制作工程检验批的划分原则划分为一个或若干个检验批。

9.1.3 预拼装所用的胎架、支承凳或平台应测量找平，检查时应拆除全部临时固定和拉紧装置。

9.1.4 进行预拼装的铝合金构件，其质量应符合设计要求和本规范合格质量标准的规定。

主 控 项 目

9.2.1 高强度螺栓和普通螺栓连接的多层板叠，应采用试孔器进行检查，并应符合下列规定：

1 当采用比孔公称直径大 1.0mm 的试孔器检查时，每组孔的通过率不应小于 85%；

2 当采用比螺栓公称直径大 0.3mm 的试孔检查时，通过率应为 100%。

检查数量：按预拼装单元全数检查。

检验方法：采用试孔器检查。

一 般 项 目

9.2.2 预拼装的允许偏差应符合本规范表 D 的规定。

检查数量：按预拼装单元全数检查。

检验方法：见本规范表 D。

9.2.3 零件、部件顶紧组装面，顶紧接触面不应少于 75％紧贴，且边缘最大间隙不应大于 0.8mm。

检查数量：按预拼装单元全数检查。

检验方法：0.3mm 塞尺检查，其塞入的面积应小于 25％。

附录 D 铝合金构件预拼装的允许偏差

表 D 铝合金构件预拼装的允许偏差（mm）

构建类型	项目		允许偏差	检验方法
桁架	跨度两端最外侧支承面间距离		$+5.0，-10.0$	用钢尺检查
	接口截面错位		2.0	用卡尺检查
	拱度	设计要求起拱	$\pm L/5000$	用拉线和钢尺检查
		设计未要求起拱	$L/2000$	
	节点处的杆件轴线错位		4.0	划线后用钢尺检查
管构件	预拼装单元总长		± 5.0	用钢尺检查
	预拼装单元弯曲矢高		$L/1500$，且不应大于 10.0	用拉线和钢尺检查
	对口错边		$t/10$，且不应大于 3.0	用卡尺检查
	坡口间隙		$+2.0，-1.0$	用卡尺检查
空间单元片	预拼装单元长、宽、对角线		5.0	用钢尺检查
	预拼装单元弯曲矢高		$L/1500$，且不应大于 10.0	用拉线和钢尺检查
	接口错边		1.0	用卡尺检查
	预拼装单元柱身扭曲		$h/200$，且不应大于 5.0	用拉线，吊线，钢尺检查
	顶紧面到任一支点距离		± 2.0	用钢尺检查

注：L 为长度、跨度，h 为截面高度，t 为板、壁的厚度。

（3）验收说明

1）施工依据：《铝合金结构工程施工规程》JGJ/T 216—2010，相应的专业技术规范，施工工艺标准，并制订专项施工方案、技术交底资料。

2）验收依据：《铝合金结构工程施工质量验收规范》GB 50576—2010，相应的现场质量验收检查原始记录。

3）注意事项：

① 主控项目的质量经抽样检验均应合格；

② 一般项目的质量经抽样检验合格。当采用计数抽样时，合格点率应符合有关专业验收规范的规定，且不得存在严重缺陷；

③ 具有完整的施工操作依据、质量验收记录；

④ 本检验批的主控项目、一般项目已列入推荐表中，有关具体内容及检查方法见一般规定及（2）条文摘录。

16. 铝合金框架结构安装基础和支承面检验批质量验收记录

（1）推荐表格

铝合金框架结构安装基础和支承面检验批质量验收记录 02060601 ___

单位（子单位）工程名称				分部（子分部）工程名称		分项工程名称	
施工单位				项目负责人		检验批容量	
分包单位				分包单位项目负责人		检验批部位	
施工依据				验收依据		《铝合金结构工程施工质量验收规范》GB 50576—2010	

验收项目				设计要求及规范规定	最小/实际抽样数量	检查记录	检查结果
主控项目	1	建筑物定位轴线(mm)	长 L_a	$L_a/20000$，且≤3.0	/		
			宽 L_b	$L_b/20000$，且≤3.0	/		
		基础上柱的定位轴线(mm)		1.0	/		
		基础上柱底标高(mm)		±2.0	/		
		地脚螺栓(锚栓)位移(mm)		2.0			
	2	支承面	标高	±2.0			
			水平度	$l/1000$	/		
		地脚螺栓(锚栓)位移(mm)		5.0			
		预留孔中心偏移(mm)		10.0			
	3	座浆垫板(mm)	顶面标高	0.0，−3.0	/		
			水平度	$l/1000$	/		
			位置	20.0	/		
一般项目	1	螺纹(锚栓)露出长度(mm)		＋30.0，0.0			
		螺纹长度(mm)		＋30.0，0.0			
		地脚螺栓(锚栓)的螺纹应受到保护		第10.2.4条			

施工单位检查结果	专业工长： 项目专业质量检查员： 年 月 日
监理单位验收结论	专业监理工程师： 年 月 日

（2）验收内容及检查方法条文摘录

一 般 规 定

10.1.1 本章适用于铝合金框架结构安装工程的质量验收。

10.1.2 单层铝合金安装工程应按变形缝或空间刚度单元等划分成一个或若干个检验批，多层铝合金结构安装工程应按楼层或施工段等划分为一个或若干个检验批。

10.1.3 铝合金结构安装检验批应在进场验收和焊接连接、紧固件连接、制作等分项工程验收合格的基础上进行验收。

10.1.4 单层和多层铝合金结构安装偏差的检测，应在结构形成空间刚度单元并连接固定后进行。

主 控 项 目

10.2.1 建筑物的定位轴线、基础轴线和标高、地脚螺栓的规格及其紧固应符合设计要求。

检查数量：按柱基数抽查 10%，且不应少于 3 个。

检验方法：用经纬仪、水准仪、全站仪、和钢尺现场实测。

表 10.2.1 建筑物定位轴线、基础轴线、基础上柱的定位轴线和标高、地脚螺栓（锚栓）的允许偏差（mm）

检查项目	允许偏差	图例
建筑物定位轴线	$L_a/20000$，$L_b/20000$，且不应大于 3.0	
基础上柱的定位轴线	1.0	
基础上柱底标高	±2.0	
地脚螺栓（锚栓）位移	2.0	

注：L_a、L_b 均为建筑物边长。

10.2.2 基础顶面直接作为柱的支承面和基础顶面预埋钢板或支座作为柱的支承面时，其支承面地脚螺栓（锚栓）位置的允许偏差应符合表 10.2.2 的规定。

423

检查数量：按柱基数抽查 10％，且不应少于 3 个。

检验方法：用经纬仪、水准仪、全站仪、水平尺和钢尺实测。

表 10.2.2　支承面、地脚螺栓（锚栓）位置的允许偏差（mm）

项目		允许偏差
支承面	标高	±2.0
	水平度	$L/1000$
地脚螺栓（锚栓）	螺栓中心偏移	5.0
预留孔中心偏移		10.0

注：l 为支承面长度。

10.2.3　采用座浆垫板时，座浆垫板的允许偏差应符合表 10.2.3 的规定。

检查数量：资料全数检查。按柱基数抽查 10％，且不应少于 3 个。

检验方法：用水准仪、全站仪、水平尺和钢义现场实测。

表 10.2.3　座浆垫板的允许偏差（mm）

项目	允许偏差
顶面标高	0.0，−3.0
水平度	$l/1000$
位置	20.0

注：l 为垫板长度。

一 般 项 目

10.2.4　地脚螺栓（锚栓）尺寸的允许偏差应符合表 10.2.4 的规定。地脚螺栓（锚栓）的螺纹应受到保护。

检查数量：按柱基数抽查 10％，且不应少于 3 个。

检验方法：用钢尺现场实测。

表 10.2.4　地脚螺栓（锚栓）尺寸的允许偏差（mm）

项目	允许偏差
螺栓（锚栓）露出长度	+30.0，0.0
螺纹长度	+30.0，0.0

（3）验收说明

1）施工依据：《铝合金结构工程施工规程》JGJ/T 216—2010，相应的专业技术规范，施工工艺标准，并制订专项施工方案、技术交底资料。

2）验收依据：《铝合金结构工程施工质量验收规范》GB 50576—2010，相应的现场质量验收检查原始记录。

3）注意事项：

① 主控项目的质量经抽样检验均应合格；

② 一般项目的质量经抽样检验合格。当采用计数抽样时，合格点率应符合有关专业验收规范的规定，且不得存在严重缺陷；

③ 具有完整的施工操作依据、质量验收记录；

④ 本检验批的主控项目、一般项目已列入推荐表中，有关具体内容及检查方法见一般规定及（2）条文摘录。

17. 铝合金框架结构总拼和安装检验批质量验收记录

（1）推荐表格

铝合金框架结构总拼和安装检验批质量验收记录 02060602＿＿＿

单位(子单位)工程名称				分部(子分部)工程名称			分项工程名称		
施工单位				项目负责人			检验批容量		
分包单位				分包单位项目负责人			检验批部位		
施工依据				验收依据			《铝合金结构工程施工质量验收规范》GB 50576—2010		
验收项目				设计要求及规范规定	最小/实际抽样数量		检查记录	检查结果	
主控项目	1	铝合金构件变形及涂层脱落		第10.3.1条	/				
	2	柱子安装(mm)	底层柱柱底轴线对定位轴线偏移	2.0	/				
			柱子定位轴线	1.0	/				
			单节柱的垂直度	$h/1500$，且≤8.0	/				
	3	设计要求顶紧的节点	接触面紧贴	≥75%	/				
			边缘最大间隙	≤0.8mm	/				
	4	铝合金屋(托)架、桁架、梁及受压杆件	跨中的垂直度(mm)	$h/250$，且≤15.0	/				
			侧向弯曲矢高(mm)	$l/1000$，且≤10.0	/				
	5	主体整体结构垂直度(mm)	单层	$H/1500$，且≤8.0	/				
			多层	$H/1500$＋5.0，且≤20.0	/				
			整体平面弯曲	$L/1500$，且≤25.0	/				
	6	橡胶垫及密封胶品种、规格、性能		第4.7.2条	/				
	7	防水密封材料质量		第4.7.3条	/				

		验收项目		设计要求及规范规定	最小/实际抽样数量	检查记录	检查结果
一般项目	1	主要构件的中心线及标高基准点等标记应齐全		第10.3.6条	/		
	2	支座中心对定位轴线的偏差		≤10mm	/		
	3	单层铝合金结构中柱安装（mm）	柱脚底座中心轴线对定位轴线的偏差	5.0	/		
			柱基准点标高				
			有梁的柱	+3.0，−5.0	/		
			无梁的柱	+5.0，−8.0	/		
			弯曲矢高	$H/1200$，且≤10.0	/		
			柱轴线垂直度				
			单层柱	$H/1500$，且≤8.0	/		
			多层柱	$H/1500$ +5.0，且≤20.0	/		
	4	墙架、檩条等次要构件(mm)	墙架立柱				
			中心线对定位轴线的偏移	10.0	/		
			垂直度	$H/1500$，且≤8.0	/		
			弯曲矢高	$H/1000$，且≤15.0	/		
			抗风桁架的垂直度	$H/250$，且≤15.0	/		
			檩条、墙梁的间距	±5.0	/		
			檩条的弯曲矢高	$L/750$，且≤12.0	/		
			墙梁的弯曲矢高	$L/750$，且≤10.0	/		
	5	铝合金平台、铝合金梯、防护栏杆安装（mm）	平台高度	±15.0	/		
			平台梁水平度	$L/1000$，且≤20.0	/		
			平台支柱垂直度	$H/1000$，且≤15.0	/		
			承重平台梁侧向弯曲	$l/1000$，且≤10.0	/		
			承重平台梁垂直度	$H/250$，且≤15.0	/		
			直梯垂直度	$l/1000$，且≤15.0	/		
			栏杆高度	±15.0	/		
			栏杆立柱间距	±15.0	/		

验收项目			设计要求及规范规定	最小/实际抽样数量	检查记录	检查结果
一般项目	6	多层铝合金结构构件(mm)	上、下柱连接处的错口	3.0	/		
			同一层柱的各柱顶高度差	5.0	/		
			同一根梁两端顶面的高差	$l/1000$，且≤10.0	/		
			主梁与次梁表面的高差	±2.0	/		
			压型金属板在铝合金梁上相邻列的错位	15.0	/		
	7	多层铝合金结构主体结构总高度(mm)	用相对标高控制安装	$\pm\Sigma(\Delta h+\Delta z+\Delta\omega)$	/		
			用设计标高控制安装	$H/1000$，且≤30.0 $-H/1000$，且≤-30.0	/		
	8	现场焊缝组对间隙(mm)	无垫板间隙	+3.0,0.0	/		
			有垫板间隙	+3.0,−2.0	/		
	9	铝合金结构表面质量		第10.3.14条	/		
施工单位检查结果			专业工长： 项目专业质量检查员： 年 月 日			
监理单位验收结论			专业监理工程师： 年 月 日			

(2) 验收内容及检查方法条文摘录

一 般 规 定

10.1.1 本章适用于铝合金框架结构安装工程的质量验收。

10.1.2 单层铝合金安装工程应按变形缝或空间刚度单元等划分成一个或若干个检验批，多层铝合金结构安装工程应按楼层或施工段等划分为一个或若干个检验批。

10.1.3 铝合金结构安装检验批应在进场验收和焊接连接、紧固件连接、制作等分项工程验收合格的基础上进行验收。

10.1.4 单层和多层铝合金结构安装偏差的检测，应在结构形成空间刚度单元并连接固定后进行。

主控项目

10.3.1 铝合金构件运输、堆放和吊装等造成的变形及涂层脱落，应进行矫正和修补。

检查数量：按构件数抽查10%，且不应少于3个。

检验方法：用拉线、钢尺现场实测或观察。

10.3.2 铝合金结构柱子安装的允许偏差应符合表10.3.2的规定。

检查数量：标准柱全部检查；非标准柱抽查 10％，且不应少于 3 根。

检验方法：用全站仪或经纬仪和钢尺实测。

表 10.3.2　铝合金结构柱子安装的允许偏差（mm）

项　目	允许偏差	图　例
底层柱柱底轴线对定位轴线偏移	3.0	
柱子定位轴线	1.0	
单节柱的垂直度	$h/1500$，且不应大于 8.0	

10.3.3　设计要求顶紧的节点，接触面不应少于 75％ 紧贴，且边缘最大间隙不应大于 0.8mm。

检查数量：按节点数抽查 10％，且不应小于 3 个。

检验方法：用钢尺及 0.3mm 和 0.8mm 厚的塞尺现场实测。

10.3.4　铝合金屋（托）架、桁架、梁及受压杆件的垂直度和侧向弯曲矢高的允许偏差应符合表 10.3.4 的规定。

检查数量：按同类构件数抽查 10％，且不应小于 3 个。

检验方法：用吊线、拉线、经纬仪和钢尺现场实测。

表 10.3.4　铝合金屋（托）架、桁架、梁及受压杆件垂直度和侧向弯曲矢高的允许偏差（mm）

项目	允许偏差	图例
跨中的垂直度	$h/250$，且不应大于 15.0	
侧向弯曲矢高	$l/1000$，且不应大于 10.0	

注：h 为截面高度，L 为跨度，f 为弯曲矢高。

10.3.5　主体结构的整体垂直度和整体平面弯曲的允许偏差应符合表 10.3.5 的规定。

检查数量：对主要立面全部检查。对每个所检查的立面，除两列角柱外，尚应至少选取一列中间柱。

检验方法：采用经纬仪、全站仪等测量。

表10.3.5 整体垂直度和整体平面弯曲的允许偏差（mm）

检查项目		允许偏差	图例
主体结构的整体垂直度	单层	$H/1500$，且不应大于8.0	
	多层	$H/1500+5.0$，且不应大于20.0	
主体结构的整体平面弯曲		$L/1500$，且不应大于25.0	

注：H 为主体结构高度，L 为主体结构长度、跨度。

4.7.2 铝合金结构用橡胶垫、胶条、密封胶等的品种、规格、性能等应符合国家现行产品标准和设计要求。

检查数量：全数检查。

检验方法：检查产品的质量合格证明文件、标识及检验报告等。

4.7.3 防水密封材料的性能应符合国家现行产品标准和设计要求，并应与基材作相容性试验。

检查数量：全数检查。

检验方法：检查产品的质量合格证明文件、标识及检验报告等。

一 般 项 目

10.3.6 铝合金柱等主要构件的中心线及标高基准点等标记应齐全。

检查数量：按同类构件数抽查10%，且不应少于3件。

检验方法：观察检查。

10.3.7 当铝合金结构安装在混凝土柱上时，其支座中心对定位轴线的偏差不应大于10mm。

检查数量：按同类构件数抽查10%，且不应少于3榀。

检验方法：用拉线和钢尺现场实测。

10.3.8 单层铝合金结构中铝合金柱安装的允许偏差应符合本规范表E.0.1的规定。

检查数量：按铝合金柱数抽查10%，且不应小于3件。

检验方法：见本规范表E.0.1。

10.3.9 檩条、墙架等次要构件安装的允许偏差应符合本规范表E.0.2的规定。

检查数量：按同类构件数抽查10%，且不应小于3件。

检验方法：见本规范表E.0.2。

10.3.10 铝合金平台、铝合金梯、栏杆应符合国家现行有关标准的规定。铝合金平台、铝合金梯和防护栏杆安装的允许偏差应符合本规范表E.0.3的规定。

检查数量：按铝合金平台总数抽查 10%，栏杆、铝合金梯按总长度各抽查 10%，但铝合金平台不应少于 1 个，栏杆不应少于 5m，铝合金梯不应少于 1 跑。

检验方法：见本规范表 E.0.3。

10.3.11 多层铝合金结构中构件安装的允许偏差应符合本规范表 E.0.4 的规定。

检查数量：按同类构件或节点数抽查 10%。其中柱和梁各不应少于 3 件，主梁与次梁连接节点不应少于 3 个，支承压型金属板的铝合金梁长度不应少于 5m。

检验方法：见本规范表 E.0.4。

10.3.12 多层铝合金结构主体结构总高度的允许偏差应符合本规范表 E.0.5 的规定。

检查数量：按标准柱列数抽查 10%，且不应少于 4 列。

检验方法：采用全站仪、水准仪和钢尺实测。

10.3.13 现场焊缝组对间隙的允许偏差应符合表 10.3.13 的规定。

检查数量：按同类节点数抽查 10%，且不应少于 3 个。

检验方法：尺量检查。

表 10.3.13　现场焊缝组对间隙的允许偏差（mm）

项目	允许偏差
无垫板间隙	+3.0,0.0
有垫板间隙	+3.0,−2.0

10.3.14 铝合金结构表面应干净，结构主要表面不应有疤痕、泥沙等污垢。

检查数量：按同类构件数抽查 10%，且不应少于 3 件。

检验方法：观察检查。

附录 E　铝合金结构安装允许偏差

E.0.1 单层铝合金结构中柱子安装的允许偏差应符合表 E.0.1 的规定。

表 E.0.1　单层铝合金结构中柱子安装的允许偏差（mm）

项目		允许偏差	图例	检验方法
柱脚底座中心轴线对定位轴线的偏差		5.0		用吊线和钢尺检查
柱基准点标高	有梁的柱	+3.0		用水准仪检查
	无梁的柱	−5.0		
弯曲矢高		$H/1200$，且不应大于 10.0		用经纬仪或拉线和钢尺检查

续表 E.0.1

项目		允许偏差	图例	检验方法
柱轴线垂直度	单层柱	$H/1500$,且不应大于8.0		用经纬仪或吊线和钢尺检查
	多层柱	$H/1500+5.0$,且不应大于20.0		

注：H 为柱的高度。

E.0.2 墙架、檩条等次要构件安装的允许偏差应符合表 E.0.2 的规定。

表 E.0.2 墙架、檩条等次要构件安装的允许偏差（mm）

项 目		允许偏差	检验方法
墙架立柱	中心线对定位轴线的偏移	10.0	用钢尺检查
	垂直度	$H/1500$,且不应大于8.0	用经纬仪或吊线和钢尺检查
	弯曲矢高	$H/1000$,且不应大于15.0	用经纬仪或吊线和钢尺检查
抗风桁架的垂直度		$H/250$,且不应大于15.0	用吊线和钢尺检查
檩条、墙梁的间距		±5.0	用钢尺检查
檩条的弯曲矢高		$L/750$,且不应大于12.0	用拉线和钢尺检查
墙梁的弯曲矢高		$L/750$,且不应大于10.0	用拉线和钢尺检查

注：H 为墙架立柱的高度，L 为檩条或墙梁的长度。

E.0.3 铝合金平台、铝合金梯和防护栏杆安装的允许偏差应符合表 E.0.3 的规定。

表 E.0.3 铝合金平台、铝合金梯和防护栏杆安装的允许偏差（mm）

项 目	允许偏差	检验方法
平台高度	±15.0	用水准仪检查
平台梁水平度	$l/100$,且$\leqslant20.0$	用水准仪检查
平台支柱垂直度	$H/1000$,且$\leqslant15.0$	用经纬仪或吊线和钢尺检查
称重平台梁侧向弯曲	$l/100$,且$\leqslant10.0$	用拉线和钢尺检查
称重平台梁垂直度	$H/250$,且$\leqslant15.0$	用吊线和钢尺检查
直梯垂直度	$l/1000$,且$\leqslant15.0$	用吊线和钢尺检查
栏杆高度	±15.0	用钢尺检查
栏杆立柱间距	±15.0	用钢尺检查

注：H 为柱的高度，l 为平台梁长度。

E.0.4 多层铝合金结构中构件安装的允许偏差应符合表 E.0.4 的规定。

表 E.0.4 多层铝合金结构中构件安装的允许偏差（mm）

项 目	允许偏差	图 例	检验方法
上、下柱连接处的错口	3.0		用钢尺检查

续表 E.0.4

项　目	允许偏差	图　例	检验方法
同一层柱的各柱顶高度差	5.0		用水准仪检查
同一根梁两端顶面的高差	$l/1000$,且≤10.0		用水准仪检查
主梁与次梁表面的高差	±2.0		用直尺和钢尺检查
压型金属板在铝合金梁上相邻列的错位	15.0		用直尺和钢尺检查

注：l 为梁长度。

E.0.5　多层铝合金结构主体结构总高度的允许偏差应符合表 E.0.5 的规定。

表 E.0.5　多层铝合金结构主体结构总高度的允许偏差（mm）

项　目	允许偏差	图　例
用相对标高控制安装	$\pm\Sigma(\Delta h+\Delta z+\Delta\omega)$	
用设计标高控制安装	$H/1000$,且≤30.0 $-H/1000$,且≤−30.0	

注：Δh 为每节柱子长度的制造允许偏差，Δz 为每节柱子长度受荷载后的压缩值，$\Delta\omega$ 为每节柱子接头焊缝的收缩值，H 为主体结构总高度。

(3) 验收说明

1) 施工依据：《铝合金结构工程施工规程》JGJ/T 216—2010，相应的专业技术规范，施工工艺标准，并制订专项施工方案、技术交底资料。

2) 验收依据：《铝合金结构工程施工质量验收规范》GB 50576—2010，相应的现场质量验收检查原始记录。

3) 注意事项：

① 主控项目的质量经抽样检验均应合格；

② 一般项目的质量经抽样检验合格。当采用计数抽样时，合格点率应符合有关专业验收规范的规定，且不得存在严重缺陷；

③ 具有完整的施工操作依据、质量验收记录；

④ 本检验批的主控项目、一般项目已列入推荐表中，有关具体内容及检查方法见一

般规定及（2）条文摘录。

18. 铝合金空间网格结构支承面检验批质量验收记录

（1）推荐表格

铝合金空间网格结构支承面检验批质量验收记录　　02060701 ___

单位(子单位) 工程名称			分部(子分部) 工程子名称		分项工程名称		
施工单位			项目负责人		检验批容量		
分包单位			分包单位项目 负责人		检验批部位		
施工依据				验收依据	《铝合金结构工程施工质量验收规范》 GB 50576—2010		
	验收项目			设计要求及 规范规定	最小/实际 抽样数量	检查 记录	检查 结果
主控项目	1	铝合金空间网格结构支座定位 轴线位置、支柱锚栓的规格		第 11.2.1 条	/		
	2	支撑面顶板 (mm)	位置		15.0	/	
			顶面标高	$0,-3.0$	/		
			顶面水平度	$L/1000(L=$　mm)	/		
		支座锚栓中心偏移(mm)		5.0	/		
	3	支承垫块的种类、规格、摆放 位置和朝向		第 11.2.3 条	/		
		橡胶垫块与刚性垫块之间或 不同类型刚性垫块之间 不得互换使用					
	4	铝合金空间网格结构支座 锚栓的紧固		第 11.2.4 条	/		
一般项目	1	支座锚固	露出长度(mm)	$+30.0,0.0$			
			螺纹长度(mm)	$+30.0,0.0$			
		支座锚栓的螺纹		应受到保护			
施工单位 检查结果		专业工长： 项目专业质量检查员： 　　　　年　月　日					
监理单位 验收结论		专业监理工程师： 　　　　年　月　日					

（2）验收内容及检查方法条文摘录

一　般　规　定

11.1.1　本章适用于建筑工程中的铝合金空间网格结构安装工程的质量验收。

11.1.2　铝合金空间网格结构安装工程应按变形缝、施工段或空间刚度单元划分成一个或若干个检验批。

11.1.3　铝合金空间网格结构安装检验批应在进场验收和焊接连接、紧固件连接、制作等分项工程验收合格的基础上进行验收。

11.1.4　铝合金空间网格结构安装偏差的检测，应在结构形成空间刚度单元并连接固定后进行。

主 控 项 目

11.2.1 铝合金空间网格结构支座定位轴线的位置、支柱锚栓的规格应符合设计要求。

检查数量：按支座数抽查10％，且不应少于4处。

检验方法：用经纬仪和钢尺实测。

11.2.2 支承面顶板的位置、标高、水平度以及支座锚栓位置的允许偏差应符合表11.2.2的规定。

检查数量：按支座数抽查10％，且不应少于4处。

检验方法：用全站仪或经纬仪、水准仪、钢尺实测。

表 11.2.2 支承面顶板、支座锚栓位置的允许偏差 （mm）

检 查 项 目		允 许 偏 差
支承面顶板	位置	15.0
	顶面标高	0，−3.0
	顶面水平度	$L/1000$
支座锚栓	中心偏移	5.0

注：L 为顶面测量水平度时两个测点间的距离。

11.2.3 支承垫块的种类、规格、摆放位置和朝向，必须符合设计要求和国家现行有关标准的规定。橡胶垫块与刚性垫块之间或不同类型刚性垫块之间不得互换使用。

检查数量：按支座数抽查10％，且不应少于4处。

检验方法：观察和用钢尺实测。

11.2.4 铝合金空间网格结构支座锚栓的紧固应符合设计要求。

检查数量：按支座数抽查10％，且不应少于4处。

检验方法：观察检查。

一 般 项 目

11.2.5 支座锚栓尺寸的允许偏差应符合本规范表10.2.4的规定。支座锚栓的螺纹应受到保护。

检查数量：按支座数抽查10％，且不应少于4处。

检验方法：用钢尺实测和观察。

（3）验收说明

1）施工依据：《铝合金结构工程施工规程》JGJ/T 216—2010，相应的专业技术规范，施工工艺标准，并制订专项施工方案、技术交底资料。

2）验收依据：《铝合金结构工程施工质量验收规范》GB 50576—2010，相应的现场质量验收检查原始记录。

3）注意事项：

① 主控项目的质量经抽样检验均应合格；

② 一般项目的质量经抽样检验合格。当采用计数抽样时，合格点率应符合有关专业验收规范的规定，且不得存在严重缺陷；

③ 具有完整的施工操作依据、质量验收记录；

④ 本检验批的主控项目、一般项目已列入推荐表中，有关具体内容及检查方法见一般规定及（2）条文摘录。

19. 铝合金空间网格结构总拼和安装检验批质量验收记录

（1）推荐表格

铝合金空间网格结构总拼和安装检验批质量验收记录 02060702____

单位(子单位)工程名称				分部(子分部)工程名称		分项工程名称	
施工单位				项目负责人		检验批容量	
分包单位				分包单位项目负责人		检验批部位	
施工依据				验收依据	\<《铝合金结构工程施工质量验收规范》 GB 50576—2010\>		

验收项目				设计要求及规范规定	最小/实际抽样数量	检查记录	检查结果
主控项目	1 小拼单元(mm)		节点中心偏移	2.0	/		
			杆件交汇节点与杆件中心的偏移	1.0			
			杆件轴线的弯曲矢高	$L_1/1000$，且≤5.0			
		椎体型小拼单元	弦杆长度	±2.0	/		
			椎体高度	±2.0	/		
			四角椎体上弦对角线长度	±3.0	/		
		平面桁架型小拼单元	跨长 ≤24m	+3.0，−7.0	/		
			跨长 >24m	+5.0，−10.0	/		
			跨中高度	±3.0	/		
			跨中拱度 设计起拱	±$L/5000$			
			跨中拱度 设计不起拱	+10.0			
	2 中拼单元(mm)	单元长度≤20m，拼接长度	单跨	±10.0	/		
			多跨连续	±5.0	/		
		单元长度>20m，拼接长度	单跨	±20.0			
			多跨连续	±10.0			
	3 节点承载力试验		按设计指定规格的连接板及其匹配的铝杆件连接成试件	第11.3.3条			
			按设计指定规格的连接板最大螺栓孔螺纹				
	4 测量挠度值		网络结构及屋面工程	≤1.5倍设计值			
一般项目	1		节点及杆件表面质量	第11.3.5条	/		
	2 铝合金空间网格结构安装允许偏差(mm)		纵向、横向长度	$L/2000$，且≤30.0 − $L/2000$，且≤−30.0	/		
			支柱中心偏移	$L/3000$，且≤30.0			
			周边支承结构相邻支座高差	$L_1/400$，且≤15.0	/		
			支座最大高差	30.0			
			多点支承格构相邻支座高差	$L_1/800$，且≤30.0			

施工单位检查结果		专业工长： 项目专业质量检查员： 年 月 日
监理单位验收结论		专业监理工程师： 年 月 日

注：h 为设计挠度值。

(2) 验收内容及检查方法条文摘录

一 般 规 定

11.1.1 本章适用于建筑工程中的铝合金空间网格结构安装工程的质量验收。

11.1.2 铝合金空间网格结构安装工程应按变形缝、施工段或空间刚度单元划分成一个或若干个检验批。

11.1.3 铝合金空间网格结构安装检验批应在进场验收和焊接连接、紧固件连接、制作等分项工程验收合格的基础上进行验收。

11.1.4 铝合金空间网格结构安装偏差的检测，应在结构形成空间刚度单元并连接固定后进行。

主 控 项 目

11.3.1 小拼单元的允许偏差应符合表11.3.1的规定。

检查数量：按单元数抽查5%，且不应少于5个。

检验方法：用钢尺和拉线等辅助量具实测。

表 11.3.1 小拼单元的允许偏差（mm）

检 查 项 目		允 许 偏 差
节点中心偏移		2.0
杆件交汇节点与杆件中心的偏移		1.0
杆件轴线的弯曲矢高		$L_1/1000$，且不应大于 5.0
锥体型小拼单元	弦杆长度	±2.0
	锥体高度	±2.0
	四角锥体上弦杆对角线长度	±3.0
平面桁架型小拼单元	跨长 ≤24m	+3.0 −7.0
	跨长 >24m	+5.0 −10.0
	跨中高度	±3.0
	跨中拱度 设计要求起拱	±L/5000
	跨中拱度 设计未要求起拱	+10.0

注：L_1 为杆件长度，L 为跨长。

11.3.2 中拼单元的允许偏差应符合表11.3.2的规定。

检查数量：全数检查。

检验方法：用钢尺和辅助量具实测。

表 11.3.2 中拼单元的允许偏差（mm）

检 查 项 目		允 许 偏 差
单元长度小于等于20m,拼接长度	单跨	±10.0
	多跨连续	±5.0

检 查 项 目		允 许 偏 差
单元长度大于 20m,拼接长度	单跨	±20.0
	多跨连续	±10.0

11.3.3 建筑结构安全等级为一级,且设计有要求时,应按下列项目进行节点承载力试验:

1 杆件交汇节点应按设计指定规格的连接板及其匹配的铝杆件连接成试件,进行轴心拉、压承载力试验,其试验破坏荷载值大于或等于 1.6 倍设计承载力为合格;

2 杆件交汇节点应按设计指定规格的连接板最大螺栓孔螺纹进行抗拉强度保证荷载试验,当达到螺栓的设计承载力时,螺孔、螺纹及螺帽仍完好无损为合格。

检查数量:每项试验做 3 个试件。

检验方法:检查试验报告。

11.3.4 铝合金空间网格结构总拼完成后及屋面工程完成后应分别测量其挠度值,且所测的挠度值不应超过相应设计值的 1.5 倍。

检查数量:跨度 24m 及以下铝合金空间网格结构测量下弦中央一点;跨度 24m 以上铝合金空间网格结构测量下弦中央一点及各向下弦跨度的四等分点。

检验方法:用钢尺和水准仪实测。

一 般 项 目

11.3.5 铝合金空间网格结构安装完成后,其节点及杆件表面应干净,不应有明显的疤痕、泥沙和污垢等缺陷。

检查数量:按节点及杆件数抽查 5%,且不应少于 10 个节点。

检验方法:观察检查。

11.3.6 铝合金空间网格结构安装完成后,其安装的允许偏差应符合表 11.3.6 的规定。

检查数量:全数检查。

检验方法:用钢尺、经纬仪和水准仪实测。

表 11.3.6 铝合金空间网格结构安装的允许偏差 (mm)

检 查 项 目	允 许 偏 差	检 验 方 法
纵向、横向长度	$L/2000$,且不应大于 30.0 $-L/2000$,且不应小于 -30.0	用钢尺实测
支柱中心偏移	$L/3000$,且不应大于 30.0	用钢尺和经纬仪实测
周边支撑结构相邻支座高差	$L_1/400$,且不应大于 15.0	用钢尺和水准仪实测
支座最大高差	30.0	
多点支承格构相邻支座高差	$L_1/800$,且不应大于 30.0	

注:L 为纵向、横向长度,L_1 为相邻支座间距。

(3) 验收说明

1）施工依据：《铝合金结构工程施工规程》JGJ/T 216—2010，相应的专业技术规范，施工工艺标准，并制订专项施工方案、技术交底资料。

2）验收依据：《铝合金结构工程施工质量验收规范》GB 50576—2010，相应的现场质量验收检查原始记录。

3）注意事项：

① 主控项目的质量经抽样检验均应合格；

② 一般项目的质量经抽样检验合格。当采用计数抽样时，合格点率应符合有关专业验收规范的规定，且不得存在严重缺陷；

③ 具有完整的施工操作依据、质量验收记录；

④ 本检验批的主控项目、一般项目已列入推荐表中，有关具体内容及检查方法见一般规定及（2）条文摘录。

20. 铝合金面板检验批质量验收记录

（1）推荐表格

铝合金面板检验批质量验收记录　　　　02060801____

单位(子单位)工程名称			分部(子分部)工程名称		分项工程名称		
施工单位			项目负责人		检验批容量		
分包单位			分包单位项目负责人		检验批部位		
施工依据				验收依据	《铝合金结构工程施工质量验收规范》GB 50576—2010		
验收项目			设计要求及规范规定	最小/实际抽样数量	检查记录	检查结果	
主控项目	1	铝合金面板及制造铝合金面板所采用的原材料,其品种、规格、性能	第4.6.1条	/			
	2	铝合金泛水板、包角板和零配件的品种、规格、性能	第4.6.2条	/			
一般项目	1	铝合金面板的规格尺寸及允许偏差、表面质量、涂层质量	第4.6.3条	/			
施工单位检查结果				专业工长：项目专业质量检查员：　　年 月 日			
监理单位验收结论				专业监理工程师：　　年 月 日			

438

（2）验收内容及检查方法条文摘录

<h3 style="text-align:center">一 般 规 定</h3>

4.1.1　本章适用于进入铝合金结构各分项工程实施现场的主要材料、零（部）件、成品件、标准件等产品的进场验收。

4.1.2　进场验收的检验批应与各分项工程检验批一致，也可根据进料实际情况划分检验批。

<h3 style="text-align:center">主 控 项 目</h3>

4.6.1　铝合金面板及制造铝合金面板所采用的原材料，其品种、规格、性能等应符合国家现行有关标准和设计要求。

检查数量：全数检查。

检验方法：检查质量合格证明文件、标识及检验报告等。

4.6.2　铝合金泛水板、包角板和零配件的品种、规格、性能应符合国家现行产品标准和设计要求。

检查数量：全数检查。

检验方法：检查产品的质量合格证明文件、标识及检验报告等。

<h3 style="text-align:center">一 般 项 目</h3>

4.6.3　铝合金面板的规格尺寸及允许偏差、表面质量、涂层质量等应符合设计要求和本规范的规定。

检查数量：每种规格抽查5%，且不应少于3件。

检验方法：观察、用10倍放大镜检查及尺量。

（3）验收说明

1）施工依据：《铝合金结构工程施工规程》JGJ/T 216—2010，相应的专业技术规范，施工工艺标准，并制订专项施工方案、技术交底资料。

2）验收依据：《铝合金结构工程施工质量验收规范》GB 50576—2010，相应的现场质量验收检查原始记录。

3）注意事项：

① 主控项目的质量经抽样检验均应合格；

② 一般项目的质量经抽样检验合格。当采用计数抽样时，合格点率应符合有关专业验收规范的规定，且不得存在严重缺陷；

③ 具有完整的施工操作依据、质量验收记录；

④ 本检验批的主控项目、一般项目已列入推荐表中，有关具体内容及检查方法见一般规定及（2）条文摘录。

21. 铝合金面板制作检验批质量验收记录

（1）推荐表格

铝合金面板制作检验批质量验收记录

单位(子单位) 工程名称				分部(子分部) 工程名称		分项工程名称	
施工单位				项目负责人		检验批容量	
分包单位				分包单位项目 负责人		检验批部位	
施工依据				验收依据	《铝合金结构工程施工质量验收规范》 GB 50576—2010		

验收项目				设计要求及 规范规定	最小/实际 抽样数量	检查 记录	检查 结果
主控 项目	1	铝合金面板及制造铝合金面板所采 用的原材料,其品种、规格、性能		第4.6.1条	/		
	2	铝合金泛水板、包角板和零配件的 品种、规格、性能		第4.6.2条	/		
	3	铝合金面板成型后,其基板质量		不应有裂纹、裂边、 腐蚀等缺陷			
	4	有涂层铝合金面板的漆膜		不应有肉眼可见的 裂纹、剥落和擦痕 等缺陷	/		
一般 项目	1	铝合金面板的规格尺寸及允许 偏差、表面质量、涂层质量		第4.6.3条	/		
	2	铝合金 面板尺 寸允许 偏差 (mm)	板高压 型板	波距	±2.0	/	
				截面高度≤70	±1.5	/	
				截面高度＞70	±2.0	/	
		肋高	直立锁边板	±1.0	/	
		卷边直径		±0.5	/	
		在测量长度 L_1 的范围 内侧向弯曲		20.0	/	
	3	铝合金面板成型后,表面质量		应平净,不应有明显 的凹凸和皱褶等缺陷	/		
	4	铝合金 面板施 工现场 制作的 允许偏 差(mm)	铝合金面板 (除直立锁边 板)的覆盖 宽度	截面高 度≤70	+6.0,−2.0	/	
				截面高 度＞70	+10.0,−2.0	/	
			铝合金直立锁边板的 覆盖宽度		+2.0,−5.0	/	
			板长		±9.0	/	
			横向剪切偏差		6.0	/	
			泛水板、包 角板尺寸	板长	±6.0mm	/	
				折弯曲宽度	±3.0mm	/	
				折弯曲夹角	2°	/	

施工单位 检查结果	专业工长: 项目专业质量检查员: 年 月 日
监理单位 验收结论	专业监理工程师: 年 月 日

440

(2) 验收内容及检查方法条文摘录

一 般 规 定

12.1.1 本章适用于铝合金面板的制作和现场施工安装工程质量验收。

12.1.2 铝合金面板的制作和安装工程应按变形缝、施工段、轴线等划分为一个或若干个检验批。

12.1.3 铝合金面板安装应在结构安装工程检验批质量验收合格后进行。

12.1.4 铝合金面板工程验收前，应在安装施工过程中完成隐蔽项目的现场验收。

主 控 项 目

4.6.1 铝合金面板及制造铝合金面板所采用的原材料，其品种、规格、性能等应符合国家现行有关标准和设计要求。

检查数量：全数检查。

检验方法：检查质量合格证明文件、标识及检验报告等。

4.6.2 铝合金泛水板、包角板和零配件的品种、规格、性能应符合国家现行产品标准和设计要求。

检查数量：全数检查。

检验方法：检查产品的质量合格证明文件、标识及检验报告等。

12.2.1 铝合金面板成型后，其基板不应有裂纹、裂边、腐蚀等缺陷。

检查数量：按计件数抽查 5%，且不少于 10 件。

检验方法：观察和用 10 倍放大镜检查。

12.2.2 有涂层铝合金面板的漆膜不应有肉眼可见的裂纹、剥落和擦痕等缺陷。

检查数量：按计件数抽查 5%，且不少于 10 件。

检验方法：观察检查。

一 般 项 目

4.6.3 铝合金面板的规格尺寸及允许偏差、表面质量、涂层质量等应符合设计要求和本规范的规定。

检查数量：每种规格抽查 5%，且不应少于 3 件。

检验方法：观察、用 10 倍放大镜检查及尺量。

12.2.3 铝合金面板的尺寸允许偏差应符合表 12.2.3 的规定。

检查数量：按计件数抽查 5%，且不少于 10 件。

检验方法：用拉线和钢尺检查。

表 12.2.3　铝合金面板的尺寸允许偏差（mm）

检 查 项 目			允 许 偏 差
波距			±2.0
板高	压型板	截面高度小于或等于 70	±1.5
		截面高度大于 70	±2.0
肋高	直立锁边板	—	±1.0
卷边直径			±0.5

检 查 项 目		允 许 偏 差
侧向弯曲	在测量长度 L_1 的范围内	20.0

注：1 L_1 为测量长度。

2 当板长大于 10m 时，扣除两端各 0.5m 后任选 10m 长度测量。

3 当板长小于等于 10m 时，扣除两端各 0.5m 后按实际长度测量。

12.2.4 铝合金面板成型后，表面应干净，不应有明显的凹凸和皱褶等缺陷。

检查数量：按计件数抽查 5%，且不少于 10 件。

检验方法：观察检查。

12.2.5 铝合金面板施工现场制作的允许偏差应符合表 12.2.5 的规定。

检查数量：按计件数抽查 5%，且不少于 10 件。

检验方法：用钢尺、角尺检查。

表 12.2.5 铝合金面板施工现场制作的允许偏差

项　　目		允 许 偏 差
铝合金面板(除直立锁边板)的覆盖宽度	截面高度小于或等于 70mm	＋10.0mm －2.0mm
	截面高度大于 70mm	＋6.0mm －2.0mm
铝合金直立锁边板的覆盖宽度		＋2.0mm －5.0mm
板长		±9.0mm
横向剪切偏差		6.0mm
泛水板、包角板尺寸	板长	±6.0mm
	折弯曲宽度	±3.0mm
	折弯曲夹角	2°

(3) 验收说明

1) 施工依据：《铝合金结构工程施工规程》JGJ/T 216—2010，相应的专业技术规范，施工工艺标准，并制订专项施工方案、技术交底资料。

2) 验收依据：《铝合金结构工程施工质量验收规范》GB 50576—2010，相应的现场质量验收检查原始记录。

3) 注意事项：

① 主控项目的质量经抽样检验均应合格；

② 一般项目的质量经抽样检验合格。当采用计数抽样时，合格点率应符合有关专业验收规范的规定，且不得存在严重缺陷；

③ 具有完整的施工操作依据、质量验收记录；

④ 本检验批的主控项目、一般项目已列入推荐表中，有关具体内容及检查方法见一般规定及（2）条文摘录。

22. 铝合金面板安装检验批质量验收记录

（1）推荐表格

铝合金面板安装检验批质量验收记录　　02060803＿＿＿

单位(子单位) 工程名称			分部(子分部) 工程名称			分项工程名称		
施工单位			项目负责人		.	检验批容量		
分包单位			分包单位项目 负责人			检验批部位		
施工依据				验收依据		《铝合金结构工程施工质量验收规范》 GB 50576—2010		

		验收项目			设计要求及 规范规定	最小/实际 抽样数量	检查 记录	检查 结果
主控 项目	1	铝合金面板、 泛水板和包 角板	固定、防腐涂料涂刷和 密封材料敷设、连接 件数量、间距		应可靠、牢固应完 好应符合规定	/		
	2	固定支座 安装允许 偏差	相邻支座间距(mm)		+5.0，-2.0	/		
			倾斜角度(°)		1°	/		
			平面角度(°)		1°	/		
			相对 高差	纵向(mm)	a/200	/		
				横向(mm)	5	/		
	3	铝合金面板 在支承构件 上的搭接长 度(mm)	纵 向	波高＞70	350	/		
				波高 ≤70 屋面坡度＜1/10	250	/		
				屋面坡度≥1/10	200	/		
			横向		≥1个波	/		
	4	橡胶垫、胶条、密封胶质量			第4.7.2条			
	5	防水密封材料质量及基材相容性			第4.7.3条			
一般 项目	1	面板伸入檐沟内的长度			≥150mm	/		
		面板与泛水的搭接长度			≥200mm	/		
		面板挑出墙面的长度			≥200mm	/		
	2	铝合金板安 装外观质量	铝合金面板安装		应平整、顺直	/		
			板面		无污染无错洞	/		
			檐口线、泛水段		应顺直无起伏	/		
	3	铝合金板安 装允许偏差 (mm)	檐口与屋脊的平行度		12.0	/		
			铝合金面板波纹线对 屋脊的垂直度		L/800,且≤25.0	/		
			檐口相邻两块铝合金 面板端部错位		6.0	/		
			铝合金面板卷边板件 最大波浪高		4.0	/		
	4	铝合金面板搭接处咬合质量			第12.3.7条	/		
	5	每平方米铝 合金面板表 面质量	0.1mm～0.3mm 宽划伤痕		长度小于100mm 不超过8条	/		
			擦伤		不大于500mm²	/		
施工单位 检查结果		专业工长： 项目专业质量检查员： 　　　　　年　月　日						
监理单位 验收结论		专业监理工程师： 　　　　　年　月　日						

（2）验收内容及检查方法条文摘录

一般规定

12.1.1　本章适用于铝合金面板的制作和现场施工安装工程质量验收。

12.1.2　铝合金面板的制作和安装工程应按变形缝、施工段、轴线等划分为一个或若干个检验批。

12.1.3　铝合金面板安装应在结构安装工程检验批质量验收合格后进行。

12.1.4　铝合金面板工程验收前，应在安装施工过程中完成隐蔽项目的现场验收。

主控项目

12.3.1　铝合金面板、泛水板和包角板等固定应可靠、牢固，防腐涂料涂刷和密封材料敷设应完好，连接件数量、间距应符合设计要求和国家现行有关标准的规定。

检查数量：全数检查。

检验方法：观察检查及尺量。

12.3.2　铝合金面板固定支座的安装应控制支座的相邻支座间距、倾斜角度、平面角度和相对高差，允许偏差应符合表 12.3.2 的规定。

检查数量：按同类构件数抽查 10%，且不少于 10 件。

检验方法：经纬仪、分度头、拉线和钢尺。

表 12.3.2　固定支座安装允许偏差

检 查 项 目	允许偏差	检 查 项 目		允许偏差
相邻支座间距	+5.0mm −2.0mm	平面角度		1°
		相对高差	纵向	$a/200$
倾斜角度	1°		横向	5mm

注：a 为纵向支座间距。

12.3.3　铝合金面板应在支承构件上可靠搭接，搭接长度应符合设计要求，且不应小于表 12.3.3 规定的数值。

检查数量：按计件数抽查 5%，且不少于 10 件。

检验方法：用钢尺、角尺检查。

表 12.3.3　铝合金面板在支承构件上的搭接长度（mm）

项　目			搭接长度
纵向	波高大于 70		350
	波高小于等于 70	屋面坡度小于 1/10	250
		屋面坡度大于等于 1/10	200
横向	大于或等于一个波		

4.7.2　铝合金结构用橡胶垫、胶条、密封胶等的品种、规格、性能等应符合国家现行产品标准和设计要求。

检查数量：全数检查。

检验方法：检查产品的质量合格证明文件、标识及检验报告等。

4.7.3 防水密封材料的性能应符合国家现行产品标准和设计要求，并应与基材作相容性试验。

检查数量：全数检查。

检验方法：检查产品的质量合格证明文件、标识及检验报告等。

一 般 项 目

12.3.4 铝合金面板与檐沟、泛水、墙面的有关尺寸应符合设计要求，且不应小于表12.3.4规定的数值。

检查数量：按计件数抽查5%，且不少于10件。

检验方法：用钢尺、角尺检查。

表 12.3.4 铝合金面板与檐沟、泛水、墙面尺寸 (mm)

检 查 项 目	尺寸	检 查 项 目	尺寸
面板伸入檐沟内的长度	150	面板挑出墙面的长度	200
面板与泛水的搭接长度	200		

12.3.5 铝合金面板安装应平整、顺直，板面不应有施工残留物和污物；檐口线、泛水段应顺直，并无起伏现象；板面不应有未经处理的错钻孔洞。

检查数量：按面积抽查10%，且不应少于10m²。

检验方法：观察检查。

12.3.6 铝合金面板安装的允许偏差应符合表12.3.6的规定。

检查数量：檐口与屋脊的平行度：按长度抽查10%，且不应少于10m。其他项目：每20m长度应抽查1处，且不应少于2处。

检验方法：用拉线和钢尺检查。

表 12.3.6 铝合金面板安装的允许偏差 (mm)

检 查 项 目	允 许 偏 差
檐口与屋脊的平行度	12.0
铝合金面板波纹线对屋脊的垂直度	$L/800$，且不应大于25.0
檐口相邻两块铝合金面板端部错位	6.0
铝合金面板卷边板件最大波浪高	4.0

注：L 为屋面半坡或单坡长度。

12.3.7 铝合金面板搭接处咬合方向应符合设计要求，咬边应紧密，且应连续平整，不应出现扭曲和裂口的现象。

检查数量：按面积抽查10%，且不应少于10m²。

检验方法：观察检查。

12.3.8 每平方米铝合金面板的表面质量应符合表12.3.8的规定。

检查数量：按面积抽查10%，且不应少于10m²。

检验方法：观察和用10倍放大镜检查。

表 12.3.8　每平方米铝合金面板的表面质量

项　　目	质量要求
0.1mm～0.3mm 宽划伤痕	长度小于 100mm；不超过 8 条
擦伤	不大于 500mm²

注：1 划伤指露出铝合金基体的损伤。
　　2 擦伤指没有露出铝合金基体的损伤。

(3) 验收说明

1) 施工依据：《铝合金结构工程施工规程》JGJ/T 216—2010，相应的专业技术规范，施工工艺标准，并制订专项施工方案、技术交底资料。

2) 验收依据：《铝合金结构工程施工质量验收规范》GB 50576—2010，相应的现场质量验收检查原始记录。

3) 注意事项：

① 主控项目的质量经抽样检验均应合格；

② 一般项目的质量经抽样检验合格。当采用计数抽样时，合格点率应符合有关专业验收规范的规定，且不得存在严重缺陷；

③ 具有完整的施工操作依据、质量验收记录；

④ 本检验批的主控项目、一般项目已列入推荐表中，有关具体内容及检查方法见一般规定及（2）条文摘录。

23. 铝合金幕墙结构支承面检验批质量验收记录

24. 铝合金幕墙结构总拼和安装检验批质量验收记录

(1) 推荐表格

02060901 ____

铝合金幕墙结构安装检验批质量验收记录　　02060902 ____

单位(子单位)工程名称		分部(子分部)工程名称		分项工程名称	
施工单位		项目负责人		检验批容量	
分包单位		分包单位项目负责人		检验批部位	
施工依据		验收依据		《铝合金结构工程施工质量验收规范》GB 50576—2010	

验收项目			设计要求及规范规定	最小/实际抽样数量	检查记录	检查结果
主控项目	1	铝合金幕墙结构支座定位轴线处锚栓的规格	第 13.2.1 条	/		
	2	幕墙结构预埋件和连接件的数量、埋设方法及防腐处理预埋件的标高及位置偏差≤20mm	第 13.2.2 条			
	3	铝合金幕墙结构所使用的各种材料、构件和组件的质量	第 13.3.1 条			

验收项目				设计要求及规范规定	最小/实际抽样数量	检查记录	检查结果
主控项目	4	橡胶垫、胶条、密封胶的品种、规格、性能		第4.7.2条			
	5	防水密封材料性能		第4.7.3条			
	6	铝合金幕墙结构与主体结构连接的各种预埋件、连接件、紧固件安装		第13.3.2条	/		
	7	各种连接件、紧固件	螺栓连接防松动	第13.3.3条	/		
			焊接连接设计要求		/		
	8	竖向构件安装允许偏差（mm）	构件整体垂直度 $h \leq 30m$	10	/		
			$60m \geq h > 30m$	15	/		
			$90m \geq h > 60m$	20	/		
			$150m \geq h > 90m$	25	/		
			$h > 150m$	30	/		
			竖向构件直线度	2.5	/		
			相邻两根竖向构件标高偏差	3	/		
			同层构件标高偏差	5	/		
			相邻两竖向构件间距偏差	2	/		
		构件外表面平面度	相邻三构件	2	/		
			$b \leq 20m$	5	/		
			$b \leq 40m$	7	/		
			$b \leq 60m$	9	/		
			$b > 60m$	10	/		
	9	横向构件安装允许偏差（mm）	单个横向构件水平度 $l \leq 2m$	2	/		
			$l > 2m$	3	/		
		相邻两横向构件间距差	$s \leq 2m$	1.5	/		
			$s > 2m$	2	/		
			相邻两横向构件的标高差	≤ 1	/		
		横向构件高度差	$b \leq 35m$	5	/		
			$b > 35m$	7	/		
	10	分格框对角线差（mm）	$\leq 2m$	3	/		
			$> 2m$	3.5	/		

验收项目			设计要求及规范规定	最小/实际抽样数量	检查记录	检查结果
主控项目	11	立柱连接（mm）	芯管材质、规格	设计要求	/	
			芯管插入上下立柱的总长度	≤250	/	
			上下两立柱间的空隙	≥15	/	
一般项目	1	表面质量	明显划伤和长度>100mm	不允许	/	
			长度≤100mm	≤2 条	/	
			划伤总面积(mm²)	≤500	/	
施工单位检查结果		专业工长： 项目专业质量检查员： 年　月　日				
监理单位验收结论		专业监理工程师： 年　月　日				

(2) 验收内容及检查方法条文摘录

一 般 规 定

13.1.1　本章适用于铝合金幕墙结构工程的质量验收。

13.1.2　铝合金幕墙结构安装工程应按下列规定划分检验批：

1　相同设计、材料、工艺和施工条件的幕墙工程每 500m² ～1000m² 为一个检验批，不足 500m² 应划分为一个检验批。每个检验批每 100m² 抽查不应少于一处，每处不应小于 10m²；

2　同一单位工程的不连续的幕墙工程应单独划分检验批；

3　异型或有特殊要求的幕墙检验批的划分，应根据幕墙的结构、工艺特点及幕墙工程规模，由监理单位（或建设单位）和施工单位协商确定。

13.1.3　铝合金幕墙结构安装检验批应在进场验收、焊接连接、紧固件连接、制作等分项工程验收合格的基础上进行验收。

13.1.4　安装偏差的检测，应在结构形成空间刚度单元并连接固定后进行。

主 控 项 目

13.2.1　铝合金幕墙结构支座定位轴线处锚栓的规格应符合设计要求。

检查数量：按支座数抽查 10%，且不应少于 4 处。

检验方法：用钢尺实测。

13.2.2　预埋件和连接件安装质量的检验指标，应符合下列规定：

1　幕墙结构预埋件和连接件的数量、埋设方法及防腐处理应符合设计要求；

2　预埋件的标高及位置的偏差不应大于 20mm。

检查数量：按预埋件数抽查 10％，且不应少于 4 处。

检验方法：用经纬仪、水准仪和钢尺实测。

13.3.1 铝合金幕墙结构所使用的各种材料、构件和组件的质量，应符合设计要求及国家现行有关标准的规定。

检查数量：全数检查。

检验方法：检查材料、构件、组件的产品合格证书、进场验收记录、性能检测报告和材料的复验报告。

4.7.2 铝合金结构用橡胶垫、胶条、密封胶等的品种、规格、性能等应符合国家现行产品标准和设计要求。

检查数量：全数检查。

检验方法：检查产品的质量合格证明文件、标识及检验报告等。

4.7.3 防水密封材料的性能应符合国家现行产品标准和设计要求，并应与基材作相容性试验。

检查数量：全数检查。

检验方法：检查产品的质量合格证明文件、标识及检验报告等。

13.3.2 铝合金幕墙结构与主体结构连接的各种预埋件、连接件、紧固件必须安装牢固，其数量、规格、位置、连接方法和防腐处理应符合设计要求。

检查数量：全数检查。

检验方法：观察，检查隐蔽工程验收记录和施工记录。

13.3.3 各种连接件、紧固件的螺栓应有防松动措施，焊接连接应符合设计要求和国家现行有关标准的规定。

检查数量：全数检查。

检验方法：观察，检查隐蔽工程验收记录和施工记录。

13.3.4 铝合金幕墙结构竖向主要构件安装质量应符合表 13.3.4 的规定，测量检查应在风力小于 4 级时进行。

检查数量：按构件数抽查 5％，且不应少于 3 处。

检验方法：见表 13.3.4。

表 13.3.4 竖向主要构件安装质量的允许偏差

	项　目		允许偏差(mm)	检　查　方　法
1	构件整体垂直度	$h \leqslant 30m$	10	激光仪或经纬仪
		$60m \geqslant h > 30m$	15	
		$90m \geqslant h > 60m$	20	
		$150m \geqslant h > 90m$	25	
		$h > 150m$	30	
2	竖向构件直线度		2.5	2m 靠尺、塞尺
3	相邻两根竖向构件的标高偏差		3	水平仪和钢直尺
4	同层构件标高偏差		5	水平仪和钢直尺，以构件顶端为测量面进行测量
5	相邻两竖向构件间距偏差		2	用钢卷尺在构件顶部测量

项	目		允许偏差(mm)	检查方法
6	构件外表面平面度	相邻三构件	2	用钢直尺和经纬仪或全站仪测量
		$b\leq20m$	5	
		$b\leq40m$	7	
		$b\leq60m$	9	
		$b>60m$	10	

注：h 为围护结构高度，b 为围护结构宽度。

13.3.5 铝合金幕墙结构横向主要构件安装质量的允许偏差应符合表13.3.5的规定，测量检查应在风力小于 4 级时进行。

检查数量：按构件数抽查 5%，且不应少于 3 处。

检验方法：见表 13.3.5。

表 13.3.5 横向主要构件安装质量的允许偏差

	检查项目		允许偏差(mm)	检查方法
1	单个横向构件水平度	$l\leq2m$	2	水平尺
		$l>2m$	3	
2	相邻两横向构件间距差	$s\leq2m$	1.5	钢卷尺
		$s>2m$	2	
3	相邻两横向构件的标高差		≤1	水平尺
4	横向构件高度差	$b\leq35m$	5	水平仪
		$b>35m$	7	

注：l 为构件长度，s 为间距，b 为幕墙结构宽度。

13.3.6 铝合金幕墙结构分格框对角线安装质量的允许偏差应符合表13.3.6的规定，测量检查应在风力小于 4 级时进行。

检查数量：按分格数抽查 5%，且不应少于 3 处。

检验方法：用钢尺实测。

表 13.3.6 分格框对角线安装质量的允许偏差

项	目	允许偏差(mm)	检查方法
分格线对角线差	$\leq2m$	3	钢卷尺
	$>2m$	3.5	

13.3.7 立柱连接的检验指标，应符合下列规定：

1 芯管材质、规格应符合设计要求；

2 芯管插入上下立柱的总长度不得小于 250mm；

3 上下两立柱间的空隙不应小于 15mm。

检查数量：按立柱数抽查 5%，且不应少于 3 处。

检验方法：用钢尺实测。

一 般 项 目

13.3.8 一个分格铝合金型材的表面质量和检验方法应符合表13.3.8的规定。

检查数量：全数检查。

检验方法：见表 13.3.8。

表 13.3.8 一个分格铝合金型材的表面质量和检验方法

检查项目	质量要求	检验方法
明显划伤和长度＞100mm 的轻微划伤	不允许	观察
长度≤100mm 的轻微划伤	≤2 条	用钢尺检查
擦伤总面积	≤500mm²	用钢尺检查

(3) 验收说明

1) 施工依据：《铝合金结构工程施工规程》JGJ/T 216—2010，相应的专业技术规范，施工工艺标准，并制订专项施工方案、技术交底资料。

2) 验收依据：《铝合金结构工程施工质量验收规范》GB 50576—2010，相应的现场质量验收检查原始记录。

3) 注意事项：

① 主控项目的质量经抽样检验均应合格；

② 一般项目的质量经抽样检验合格。当采用计数抽样时，合格点率应符合有关专业验收规范的规定，且不得存在严重缺陷；

③ 具有完整的施工操作依据、质量验收记录；

④ 本检验批的主控项目、一般项目已列入推荐表中，有关具体内容及检查方法见一般规定及（2）条文摘录。

25. 其他材料检验批质量验收记录

(1) 推荐表格

其他材料检验批质量验收记录　　　　02061001 ____

单位(子单位)工程名称			分部(子分部)工程名称		分项工程名称		
施工单位			项目负责人		检验批容量		
分包单位			分包单位项目负责人		检验批部位		
施工依据			验收依据	《铝合金结构工程施工质量验收规范》GB 50576—2010			
		验收项目		设计要求及规范规定	最小/实际抽样数量	检查记录	检查结果
主控项目	1	防腐涂料的品种、规格、性能		第4.7.1条	/		
	2	铝合金结构用橡胶垫、胶条、密封胶等的品种、规格、性能		第4.7.2条	/		
	3	防水密封材料的性能		第4.7.3条	/		
施工单位检查结果				专业工长：项目专业质量检查员：　　　年　月　日			
监理单位验收结论				专业监理工程师：　　　年　月　日			

451

（2）验收内容及检查方法条文摘录

一 般 规 定

4.1.1　本章适用于进入铝合金结构各分项工程实施现场的主要材料、零（部）件、成品件、标准件等产品的进场验收。

4.1.2　进场验收的检验批应与各分项工程检验批一致，也可根据进料实际情况划分检验批。

主 控 项 目

4.7.1　铝合金材料防腐涂料的品种、规格、性能等应符合国家现行产品标准和设计要求。

检查数量：全数检查。

检验方法：检查产品的质量合格证明文件、标识及检验报告等。

4.7.2　铝合金结构用橡胶垫、胶条、密封胶等的品种、规格、性能等应符合国家现行产品标准和设计要求。

检查数量：全数检查。

检验方法：检查产品的质量合格证明文件、标识及检验报告等。

4.7.3　防水密封材料的性能应符合国家现行产品标准和设计要求，并应与基材作相容性试验。

检查数量：全数检查。

检验方法：检查产品的质量合格证明文件、标识及检验报告等。

（3）验收说明

1）施工依据：《铝合金结构工程施工规程》JGJ/T 216—2010，相应的专业技术规范，施工工艺标准，并制订专项施工方案、技术交底资料。

2）验收依据：《铝合金结构工程施工质量验收规范》GB 50576—2010，相应的现场质量验收检查原始记录。

3）注意事项：

① 主控项目的质量经抽样检验均应合格；

② 一般项目的质量经抽样检验合格。当采用计数抽样时，合格点率应符合有关专业验收规范的规定，且不得存在严重缺陷；

③ 具有完整的施工操作依据、质量验收记录；

④ 本检验批的主控项目、一般项目已列入推荐表中，有关具体内容及检查方法见一般规定及（2）条文摘录。

26. 阳极氧化检验批质量验收记录

（1）推荐表格

阳极氧化检验批质量验收记录

单位(子单位) 工程名称			分部(子分部) 工程名称			分项工程名称		
施工单位			项目负责人			检验批容量		
分包单位			分包单位项目 负责人			检验批部位		
施工依据				验收依据		《铝合金结构工程施工质量验收规范》 GB 50576—2010		
验收项目				设计要求及 规范规定		最小/实际 抽样数量	检查 记录	检查 结果
主控 项目	1	阳极氧化膜的厚度		第14.2.1条		/		
	2	阳极氧化产品不应有电灼伤、氧化膜 脱落等影响使用的缺陷		第14.2.2条		/		
一般 项目	1	阳极氧化膜的封孔质量		第14.2.3条				
	2	阳极氧化膜颜色及色差		第14.2.4条		/		
施工单位 检查结果			专业工长: 项目专业质量检查员: 　年　月　日					
监理单位 验收结论			专业监理工程师: 　年　月　日					

(2) 验收内容及检查方法条文摘录

一般规定

14.1.1 本章适用于铝合金结构的防腐处理工程的施工质量验收。

14.1.2 铝合金结构防腐处理工程应按铝合金结构制作检验批的划分原则划分成一个活若干个检验批。

主控项目

14.2.1 阳极氧化膜的厚度应符合现行国家标准《铝合金建筑型材》GB 5237.1 和《铝合金结构设计规范》GB 50429 的有关规定及设计文件的要求,对应级别的厚度应符合表 14.2.1-1 的要求。

检查数量:按表 14.2.1-2。

检验方法:应按现行国家标准《铝及铝合金阳极氧化氧化膜厚度的测量方法》GB/T 8014.2 和《非磁性基体金属上非导电覆盖层 覆盖层厚度测量 涡流法》GB/T 4957 规定的方法进行,或检查检验报告。

表 14.2.1-1　氧化膜厚度级别

级　别	最小平均厚度（μm）	最小局部厚度（μm）
AA10	10	8
AA15	15	12
AA20	20	16
AA25	25	20

表 14.2.1-2　抽样数量（根）

批量范围	随机取样数	不合格数上限
1～10	全部	0
11～200	10	1
201～300	15	1
301～500	20	2
501～800	30	3
800 以上	40	4

14.2.2　阳极氧化产品不应有电灼伤/氧化膜脱落等影响使用的缺陷。

检查数量：全数检查。

检验方法：观察检查。

一般项目

14.2.3　阳极氧化膜的封孔质量应符合现行国家标准《铝合金建筑型材　第2部分：阳极氧化、着色型材》GB 5237.2 的有关规定。

检查数量：每批取 2 根，每根取 1 个试样。

检验方法：检查检验报告。

14.2.4　阳极氧化膜颜色及色差等应符合现行国家标准《铝合金建筑型材　第2部分：阳极氧化、着色型材》GB 5237.2 的有关规定。

检查数量：按本规范表 14.2.1-2。

检验方法：检查检验报告。

（3）验收说明

1）施工依据：《铝合金结构工程施工规程》JGJ/T 216—2010，相应的专业技术规范，施工工艺标准，并制订专项施工方案、技术交底资料。

2）验收依据：《铝合金结构工程施工质量验收规范》GB 50576—2010，相应的现场质量验收检查原始记录。

3）注意事项：

① 主控项目的质量经抽样检验均应合格；

② 一般项目的质量经抽样检验合格。当采用计数抽样时，合格点率应符合有关专业验收规范的规定，且不得存在严重缺陷；

③ 具有完整的施工操作依据、质量验收记录；

④ 本检验批的主控项目、一般项目已列入推荐表中，有关具体内容及检查方法见一般规定及（2）条文摘录。

27. 涂装检验批质量验收记录

（1）推荐表格

涂装检验批质量验收记录　　　　02061003____

单位(子单位) 工程名称			分部(子分部) 工程名称			分项工程名称		
施工单位			项目负责人			检验批容量		
分包单位			分包单位项目 负责人			检验批部位		
施工依据					验收依据	《铝合金结构工程施工质量验收规范》 GB 50576—2010		
验收项目			设计要求及 规范规定	最小/实际 抽样数量	检查 记录	检查 结果
主控项目	1	防腐涂料的品种、规格、性能	第4.7.1条			
	2	电泳涂漆复合膜的厚度	第14.3.1条	/		
	3	装饰面上粉末喷涂的涂层的最小和 最大局部厚度	第14.3.2条	/		
	4	装饰面上氟碳喷涂的漆膜厚度	第14.3.3条	/		
	5	电泳涂漆前型材外观质量和 涂漆后漆膜质量	第14.3.4条	/		
	6	粉末喷涂型材装饰面上的涂层质量	第14.3.5条	/		
	7	氟碳喷涂型材装饰面上的涂层质量	第14.3.6条	/		
一般项目	1	电泳涂漆型材的漆膜附着力、漆膜硬度	第14.3.7条	/		
	2	电泳涂漆型材漆膜的颜色及色差	第14.3.8条	/		
	3	粉末喷涂型材漆膜的耐冲击性、附 着力、压痕硬度、光泽、杯突试验	第14.3.9条	/		
	4	粉末喷涂型材漆膜的颜色及色差	第14.3.10条	/		
	5	氟碳喷涂型材漆膜的硬度、耐冲击性、 附着力、光泽	第14.3.11条	/		
	6	氟碳喷涂型材漆膜的颜色及色差	第14.3.12条	/		
施工单位 检查结果		专业工长： 项目专业质量检查员： 　　　　　　　　　年　月　日				
监理单位 验收结论		专业监理工程师： 　　　　　　　　　年　月　日				

（2）验收内容及检查方法条文摘录

一 般 规 定

14.1.1　本章适用于铝合金结构的防腐处理工程的施工质量验收。

14.1.2　铝合金结构防腐处理工程应按铝合金结构制作检验批的划分原则划分成一个活若干个检验批。

主 控 项 目

4.7.1　铝合金材料防腐涂料的品种、规格、性能等应符合国家现行产品标准和设计要求。

检查数量：全数检查。

检验方法：检查产品的质量合格证明文件、标识及检验报告等。

14.3.1　电泳涂漆复合膜的厚度应符合表14.3.1的规定。

检查数量：按本规范表14.2.1-2。

检验方法：可按现行国家标准《非磁性基体金属上非导电覆盖层 覆盖层厚度测量 涡流法》GB/T 4957或《金属和氧化物覆盖层厚度测量显微镜法》GB/T 6462规定的方法，或检查检验报告。

表14.3.1　电泳涂漆复合膜厚度

级别	阳极氧化膜		漆膜	复合膜
	平均膜厚/μm	局部膜厚/μm	局部膜厚/μm	局部膜厚/μm
A	≥10	≥8	≥12	≥21
B	≥10	≥8	≥7	≥16

14.3.2　装饰面上粉末喷涂的涂层的最小局部厚度大于等于$4\mu m$，最大局部厚度小于等于$120\mu m$。

检查数量：按本规范表14.2.1-2。

检验方法：可按现行国家标准《非磁性基体金属上非导电覆盖层 覆盖层厚度测量 涡流法》GB/T 4957规定的方法，或检查检验报告。

14.3.3　装饰面上氟碳喷涂的漆膜厚度应符合表14.3.3的规定。

检查数量：按本规范表14.11-2。

检验方法：可按现行国家标准《非磁性基体金属上非导电覆盖层 覆盖层厚度测量 涡流法》GB/T 4957规定的方法，或检查检验报告。

表14.3.3　氟碳喷涂的漆膜厚度 （μm）

级　　别	最小平均厚度	最小局部厚度
二涂	≥30	≥25
三涂	≥40	≥34
四涂	≥65	≥55

14.3.4　电泳涂漆前型材外观质量应符合现行国家标准《铝合金建筑型材》GB 5237.1的有关规定。涂漆后的漆膜应均匀、整洁，不应有皱纹、裂纹、气泡、流痕、夹杂物、发粘和漆膜脱落等缺陷。

检查数量：全数检查。

检验方法：观察检查。

14.3.5　粉末喷涂型材装饰面上的涂层应平滑、均匀，不应有皱纹、流痕、鼓泡、裂纹、发粘等缺陷。可允许有轻微的桔皮现象，其允许程度应由供需双方商定的实物标样表明。

检查数量：全数检查。

检验方法：观察检查。

14.3.6　氟碳喷涂型材装饰面上的涂层应平滑、均匀，不应有皱纹、流痕、鼓泡、裂纹、发粘等缺陷。

检查数量：全数检查。

检验方法：观察检查。

一 般 项 目

14.3.7　电泳涂漆型材的漆膜附着力、漆膜硬度等应符合现行国家标准《铝合金建筑型材第 3 部分：电泳涂漆型材》GB 5237.3 的要求。

检查数量：每批取 2 根，每根取 1 个试样。

检验方法：漆膜附着力按现行国家标准《色漆和清漆漆膜的划格试验》GB/T 9286 中胶带法的规定检验，漆膜硬度按现行国家标准《色漆和清漆铅笔法测定漆膜硬度》GB/T 6739 的规定，或检查检验报告。

14.3.8　电泳涂漆型材漆膜的颜色及色差等应符合现行国家标准《铝合金建筑型材第 3 部分：电泳涂漆型材》GB 5237.3 的有关规定。

检查数量：全数检查。

检验方法：观察检查。

14.3.9　粉末喷涂型材漆膜的耐冲击性、附着力、压痕硬度、光泽、杯突试验结果等应符合现行国家标准《铝合金建筑型材第 4 部分：粉末喷涂型材》GB 5237.4 的有关规定。

检查数量：每批取 2 根，每根取 1 个试样。

检验方法：耐冲击性按现行国家标准《漆膜耐冲击测定法》GB/T 1732 的规定检验；附着力按现行国家标准《色漆和清漆漆膜的划格试验》GB/T 9286 的规定检验，划格间距为 2mm；压痕硬度按现行国家标准《色漆和清漆巴克霍尔兹压痕试验》GB/T 9275 的规定检验；光泽按现行国家标准《色漆和清漆不含金属颜料的色漆漆膜 20°、60° 和 85° 镜面光泽的测定》GB/T 9754 的规定检验；杯突试验按现行国家标准《色漆和清漆杯突试验》GB/T 9753 的规定，或检查检验报告。

14.3.10　粉末喷涂型材漆膜的颜色及色差等应符合现行国家标准《铝合金建筑型材第 4 部分：粉末喷涂型材》GB 5237.4 的有关规定。

检查数量：全数检查。

检验方法：宜采用目视法，按现行国家标准《色漆和清漆色漆的目视比色》GB/T 9761 中在规定的照明条件和观察条件下观察待比较的色漆涂膜的颜色，也可在自然日光下或人造光源下进行，或检查检验报告。

14.3.11　氟碳喷涂型材漆膜的硬度、耐冲击性、附着力、光泽等应符合现行国家标准《铝合金建筑型材第 5 部分：氟碳喷涂型材》GB 5237.4 的有关规定。

检查数量：每批取 2 根，每根取 1 个试样。

检验方法：涂层硬度按现行国家标准《色漆和清漆铅笔法测定漆膜硬度》GB/T 6739 中 B 法的规定检验；耐冲击性按现行国家标准《漆膜耐冲击测定法》GB/T 1732 的规定检验；附着力按现行国家标准《色漆和清漆漆膜的划格试验》GB/T 9286 的规定检验，

划格间距为1mm；光泽按现行国家标准《色漆和清漆不含金属颜料的色漆漆膜20°、60°和85°镜面光泽的测定》GB/T 9754的规定检验，或检查检验报告。

14.3.12 氟碳喷涂型材漆膜的颜色及色差等应符合现行国家标准《铝合金建筑型材第4部分：粉末喷涂型材》GB 5237.4的有关规定。

检查数量：全数检查。

检验方法：一般情况下采用目视法，按现行国家标准《色漆和清漆色漆的目视比色》GB/T 9761中在规定的照明条件和观察条件下观察待比较的色漆涂膜的颜色，也可以在自然日光下或人造光源下进行，或检查检验报告。

(3) 验收说明

1）施工依据：《铝合金结构工程施工规程》JGJ/T 216—2010，相应的专业技术规范，施工工艺标准，并制订专项施工方案、技术交底资料。

2）验收依据：《铝合金结构工程施工质量验收规范》GB 50576—2010，相应的现场质量验收检查原始记录。

3）注意事项：

① 主控项目的质量经抽样检验均应合格；

② 一般项目的质量经抽样检验合格。当采用计数抽样时，合格点率应符合有关专业验收规范的规定，且不得存在严重缺陷；

③ 具有完整的施工操作依据、质量验收记录；

④ 本检验批的主控项目、一般项目已列入推荐表中，有关具体内容及检查方法见一般规定及（2）条文摘录。

28. 隔离检验批质量验收记录

(1) 推荐表格

隔离检验批质量验收记录 02061004____

单位(子单位)工程名称			分部(子分部)工程名称		分项工程名称		
施工单位			项目负责人		检验批容量		
分包单位			分包单位项目负责人		检验批部位		
施工依据				验收依据	《铝合金结构工程施工质量验收规范》GB 50576—2010		
	验收项目			设计要求及规范规定	最小/实际抽样数量	检查记录	检查结果
主控项目	1	当铝合金材料与不锈钢以外的其他金属材料或含酸性、碱性的非金属材料接触、紧固时，应采用隔离材料		第14.4.1条	/		
	2	隔离材料严禁与铝合金材料及相接触的其他金属材料产生电偶腐蚀		第14.4.2条	/		
施工单位检查结果				专业工长：项目专业质量检查员： 年 月 日			
监理单位验收结论				专业监理工程师： 年 月 日			

(2) 验收内容及检查方法条文摘录

主 控 项 目

14.4.1 当铝合金材料与不锈钢以外的其他金属材料或含酸性、碱性的非金属材料接触、紧固时，应采用隔离材料。

检查数量：全数检查。

检验方法：观测检查。

14.4.2 隔离材料严禁与铝合金材料及相接触的其他金属材料产生电偶腐蚀。

检查数量：全数检查。

检验方法：观测检查。

(3) 验收说明

1）施工依据：《铝合金结构工程施工规程》JGJ/T 216—2010，相应的专业技术规范，施工工艺标准，并制订专项施工方案、技术交底资料。

2）验收依据：《铝合金结构工程施工质量验收规范》GB 50576—2010，相应的现场质量验收检查原始记录。

3）注意事项：

① 主控项目的质量经抽样检验均应合格；

② 一般项目的质量经抽样检验合格。当采用计数抽样时，合格点率应符合有关专业验收规范的规定，且不得存在严重缺陷；

③ 具有完整的施工操作依据、质量验收记录；

④ 本检验批的主控项目、一般项目已列入推荐表中，有关具体内容及检查方法见一般规定及（2）条文摘录；

⑤ 黑体字的条文为强制性条文，必须严格执行，制订控制措施；

⑥ 本项目全部是强制性条文，凡需要隔离的节点，都必须检查此项目。

第八节　木结构子分部工程检验批质量验收记录

一、木结构子分部工程质量验收基本规定

1. 木结构子分部工程质量验收基本规定（《木结构工程施工质量验收规范》GB 50206—2012)

3.0.1　木结构工程施工单位应具备相应的资质、健全的质量管理体系、质量检验制度和综合质量水平的考评制度。

施工现场质量管理可按现行国家标准《建筑工程施工质量验收统一标准》GB 50300 的有关规定检查记录。

3.0.2　木结构子分部工程应由木结构制作安装与木结构防护两分项工程组成，并应在分项工程皆验收合格后，再进行子分部工程的验收。

3.0.3　检验批应按材料、木产品和构、配件的物理力学性能质量控制和结构构件制作安装质量控制分别划分。

3.0.4 木结构防护工程应按表 3.0.4 规定的不同使用环境验收木材防腐施工质量。

表 3.0.4 木结构的使用环境

使用分类	使用条件	应用环境	常用构件
C1	户内,且不接触土壤	在室内干燥环境中使用,能避免气候和水分的影响	木梁、木柱等
C2	户内,且不接触土壤	在室内环境中使用,有时受潮湿和水分的影响,但能避免气候的影响	木梁、木柱等
C3	户内,且不接触土壤	在室外环境中使用,暴露在各种气候中,包括淋湿,但不长期浸泡在水中	木梁等
C4A	户内,且接触土壤或浸在淡水中	在室外环境中使用,暴露在各种气候中,且与地面接触或长期浸泡在淡水中	木柱等

3.0.5 除设计文件另有规定外,木结构工程应按下列规定验收其外观质量:

1 A级,结构构件外露,外观要求很高而需油漆,构件表面洞孔需用木材修补,木材表面应用砂纸打磨。

2 B级,结构构件外露,外表要求用机具刨光油漆,表面允许有偶尔的漏刨、细小的缺陷和空隙,但不允许有松软节的孔洞。

3 C级,结构构件不外露,构件表面无需加工刨光。

3.0.6 木结构工程应按下列规定控制施工质量:

1 应有本工程的设计文件。

2 木结构工程所用的木材、木产品、钢材以及连接件等,应进行进场验收。凡涉及结构安全和使用功能的材料或半成品,应按本规范或相应专业工程质量验收标准的规定进行见证检验,并应在监理工程师或建设单位技术负责人监督下取样、送检。

3 各工序应按本规范的有关规定控制质量,每道工序完成后,应进行检查。

4 相关各专业工种之间,应进行交接检验并形成记录。未经监理工程师和建设单位技术负责人检查认可,不得进行下道工序施工。

5 应有木结构工程竣工图及文字资料等竣工文件。

3.0.7 当木结构施工需要采用国家现行有关标准尚未列人的新技术(新材料、新结构、新工艺)时,建设单位应征得当地建筑工程质量行政主管部门同意,并应组织专家组,会同设计、监理、施工单位进行论证,同时应确定施工质量验收方法和检验标准,并应依此作为相关木结构工程施工的主控项目。

3.0.8 木结构工程施工所用材料、构配件的材质等级应符合设计文件的规定。可使用力学性能、防火、防护性能超过设计文件规定的材质等级的相应材料、构配件替代。当通过等强(等效)换算处理进行材料、构配件替代时,应经设计单位复核,并应签发相应的技术文件认可。

3.0.9 进口木材、木产品、构配件,以及金属连接件等,应有产地国的产品质量合格证书和产品标识,并应符合合同技术条款的规定。

2. 木结构子分部工程质量验收

8.0.1 木结构子分部工程质量验收的程序和组合,应符合现行国家标准《建筑工程施工质量验收统一标准》GB 50300 的有关规定。

8.0.2 检验批及木结构分项工程质量合格,应符合下列规定:

1 检验批主控项目检验结果应全部合格。

2 检验批一般项目检验结果应有80%以上的检查点合格,且最大偏差不应超过允许偏差的1.2倍。

3 木结构分项工程所含检验批检验结果均应合格,且应有各检验批质量验收的完整记录。

8.0.3 木结构子分部工程质量验收应符合下列规定:

1 子分部工程所含分项工程的质量验收均应合格。

2 子分部工程所含分项工程的质量资料和验收记录应完整。

3 安全功能检测项目的资料应完整,抽检的项目均应合格。

4 外观质量验收应符合本规范第3.0.5条的规定。

8.0.4 木结构工程施工质量不合格时,应按现行国家标准《建筑工程施工质量验收统一标准》GB 50300 的有关规定进行处理。

3. 检验批验收表,允许偏差项目在表中的处理方法

本次修订的《建筑工程施工质量验收统一标准》GB 50300—2013对施工单位的现场检查记录进行了强调,检验批验收表也做了较大修改,施工单位的检查记录单独列表,见本书第二章第二节。故检验批验收表中,就不必将一些详细的项目列出,如允许偏差项目等。

在《木结构工程施工质量验收规范》GB 50206—2012中,是按不同材料,结构类型列的项目。允许偏差项目在一个检验批中,包含了几个类型的方面,故在检验批验收表中,可以不列那么详细,在检查原始记录条中列详细,只把检查结果填入验收表中。在允许偏差项目多的检验批都可这样做,以突出其他项目。

二、木结构子分部工程检验批质量验收记录

1. 方木和原木结构检验批质量验收记录

(1) 推荐表格

方木和原木结构检验批质量验收记录 02070101 ___

单位(子单位)工程名称			分部(子分部)工程名称		分项工程名称		
施工单位			项目负责人		检验批容量		
分包单位			分包单位项目负责人		检验批部位		
施工依据				验收依据	《木结构工程施工质量验收规范》GB 50206—2012		
验收项目			设计要求及规范规定	最小/实际抽样数量	检查记录		检查结果
主控项目	1	方木、原木结构的形式、结构布置和构件尺寸	第4.2.1条	/			
	2	结构用木材	第4.2.2条	/			
	3	进场木材均应作弦向静曲强度见证检验,其强度最低值要求	第4.2.3条	/			

		验收项目		设计要求及规范规定	最小/实际抽样数量	检查记录	检查结果
主控项目	4	方木、原木及板材的目测材质等级		第4.2.4条	/		
	5	各类构件制作时及构件进场时木材的平均含水率	原木或方木	≤25%	/		
			板材或规格材	≤20%	/		
			受拉构件的连接板	≤18%	/		
			处于通风条件不畅环境下的木构件的木材	≤20%	/		
	6	承重钢构件和连接所用钢材、-30℃以下使用的钢材、钢木屋架下弦所用圆钢质量要求		第4.2.6条	/		
	7	焊条质量		第4.2.7条	/		
	8	螺栓、螺帽质量		第4.2.8条	/		
	9	圆钉的产品质量及钉子的抗弯屈服强度		第4.2.9条	/		
	10	圆钢拉杆质量		第4.2.10条	/		
	11	承重钢构件中,节点焊缝焊脚高度、焊缝质量		第4.2.11条	/		
	12	钉连接、螺栓连接节点的连接件(钉、螺栓)的规格、数量		第4.2.12条	/		
	13	木桁架支座节点的齿连接、螺栓连接、其他螺栓连接		第4.2.13条	/		
	14	在抗震设防区的抗震措施应符合设计要求、当抗震设防烈度为8度及以上时,应符合规范要求		第4.2.14条	//		
一般项目	1	原木、方木构件制作允许偏差		第4.3.1条	/		
	2	齿连接应符合规范要求		第4.3.2条	/		
	3	螺栓连接(含受拉接头)的螺栓数目、排列方式、间隙、边距和端距		第4.3.3条	/		
	4	钉连接质量要求		第4.3.4条	/		
	5	木构件受压接头		第4.3.5条	/		
	6	木桁架、梁及柱的安装允许偏差		第4.3.6条	/		
	7	屋面木构架的安装允许偏差		第4.3.7条	/		
	8	屋盖结构支撑系统的完整性		第4.3.8条	/		

施工单位检查结果	专业工长: 项目专业质量检查员: 年 月 日
监理单位验收结论	专业监理工程师: 年 月 日

(2) 验收内容及检查方法条文摘录

一 般 规 定

4.1.1 小章适用于由方木、原木及板材制作和安装的木结构工程施工质量验收。

4.1.2 材料、构配件的质量控制应以一幢方木、原木结构房屋为一个检验批；构件制作安装质量控制应以整幢房屋的一楼层或变形缝间的一楼层为一个检验批。

主 控 项 目

4.2.1 方木、原木结构的形式、结构布置和构件尺寸，应符合设计文件的规定。

检查数量：检验批全数。

检验方法：实物与施工设计图对照、丈量。

4.2.2 结构用木材应符合设计文件的规定，并应具有产品质量合格证书。

检查数量：检验批全数。

检验方法：实物与设计文件对照，检查质量合格证书、标识。

4.2.3 进场木材均应作弦向静曲强度见证检验，其强度最低值应符合表 4.2.3 的要求。

表 4.2.3 木材静曲强度检验标准

木材种类	针叶材				阔叶材				
强度等级	TC11	TC13	TC15	TC17	TB11	TB13	TB15	TB17	TB20
最低强度（N/mm²）	44	51	58	72	58	68	78	88	98

检查数量：每一检验批每一树种的木材随机抽取 3 株（根）。

检验方法：本规范附录 B。

4.2.4 方木、原木及板材的目测材质等级不应低于表 4.2.4 的规定，不得采用普通商品材的等级标准替代。方木、原木及板材的目测材质等级应按本规范附录 B 评定。

检查数量：检验批全数。

检验方法：本规范附录 B。

表 4.2.4 方木、原木结构构件木材的材质等级

项　次	构 件 名 称	材 质 等 级
1	受拉或拉弯构件	Ⅰa
2	受弯或压弯构件	Ⅱa
3	受压构件及次要受弯构件（如吊顶小龙骨）	Ⅲa

4.2.5 各类构件制作时及构件进场时木材的平均含水率，应符合下列规定：

1 原木或方木不应大于 25%。

2 板材及规格材不应大于 20%。

3 受拉构件的连接板不应大于 18%。

4 处于通风条件不畅环境下的木构件的木材，不应大于 20%。

检查数量：每一检验批每一树种每一规格木材随机抽取 5 根。

检验方法：本规范附录 C。

4.2.6　承重钢构件和连接所用钢材应有产品质量合格证书和化学成分的合格证书。进场钢材应见证检验其抗拉屈服强度、极限强度和延伸率，其值应满足设计文件规定的相应等级钢材的材质标准指标，且不应低于现行国家标准《碳素结构钢》GB/T 700 有关 Q235 及以上等级钢材的规定。－30℃以下使用的钢材不宜低于 Q235D 或相应屈服强度钢材 D 等级的冲击韧性规定。钢木屋架下弦所用圆钢，除应作抗拉屈服强度、极限强度和延伸率性能检验外，尚应作冷弯检验，并应满足设计文件规定的圆钢材质标准。

检查数量：每检验批每一钢种随机抽取两件。

检验方法：取样方法、试样制备及拉伸试验方法应分别符合现行国家标准《钢材力学及工艺性能试验取样规定》GB 2975、《金属拉伸试验试样》GB 6397 和《金属材料室温拉伸试验方法》GB/T 228 的有关规定。

4.2.7　焊条应符合现行国家标准《碳钢焊条》GB 5117 和《低合金钢焊条》GB 5118 的有关规定，型号应与所用钢材匹配，并应有产品质量合格证书。

检查数量：检验批全数。

检验方法：实物与产品质量合格证书对照检查。

4.2.8　螺栓、螺帽应有产品质量合格证书，其性能应符合现行国家标准《六角头螺栓》GB 5782 和《六角头螺栓 C 级》GB 5780 的有关规定。

检查数量：检验批全数。

检验方法：实物与产品质量合格证书对照检查。

4.2.9　圆钉应有产品质量合格证书，其性能应符合现行行业标准《一般用途圆钢钉》YB/T 5002 的有关规定。设计文件规定钉子的抗弯屈服强度时，应作钉子抗弯强度见证检验。

检查数量：每检验批每一规格圆钉随机抽取 10 枚。

检验方法：检查产品质量合格证书、检测报告。强度见证检验方法应符合本规范附录 D 的规定。

4.2.10　圆钢拉杆应符合下列要求：

1　圆钢拉杆应平直，接头应采用双面绑条焊。绑条直径不应小于拉杆直径的 75%，在接头一侧的长度不应小于拉杆直径的 4 倍。焊脚高度和焊缝长度应符合设计文件的规定。

2　螺帽下垫板应符合设计文件的规定，且不应低于本规范第 4.3.3 条第 2 款的要求。

3　钢木屋架下弦圆钢拉杆、桁架主要受拉腹杆、蹬式节点拉杆及螺栓直径大于 20mm 时，均应采用双螺帽自锁。受拉螺杆伸出螺帽的长度，不应小于螺杆直径的 80%。

检查数量：检验批全数。

检验方法：丈量、检查交接检验报告。

4.2.11　承重钢构件中，节点焊缝焊脚高度不得小于设计文件的规定，除设计文件另有规定外，焊缝质量不得低于三级，－30℃以下工作的受拉构件焊缝质量不得低于二级。

检查数量：检验批全部受力焊缝。

检验方法：按现行行业标准《建筑钢结构焊接技术规程》JGJ 81 的有关规定检查，并检查交接检验报告。

4.2.12 钉连接、螺栓连接节点的连接件（钉、螺栓）的规格、数量，应符合设计文件的规定。

检查数量：检验批全数。

检验方法：目测、丈量。

4.2.13 木桁架支座节点的齿连接，端部木材不应有腐朽、开裂和斜纹等缺陷，剪切面不应位于木材髓心侧；螺栓连接的受拉接头，连接区段木材及连接板均应采用 Ia 等材，并应符合本规范附录 B 的有关规定；其他螺栓连接接头也应避开木材腐朽、裂缝、斜纹和松节等缺陷部位。

检查数量：检验批全数。

检验方法：目测。

4.2.14 在抗震设防区的抗震措施应符合设计文件的规定。当抗震设防烈度为 8 度及以上时，应符合下列要求：

1 屋架支座处应有直径不小于 20mm 的螺栓锚固在墙或混凝土圈梁上。当支承在木柱上时，柱与屋架间应有木夹板式的斜撑，斜撑上段应伸至屋架上弦节点处，并应用螺栓连接（图 4.2.14）。柱与屋架下弦应有暗榫，并应用 U 形铁连接。桁架木腹杆与上弦杆连接处的扒钉应改用螺栓压紧承压面，与下弦连接处则应采用双面机钉。

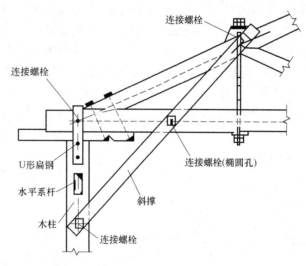

图 4.2.14 屋架与木柱的连接

2 屋面两侧应对称斜向放檩条，檐口瓦应与挂瓦条扎牢。

3 檩条与屋架上弦应用螺栓连接，双脊檩应互相拉结。

4 柱与基础：间应有预埋的角钢连接，并应用螺栓固定。

5 木屋盖房屋，节点处檩条应固定在山墙及内横墙的卧梁埋件上，支承长度不应小于 120mm，并应有螺栓可靠锚固。

检查数量：检验批全数。

检验方法：目测、丈量。

一 般 项 目

4.3.1 各种原木、方木构件制作的允许偏差不应超出本规范表 E.0.1 的规定。

检查数量：检验批全数。

检验方法：本规范表 E.0.1。

4.3.2 齿连接应符合下列要求：

1 除应符合设计文件的规定外，承压面应与压杆的轴线垂直，单齿连接压杆轴线应通过承压面中心；双齿连接，第一齿顶点应位于上、下弦杆上边缘的交点处，第二齿顶点应位于上弦杆轴线与下弦杆上边缘的交点处，第二齿承压面应比第一齿承压面至少深 20mm。

2 承压面应平整，局部隙缝不应超过 1mm，非承压面应留外口 5mm 的楔形缝隙。

3 桁架支座处齿连接的保险螺栓应垂直于上弦杆轴线，木腹杆与上、下弦杆间应有扒钉扣紧。

4 桁架端支座垫木的中心线，方木桁架应通过上、下弦杆净截面中心线的交点；原木桁架则应通过上、下弦杆毛截面中心线的交点。

检查数量：检验批全数。

检验方法：目测、丈量，检查交接检验报告。

4.3.3 螺栓连接（含受拉接头）的螺栓数目、排列方式、间距、边距和端距，除应符合设计文件的规定外，尚应符合下列要求：

1 螺栓孔径不应大于螺栓杆直径 1mm，也不应小于或等于螺栓杆直径。

2 螺帽下应设钢垫板，其规格除应符合设计文件的规定外，厚度不应小于螺杆直径的 30%，方形垫板的边长不应小于螺杆直径的 3.5 倍，圆形垫板的直径不应小于螺杆直径的 4 倍，螺帽拧紧后螺栓外露长度不应小于螺杆直径的 80%。螺纹段剩留在木构件内的长度不应大于螺杆直径的 1.0 倍。

3 连接件与被连接件间的接触面应平整，拧紧螺帽后局部可允许有缝隙，但缝宽不应超过 1mm。

检查数量：检验批全数。

检验方法：目测、丈量。

4.3.4 钉连接应符合下列规定：

1 圆钉的排列位置应符合设计文件的规定。

2 被连接件间的接触面应平整，钉紧后局部缝隙宽度不应超过 1mm，钉帽应与被连接件外表面齐平。

3 钉孔周围不应有木材被胀裂等现象。

检查数量：检验批全数。

检验方法：目测、丈量。

4.3.5 木构件受压接头的位置应符合设计文件的规定，应采用承压面垂直于构件轴线的双盖板连接（平接头），两侧盖板厚度均不应小于对接构件宽度的 50%，高度应与对接构件高度一致。承压面应锯平并彼此顶紧，局部缝隙不应超过 1mm。螺栓直径、数量，排列应符合设计文件的规定。

检查数量：检验批全数。

检验方法：目测、丈量，检查交接检验报告。

4.3.6 木桁架、梁及柱的安装允许偏差不应超出本规范表 E.0.3 的规定。

检查数量：检验批全数。

检验方法：本规范表 2.0.2。

4.3.7 屋面木构架的安装允许偏差不应超出本规范表 E.0.3 的规定。

检查数量：检验批全数。

检验方法：目测、丈量。

4.3.8 屋盖结构支撑系统的完整性应符合设计文件规定。

检查数量：检验批全数。

检验方法：对照设计文件、丈量实物，检查交接检验报告。

E.0.1 方木、原木结构和胶合木结构桁架、梁和柱的制作误差，应符合表 E.0.1 的规定。

表 E.0.1 方木、原木结构和胶合木结构桁架、梁和柱制作允许偏差

项次	项　目		允许偏差(mm)	检验方法
1	构件截面尺寸	方木和胶合木构件截面的高度、宽度	−3	钢尺量
		板材厚度、宽度	−2	
		原木构件梢径	−5	
2	构件长度	长度不大于 15m	±10	钢尺量桁架制作节点中心间距，梁、柱全长
		长度大于 15m	±15	
3	桁架高度	长度不大于 15m	±10	钢尺量脊节点中心与下弦中心距离
		长度大于 15m	±15	
4	受压或压弯构件纵向弯曲	方木、胶合木构件	L/500	拉线钢尺量
		原木构件	L/200	
5	弦杆节点间距		±5	钢尺量
6	齿连接刻槽深度		±2	
7	支座节点受剪面	长度	−10	钢尺量
		宽度　方木、胶合木	−3	
		宽度　原木	−4	
8	螺栓中心间距	进孔处	±0.2d	
		出孔处　垂直木纹方向	±0.5d 且不大于 4B/100	
		出孔处　顺木纹方向	±1d	
9	钉进孔处的中心间距		±1d	—
10	桁架起拱		±20	以两支座节点下弦中心线为准，拉一水平线，用钢尺量
			−10	两跨中下弦中心线与拉线之间距离

注：d 为螺栓或钉的直径；L 为构件长度；B 为板的总厚度。

E.0.2 方木、原木结构和胶合木结构桁架、梁和柱的安装误差，应符合表 E.0.2 的规定。

表 E.0.2 方木、原木结构和胶合木结构桁架、梁和柱安装允许偏差

项目	项目	允许偏差(mm)	检验方法
1	结构中心线的间距	±20	钢尺量
2	垂直度	$H/200$ 且不大于 15	吊线钢尺量
3	受压或压弯构件纵向弯曲	$L/300$	吊(拉)线钢尺量
4	支座轴线对支承面中心位移	10	钢尺量
5	支座标高	±5	用水准仪

注：H 为桁架或柱的高度；L 为构件长度。

E.0.3 方木、原木结构和胶合木结构屋面木构架的安装误差，应符合表 E.0.3 的规定。

表 E.0.3 方木、原木结构和胶合木结构屋面木构架的安装允许偏差

项次	项目		允许偏差(mm)	检验方法
1	檩条、椽条	方木、胶合木截面	−2	钢尺量
		原木梢径	−5	钢尺量、椭圆时取大小经的平均值
		间距	−10	钢尺量
		方木、胶合木上表面平直	4	沿坡拉线钢尺量
		原木上表面平直	7	
2	油毡搭接宽度		−10	钢尺量
3	挂瓦条间距		±5	
4	封山、封檐板平直	下边缘	5	拉 10m 线，不足 10m
		表面	8	拉通线，钢尺量

(3) 验收说明

1) 施工依据：《木结构工程施工规范》GB/T 50772—2012，相应的专业技术规范，施工工艺标准，并制订专项施工方案、技术交底资料。

2) 验收依据：《木结构工程施工质量验收规范》GB 50206—2012，相应的现场质量验收检查原始记录。

3) 注意事项：

① 主控项目的质量经抽样检验均应合格；

② 一般项目的质量经抽样检验合格。当采用计数抽样时，合格点率应符合有关专业验收规范的规定，且不得存在严重缺陷；

③ 具有完整的施工操作依据、质量验收记录；

④ 本检验批的主控项目、一般项目已列入推荐表中，有关具体内容及检查方法见一般规定及（2）条文摘录；

⑤ 黑体字的条文为强制性条文，必须严格执行，制订控制措施。

2. 胶合木结构检验批质量验收记录

（1）推荐表格

胶合木结构检验批质量验收记录 02070201＿＿＿

单位(子单位) 工程名称			分部(子分部) 工程名称			分项工程名称		
施工单位			项目负责人			检验批容量		
分包单位			分包单位项目 负责人			检验批部位		
施工依据				验收依据		《木结构工程施工质量验收规范》 GB 50206—2012		
验收项目			设计要求及 规范规定	最小/实际 抽样数量		检查 记录	检查 结果	
主控 项目	1	胶合木结构的结构形式、结构布置 和构件截面尺寸	第5.2.1条	/				
	2	结构用层板胶合木的类别、 强度等级和组坯方式	第5.2.2条	/				
	3	胶合木受弯构件应作荷载效应标准 组合作用下的抗弯性能见证检验	第5.2.3条	/				
	4	弧形构件的曲率半径及其偏差	第5.2.4条	/				
	5	层板胶合木构件平均含水率	第5.2.5条	/				
	6	钢材、焊条、螺栓、螺帽的质量	第5.2.6条	/				
	7	各连接节点的连接件类别、规格和数 量；桁架端节点齿连接胶合木端部 的受剪面及螺栓连接中的螺栓位置	第5.2.7条	/				
一般 项目	1	层板胶合木构造及外观	第5.3.1条	/				
	2	胶合木构件的制作偏差	第5.3.2条	/				
	3	齿连接、螺栓连接	第5.3.3条	/				
	4	圆钢拉杆及焊缝质量	第5.3.4条	/				
	5	木桁架、梁及柱的安装偏差	第5.3.5条	/				
施工单位 检查结果			专业工长： 项目专业质量检查员： 年　月　日					
监理单位 验收结论			专业监理工程师： 年　月　日					

（2）验收内容及检查方法条文摘录

一 般 规 定

5.1.1 本章适用于主要承重构件由层板胶合木制作和安装的木结构工程施工质量验收。

5.1.2 层板胶合木可采用分别由普通胶合木层板、目测分等或机械分等层板按规定的构件截面组坯胶合而成的普通层板胶合木、目测分等与机械分等同等组合胶合木，以及异等组合的对称与非对称组合胶合木。

5.1.3 层板胶合木构件应由经资质认证的专业加工企业加工生产。

5.1.4 材料、构配件的质量控制应以一幢胶合木结构房屋为一个检验批；构件制作安装质量控制应以整幢房屋的一楼层或变形缝间的一楼层为一个检验批。

主 控 项 目

5.2.1 胶合木结构的结构形式、结构布置和构件截面尺寸，应符合设计文件的规定。

检查数量：检验批全数。

检验方法：实物与设计文件对照、丈量。

5.2.2 结构用层板胶合木的类别、强度等级和组坯方式，应符合设计文件的规定，并应有产品质量合格证书和产品标识，同时应有满足产品标准规定的胶缝完整性检验和层板指接强度检验合格证书。

检查数量：检验批全数。

检验方法：实物与证明文件对照。

5.2.3 胶合木受弯构件应作荷载效应标准组合作用下的抗弯性能见证检验。在检验荷载作用下胶缝不应开裂，原有漏胶胶缝不应发展，跨中挠度的平均值不应大于理论计算值的 1.13 倍，最大挠度不应大于表 5.2.3 的规定。

检查数量：每一检验批同一胶合工艺、同一层板类别、树种组合、构件截面组坯的同类型构件随机抽取 3 根。

检验方法：本规范附录 F。

表 5.2.3 荷载效应标准组合作用下受弯木构件的挠度限值

项次	构件类别		挠度限值(m)
1	檩条	$L \leqslant 3.3m$	$L/200$
		$L > 3.3m$	$L/250$
2	主梁		$L/250$

注：L 为受弯构件的跨度。

5.2.4 弧形构件的曲率半径及其偏差应符合设计文件的规定，层板厚度不应大于 $R/125$（尺为曲率半径）。

检查数量：检验批全数。

检验方法：钢尺丈量。

5.2.5 层板胶合木构件平均含水率不应大于 15%，同一构件各层板间含水率差别不应大于 5%。

检查数量：每一检验批每一规格胶合木构件随机抽取 5 根。

检验方法：本规范附录 C。

5.2.6 钢材、焊条、螺栓、螺帽的质量应分别符合本规范第 4.2.6～4.2.8 条的规定。

5.2.7 各连接节点的连接件类别、规格和数量应符合设计文件的规定。桁架端节点齿连接胶合木端部的受剪面及螺栓连接中的螺栓位置，不应与漏胶胶缝重合。

检查数量：检验批全数。

检验方法：目测、丈量。

一般项目

5.3.1 层板胶合木构造及外观应符合下列要求：

1 层板胶合木的各层木板木纹应平行于构件长度方向。各层木板在长度方向应为指接。受拉构件和受弯构件受拉区截面高度的 1/10 范围内同一层板上的指接间距，不应小于 1.5m。上、下层板间指接头位置应错开不小于木板厚的 10 倍。层板宽度方向可用平接头，但上、下层板间接头错开的距离不应小于 40mm。

2 层板胶合木胶缝应均匀，厚度应为 0.1mm～0.3mm。厚度超过 0.3mm 的胶缝的连续长度不应大于 300mm，且厚度不得超过 1mm。在构件承受平行于胶缝平面剪力的部位，漏胶长度不应大于 75mm，其他部位不应大于 150mm。在第 3 类使用环境条件下，层板宽度方向的平接头和板底开槽的槽内均应用胶填满。

3 胶合木结构的外观质量应符合本规范第 3.0.5 条的规定，对于外观要求为 C 级的构件截面，可允许层板有错位（图 5.3.1），截面尺寸允许偏差和层板错位应符合表 5.3.1 的要求。

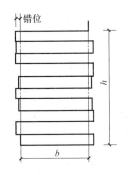

图 5.3.1 外观 C 级层板错位示意

b—截面宽度；*h*—截面高度

检查数量：检验批全数。

检验方法：厚薄规（塞尺）、量器、目测。

表 5.3.1 外观 C 级时的胶合木构件截面的允许偏差（mm）

截面的高度或宽度	截面高度或宽度的允许偏差	错位的最大值
（*h* 或 *b*）<100	±2	4
100≤（*h* 或 *b*）<300	±3	5
300≤（*h* 或 *b*）	±6	6

5.3.2 胶合木构件的制作偏差不应超出本规范表 E.0.1 的规定。

检查数量：检验批全数。

检验方法：角尺、钢尺丈量，检查交接检验报告。

5.3.3 齿连接、螺栓连接、圆钢拉杆及焊缝质量，应符合本规范第 4.3.2、4.3.3、4.2.10 和 4.2.11 条的规定。

5.3.4 金属节点构造、用料规格及焊缝质量应符合设计文件的规定。除设计文件另有规定外，与其相连的各构件轴线应相交于金属节点的合力作用点，与各构件相连的连接类型应符合设计文件的规定，并应符合本规范第 4.3.3～4.3.5 条的规定。

检查数量：检验批全数。

检验方法：目测、丈量。

5.3.5　胶合木结构安装偏差不应超出本规范表 E.0.2 的规定。

检查数量：过程控制检验批全数，分项验收抽取总数 10％复检。

检验方法：本规范表 E.0.2。

(3) 验收说明

1) 施工依据：《木结构工程施工规范》GB/T 50772—2012，相应的专业技术规范，施工工艺标准，并制订专项施工方案、技术交底资料。

2) 验收依据：《木结构工程施工质量验收规范》GB 50206—2012，相应的现场质量验收检查原始记录。

3) 注意事项：

① 主控项目的质量经抽样检验均应合格；

② 一般项目的质量经抽样检验合格。当采用计数抽样时，合格点率应符合有关专业验收规范的规定，且不得存在严重缺陷；

③ 具有完整的施工操作依据、质量验收记录；

④ 本检验批的主控项目、一般项目已列入推荐表中，有关具体内容及检查方法见一般规定及（2）条文摘录；

⑤ 黑体字的条文为强制性条文，必须严格执行，制订控制措施。

3. 轻型木结构检验批质量验收记录

(1) 推荐表格

轻型木结构检验批质量验收记录

02070301 _____

单位(子单位) 工程名称			分部(子分部) 工程名称		分项工程名称		
施工单位			项目负责人		检验批容量		
分包单位			分包单位项目 负责人		检验批部位		
施工依据			验收依据	《木结构工程施工质量验收规范》 GB 50206—2012			
验收项目			设计要求及 规范规定	最小/实际 抽样数量	检查 记录	检查 结果	
主控 项目	1	轻型木结构的承重墙(包括剪力墙)、柱、楼盖、屋盖布置、抗倾覆措施及屋盖抗掀起措施等	第6.2.1条	/			
	2	进场规格材应有产品质量合格证书和产品标识	第6.2.2条	/			
	3	进场目测分等规格材及试验和进场机械分等规格材及试验	第6.2.3条	/			
	4	轻型木结构各类构件所用规格材的树种、材质等级和规格，以及覆面板的种类和规格	第6.2.4条	/			

472

	验收项目	设计要求及规范规定	最小/实际抽样数量	检查记录	检查结果
主控项目	5　规格材的平均含水率	第6.2.5条	/		
	6　木基结构板材质量及检验	第6.2.6条	/		
	7　进场结构复合木材和工字形木搁栅质量及检验	第6.2.7条	/		
	8　齿板桁架应由专业加工厂加工制作，并应有产品质量合格证书	第6.2.8条			
	9　焊条、螺栓、螺帽质量	第6.2.9条			
	10　金属连接件应冲压成型，并应具有产品质量合格证书和材质合格保证；镀锌防锈层厚度不应小于275g/m²	第6.2.10条			
	11　金属连接件的规格、钉连接的用钉规格与数量	第6.2.11条			
	12　当采用构造设计时，各类构件间的钉连接	第6.2.12条			
一般项目	1　承重墙(含剪力墙)构造规定	第6.3.1条	/		
	2　楼盖各项构造的规定	第6.3.2条	/		
	3　齿板桁架的进场验收	第6.3.3条			
	4　屋盖各项构造的规定	第6.3.4条			
	5　轻型木结构各种构件制作和安装偏差	第6.3.5条	/		
	6　保温措施和隔气层的设置	第6.3.6条			
施工单位检查结果	专业工长： 项目专业质量检查员： 年　月　日				
监理单位验收结论	专业监理工程师： 年　月　日				

（2）验收内容及检查方法条文摘录

一 般 规 定

6.1.1　本章适用于由规格材及木基结构板材为主要材料制作与安装的木结构工程施工质量验收。

6.1.2　轻型木结构材料、构配件的质量控制应以同一建设项目同期施工的每幢建筑面积不超过 300m²、总建筑面积不超过 3000m² 的轻型木结构建筑为一检验批，不足 3000m² 者应视为一检验批，单体建筑面积超过 300m² 时，应单独视为一检验批；轻型木结构制作安装质量控制应以一幢房屋的一层为一检验批。

主 控 项 目

6.2.1 轻型木结构的承重墙（包括剪力墙）、柱、楼盖、屋盖布置、抗倾覆措施及屋盖抗掀起措施等，应符合设计文件的规定。

检查数量：检验批全数。

检验方法：实物与设计文件对照。

6.2.2 进场规格材应有产品质量合格证书和产品标识。

检查数量：检验批全数。

检验方法：实物与证书对照。

6.2.3 每批次进场目测分等规格材应由有资质的专业分等人员做目测等级见证检验或做抗弯强度见证检验；每批次进场机械分等规格材应作抗弯强度见证检验，并应符合本规范附录 G 的规定。

检查数量：检验批中随机取样，数量应符合本规范附录 G 的规定。

检验方法：本规范附录 G。

6.2.4 轻型木结构各类构件所用规格材的树种、材质等级和规格，以及覆面板的种类和规格，应符合设计文件的规定。

检查数量：全数检查。

检验方法：实物与设计文件对照，检查交接报告。

6.2.5 规格材的平均含水率不应大于 20%。

检查数量：每一检验批每一树种每一规格等级规格材随机抽取 5 根。

检验方法：本规范附录 C。

6.2.6 木基结构板材应有产品质量合格证书和产品标识，用作楼面板、屋面板的木基结构板材应有该批次干、湿态集中荷载、均布荷载及冲击荷载检验的报告，其性能不应低于本规范附录 H 的规定。

进场木基结构板材应作静曲强度和静曲弹性模量见证检验，所测得的平均值应不低于产品说明书的规定。

检验数量：每一检验批每一树种每一规格等级随机抽取 3 张板材。

检验方法：按现行国家标准《木结构覆板用胶合板》GB/T 22349 的有关规定进行见证试验，检查产品质量合格证书，该批次木基结构板干、湿态集中力、均布荷载及冲击荷载下的检验合格证书。检查静曲强度和弹性模量检验报告。

6.2.7 进场结构复合木材和工字形木搁栅应有产品质量合格证书，并应有符合设计文件规定的平弯或侧立抗弯性能检验报告。

进场工字形木搁栅和结构复合木材受弯构件，应作荷载效应标准组合作用下的结构性能检验，在检验荷载作用下，构件不应发生开裂等损伤现象，最大挠度不应大于表 5.2.3 的规定，跨中挠度的平均值不应大于理论计算值的 1.13 倍。

检验数量：每一检验批每一规格随机抽取 3 根。

检验方法：按本规范附录 F 的规定进行，检查产品质量合格证书、结构复合木材材料强度和弹性模量检验报告及构件性能检验报告。

6.2.8　齿板桁架应由专业加工厂加工制作，并应有产品质量合格证书。

检查数量：检验批全数。

检验方法：实物与产品质量合格证书对照检查。

6.2.9　钢材、焊条、螺栓和圆钉应符合本规范第 4.2.6～4.2.9 条的规定。

6.2.10　金属连接件应冲压成型，并应具有产品质量合格证书和材质合格保证。镀锌防锈层厚度不应小于 275g/m²。

检查数量：检验批全数。

检验方法：实物与产品质量合格证书对照检查。

6.2.11　轻型木结构各类构件间连接的金属连接件的规格、钉连接的用钉规格与数量，应符合设计文件的规定。

检查数量：检验批全数。

检验方法：目测、丈量。

6.2.12　当采用构造设计时，各类构件间的钉连接不应低于本规范附录的规定。

检查数量：检验批全数。

检验方法：目测、丈量。

一 般 项 目

6.3.1　承重墙（含剪力墙）的下列各项应符合设计文件的规定，且不应低于现行国家标准《木结构设计规范》GB 50005 有关构造的规定：

1　墙骨间距。

2　墙体端部、洞口两侧及墙体转角和交接处，墙骨的布置和数量。

3　墙骨开槽或开孔的尺寸和位置。

4　地梁板的防腐、防潮及与基础的锚固措施。

5　墙体顶梁板规格材的层数、接头处理及在墙体转角和交接处的两层顶梁板的布置。

6　墙体覆面板的等级、厚度及铺钉布置方式。

7　墙体覆面板与墙骨钉连接用钉的间距。

8　墙体与楼盖或基础间连接件的规格尺寸和布置。

检查数量：检验批全数。

检验方法：对照实物目测检查。

6.3.2　楼盖下列各项应符合设计文件的规定，且不应低于现行国家标准《木结构设计规范》GB 50005 有关构造的规定：

1　拼合梁钉或螺栓的排列、连续拼合梁规格材接头的形式和位置。

2　搁栅或拼合梁的定位、间距和支承长度。

3　搁栅开槽或开孔的尺寸和位置。

4　楼盖洞口周围搁栅的布置和数量；洞口周围搁栅间的连接、连接件的规格尺寸及布置。

5　楼盖横撑、剪刀撑或木底撑的材质等级、规格尺寸和布置。

检查数量：检验批全数。

检验方法：目测、丈量。

6.3.3　齿板桁架的进场验收，应符合下列规定：

1　规格材的树种、等级和规格应符合设计文件的规定。

2　齿板的规格、类型应符合设计文件的规定。

3　桁架的几何尺寸偏差不应超过表 6.3.3 的规定。

4　齿板的安装位置偏差不应超过图 6.3.3-1 所示的规定。

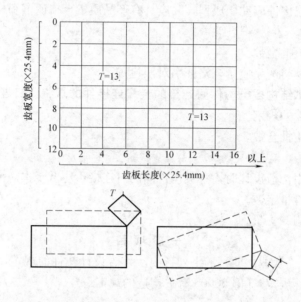

图 6.3.3-1　齿板位置偏差允许值

表 6.3.3　桁架制作允许误差（mm）

	相同桁架间尺寸差	与设计尺寸间的误差
桁架长度	12.5	18.5
桁架高度	6.5	12.5

注：1　桁架长度指不包括悬挑或外伸部分的桁架总长，用于限定制作误差；

　　2　桁架高度指不包括悬挑或外伸等上、下弦杆突出部分的全榀桁架最高部位处的高度，为上弦顶面到下弦底面的总高度，用于限定制作误差。

5　齿板连接的缺陷面积，当连接处的构件宽度大于 50mm 时，不应超过齿板与该构件接触面积的 20%；当构件宽度小于 50mm 时，不应超过齿板与该构件接触面积的 10%。缺陷面积应为齿板与构件接触面范围内的木材表面缺陷面积与板齿倒伏面积之和。

6　齿板连接处木构件的缝隙不应超过图 6.3.3-2 所示的规定。除设计文件有特殊规定外，宽度超过允许值的缝隙，均应有宽度不小于 19mm、厚度与缝隙宽度相当的金属片填实，并应有螺纹钉固定在被填塞的构件上。

检查数量：检验批全数的 20%。

检验方法：目测、量器测量。

6.3.4　屋盖下列各项应符合设计文件的规定，且不应低于现行国家标准《木结构设计规范》GB 50005 有关构造的规定：

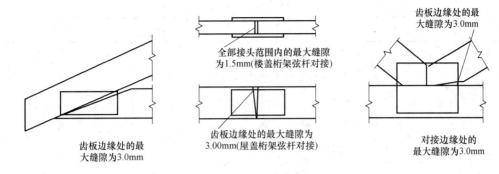

图 6.3.3-2 齿板桁架木构件间允许缝隙限值

1 椽条、天棚搁栅或齿板屋架的定位、间距和支承长度；

2 屋盖洞口周围椽条与顶棚搁栅的布置和数量；洞口周围椽条与顶棚搁栅间的连接、连接件的规格尺寸及布置；

3 屋面板铺钉方式及与搁栅连接用钉的间距。

检查数量：检验批全数。

检验方法：钢尺或卡尺量、目测。

6.3.5 轻型木结构各种构件的制作与安装偏差，不应大于本规范表 E.0.4 的规定。

检查数量：检验批全数。

检验方法：本规范表 E.0.4。

6.3.6 轻型木结构的保温措施和隔气层的设置等，应符合设计文件的规定。

检查数量：检验批全数。

检验方法：对照设计文件检查。

E.0.4 轻型木结构的制作安装误差应符合表 E.0.4 的规定。

表 E.0.4 轻型木结构的制作安装允许偏差

项次	项　　目			允许偏差(mm)	检验方法
1	楼盖主梁、柱子及连接件	楼盖主梁	截面高度/高度	±6	钢板尺量
			水平度	±1/200	水平尺量
			垂直度	±3	直角尺和钢板尺量
			间距	±6	钢尺量
			拼合梁的钉间距	+30	钢尺量
			拼合梁的各构件的截面高度	±3	钢尺量
			支承长度	−6	钢尺量
2		柱子	截面尺寸	±3	钢尺量
			拼合柱的钉间距	+30	钢尺量
			柱子长度	±3	钢尺量
			垂直度	±1/200	靠尺量

项次	项 目			允许偏差(mm)	检验方法
3	楼盖主梁、柱子及连接件	连接件	连接件的间距	±6	钢尺量
			同一排列连接件之间的错位	±6	钢尺量
			构件上安装连接件开槽尺寸	连接件尺寸±3	卡尺量
			端距/边距	±6	钢尺量
			连接钢板的构件开槽尺寸	±6	卡尺量
4	楼(屋)盖施工	楼(屋)盖	搁栅间距	±40	钢尺量
			楼盖整体水平度	±1/250	水平尺量
			楼盖局部水平度	±1/150	水平尺量
			搁删截面高度	±3	钢尺量
			搁删支承长度	—6	钢尺量
5		楼(屋)盖	规定的钉间距	+30	钢尺量
			钉头嵌入楼、屋面板表面的最大深度	+3	卡尺量
6		楼(屋)盖齿板连接桁架	桁架间距	±40	钢尺量
			桁架垂直度	±1/200	直角尺和钢尺量
			齿板安装位置	±6	钢尺量
			弦杆、腹杆、支撑	19	钢尺量
			桁架高度	13	钢尺量
7	墙体施工	墙骨柱	墙骨间距	±40	钢尺量
			墙体垂直度	±1/200	直角尺和钢尺量
			墙体水平度	±1/150	水平尺量
			墙体角度偏差	±1/270	直角尺和钢尺量
			墙骨长度	±3	钢尺量
			单根墙骨柱的出平面偏差	±3	钢尺量
8		顶梁板、底梁板	顶梁板、底梁板的平直度	±1/150	水平尺量
			顶梁板作为弦杆传递荷载时的搭接长度	±12	钢尺量
9		墙面板	规定的钉间距	+30	钢尺量
			钉头嵌入墙面板表面的最大深度	+3	卡尺量
			木框架上墙面板之间的最大缝隙	+3	卡尺量

(3) 验收说明

1) 施工依据:《木结构工程施工规范》GB/T 50772—2012,相应的专业技术规范,施工工艺标准，并制订专项施工方案、技术交底资料。

2）验收依据：《木结构工程施工质量验收规范》GB 50206—2012，相应的现场质量验收检查原始记录。

3）注意事项：

① 主控项目的质量经抽样检验均应合格；

② 一般项目的质量经抽样检验合格。当采用计数抽样时，合格点率应符合有关专业验收规范的规定，且不得存在严重缺陷；

③ 具有完整的施工操作依据、质量验收记录；

④ 本检验批的主控项目、一般项目已列入推荐表中，有关具体内容及检查方法见一般规定及（2）条文摘录；

⑤ 黑体字的条文为强制性条文，必须严格执行，制订控制措施。

4. 木结构防护检验批质量验收记录

（1）推荐表格

木结构防护检验批质量验收记录   02070401 ___

单位(子单位)工程名称			分部(子分部)工程名称		分项工程名称	
施工单位			项目负责人		检验批容量	
分包单位			分包单位项目负责人		检验批部位	
施工依据			验收依据		《木结构工程施工质量验收规范》GB 50206—2012	

验收项目			设计要求及规范规定	最小/实际抽样数量	检查记录	检查结果
主控项目	1	所使用的防腐、防虫剂防火和阻燃药剂;经化学药剂防腐处理后的每批次木构件(包括成品防腐木材)检验	第7.2.1条	/		
	2	经化学药剂防腐处理后进场的每批次木构件应进行透入度见证检验	第7.2.2条	/		
	3	木结构构件的各项防腐构造措施	第7.2.3条	/		
	4	木构件防火阻燃	第7.2.4条	/		
	5	包覆材料的防火性能和厚度	第7.2.5条	/		
	6	炊事、采暖等所用烟道、烟囱防火构造	第7.2.6条	/		
	7	墙体、楼盖、屋盖空腔内现场填充的保温、隔热、吸声等材料	第7.2.7条	/		
	8	电源线敷设	第7.2.8条			
	9	埋设或穿越木结构的各类管道敷设	第7.2.9条			
	10	木结构中外露钢构件及未作镀锌处理的金属连接件防腐蚀措施	第7.2.10条			

	验收项目		设计要求及规范规定	最小/实际抽样数量	检查记录	检查结果
一般项目	1	经防护处理的木构件的防护层	第7.3.1条	/		
	2	墙体和顶棚采用石膏板(防火或普通石膏板)作覆面板并兼作防火材料时,紧固件(钉子或木螺钉)贯入构件的深度	第7.3.2条	/		
	3	木结构外墙的防护构造措施	第7.3.3条	/		
	4	防火隔断材料及构造要求	第7.3.4条	/		
施工单位检查结果			专业工长: 项目专业质量检查员: 年 月 日			
监理单位验收结论			专业监理工程师: 年 月 日			

(2) 验收内容及检查方法条文摘录

一 般 规 定

7.1.1 本章适用于木结构防腐、防虫和防火的施工质量验收。

7.1.2 设计文件规定需要作阻燃处理的木构件应按现行国家标准《建筑设计防火规范》GB 50016 的有关规定和不同构件类别的耐火极限、截面尺寸选择阻燃剂和防护工艺,并应由具有专业资质的企业施工。对于长期暴露在潮湿环境下的木构件,尚应采取防止阻燃剂流失的措施。

7.1.3 木材防腐处理应根据设计文件规定的各木构件用途和防腐要求,按本规范第3.0.4条的规定确定其使用环境类别并选择合适的防腐剂。防腐处理宜采用加压法施工,并应由具有专业资质的企业施工。经防腐药剂处理后的木构件不宜再进行锯解、刨削等加工处理。确需作局部加工处理导致局部未被浸渍药剂的木材外露时,该部位的木材应进行防腐修补。

7.1.4 阻燃剂、防火涂料以及防腐、防虫等药剂,不得危及人畜安全,不得污染环境。

7.1.5 木结构防护工程的检验批可分别按本规范第4~6章对应的方木与原木结构、胶合木结构或轻型木结构的检验批划分。

主 控 项 目

7.2.1 所使用的防腐、防虫及防火和阻燃药剂应符合设计文件表明的木构件(包括胶合木构件等)使用环境类别和耐火等级,且应有质量合格证书的证明文件。经化学药剂防腐处理后的每批次木构件(包括成品防腐木材),应有符合本规范附录 K 规定的药物有效性成分的载药量和透入度检验合格报告。

检查数量：检验批全数。

检验方法：实物对照、检查检验报告。

7.2.2 经化学药剂防腐处理后进场的每批次木构件应进行透入度见证检验，透入度应符合本规范附录K的规定。

检查数量：每检验批随机抽取5根～10根构件，均匀地钻取20个（油性药剂）或48个（水性药剂）芯样。

检验方法：现行国家标准《木结构试验方法标准》GB/T 50329。

7.2.3 木结构构件的各项防腐构造措施应符合设计文件的规定，并应符合下列要求：

1 首层木楼盖应设置架空层，方木、原木结构楼盖底面距室内地面不应小于400mm，轻型木结构不应小于150mm。支承楼盖的基础或墙上应设通风口，通风口总面积不应小于楼盖面积的1/150，架空空间应保持良好通风。

2 非经防腐处理的梁、檩条和桁架等支承在混凝土构件或砌体上时，宜设防腐垫木，支承面间应有卷材防潮层。梁、檩条和桁架等支架不应封闭在混凝土或墙体中，除支承面外，该部位构件的两侧面、顶面及端面均应与支承构件间留30mm以上能与大气相通的缝隙。

3 非经防腐处理的柱应支承在柱墩上，支承面间应有卷材防潮层。柱与土壤严禁接触，柱墩顶面距土地面的高度不应小于300mm。当采用金属连接件固定并受雨淋时，连接件不应存水。

4 木屋盖设吊顶时，屋盖系统应有老虎窗、山墙百叶窗等通风装置。寒冷地区保温层设在吊顶内时，保温层顶距街架下弦的距离不应小于100mm。

5 屋面系统的内排水天沟不应直接支承在桁架、屋面梁等承重构件上。

检查数量：检验批全数。

检验方法：对照实物、逐项检查。

7.2.4 木构件需作防火阻燃处理时，应由专业工厂完成，所使用的阻燃药剂应具有有效性检验报告和合格证书，阻燃剂应采用加压浸渍法施工。经浸渍阻燃处理的木构件，应有符合设计文件规定的药物吸收干量的检验报告。采用喷涂法施工的防火涂层厚度应均匀，见证检验的平均厚度不应小于该药物说明书的规定值。

检查数量：每检验批随机抽取20处测量涂层厚度。

检验方法：卡尺测量、检查合格证书。

7.2.5 凡木构件外部需用防火石膏板等包覆时，包覆材料的防火性能应有合格证书，厚度应符合设计文件的规定。

检查数量：检验批全数。

检验方法：卡尺测量、检查产品合格证书。

7.2.6 炊事、采暖等所用烟道、烟囱应用不燃材料制作且密封，砖砌烟囱的壁厚不应小于240mm，并应有砂浆抹面，金属烟囱应外包厚度不小于70mm的矿棉保护层和耐火极限不低于1.00h的防火板，其外边缘距木构件的距离不应小于120mm，并应有良好通风。烟囱出屋面处的空隙应用不燃材料封堵。

检查数量：检验批全数。

检验方法：对照实物。

7.2.7 墙体、楼盖、屋盖空腔内现场填充的保温、隔热、吸声等材料，应符合设计文件的规定，且防火性能不应低于难燃性 B1 级。

检查数量：检验批全数。

检验方法：实物与设计文件对照、检查产品合格证书。

7.2.8 电源线敷设应符合下列要求：

1 敷设在墙体或楼盖中的电源线应用穿金属管线或检验合格的阻燃型塑料管。

2 电源线明敷时，可用金属线槽或穿金属管线。

3 矿物绝缘电缆可采用支架或沿墙明敷。

检查数量：检验批全数。

检验方法：对照实物、查验交接检验报告。

7.2.9 埋设或穿越木结构的各类管道敷设应符合下列要求：

1 管道外壁温度达到 120℃ 及以上时，管道和管道的包覆材料及施工时的胶粘剂等，均应采用检验合格的不燃材料。

2 管道外壁温度在 120℃ 以下时，管道和管道的包覆材料等应采用检验合格的难燃性不低于 B1 的材料。

检查数量：检验批全数。

检验方法：对照实物，查验交接检验报告。

7.2.10 木结构中外露钢构件及未作镀锌处理的金属连接件，应按设计文件的规定采取防锈蚀措施。

检查数量：检验批全数。

检验方法：实物与设计文件对照。

一 般 项 目

7.3.1 经防护处理的木构件，其防护层有损伤或因局部加工而造成防护层缺损时，应进行修补。

检查数量：检验批全数。

检验方法：根据设计文件与实物对照检查，检查交接报告。

7.3.2 墙体和顶棚采用石膏板（防火或普通石膏板）作覆面板并兼作防火材料时，紧固件（钉子或木螺钉）贯入构件的深度不应小于表 7.3.2 的规定。

检查数量：检验批全数。

检验方法：实物与设计文件对照，检查交接报告。

表 7.3.2 石膏板紧固件贯入木构件的深度（mm）

耐火极限	墙　体		顶　棚	
	钉	木螺钉	钉	木螺钉
0.75h	20	20	30	30
1.00h	20	20	45	45
1.50h	20	20	60	60

7.3.3 木结构外墙的防护构造措施应符合设计文件的规定。

检查数量：检验批全数。

检验方法：根据设计文件与实物对照检查，检查交接报告。

7.3.4 楼盖、楼梯、顶棚以及墙体内最小边长超过 25mm 的空腔，其贯通的竖向高度超过 3m，水平长度超过 20m 时，均应设置防火隔断。天花板、屋顶空间，以及未占用的阁楼空间所形成的隐蔽空间面积超过 300m²，或长边长度超过 20m 时，均应设防火隔断，并应分隔成隐蔽空间。防火隔断应采用下列材料：

1 厚度不小于 40mm 的规格材。

2 厚度不小于 20mm 且由钉交错打合的双层木板。

3 厚度不小于 12mm 的石膏板、结构胶合板或定向木片板。

4 厚度不小于 0.4mm 的薄钢板。

5 厚度不小于 6mm 的钢筋混凝土板。

检查数量：检验批全数。

检验方法：根据设计文件与实物对照检查，检查交接报告。

(3) 验收说明

1）施工依据：《木结构工程施工规范》GB/T 50772—2012，相应的专业技术规范，施工工艺标准，并制订专项施工方案、技术交底资料。

2）验收依据：《木结构工程施工质量验收规范》GB 50206—2012，相应的现场质量验收检查原始记录。

3）注意事项：

① 主控项目的质量经抽样检验均应合格；

② 一般项目的质量经抽样检验合格。当采用计数抽样时，合格点率应符合有关专业验收规范的规定，且不得存在严重缺陷；

③ 具有完整的施工操作依据、质量验收记录；

④ 本检验批的主控项目、一般项目已列入推荐表中，有关具体内容及检查方法见一般规定及（2）条文摘录；

⑤ 黑体字的条文为强制性条文，必须严格执行，制订控制措施。